U0179510

清华大学建筑 规划 景观设计教学丛书

水脉·文脉·城脉

北京历史水系规划研究

杨锐　刘海龙　庄优波　袁琳　编著

中国建筑工业出版社

图书在版编目（CIP）数据

水脉·文脉·城脉：北京历史水系规划研究 / 杨锐等编著 .—北京：中国建筑工业出版社，2019.12
（清华大学建筑 规划 景观设计教学丛书）
ISBN 978-7-112-24524-6

Ⅰ.①水… Ⅱ.①杨… Ⅲ.①水利规划—研究—北京
Ⅳ.①TV212.2

中国版本图书馆 CIP 数据核字（2019）第 283555 号

责任编辑：刘爱灵 杜 洁
责任校对：张惠雯

本书是 2014 年清华大学区域景观规划课程的教学与研究成果。具体针对北京历史水系，研究其历史形成过程、文化遗存及其历史价值，通过对水系廊道及周边绿地、街区的规划与设计，探讨该历史水系在当代的生态系统服务及其表现形式，寻找历史水系对现代城市人居环境质量提升的途径，更希冀通过公众参与促进市民对历史水系的认知，将历史呈现给未来。

清华大学建筑 规划 景观设计教学丛书
水脉·文脉·城脉 北京历史水系规划研究
杨锐 刘海龙 庄优波 袁琳 编著
*
中国建筑工业出版社出版、发行（北京海淀三里河路 9 号）
各地新华书店、建筑书店经销
天津图文方嘉印刷有限公司印刷
*
开本：889 毫米 ×1194 毫米 1/20 印张：$14\frac{3}{5}$ 字数：451 千字
2021 年 2 月第一版 2021 年 2 月第一次印刷
定价：99.00 元
ISBN 978-7-112-24524-6
(35089)

本书编委会

编著： 杨　锐　刘海龙　庄优波　袁　琳

编委： 张益章

参编： 陈美霞　陈　思　曹　木　关学国　盖若玫
黄　澄　黄　超　何　茜　侯永峰　金银花
梁文莲　李佳懿　李雪飞　李艳妮　李芸芸
李双双　马之野　彭　楚　秦　越　荣　南
王笑时　王国瑞　王潇云　张　杭　张倩玉
祝　彤

序

“区域景观规划”是清华大学建筑学院景观学系的研究生核心课程，是三个系列 Studio 课程（场地规划－城市景观设计－区域景观规划）中的第三个，也是尺度最大的一个。其主要目的是基于“整体、系统”的观念来理解各种因素综合作用下的大尺度区域景观的形成与塑造方式，培养大尺度景观分析的方法，了解国内景观规划理论发展动向，学习景观规划程序和方法，并培养独立思考与合作研讨等方面的能力。

这门课程从 2005 年开始，已经持续 15 年时间，共培养了近 300 名研究生。研究地段包括三山五园、周口店、五大连池、首钢后工业场地、福州江北城区水系、北京历史水系、清华校园、崇礼冬奥区域、白洋淀等，涵盖世界遗产、棕地更新、城市水系、湿地修复等多个风景园林学的重要实践领域。课程强调打通规划与设计，大约三分之二的时间用于规划教学，三分之一的时间用于设计教学。要求学生在规划阶段考虑设计的可实施性，在设计阶段以规划为前提条件。同时引入英国 AA 建筑联盟学院和日本千叶大学的师生参与教学过程。

“区域景观规划”教学成果的陆续集结出版，一方面可以将清华大学景观学系在此方面的多年探索向社会进行汇报展示，另一方面也为推动该领域的教学与学术研究发展做出积极贡献。本课程的教学成果也被纳入《清华大学建筑 规划 景观设计教学丛书》，将为人居环境学科教育事业的发展发挥积极作用。

借此机会，向支持清华景观教育的前辈、同事、同学们致以衷心感谢！

杨锐

2019 年 12 月 18 日

前　言

北京地处华北平原的北端，永定河和潮白河洪积冲积扇的脊部，其北部、西部为山区，区域内共发育有五大水系。在这样的地理环境下，北京从燕国分封、蓟城兴起直至金元明清代建都于此的相当长历史时期内，也曾是一个水资源丰富的地区。可以说，北京的发展历程就是一部为保证城市功能运转，满足供水、漕运、灌溉等需求的发展史。尤其随着元代以后自通州到积水潭的漕运被打通，又经高梁河连至瓮山泊，形成了贯穿京城东西的大水脉，基本奠定了北京的经济运输系统、防洪排涝系统、风景游憩系统乃至城市的基本空间结构。以北京旧城为中心，这条水脉可被分为三部分：京西历史水系、旧城历史水系、京东历史水系。三部分互有联系，又各有特征。如京西历史水系的核心是高粱河水系、玉泉山水系以及引白浮泉供给瓮山泊而逐步形成的“三山五园”皇家园林群。旧城历史水系主要以什刹海、北海、中南海及玉河等水系为主。京东历史水系则以通惠河为核心，从东便门一直到通州北运河，自元大都时就成为漕运经济动脉。

虽然北京的选址乃至城市空间结构很大程度上是遵循水系格局而定，但在当代北京发展建设当中，水系对城市人居环境质量的综合提升作用日益减弱，市民对这一水系的历史渊源与现实功能的认知也日渐淡漠。为了保护和恢复北京历史水系的价值与功能，历史地理、城市规划、水利、风景园林等学科领域的研究取得了丰富的成果。其中清华大学建筑学院在 1992 年受首都规划建设委员会委托，完成了长河及京密引水渠 - 昆玉河段沿岸城市景观规划设计，对河道沿岸区域的历史沿革、文物古迹和滨水活动进行了分析，结合已有的城市、水利、道路、旅游及园林规划对长河的价值、问题、城市与河流的关系等进行了系统研究。之后北京市针对历史水系开展了一系列工作，包括 2006 ～ 2008 年完成的“北京玉河历史文化恢复工程”。尤其近年来国家从京津冀协同发展目标出发在通州设立北京城市副中心，使得通惠河、北运河等历史水系的保护、恢复与利用在未来获得了新的契机。

风景园林学（Landscape Architecture）是人居环境科学的支撑学科之一。河道景观规划、滨水区设计、旅游游憩及河流生态修复、生态系统服务等均是其重要研究与实践领域。“区域景观规划”是清华大学景观学系核心课程。本书所呈现的内容，即是 2014 年清华大学区域景观规划课程的教学与研究成果。具体以北京历史水系为媒介，研究其历史形成过程、文化遗存及其历史价值；研究该历史水系在当代的生态系统服务及其表现形式；通过对该水系廊道及周边绿地、街区的规划与设计，寻找历史水系对现代城市人居环境质量提升的途径；更希冀通过公众参与促进市民对历史水系的认知，将历史呈现给未来。本书作为“区域景观规划”课程成果的出版，希望能够对北京历史水系的研究、保护与规划设计起到积极推动作用，也期待未来能涌现更多研究成果，以使这一传自历史的北京“翡翠项链”更加璀璨夺目。

刘海龙

目 录

课程简介
Course Introduction

课程概况 /Course Introduction

区域景观规划是景观学系三个系列 Studio 课程的第三个 ，主要关注大尺度区域景观的认知、研究、规划与设计。该课程的主要目的是：

• 建立大尺度景观分析评价的整体思路与系统方法。针对地域综合景观系统，分析其自然与人文因素综合作用下的景观形成与演变过程，掌握从多角度进行问题识别和驱动因子分析的能力；

• 了解国内外景观规划理论发展动向，掌握大尺度景观规划方法。研究国内外景观规划理论前沿，学习“调查分析评价研究、规划设计（包括概念、目标、战略、结构、规划、设计等）、公共参与、管理实施”的多步骤景观规划方法；

• 通过课程将风景园林多方面理论知识融会贯通。结合景观生态学、景观水文、景观地学、植物景观规划设计等专业理论课，将多方面知识应用于课程中，研究河流景观规划、滨水景观规划及旅游游憩规划设计等方法内容，使理论与实践相结合；

• 基于实际选题，锻炼发现、分析与解决问题的专业能力。围绕规划选题，通过实地调研、访谈、文献等多样化方式，深入到现实环境、社会、经济的核心，锻炼发现、分析、解决问题的能力；训练批判性思维与创新思维；鼓励自由探索，提出新的见解和方法，推动专业发展。

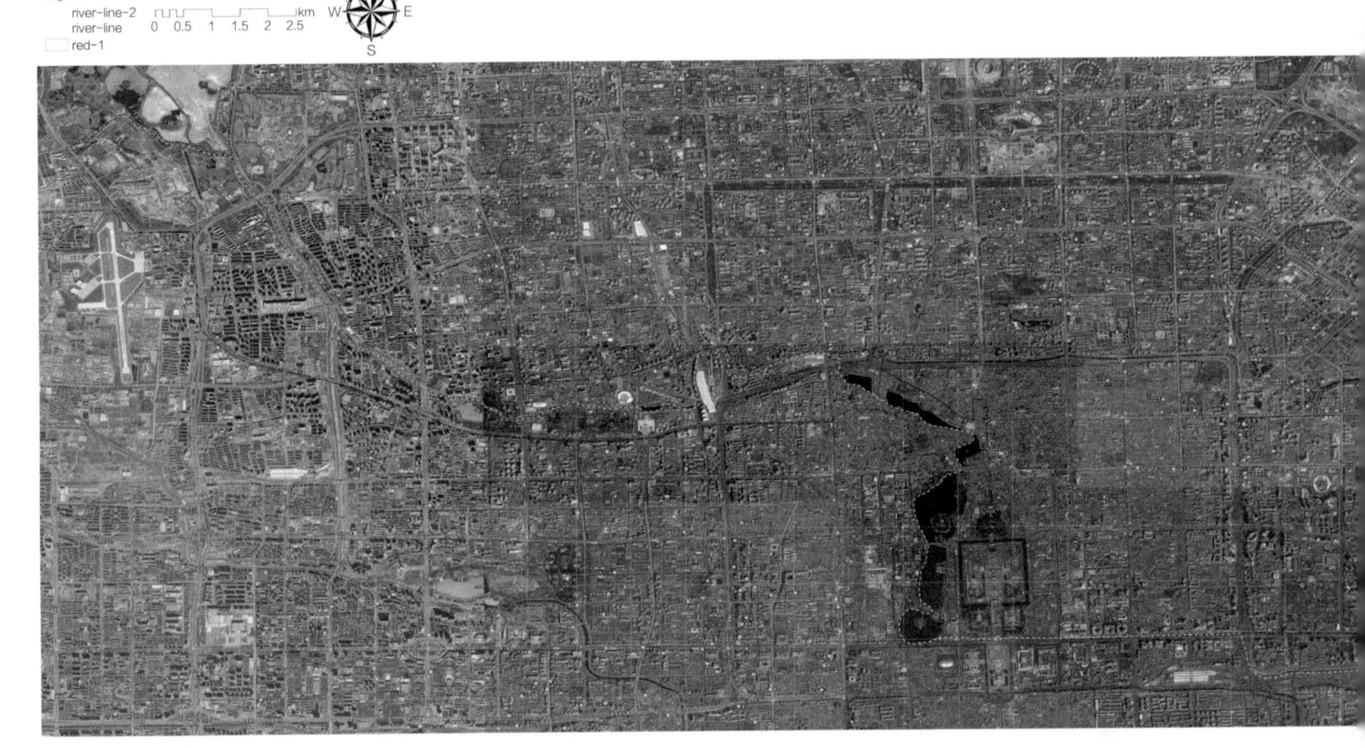

北京历史水系研究范围
The research scope of Beijing Historical Waterway System

选题 Project & Site

一部北京发展史，也是一部城市与水系的关系史，可以用因水定城、引水济城、运河兴城、风景宜城等概括之。本课程所研究的历史水系始于金，兴于元，经明清更趋完善，经数百年经营，形成了集供水、排水、水运、防洪、风景、游赏等多功能于一体的城市"绿色生态基础设施"。

2014 年，区域景观规划 Studio 以北京历史水系及周边景观为对象，展开教学与研究。课程范围西起颐和园，经长河、紫竹院、动物园，达什刹海、北海、中南海，东至通惠河及北运河段，全长 64km。本次选题紧密结合北京历史水系的特点、问题及需求，贯彻多功能、多学科、多尺度的教学与研究思路：

• 多功能：关注河流廊道生态系统服务功能的改善，包括供给服务、调节服务、文化服务和支持服务等，借助调研、分析、评价、规划与设计等手段，详细考查其防洪排涝、雨洪管理、风景游憩、生态保护、文化传承等功能的实现，促进河流廊道多重功能的协调发展。

• 多学科：综合运用风景园林学、城乡规划学、建筑学、水利学、地理学、历史学、生态学、环境学、社会学、经济学等相关领域知识，优化河流廊道景观结构，调整周边土地利用，综合改善城市人居环境，推动园林、规划、城建、环保、水利等多部门走向统筹、协调的综合治水策略。

• 多尺度：课程要求完成多尺度、多层次的成果。具体包括研究尺度、规划尺度、设计尺度。研究尺度主要涉及宏观流域范围水系的过程 - 格局 - 功能。规划尺度按城市片区展开，包括京西历史水系、旧城历史水系、京东历史水系三大分段，各分段又划分为若干规划地段，对应若干小组，完成相应景观规划成果。设计尺度需要在各规划地段内识别价值最突出、问题最迫切的城市节点与沿河地段，完成景观设计成果。

师资介绍 /Teacher Faculty

杨　锐

清华大学建筑学院景观学系联合创始人、系主任、教授、博士生导师
清华大学国家公园研究院院长

主要研究方向为风景园林理论与历史、国家公园和保护地研究与实践、世界遗产保护与管理。开设本科生课程“风景园林学导论”，获 2015 年度“清华大学精品课程”；开设硕士生课程“风景园林经典文献阅读”“风景园林师实务”和“景观规划设计最终专题”；参与博士生课程《风景园林学研究前沿》。国内外期刊上发表 84 篇学术论文，出版专著《中国国家公园规划编制指南研究》《国家公园与自然保护地研究》及我国第一部国家级规划教材《国家公园规划》，主编风景园林理论、历史相关书籍 4 部。任高等学校风景园林学科专业指导委员会主任，中国风景园林学会副理事长兼理论和历史专业委员会主任，《中国园林》副主编；国家发改委、住房和城乡建设部、国家林业局、国家文物局和国家旅游局等多个政府部门的专家委员会成员；世界遗产、国家公园和自然保护地、旅游等方面的国标编制者和政策咨询专家。

刘海龙

清华大学建筑学院景观学系副教授，博士生导师，特别研究员

主要研究方向为景观水文学、区域景观规划、流域治理与生态修复、自然与风景河流保护、遗产地体系规划与生态网络。开设研究生课程：“景观水文”“风景园林规划设计（三）、（四）”；本科生课程：“区域与景观规划原理”“景观水文学基础”“风景园林设计（4）湿地 / 河道景观设计”。主持 3 项国家自然科学基金项目，参与多项国家与行业标准编制，包括《城市绿地规划标准》（GB/T 51346-2019）《绿色小城镇评价标准》(CSUS/GBC 06-2015)《绿色建筑应用技术图示》(15J 904) 等。发表论文 50 多篇。任住房和城乡建设部海绵城市建设技术指导专家委员会委员、国际景观生态学会会员 (IALE)、美国风景园林师协会国际会员 (ASLA)、美国河流管理学会会员 (RMS)、中国风景园林学会会员 (CHSLA)、中国水利学会城市水利专业委员会委员 (CHES) 等。

庄优波

清华大学建筑学院景观学系副教授、博士生导师、特别研究员
清华大学国家公园研究院副院长

主要研究方向为国家公园与自然保护地、遗产保护与规划、景观生态学原理应用于规划设计。开设研究生课程“景观生态学”“风景名胜区规划与设计”。作为第二主编完成我国第一部国家级规划教材《国家公园规划》。作为项目负责人和主要参与人在一系列国家公园、自然保护地和世界遗产地中开展保护管理规划实践探索，并深度参与我国世界自然遗产申报咨询、培训和保护管理规划评审工作。任国家林草局世界遗产专家委员会副秘书长、中国联合国教科文组织全委会咨询专家、住房和城乡建设部风景园林标准化技术委员会委员、国际景观生态学会中国分会理事、中国风景园林学会理论与历史专业委员会秘书组成员、《中国园林》和《风景园林》特约编辑。

袁　琳

清华大学建筑学院，助理教授

主要研究方向为人居环境历史理论、生态可持续规划设计、风景园林与公共健康。主持国家自然科学基金、教育部人文社科基金等多项国家、省部级课题，出版专著《生态地区的创造：都江堰灌区的本土人居智慧与当代价值》，研究成果曾获清华大学优秀博士论文一等奖、亚洲规划院校联盟国际会议最佳论文奖等。承担城乡规划设计课程，曾获北京市高等教育教学成果一等奖。同时担任中国城市科学研究会健康城市学术委员会委员兼副秘书长，中国建筑学会小城镇建筑分委会委员，中国城市规划学会风景环境规划设计学术委员会青年委员。

研究方法 /Methods

田野考察与问卷调查
信息处理与定量分析
历史文献与案例研究
专题研究
头脑风暴
设计研究
公众参与

表 1：课程地段分组

编号	分段	规划地段	备注	小组人数
1	京西组	颐和园南—万寿寺西	西三环外	3 人
2		万寿寺—高梁桥		3 人
3		高梁桥—德胜门		3 人
4	旧城组（需包括北海、中海、南海的规划研究）	积水潭—荷花市场		3 人
5		万宁桥—南河沿		3 人
6		南河沿—东南角楼		3 人
7	京东组	东南角楼东—东四环		3 人
8		东四环—东五环		3 人
9		东五环—通州北运河		3～4 人

课程组织 /Organization

课程分组：课程教学按总分结合的方式来完成。首次调研、讲座、汇报等环节需要全体人员参加，补充调研、地段分析、评价、研讨、规划、设计等按分组进行。具体规划地段根据历史水系地理环境与现实情况的不同及研究需要总体分为三大段，9 个规划地段，对应 9 个小组，每组 3 ～ 4 人。

每位同学需选择分段中的一个规划地段及专题展开研究，内容包括：(1) 自然生态类信息：水文、气候、土壤、生物、生态；(2) 物质空间类信息：建筑、道路交通、土地利用、基础设施、视觉景观；(3) 社会人文类信息：经济、社会、文化遗产、旅游游憩、历史文化。

注：旧城段需包括北海、中海、南海的规划研究。

表 2：课程地段、人员分组及研究主题

分段	组号		核心问题待定	自然生态：水文、气候、土壤、生物、生态	物质空间：建筑、道路交通、土地利用、基础设施、视觉景观	社会人文：经济、社会、文化遗产、旅游游憩、历史文化	
京西段	1	颐和园南—万寿寺西		（学生名字）			横向分段景观规划、设计成果汇报（第十六周）
	2	万寿寺—高梁桥					
	3	高梁桥—德胜门					
旧城段	4	积水潭—荷花市场					
	5	万宁桥—南河沿					
	6	南河沿—东南角楼					
京东段	7	东南角楼东—东四环					
	8	东四环—东五环					
	9	东五环—通州北运河					
				纵向全河段专题调查、分析、评价成果汇报（第四周）			

明皇城东安门遗址

长沙臭豆腐

大事纪
Chronology

讲座：区域景观规划课程介绍
Lecture: Regional Landscape Planning Course Introduction

本课程的开课讲座包括**刘海龙**副教授的“景观规划概念与理论”和**袁琳**博士后的“北京水系的‘历史文本’”。第一个讲座内容包括景观的定义辨析、景观规划的基础范式演变、景观规划模型以及代表人物与理论、近代与现代景观规划实践的发展，并且对区域景观规划课程的目的、要求与安排进行介绍。第二个讲座分析了北京历史水系在时间与空间维度上的变迁过程，为本次规划课程提供了一条时空线索，并且梳理了现存的遗迹名录与分布，介绍了大运河（北京段）遗产保护规划的主要内容。

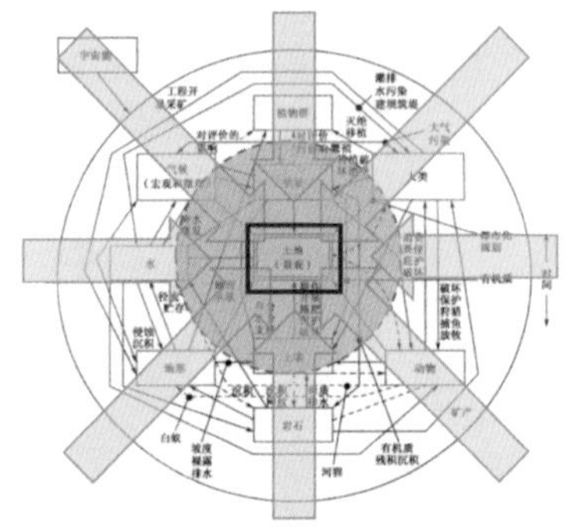

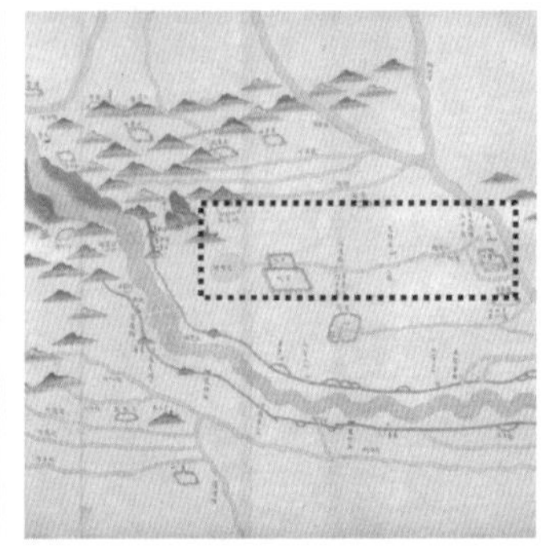

《通惠河漕运图》卷（局部），（清）沈喻绘，中国国家博物馆藏

2月24日
讲座：区域景观规划课程介绍
Feb.24th
Lecture: Regional Landscape Planning Course Introduction

讲座：北京古今水系剖析
Lecture: Analysis of ancient and modern water system in Beijing

北京水务局的**朱晨东**教授级高工介绍了从东汉张堪屯田至当代南水北调工程的北京水系的形成、发展与变化。并且分析当代北京5次水资源战略部署对于现今北京水系及社会经济发展的影响。最终从人口问题、水资源总量问题、南水北调抵京后的三水联调问题来总结归纳北京未来的用水前景。

来源：朱晨东，北京古今水系剖析讲座

3月3日
讲座：北京古今水系剖析
Mar.3rd
Lecture: Analysis of ancient and modern water system in Beijing

现场调研
Site Investigation

现场调研为期两天，针对北京历史水系沿线的自然生态、物质空间、社会人文三方面现状情况，内容包括水文、生态、基础设施、社区、经济、建筑、道路交通、土地利用、视觉景观、文化遗产、旅游游憩、历史文化等 15 个专题。调研从由颐和园开始，由西到东全长 64km，最终抵达通州。第一天骑自行车对京西与旧城段进行考察，沿长河段，途经紫竹院、北京动物园、高梁桥、积水潭，至什刹海，对社区、商业、河段及基础设施进行调研。第二天搭乘小巴士进行京东河段的考察，经过四惠、高碑店、北运河公园等河段抵达通州。两天调研综合考察了北京历史水系的各个段落及重要节点。

3 月 8 日
Mar.8th
现场调研
Site Investigation

讲座：哈格里夫斯事务所实践

Lecture—The Work of Hargreaves Associates

本课程邀请到了美国哈格里夫斯事务所的**艾伦·路易斯**和**杨怀哲**先生介绍哈格里夫斯事务所在中国的项目实践。其中，滨河景观设计项目包括天津海河彩带公园的设计和施工，滨河规划项目包括福州、广州的滨河总体规划。讲座探讨了建筑设计、城市设计、景观规划与可持续发展的跨学科议题，并且就如何通过城市河道来激发城市活力展开讨论。

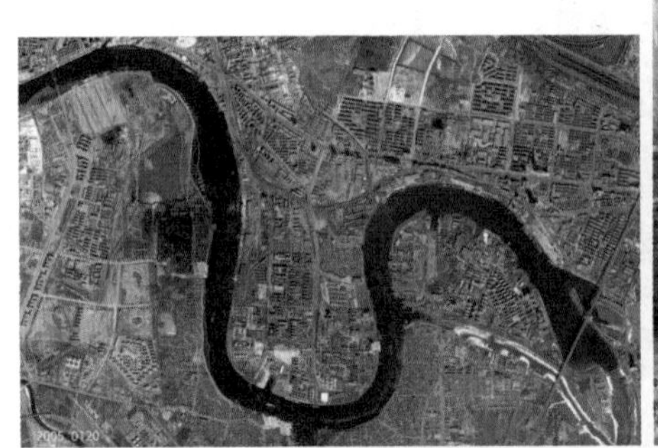

4月3日
讲座：
哈格理夫斯事务所实践
Apr.3rd
Lecture—
The Work of Hargreaves Associates

期中汇报

Mid Review

期中汇报包括三个段落大组的分区规划成果。邀请到了**朱晨东**先生和**郑光中**教授作为嘉宾进行点评。京西组以生态保护与激活社区活力为主要目标提出“境水乐活”策略，通过社区规划与滨水区复兴来提升整体境品。旧城组以“水韵兴城”为主题，提出通过水来带动旧城文化活力，以交通地下化的方式来重塑城区历史景观系统的方法。京东组以水系下游的水质与生态修复作为前提条件，提出“绿水、律城”的战略。

4月24日
历史水系规划
期中汇报
Apr.24th
Mid Review

讲座：社会管理创新真义

Lecture: The Implication of Social Management Innovation

清华大学社会学系的**罗家德**教授介绍了有关社会管理创新方面的内容，包含乡村社区重建、社区营造及自上而下与自下而上的治理平衡等。通过比较各种自组织治理的经验与理论，并分析中国台湾的“青蛙头家”、三峡老街、地方信心工程等社区营造实践案例，提供了多种参与社区营造的方法。

三种治理模式之比较

	市场	自组织（社群）	层级（政府）
思想基础	个人主义	社群主义	集体主义
权力基础	个人权利	小团体自治权	大集体的暴力垄断权
人性假设	理性经济人	镶嵌于社会网的人	社会人
关系基础	交易关系	情感关系	权力关系
行为逻辑	竞争逻辑	关系逻辑	权力逻辑
道德基础	守约	伦理	为大我牺牲小我
精神特质	企业家精神	志愿者精神	雷锋精神
秩序来源	看不见的手	礼治秩序，小团体内的道德监督	法治秩序
适合环境	低频率互动、低资产专属性、低行为及环境不确定性时	高频率互动、高资产专属性、高行为及环境不确定性时，但交换双方行为不易于观察、衡量并统计，需要双方信任时	高频率互动、高资产专属性、高行为及环境不确定性时，但交换双方行为易于观察、衡量、并统计
追求目标	效率、效能	可持续性发展	集体的一致性、稳定性

来源：罗家德，社会管理创新真义讲座

5月9日
讲座：
社会管理创新真义
May.9th
Lecture: The Implication of Social Management Innovation

最终汇报
Final Review

期末最终汇报包括三大段落分区规划成果与其中9个地段节点的设计成果，重点是节点设计成果。各组分别基于各自规划主题针对场地提出具体的设计策略。各节点面临不同的问题，各小组通过多样化的空间策略形成了多种改造修复方案并利用实体模型、动画多媒体等展示设计细节。评委们对各个方案一一进行了点评。

6月12日
Jun.12th
北京历史水系
规划最终汇报
Final Review

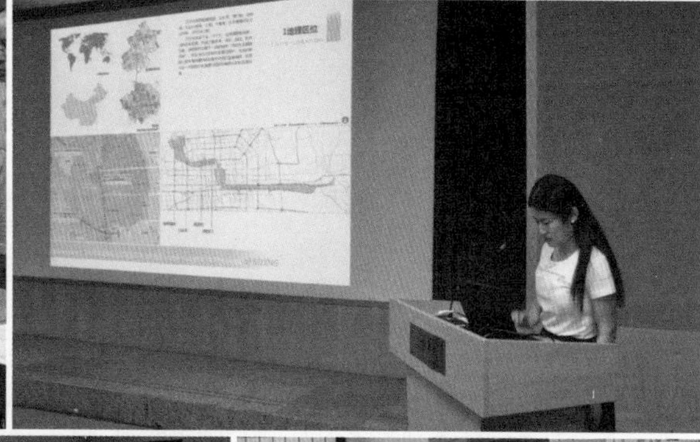

北京历史水系规划展览

Beijing Historical Waterway System Planning Exhibition

最终汇报结束后，各组成果在建筑学院中厅进行了为期一周的教学成果综合展览。

6 月 13 日
Jun.13th
北京历史水系规划展览
Beijing Historical Waterway System Planning Exhibition

前期调研
Preliminary Investigation

土壤地质分析
Soil and Geology Analysis

土壤地质分析通过单因子分布 AHP 层次分析法研究叠加得到地表透水性。

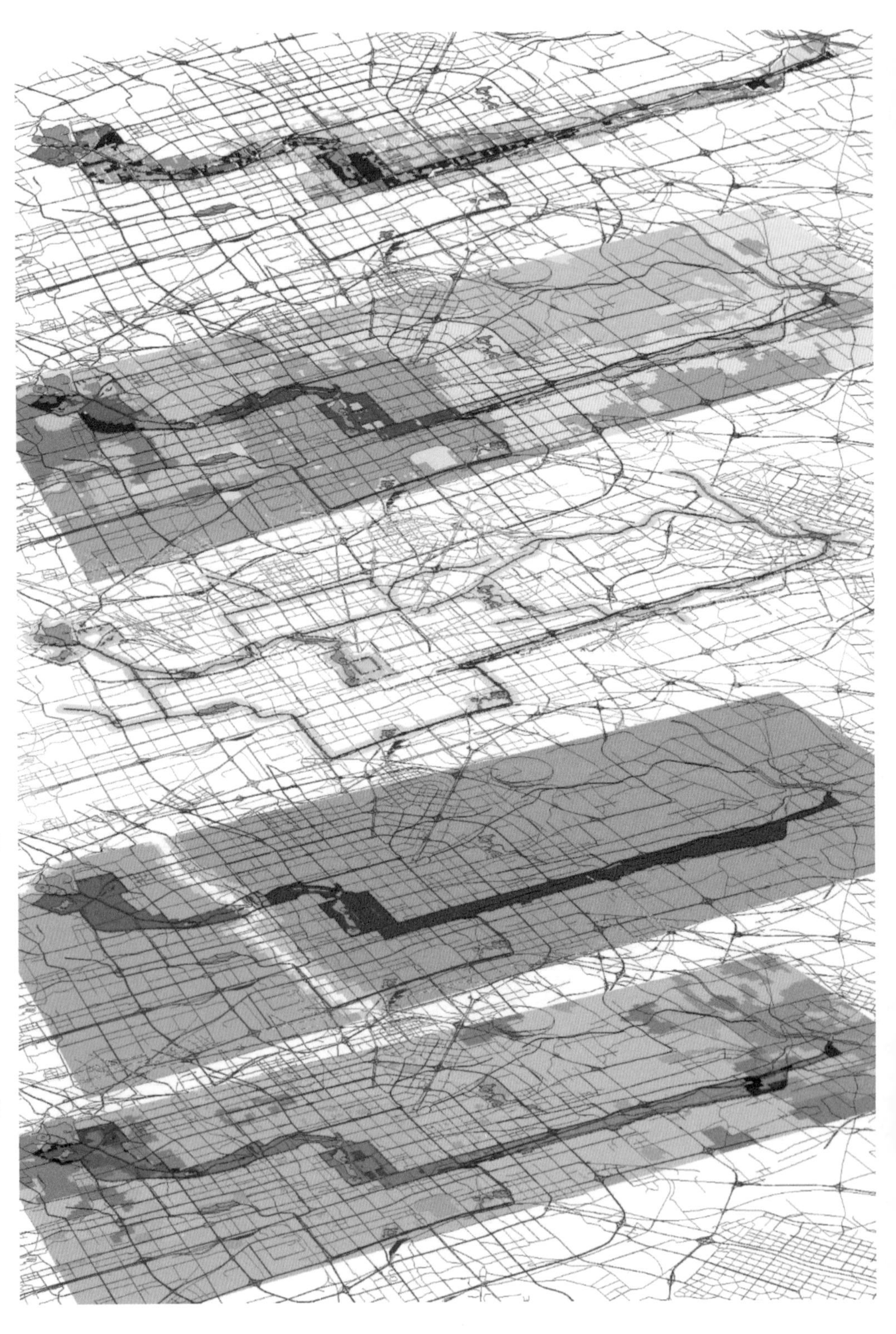

地表径流系数分析图

土壤质地分析图

水系影响分析图

地质条件分析图

土壤类型分析图

	水系影响	土壤类型	地质	土壤质地	径流系数	权重
水系影响	1	4	5/3	3/2	4/3	
土壤类型	1/4	1	2/5	2/5	1/5	
地质	3/5	5/2	1	2	1/3	
土壤质地	2/3	5/2	2	1	1/3	
径流系数	3/4	5	3	3	1	

	水系影响	土壤类型	地质	土壤质地	径流系数	权重
水系影响	0.3077	0.2667	0.2083	0.1875	0.4167	0.2774
土壤类型	0.0769	0.0667	0.0500	0.0500	0.0625	0.0612
地质	0.1846	0.1667	0.1250	0.2500	0.1042	0.1661
土壤质地	0.2051	0.1667	0.2500	0.1250	0.1042	0.1702
径流系数	0.2308	0.3333	0.3750	0.3750	0.3125	0.3253

AHP 层次评级法

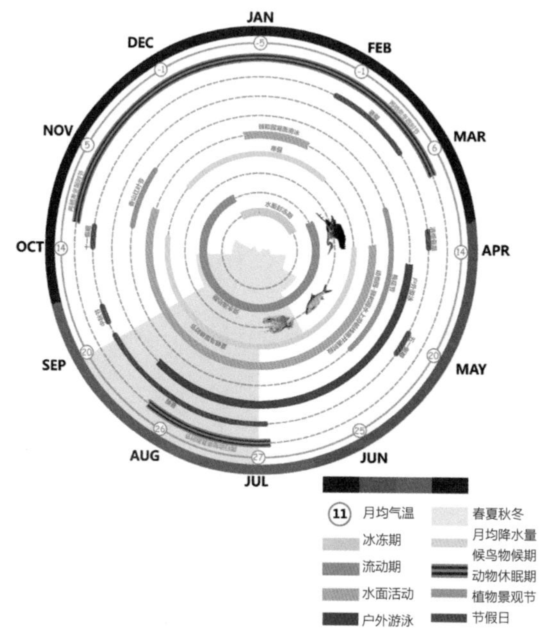

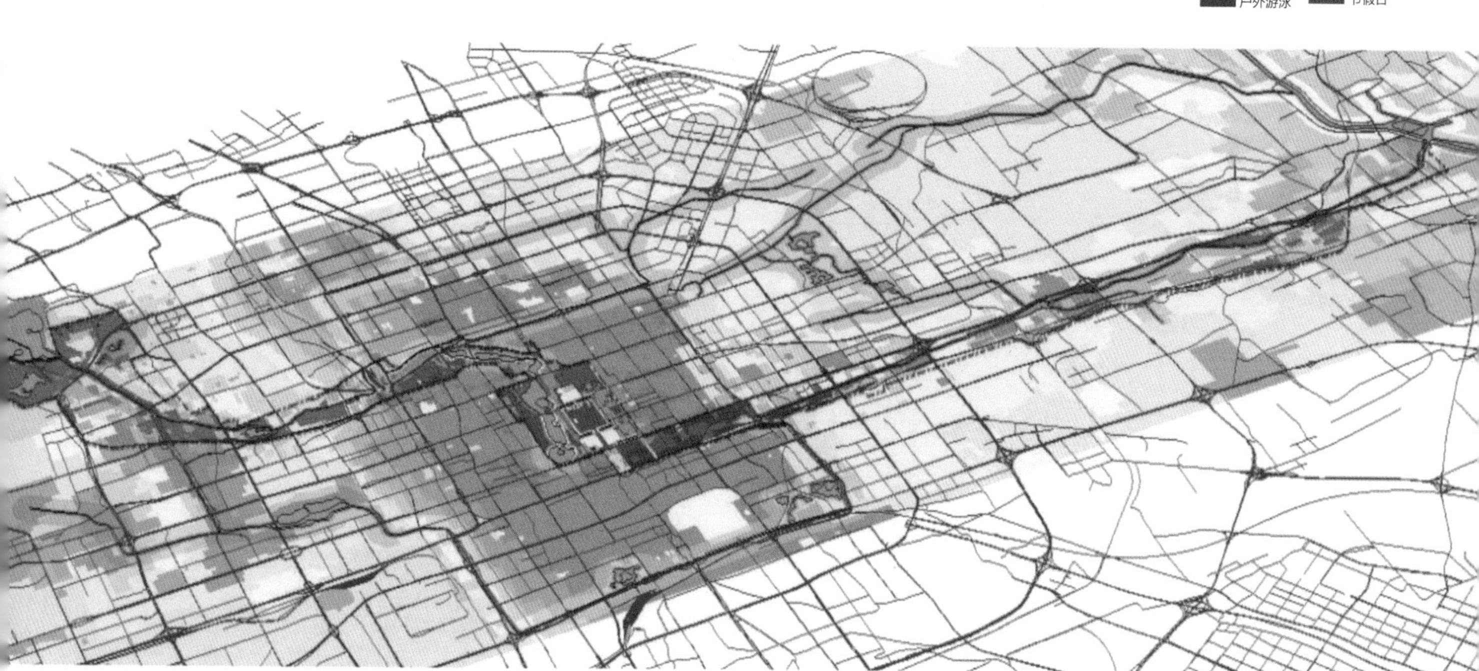

地表综合径流系数分析图

河流分析
River Analysis

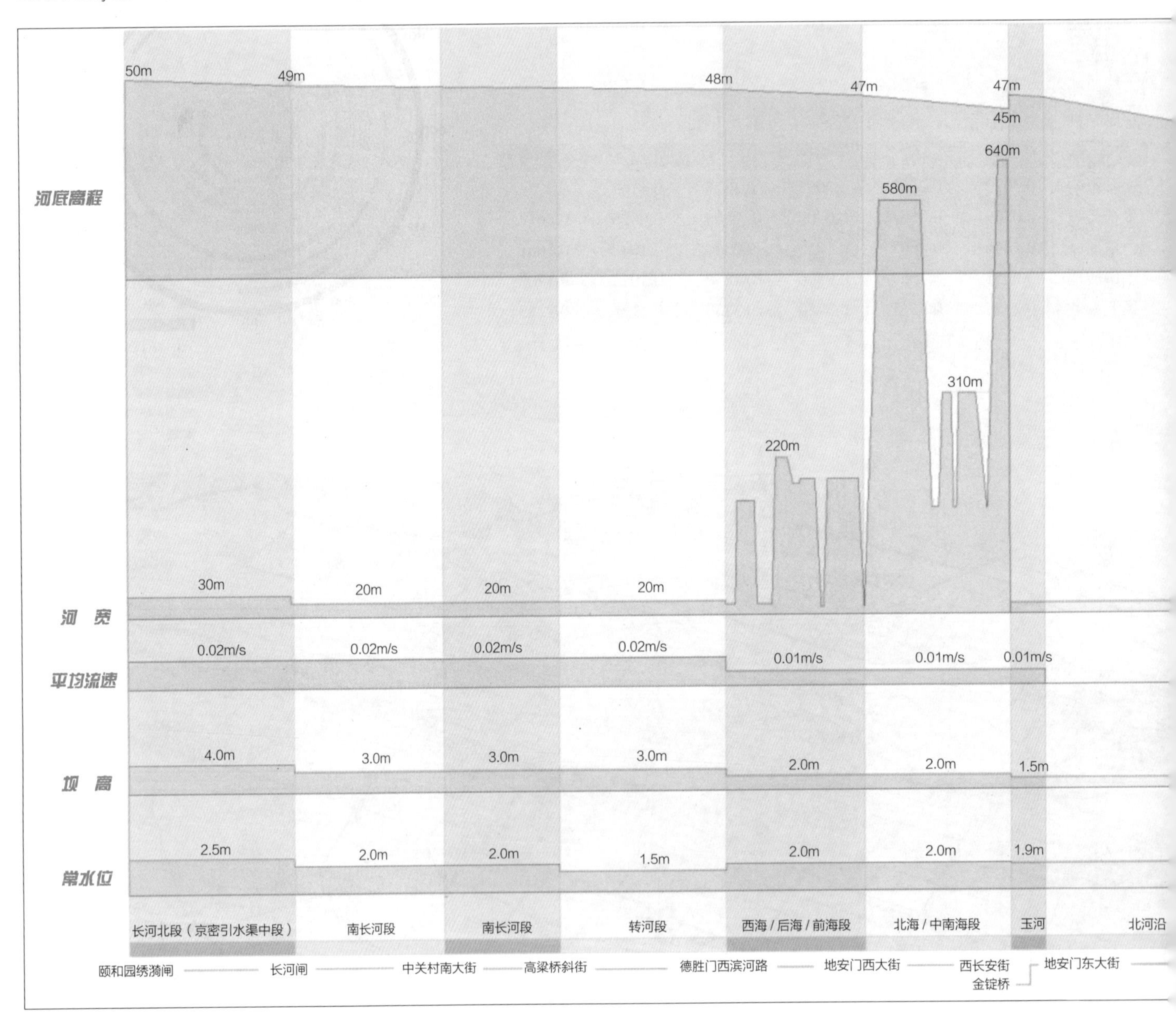

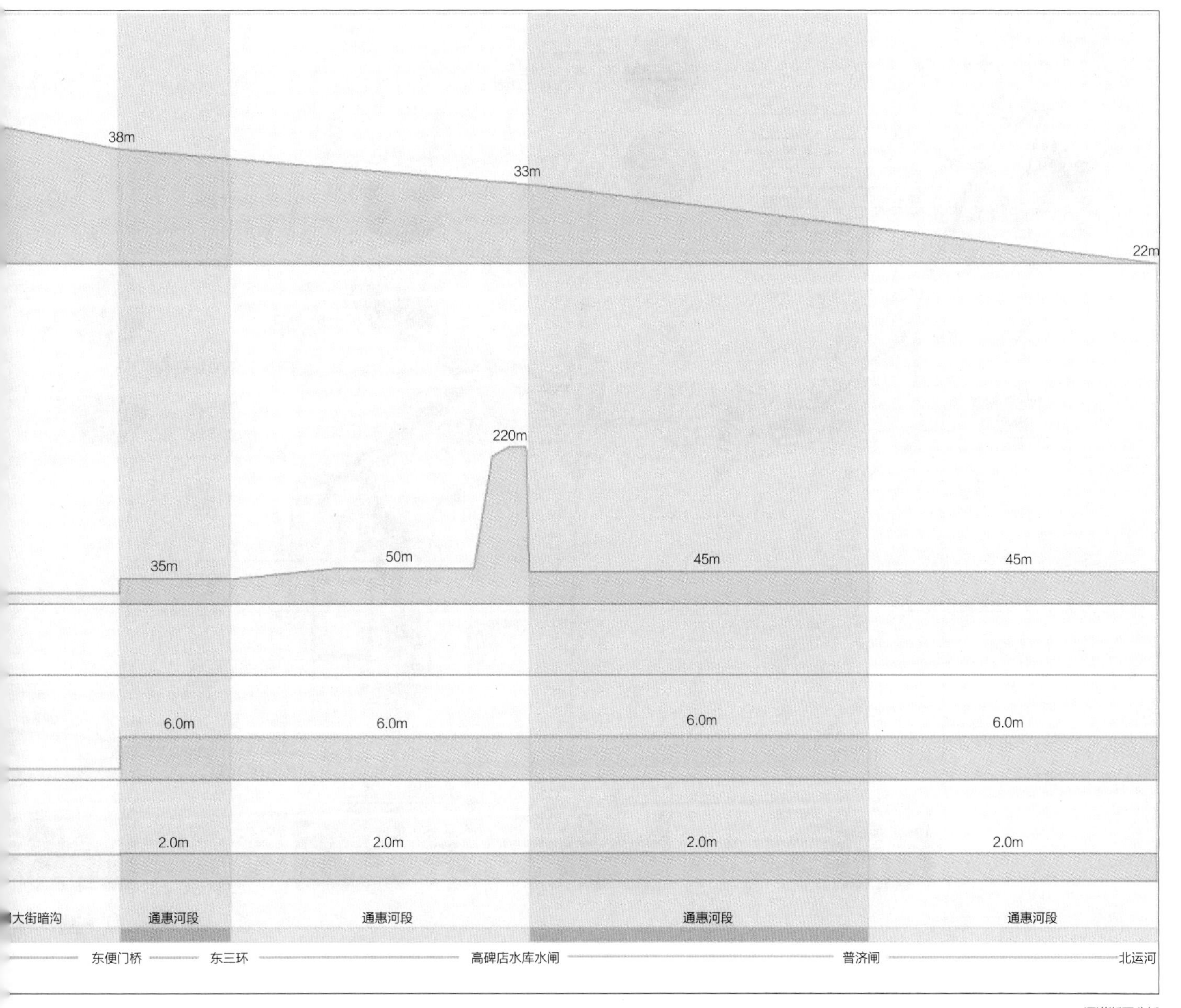
38m
33m
22m
220m
35m
50m
45m
45m
6.0m
6.0m
6.0m
6.0m
2.0m
2.0m
2.0m
2.0m
大街暗沟
通惠河段
通惠河段
通惠河段
通惠河段
东便门桥
东三环
高碑店水库水闸
普济闸
北运河

河道断面分析

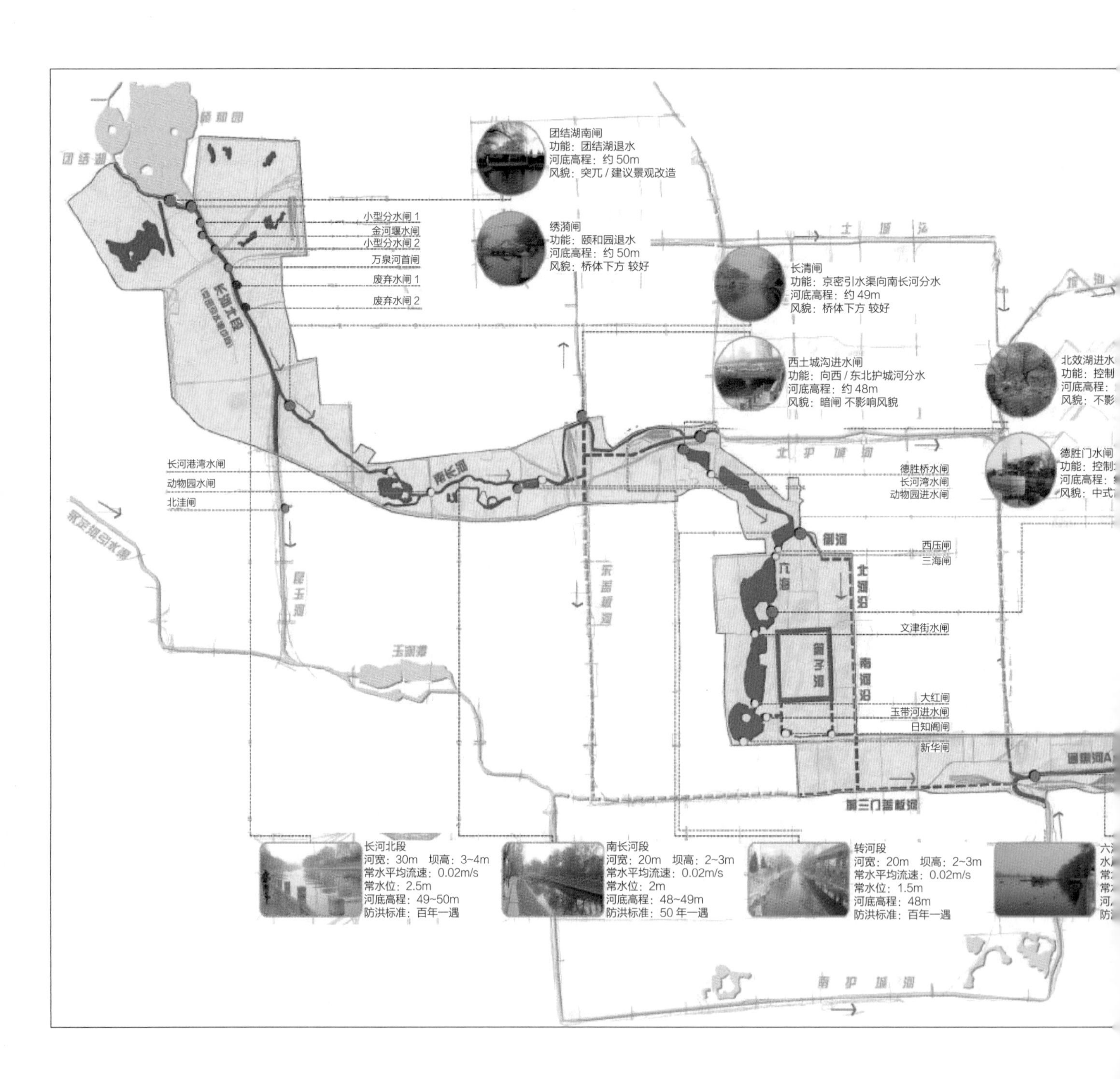
颐和园
团结湖
小型分水闸 1
金河堰水闸
小型分水闸 2
万泉河首闸
废弃水闸 1
废弃水闸 2
长河上段
团结湖南闸
功能：团结湖退水
河底高程：约 50m
风貌：突兀 / 建议景观改造
绣漪闸
功能：颐和园退水
河底高程：约 50m
风貌：桥体下方 较好
长清闸
功能：京密引水渠向南长河分水
河底高程：约 49m
风貌：桥体下方 较好
西土城沟进水闸
功能：向西 / 东北护城河分水
河底高程：约 48m
风貌：暗闸 不影响风貌
北效湖进水
功能：控制
河底高程：
风貌：不影
德胜门水闸
功能：控制
河底高程：
风貌：中式
北护城河
长河港湾水闸
动物园水闸
北洼闸
南长河
德胜桥水闸
长河湾水闸
动物园进水闸
御河
西压闸
三海闸
六海
北河沿
文津街水闸
筒子河
南河沿
大红闸
玉带河进水闸
日知阁闸
新华闸
通惠河
前三门盖板河
永定河引水渠
昆玉河
东冠板河
玉渊潭
南护城河
长河北段
河宽：30m 坝高：3~4m
常水平均流速：0.02m/s
常水位：2.5m
河底高程：49~50m
防洪标准：百年一遇
南长河段
河宽：20m 坝高：2~3m
常水平均流速：0.02m/s
常水位：2m
河底高程：48~49m
防洪标准：50 年一遇
转河段
河宽：20m 坝高：2~3m
常水平均流速：0.02m/s
常水位：1.5m
河底高程：48m
防洪标准：百年一遇

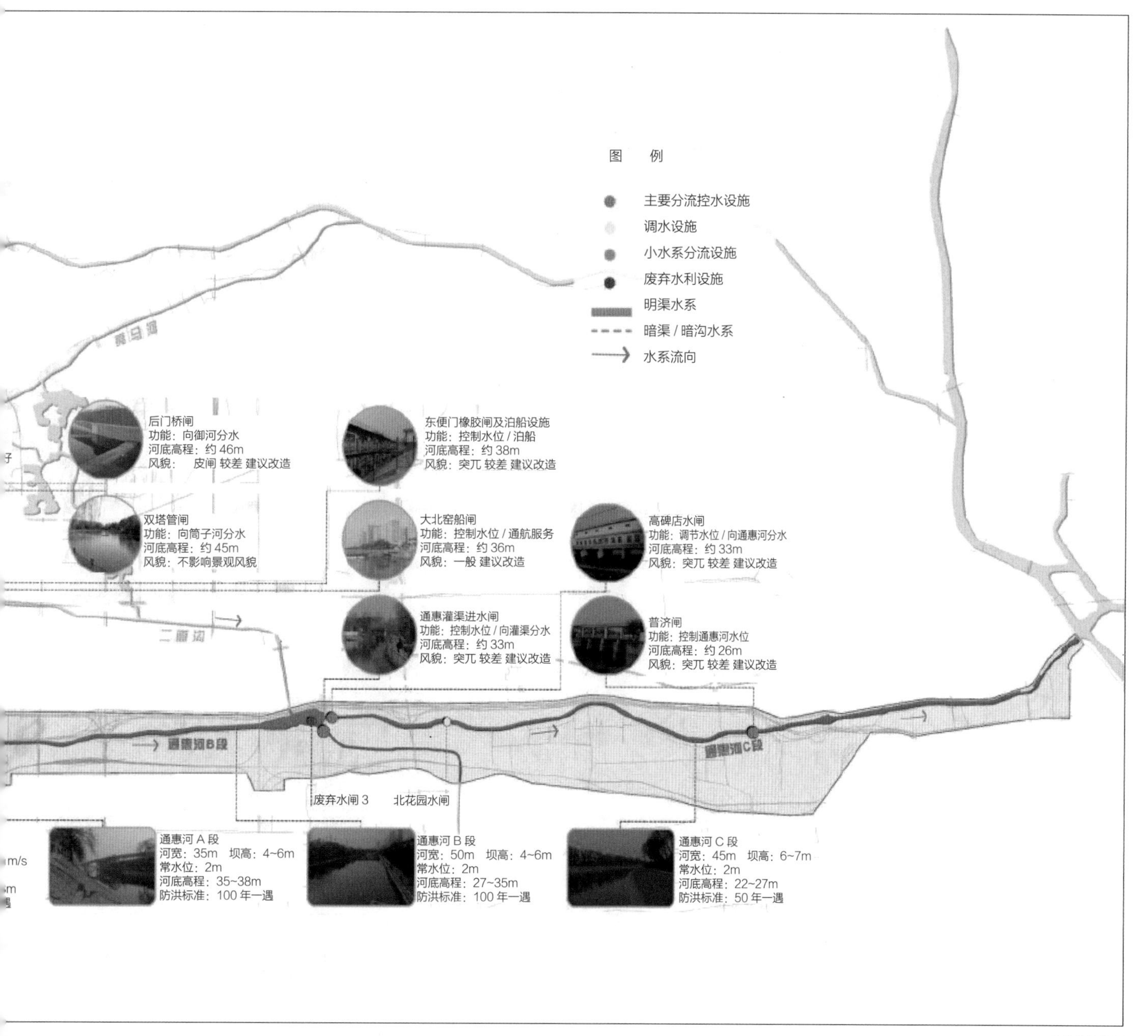
图 例
主要分流控水设施
调水设施
小水系分流设施
废弃水利设施
明渠水系
暗渠 / 暗沟水系
水系流向
后门桥闸
功能：向御河分水
河底高程：约 46m
风貌： 皮闸 较差 建议改造
东便门橡胶闸及泊船设施
功能：控制水位 / 泊船
河底高程：约 38m
风貌：突兀 较差 建议改造
双塔管闸
功能：向筒子河分水
河底高程：约 45m
风貌：不影响景观风貌
大北窑船闸
功能：控制水位 / 通航服务
河底高程：约 36m
风貌：一般 建议改造
高碑店水闸
功能：调节水位 / 向通惠河分水
河底高程：约 33m
风貌：突兀 较差 建议改造
通惠灌渠进水闸
功能：控制水位 / 向灌渠分水
河底高程：约 33m
风貌：突兀 较差 建议改造
普济闸
功能：控制通惠河水位
河底高程：约 26m
风貌：突兀 较差 建议改造
二道沟
通惠河B段
通惠河C段
废弃水闸 3
北花园水闸
通惠河 A 段
河宽：35m 坝高：4~6m
常水位：2m
河底高程：35~38m
防洪标准：100 年一遇
通惠河 B 段
河宽：50m 坝高：4~6m
常水位：2m
河底高程：27~35m
防洪标准：100 年一遇
通惠河 C 段
河宽：45m 坝高：6~7m
常水位：2m
河底高程：22~27m
防洪标准：50 年一遇

水文总体情况

动植物分析
Animal and Plant Resources Analysis

第一段（颐和园南—万寿寺西）

城市绿地：颐和园西南绿地、海淀公园、万柳高尔夫俱乐部。

该段综合绿地面积最大（2.9km²)，符合生态效益标准的廊道绿地与第二段绿地相比明显连接度更高、动植物数量种类较多。

地段	自然环境现状						
	斑块面积		物种多样性		斑块结构		
	公园绿地	居住绿地	动物种类／数量	植物种类／数量	绿地联接度	绿地边界	水污染
地段 1	5	3	4	5	5	4	

环境压力					人工改善	
人为压力						
水污染	噪音污染	空气污染	资源索取	人口密度	环境管理	古树保护
0	−1	−1	−3	−2	4	1

第二段（万寿寺—高梁桥）

城市绿地：紫竹院公园、动物园。

该段绿地具有很好的物种多样性生态潜质。与附近的玉渊潭公园有待加强生态连接。污染指数低，展览馆附近水环境质量。

地段	自然环境现状					
	斑块面积		物种多样性		斑块结构	
	公园绿地	居住绿地	动物种类／数量	植物种类／数量	绿地联接度	绿地边界
地段 2	3	5	5	5	4	4

环境压力					人工改善	
人为压力						
水污染	噪音污染	空气污染	资源索取	人口密度	环境管理	古树保护
0	−3	−3	−2	−3	4	2

第三段（高梁桥—德胜门）

城市绿地：小区绿地。

该段没有大面积绿地，以居住区绿地为主。北京北站有潜在噪声问题。

地段	自然环境现状					
	斑块面积		物种多样性		斑块结构	
	公园绿地	居住绿地	动物种类／数量	植物种类／数量	绿地联接度	绿地边界
地段 3	0	4	1	1	1	1

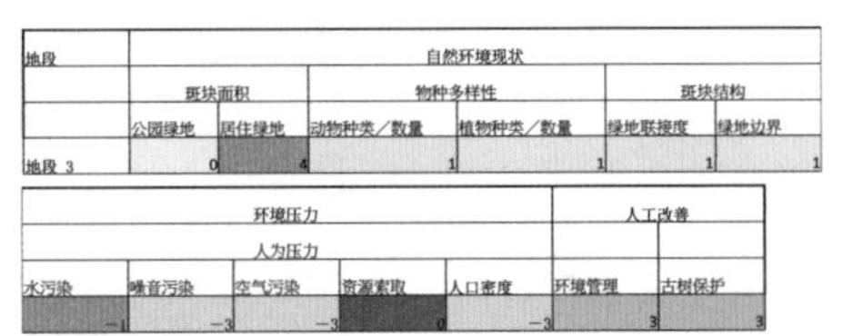

环境压力					人工改善	
人为压力						
水污染	噪音污染	空气污染	资源索取	人口密度	环境管理	古树保护
−1	−3	−3	0	−3	3	3

第四段（积水潭—荷花市场）

城市绿地：后海公园、西海公园、北海公园、景山公园、中山公园。

该段公园绿地连接度高、水面面积大，古树名木分布较为集中，绿地管理维护较好。

地段	自然环境现状					
	斑块面积		物种多样性		斑块结构	
	公园绿地	居住绿地	动物种类/数量	植物种类/数量	绿地联接度	绿地边界
地段 4	4	3	4	4	4	4

环境压力					人工改善	
人为压力						
水污染	噪音污染	空气污染	资源索取	人口密度	环境管理	古树保护
−1	−4	−4	−3	−5	5	5

第五段（万宁桥—南河沿）

城市绿地：皇城根遗址公园、菖蒲河公园、劳动人民文化宫。

该段小型公园绿地较多，以附属绿地为主。动物多见城市型鸟类，例如喜鹊。但植被较单一，老树居多，因为此处旧城附近，需考虑名木古树个体保护。

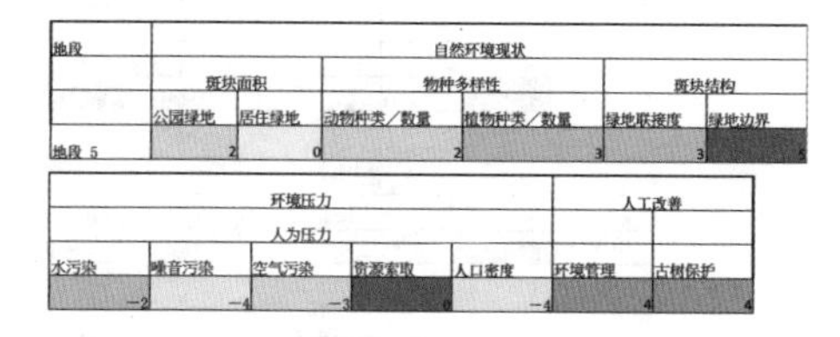

地段	自然环境现状					
	斑块面积		物种多样性		斑块结构	
	公园绿地	居住绿地	动物种类/数量	植物种类/数量	绿地联接度	绿地边界
地段 5	2	0	2	3	3	5

环境压力					人工改善	
人为压力						
水污染	噪音污染	空气污染	资源索取	人口密度	环境管理	古树保护
−2	−4	−3	0	−4	4	4

第六段（南河沿—东南角楼）

城市绿地：明城墙遗址公园、东单公园 。

该段绿地形状多为带状，边界效果好，植被生长良好，名木古树较多。

地段	自然环境现状					
	斑块面积		物种多样性		斑块结构	
	公园绿地	居住绿地	动物种类/数量	植物种类/数量	绿地联接度	绿地边界
地段 6	1	2	2	3	3	5

环境压力					人工改善	
人为压力						
水污染	噪音污染	空气污染	资源索取	人口密度	环境管理	古树保护
−2	−2	−3	0	−3	4	4

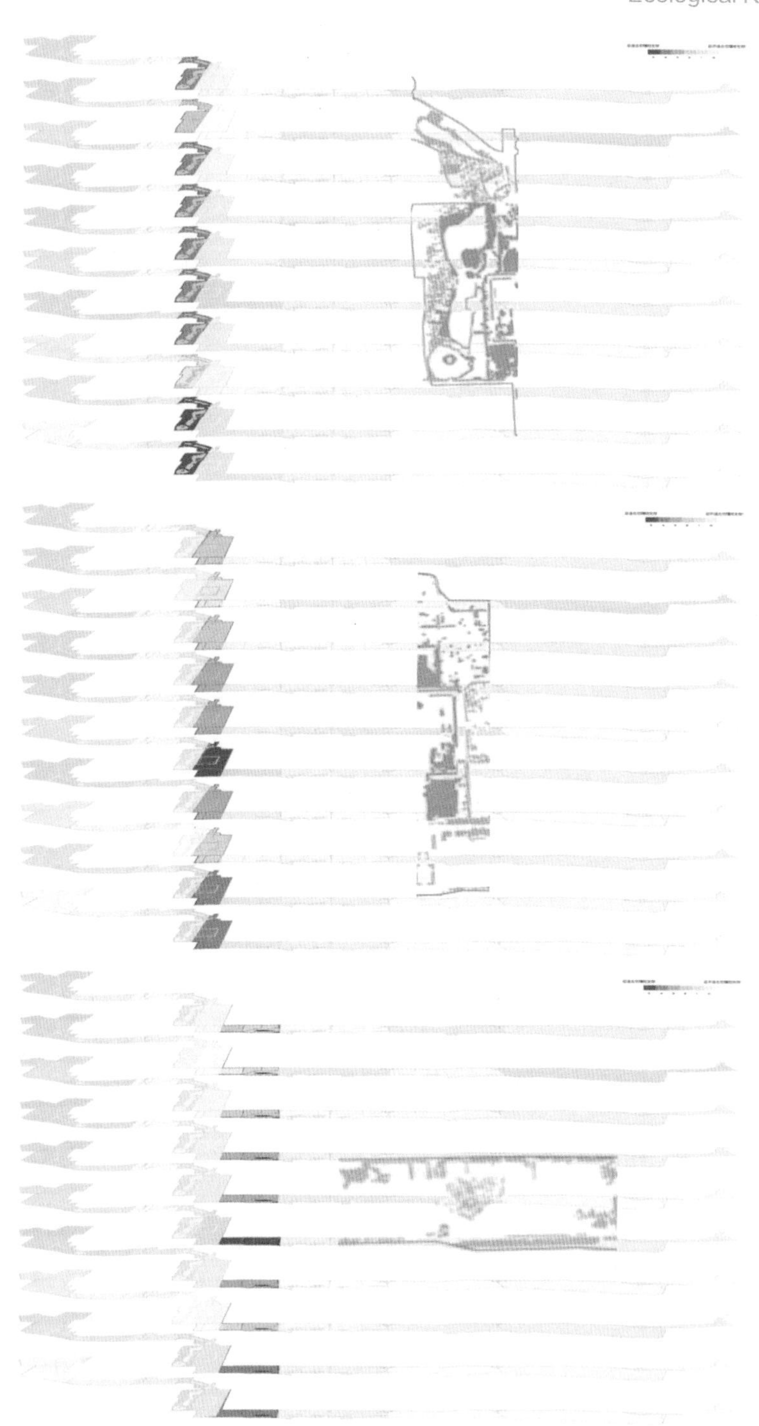

第七段（东南角楼东—东四环）

城市绿地：庆丰公园、庆丰公园西园。

该段商业绿地较多，绿地连接度相对紧密。但两处庆丰公园绿地中间有屏障阻碍。

地段	自然环境现状					
	斑块面积		物种多样性		斑块结构	
	公园绿地	居住绿地	动物种类／数量	植物种类／数量	绿地联接度	绿地边界
地段 7	1	5	1	3	4	3

环境压力					人工改善	
人为压力						
水污染	噪音污染	空气污染	资源索取	人口密度	环境管理	古树保护
−5	−3	−4	0	−3	3	3

第八段（东四环—东五环）

城市绿地：高碑店水库、美松高尔夫、球场北京朝阳兴隆公园。

该段水质污染严重；公园绿地管理不善。动物数量可观，但物种生境质量不高。

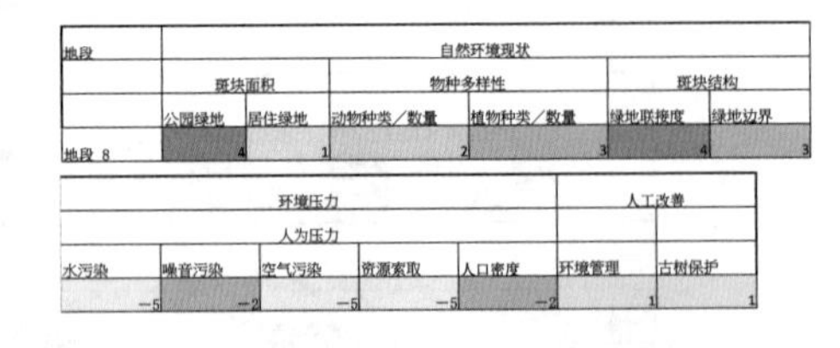

地段	自然环境现状					
	斑块面积		物种多样性		斑块结构	
	公园绿地	居住绿地	动物种类／数量	植物种类／数量	绿地联接度	绿地边界
地段 8	4	1	2	3	4	3

环境压力					人工改善	
人为压力						
水污染	噪音污染	空气污染	资源索取	人口密度	环境管理	古树保护
−5	−2	−5	−5	−2	1	1

第九段（东五环—通州北运河）

城市绿地：西会公园、西海子公园、八里桥音乐主题公园。

该段居住绿地和交通环岛绿地居多，管理状况较差。

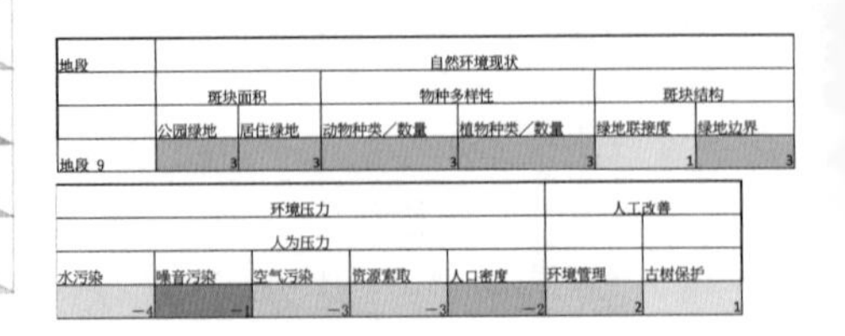

地段	自然环境现状					
	斑块面积		物种多样性		斑块结构	
	公园绿地	居住绿地	动物种类／数量	植物种类／数量	绿地联接度	绿地边界
地段 9	3	3	3	3	1	3

环境压力					人工改善	
人为压力						
水污染	噪音污染	空气污染	资源索取	人口密度	环境管理	古树保护
−4	−1	−3	−3	−2	2	1

金代

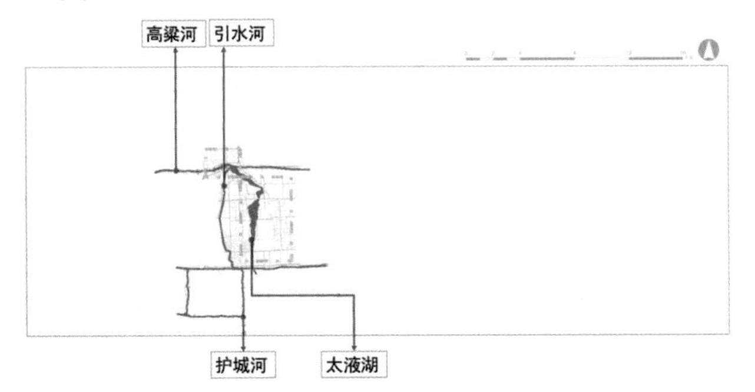

金初疏导西北诸泉，东南流注高粱河；引水注护城河；太液池连通（现北海、中南海）。

清代

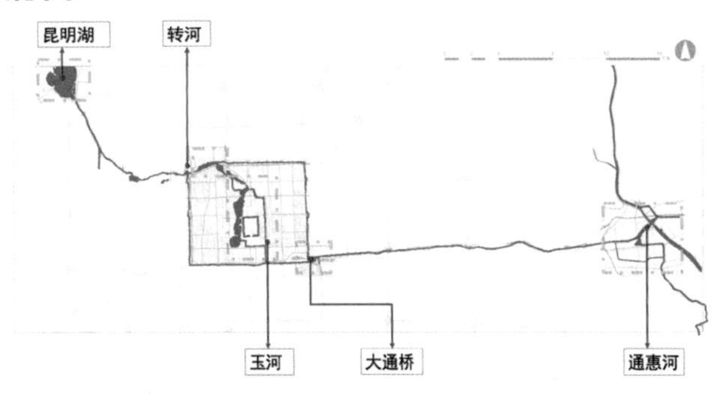

扩建颐和园昆明湖；为修建铁路始出现转河；北海、中南海格局定型；玉河整段通畅；通惠河段只剩下五闸二坝，但仍能漕运。

元代

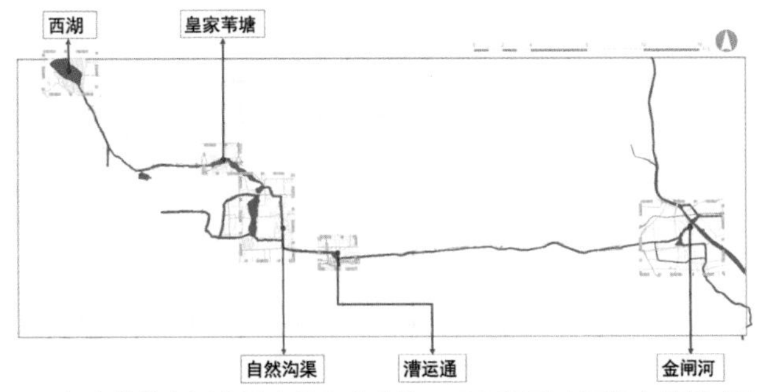

郭守敬从白浮泉引水注入瓮山泊，又开渠引水至皇家苇塘（现积水潭）；太液池上建造万宁桥（后门桥），经玉河接通惠河；沿途修建 24 座水闸。

民国

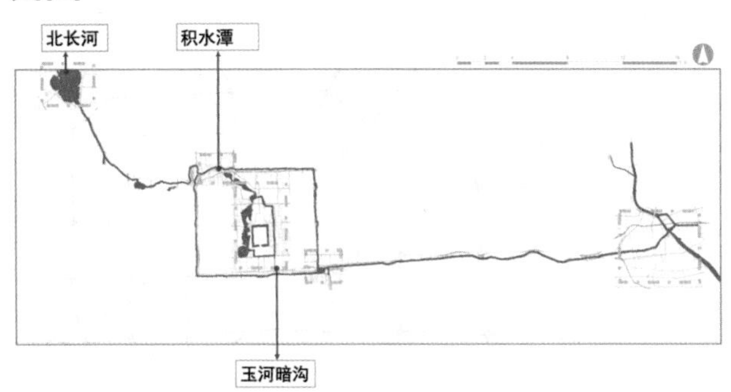

1924 年、1931 年玉河部分段落改成暗沟；1933 年填平修建南河沿大街。

明代

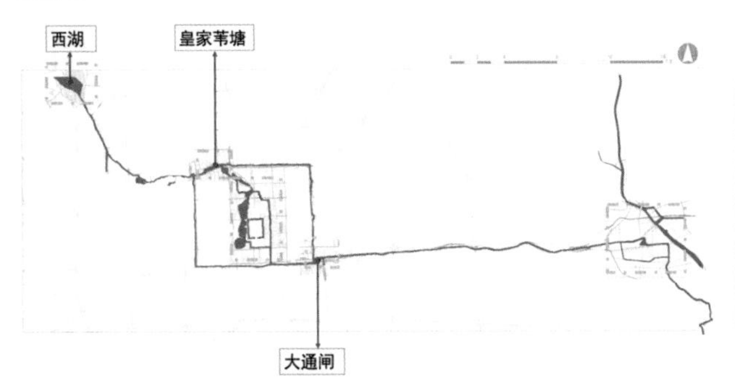

西湖东岸十里长堤被水冲毁，促使重修；通惠河被圈入皇城；城内不通航改大通桥为通惠河起点；明代前期通惠河淤结，后吴仲疏通。

当代

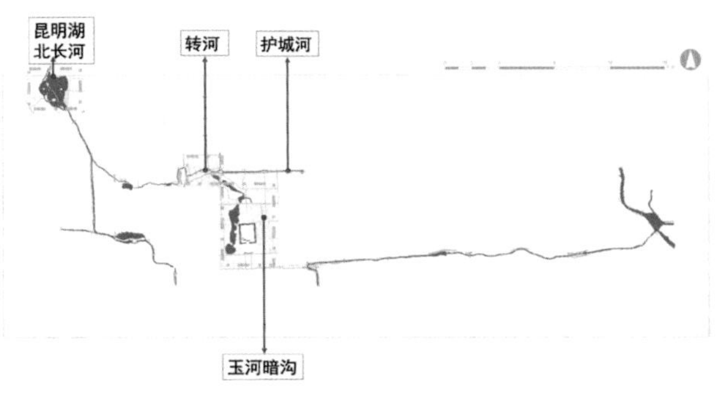

1950 年疏浚北长河；1956 年玉河全段被改建为暗沟，1971 年填埋太平湖，改建北护城河；2006 年恢复玉河河道通惠河段疏通。

历代人文活动变迁
Changes of Historical and Cultural Activities

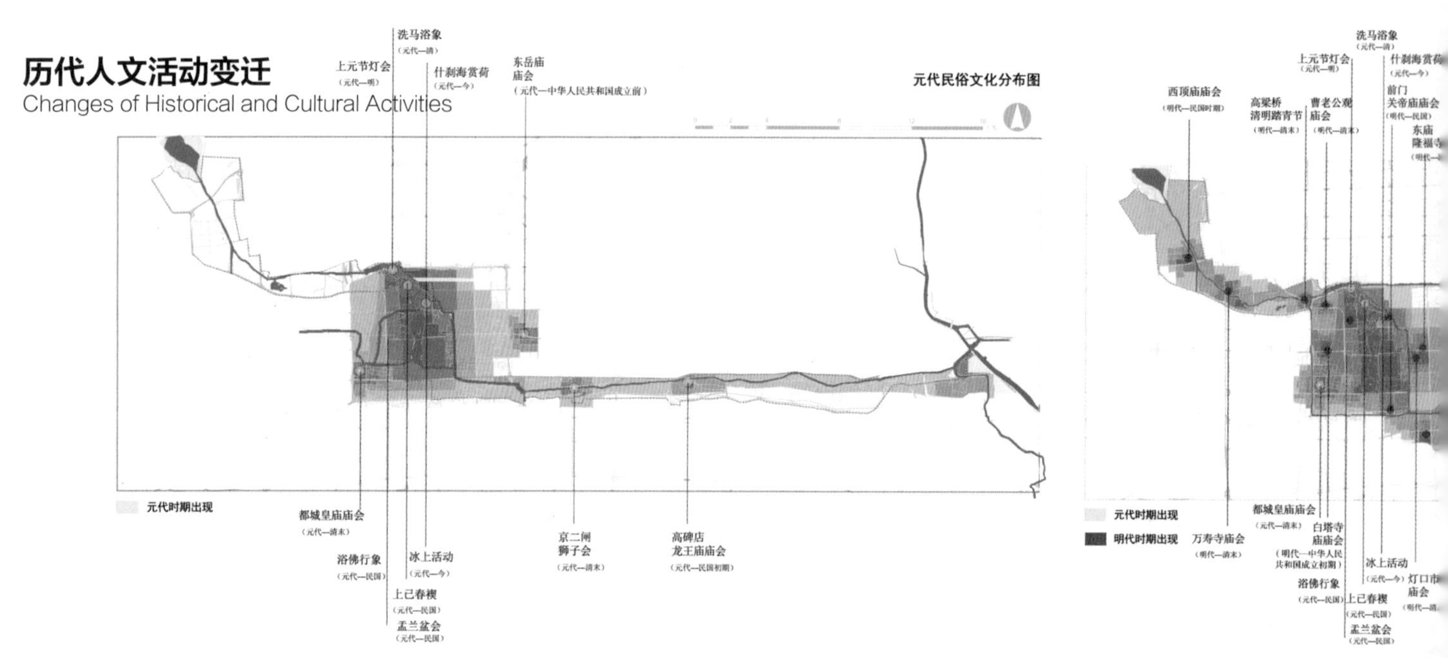

由于元代都城的建立与运河的开通，民俗文化活动开始兴起，并以运河为中心向周边扩散，形式以庙会以及祈福等活动为主。

明代国力强盛，文化交流日益增加

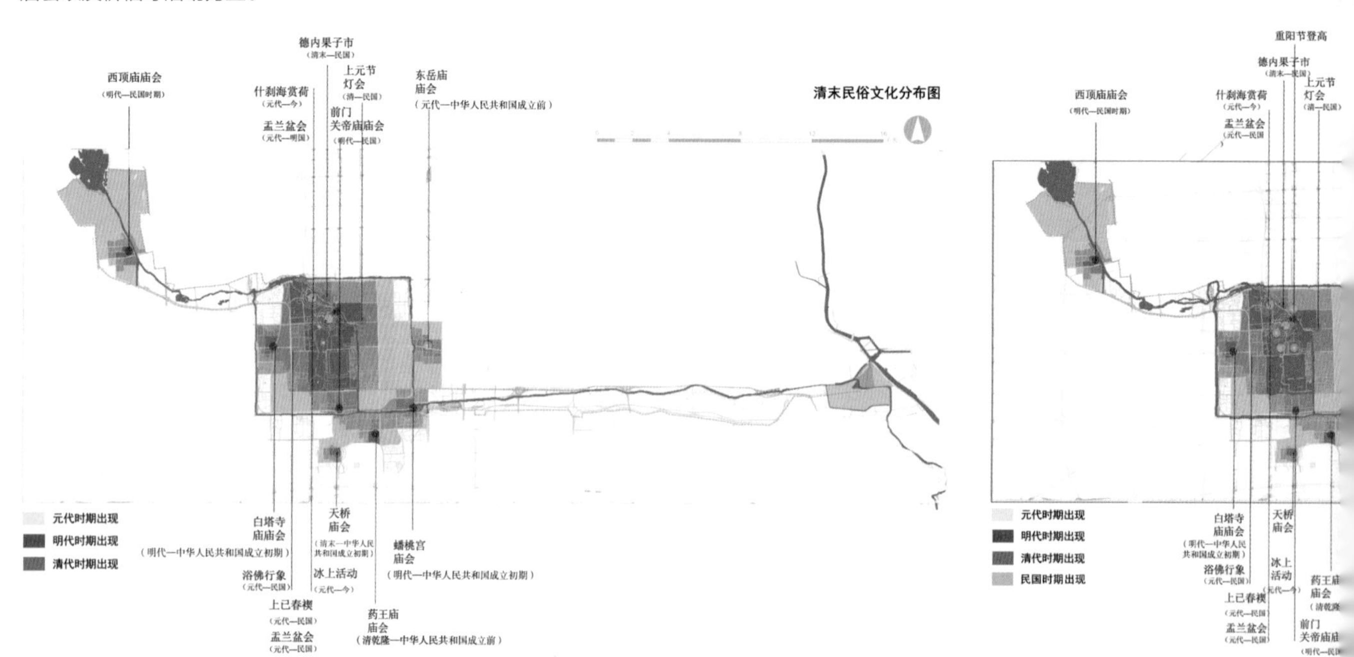

清朝末期由于西方的侵略，社会动荡，许多文化活动趋于衰落甚至消失。

民国文化活动又有复苏的状况。

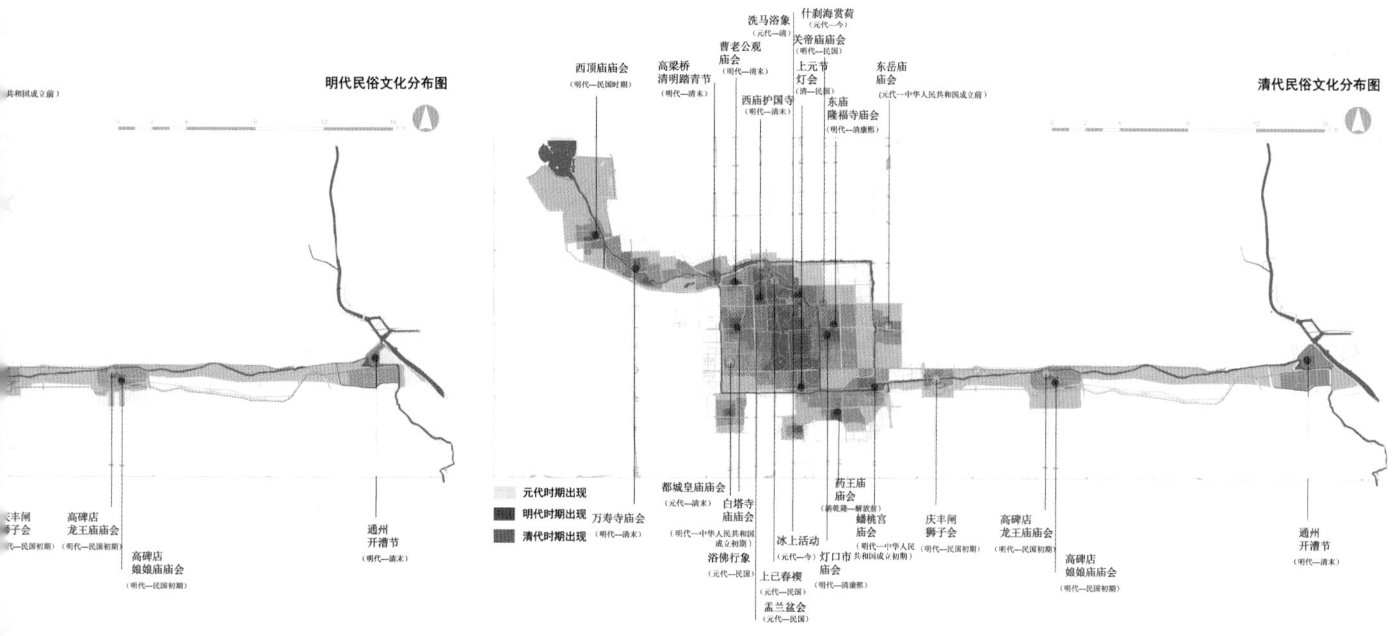

力的形式和数量也增多。

清朝文化活动发展到鼎盛时期，文化活动形式多样，数量繁多。

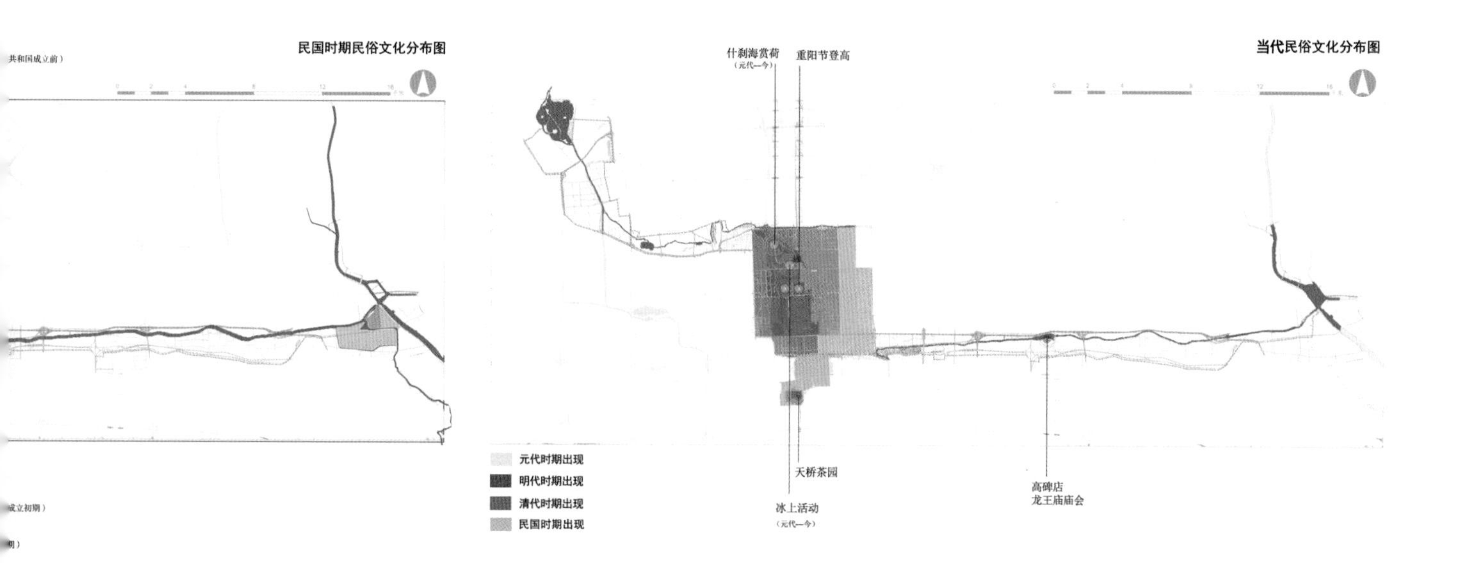

中华人民共和国成立后只有少数文化活动得以保留。

文化遗产评价
Cultural Heritage Evaluation

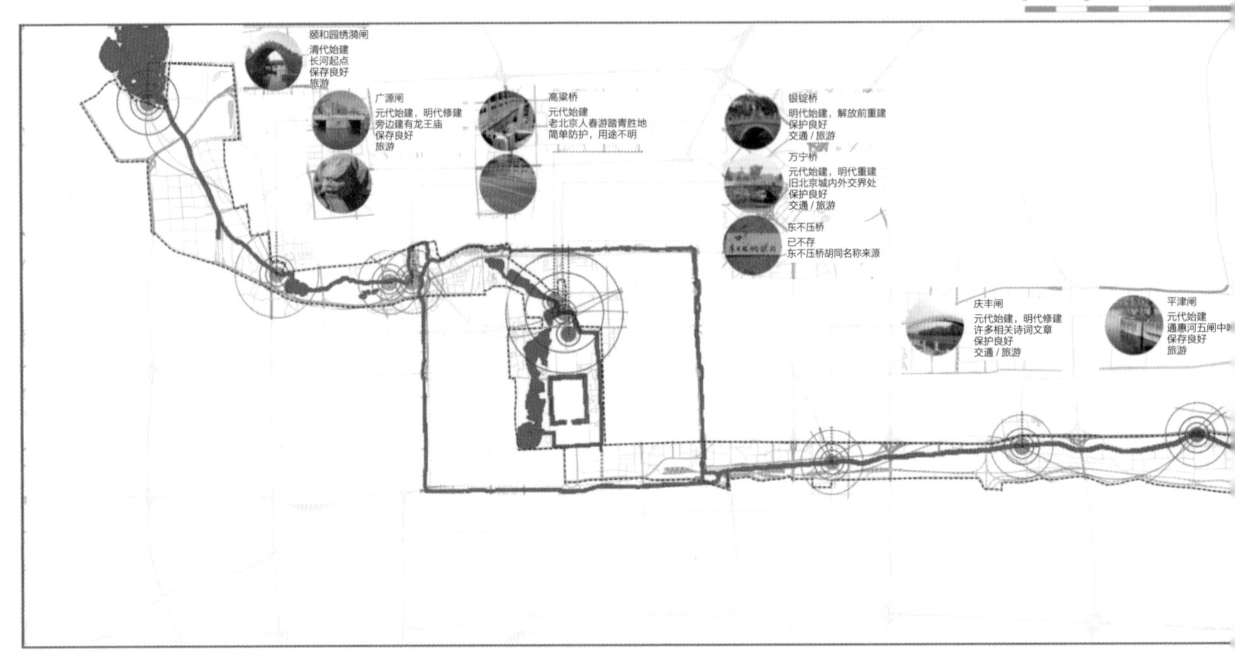

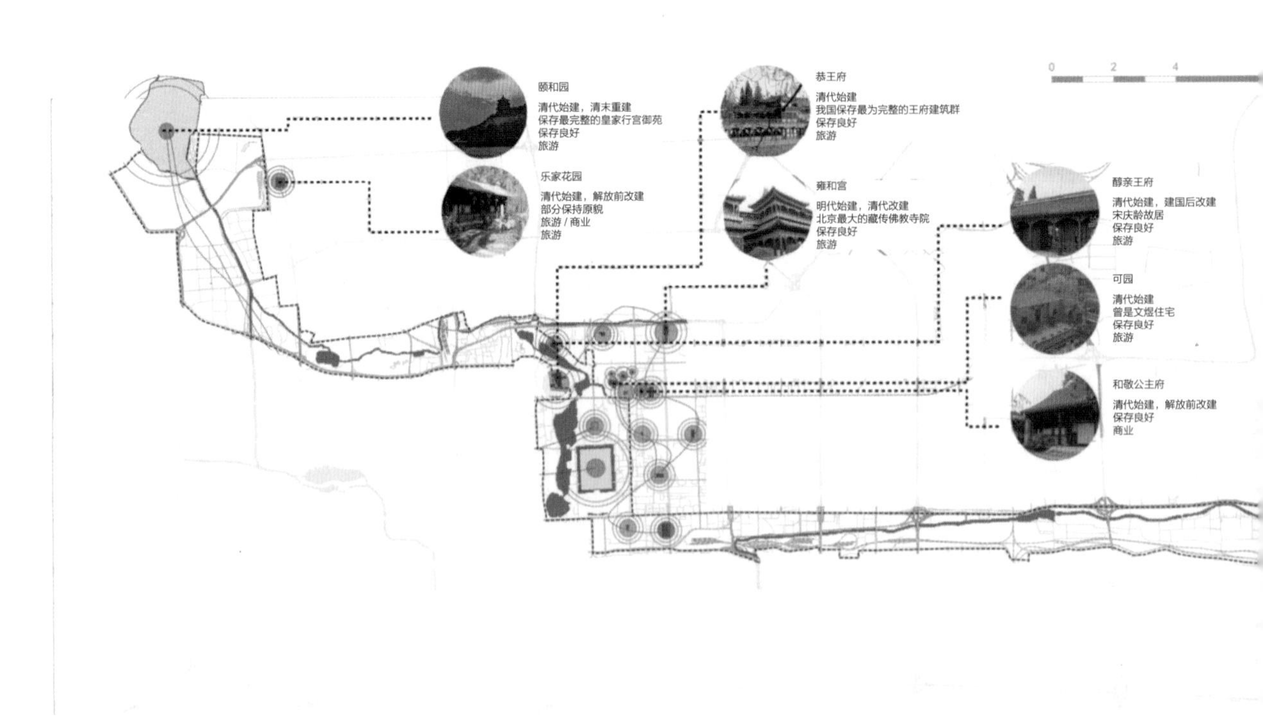

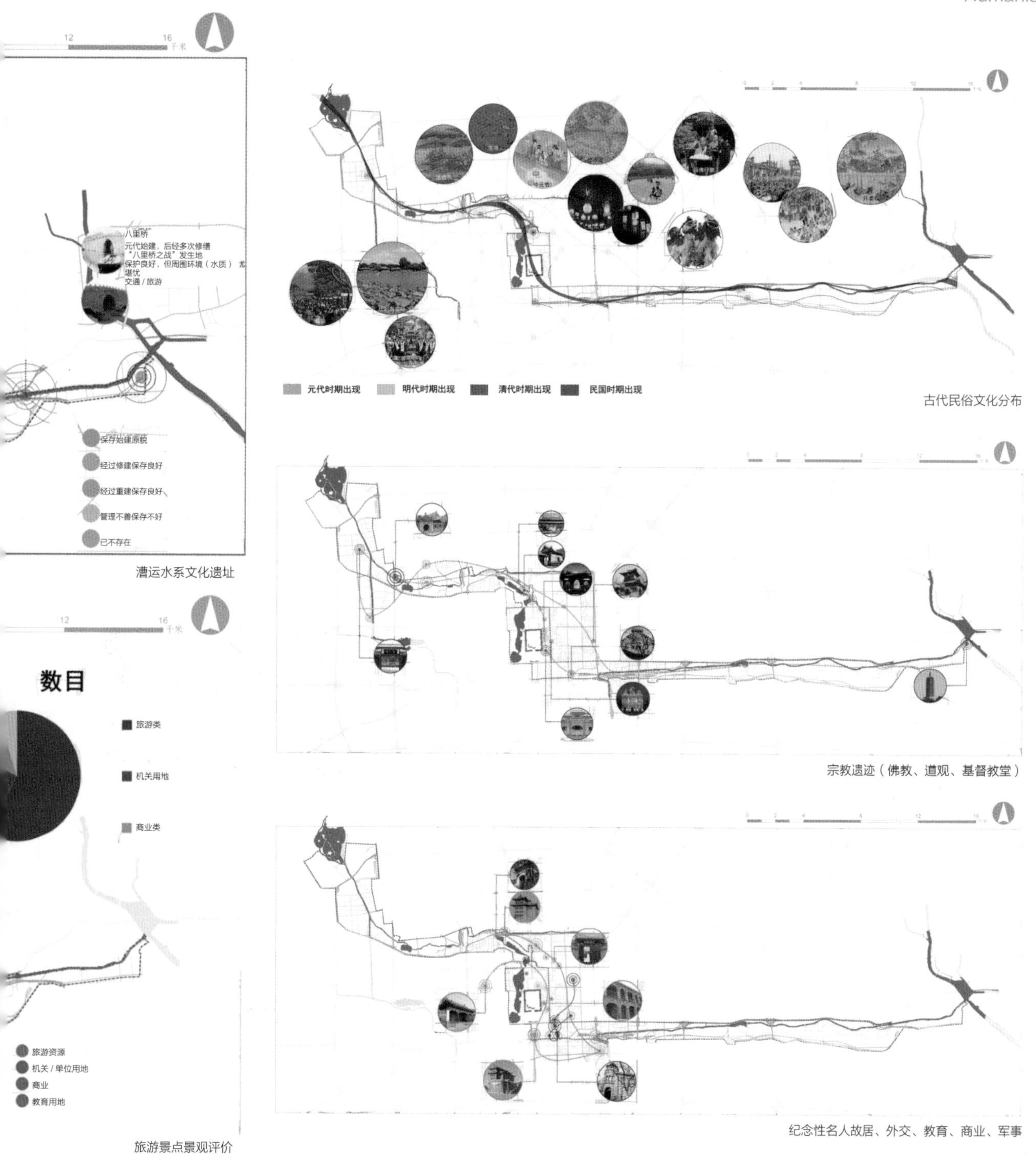

漕运水系文化遗址

古代民俗文化分布

宗教遗迹（佛教、道观、基督教堂）

旅游景点景观评价

纪念性名人故居、外交、教育、商业、军事

区域评价总结

Regional Evaluation Summary

美国学者 Segal（1976 年）提出基于产业类型的区域经济效益评价模型：G=*f*（K,L,N）— G(城市经济效益),K（人口密度), L(人均产值)，N（总产出）；权重的记分法：首先确定出总分数，然后按照各经济效益评价的重要程度，自上而下地把分数逐层分配，并以各指标分配的分数与总分数之比作为权重系数。

采用上述模型对北京历史水系沿线地区进行评价，最终得出，京西段由于学区、科技产业等总体因素影响，街道的经济效益价值相对较高。京东段至通州则由于区位、开发时间滞后等因素，经济效益价值相对较低。但随着北京城市副中心在通州的确立，京东段的发展与效益将会有巨大的促进与提升。

第二产业现状分布

第三产业现状分布

区域经济效益评价图

区域评价总结——经济效益评价表

Regional Evaluation Summary — Economic Benefit Evaluation Table

以街道为单位的经济效益评价表

街道	人口密度（人/km²）	产业类型	评价标准（加权1：产业布局比例系数；加权2：平均人口密度比例系数）									
四季青街道	1221		固定资产30%	从业人数20%	生产总值（40%）	企业税金（20%）	环境污染（-10%）	合计【1】	加权【1】	合计【2】	加权【3】	合计【3】
		第二产业	5.6	4.7	3.6	3.6	3	4.48	9%	7.3101	4.23%	0.31
			固定资产20%	从业人数20%	生产总值（30%）	企业税金(20%)	产业创意程度（10%）					
		第三产业	7.9	8	8.1	7.9	4	7.59	91%			
万柳街道	2258		固定资产30%	从业人数20%	生产总值（40%）	企业税金（20%）	环境污染（-10%）	合计【1】	加权【1】	合计【2】	加权【3】	合计【3】
		第二产业	4.2	4	3.6	3.6	3	3.92	13%	4.5464	7.83%	0.36
			固定资产20%	从业人数20%	生产总值（30%）	企业税金(20%)	产业创意程度（10%）					
		第三产业	5.1	5.5	5.2	3.8	2	4.64	87%			
海淀街道	25000		固定资产30%	从业人数20%	生产总值（40%）	企业税金（20%）	环境污染（-10%）	合计【1】	加权【1】	合计【2】	加权【3】	合计【3】
		第二产业	6.9	5.2	6.7	6.6	2	6.91	5%	8.582	86.66%	7.44
			固定资产20%	从业人数20%	生产总值（30%）	企业税金(20%)	产业创意程度（10%）					
		第三产业	9.1	9.2	9.1	7.9	7	8.67	95%			
曙光街道	11607		固定资产30%	从业人数20%	生产总值（40%）	企业税金（20%）	环境污染（-10%）	合计【1】	加权【1】	合计【2】	加权【3】	合计【3】
		第二产业	6.1	5.8	6.5	6.2	2	6.63	8%	8.148	40.24%	3.28
			固定资产20%	从业人数20%	生产总值（30%）	企业税金(20%)	产业创意程度（10%）					
		第三产业	8.4	8.6	8.8	8.2	6	8.28	92%			
紫竹院街道	20706		固定资产30%	从业人数20%	生产总值（40%）	企业税金（20%）	环境污染（-10%）	合计【1】	加权【1】	合计【2】	加权【3】	合计【3】
		第二产业	5.2	4.1	4.2	4.5	0.5	4.91	4%	7.6729	71.78%	5.51
			固定资产20%	从业人数20%	生产总值（30%）	企业税金(20%)	产业创意程度（10%）					
		第三产业	8.2	7.5	8.3	8.2	6	7.87	95%			
北下关街道	18166		固定资产30%	从业人数20%	生产总值（40%）	企业税金（20%）	环境污染（-10%）	合计【1】	加权【1】	合计【2】	加权【3】	合计【3】
		第二产业	6.4	5.5	6.1	5.3	2	6.32	7%	8.0591	62.97%	5.07
			固定资产20%	从业人数20%	生产总值（30%）	企业税金(20%)	产业创意程度（10%）					
		第三产业	8.5	8.3	8.3	8.2	7	8.19	93%			
展览路街道	28277		固定资产30%	从业人数20%	生产总值（40%）	企业税金（20%）	环境污染（-10%）	合计【1】	加权【1】	合计【2】	加权【3】	合计【3】
		第二产业	4.3	3.6	4.9	5.4	2	4.85	5%	8.5265	98.02%	8.36
			固定资产20%	从业人数20%	生产总值（30%）	企业税金(20%)	产业创意程度（10%）					
		第三产业	9.5	8.3	9.4	8.2	7	8.72	95%			
新街口街道	19873		固定资产30%	从业人数20%	生产总值（40%）	企业税金（20%）	环境污染（-10%）	合计【1】	加权【1】	合计【2】	加权【3】	合计【3】
		第二产业	2.6	2.5	3.1	2.6	1.5	2.89	4%	7.162	68.89%	4.93
			固定资产20%	从业人数20%	生产总值（30%）	企业税金(20%)	产业创意程度（10%）					
		第三产业	7.4	7.6	7.2	7.4	7	7.34	96%			
厂桥街道	21980		固定资产30%	从业人数20%	生产总值（40%）	企业税金（20%）	环境污染（-10%）	合计【1】	加权【1】	合计【2】	加权【3】	合计【3】
		第二产业	3.2	3.4	3.3	2.6	1.5	3.33	4%	6.642	76.19%	5.06
			固定资产20%	从业人数20%	生产总值（30%）	企业税金(20%)	产业创意程度（10%）					
		第三产业	6.8	6.2	7.2	6.6	7	6.78	96%			
西长安街街道	19261		固定资产30%	从业人数20%	生产总值（40%）	企业税金（20%）	环境污染（-10%）	合计【1】	加权【1】	合计【2】	加权【3】	合计【3】
		第二产业	5.2	2.6	4.5	2.6	1	4.3	2%	9.0432	66.77%	6.04
			固定资产20%	从业人数20%	生产总值（30%）	企业税金(20%)	产业创意程度（10%）					
		第三产业	9.4	9.1	9.4	9.1	8	9.14	98%			
东华门街道	13775		固定资产30%	从业人数20%	生产总值（40%）	企业税金（20%）	环境污染（-10%）	合计【1】	加权【1】	合计【2】	加权【3】	合计【3】
		第二产业	4.2	3.6	3.7	2.6	2	3.78	2%	8.4448	47.75%	4.03
			固定资产20%	从业人数20%	生产总值（30%）	企业税金(20%)	产业创意程度（10%）					
		第三产业	7.5	8.5	9.4	9.1	7	8.54	98%			
景山街道	26520		固定资产30%	从业人数20%	生产总值（40%）	企业税金（20%）	环境污染（-10%）	合计【1】	加权【1】	合计【2】	加权【3】	合计【3】
		第二产业	3.2	3.6	3.4	3.2	2	3.48	2%	6.2142	91.93%	5.71
			固定资产20%	从业人数20%	生产总值（30%）	企业税金(20%)	产业创意程度（10%）					
		第三产业	6.8	6.5	5.9	5.7	7	6.27	98%			
建国门街道	21775		固定资产30%	从业人数20%	生产总值（40%）	企业税金（20%）	环境污染（-10%）	合计【1】	加权【1】	合计【2】	加权【3】	合计【3】
		第二产业	4.3	3.8	3.9	3.2	2	4.05	6%	6.2872	75.48%	4.75
			固定资产20%	从业人数20%	生产总值（30%）	企业税金(20%)	产业创意程度（10%）					
		第三产业	7.6	6.5	5.9	5.7	7	6.43	94%			
建外街道	18500		固定资产30%	从业人数20%	生产总值（40%）	企业税金（20%）	环境污染（-10%）	合计【1】	加权【1】	合计【2】	加权【3】	合计【3】
		第二产业	6.3	3.8	3.9	4.5	2	4.91	1%	9.5531	64.13%	6.13
			固定资产20%	从业人数20%	生产总值（30%）	企业税金(20%)	产业创意程度（10%）					
		第三产业	9.7	9.6	9.8	9.5	9	9.6	99%			
双井街道	19685		固定资产30%	从业人数20%	生产总值（40%）	企业税金（20%）	环境污染（-10%）	合计【1】	加权【1】	合计【2】	加权【3】	合计【3】
		第二产业	7.6	7.4	7.4	7.6	5	7.74	15%	4.0935	68.24%	2.79
			固定资产20%	从业人数20%	生产总值（30%）	企业税金(20%)	产业创意程度（10%）					
		第三产业	3.8	4.3	3.1	3.5	2	3.45	85%			
高碑店街道	11604		固定资产30%	从业人数20%	生产总值（40%）	企业税金（20%）	环境污染（-10%）	合计【1】	加权【1】	合计【2】	加权【3】	合计【3】
		第二产业	8.9	8.9	8.8	8.5	5	9.17	24%	5.5372	40.22%	2.23
			固定资产20%	从业人数20%	生产总值（30%）	企业税金(20%)	产业创意程度（10%）					
		第三产业	5.4	5.2	5.3	2.4	2	4.39	76%			
三间房街道	6841		固定资产30%	从业人数20%	生产总值（40%）	企业税金（20%）	环境污染（-10%）	合计【1】	加权【1】	合计【2】	加权【3】	合计【3】
		第二产业	9.3	8.9	8.8	8.5	5	9.29	24%	3.9396	23.71%	0.93
			固定资产20%	从业人数20%	生产总值（30%）	企业税金(20%)	产业创意程度（10%）					
		第三产业	2.3	2.4	2.1	2.4	2	2.25	76%			
管庄街道	5100		固定资产30%	从业人数20%	生产总值（40%）	企业税金（20%）	环境污染（-10%）	合计【1】	加权【1】	合计【2】	加权【3】	合计【3】
		第二产业	8.9	8.9	8.8	8.6	5	9.19	24%	3.9156	17.68%	0.69
			固定资产20%	从业人数20%	生产总值（30%）	企业税金(20%)	产业创意程度（10%）					
		第三产业	2.3	2.4	2.1	2.4	2	2.25	76%			

社会表述整体评价
Social Evaluation

老龄化：国际上通常把 60 岁以上的人口占总人口比例达到 10%，作为国家或地区进入老龄化社会的标准。

图中红色和黄色部分为已经进入老龄化的街道地区，绿色部分为老龄人口低于 10% 的地区。

河道周边老龄化严重的区域集中在旧城段的东城及西城区。

教育：河道周围街道中海淀区居民大学本科及以上人群比例明显比其他区域高，但是海淀区的四季青地区和万柳地区受教育程度较低，形成较大差距。

东城、西城、朝阳及通州区居民受教育程度相差不大，海淀区教育资源较集中。

人口密度

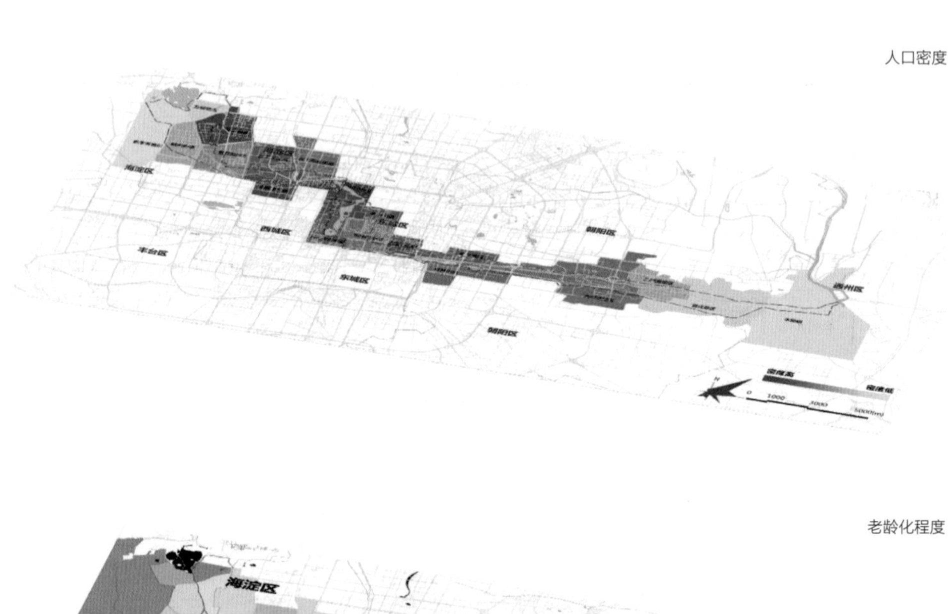

老龄化程度

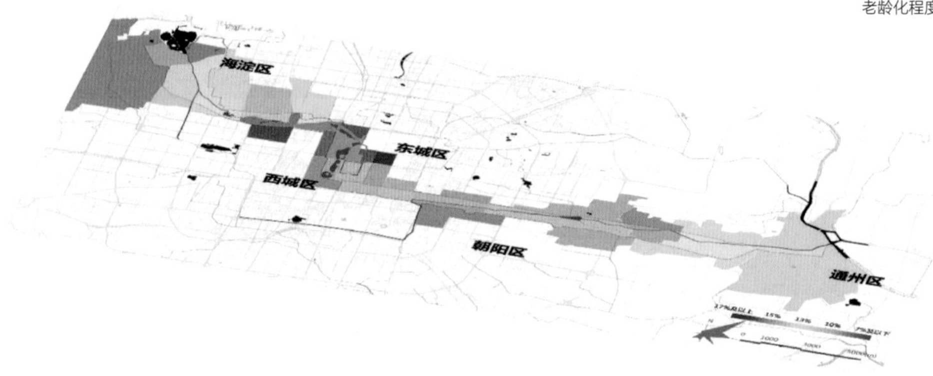

受教育程度
（大学本科及以上比例）

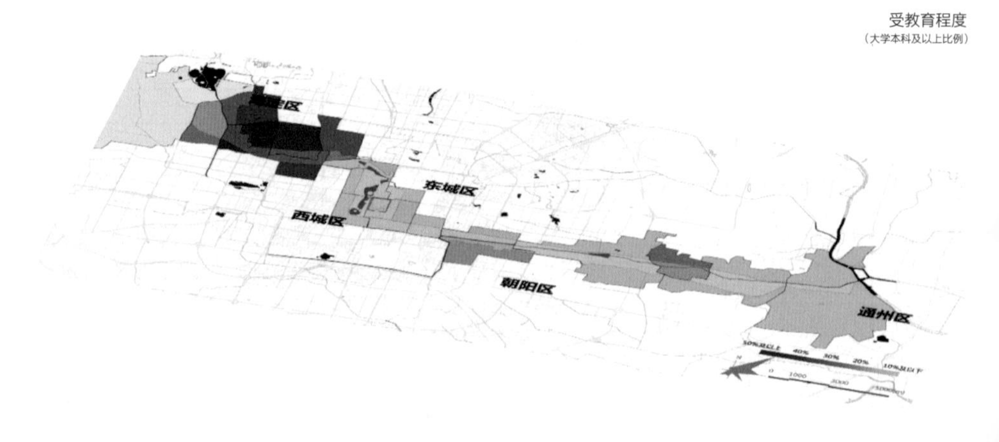

房价

居住地绿地率

水体可达性

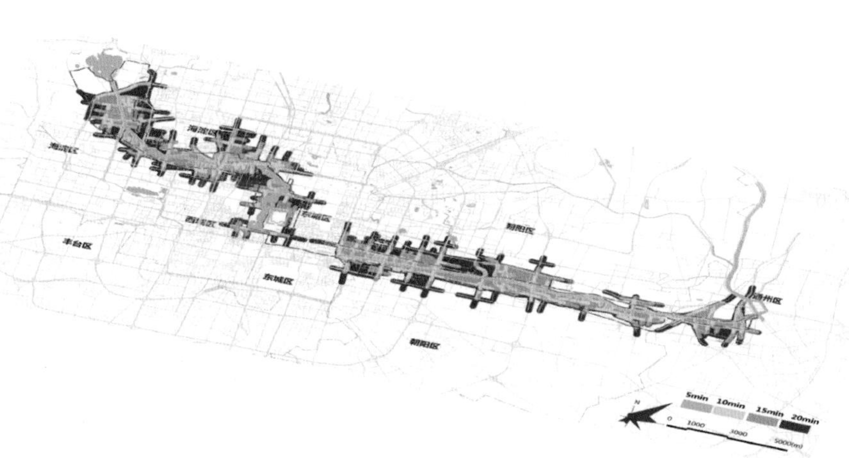

房价：北京的房价在国内保持较高水平，场地周边的房价跨度较大。图中深紫色部分为房价每平方米 10 万元以上的居住区，主要分布在东西城区和海淀区。河道周边风景较好的地方，房价相对较高。

绿地率：北京历史水系周边地区绿化条件较好的居住区，主要分布在海淀区长河南岸、西城、东城区什刹海和故宫周边。

结合方价信息，房价较高的小区相对绿化条件较好、绿地率较高。

可达性：场地活动居民多为居住在附近的人，交通时间多在 20 分钟以内。

采用的交通方式多为步行，部分为自行车。

社会表述整体评价
Social Evaluation

通过对本地的居住人群以及区域外来人群、游客人群、游客活动等相关分析来最终评价社会活力。

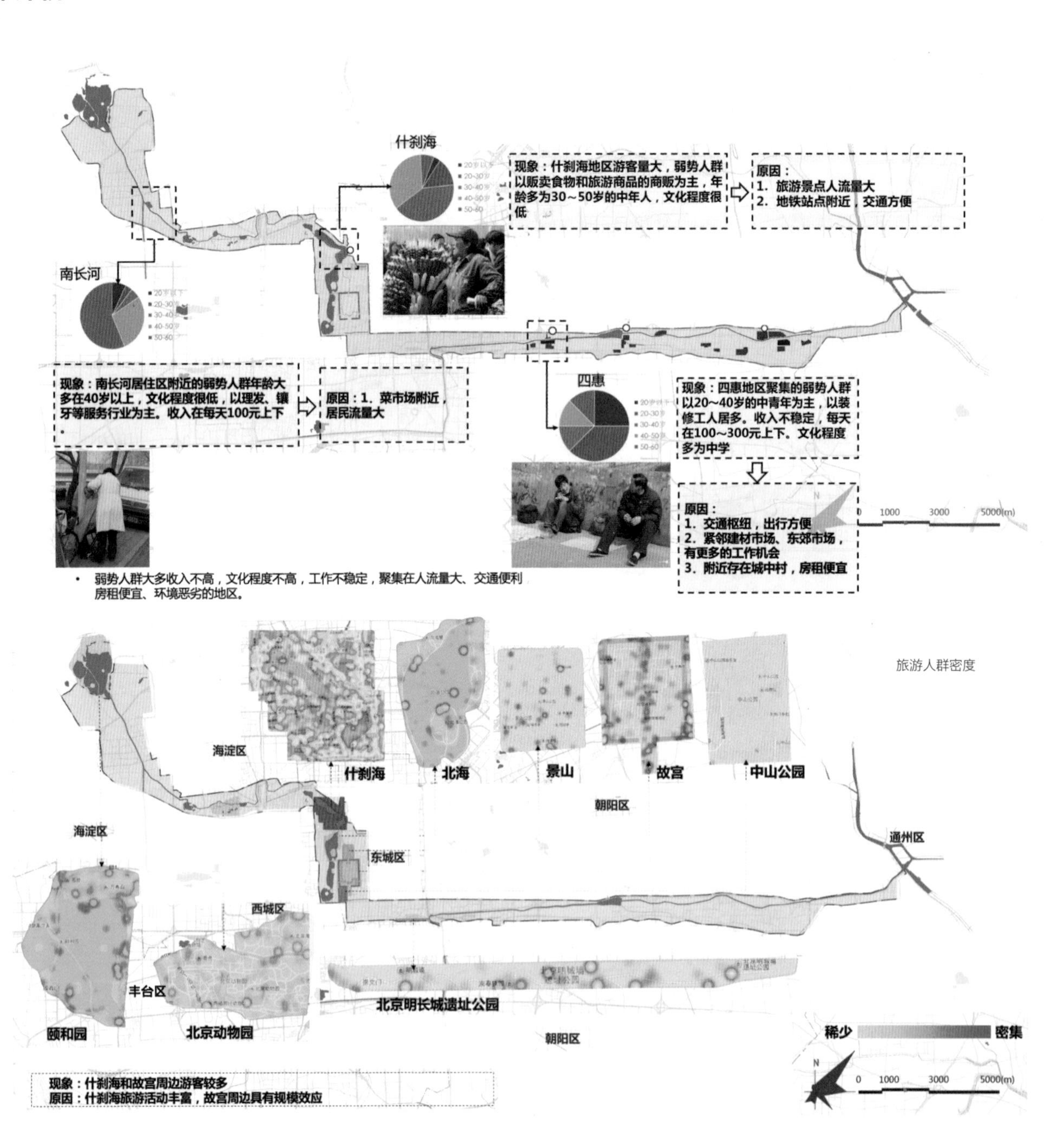

水系周边人群活力度分析
Analysis on the Vitality of People around the River System

通过对居住人群、旅游人群、弱势人群的活动综合分析来评价历史水系周边的活力程度。评价的人群要素占比为居住人群 70%，旅游人群 40%，弱势人群 10%。

在居住人群中：人口密度要素占 20%，人口素质（受教育程度）要素占 20%，房价要素占 20%。

在旅游人群中：活动类型要素占 40%，人口分布密度要素占 60%。

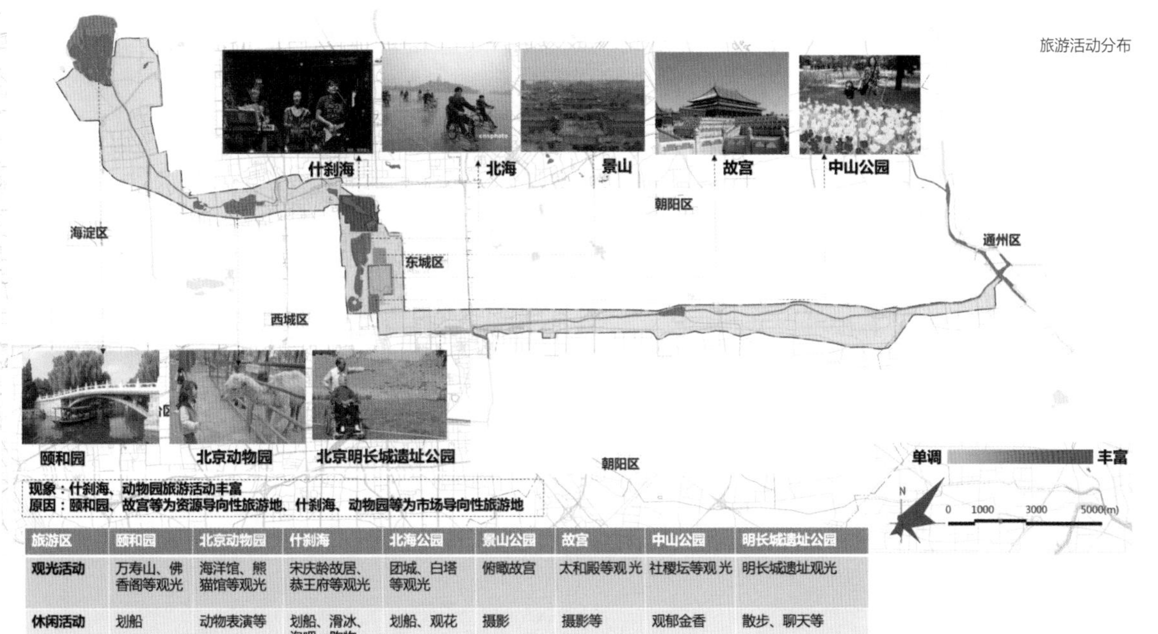

旅游活动分布

旅游区	颐和园	北京动物园	什刹海	北海公园	景山公园	故宫	中山公园	明长城遗址公园
观光活动	万寿山、佛香阁等观光	海洋馆、熊猫馆等观光	宋庆龄故居、恭王府等观光	团城、白塔等观光	俯瞰故宫	太和殿等观光	社稷坛等观光	明长城遗址观光
休闲活动	划船	动物表演等	划船、滑冰、泡吧、购物	划船、观花	摄影	摄影等	观郁金香	散步、聊天等

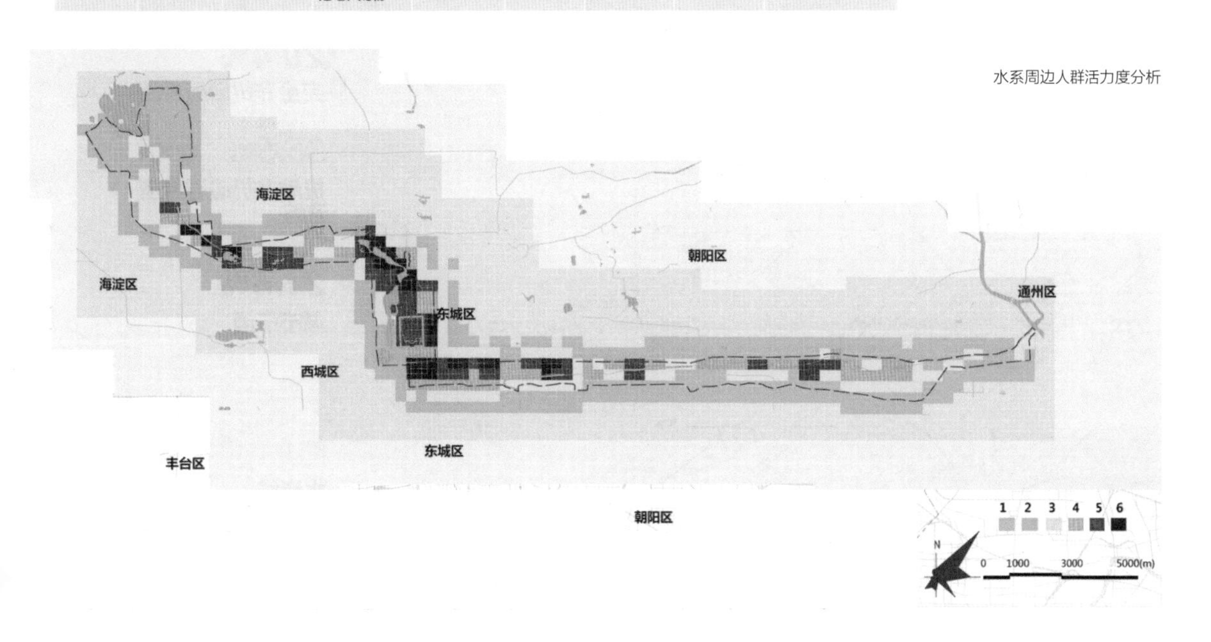

水系周边人群活力度分析

道路交通现状图

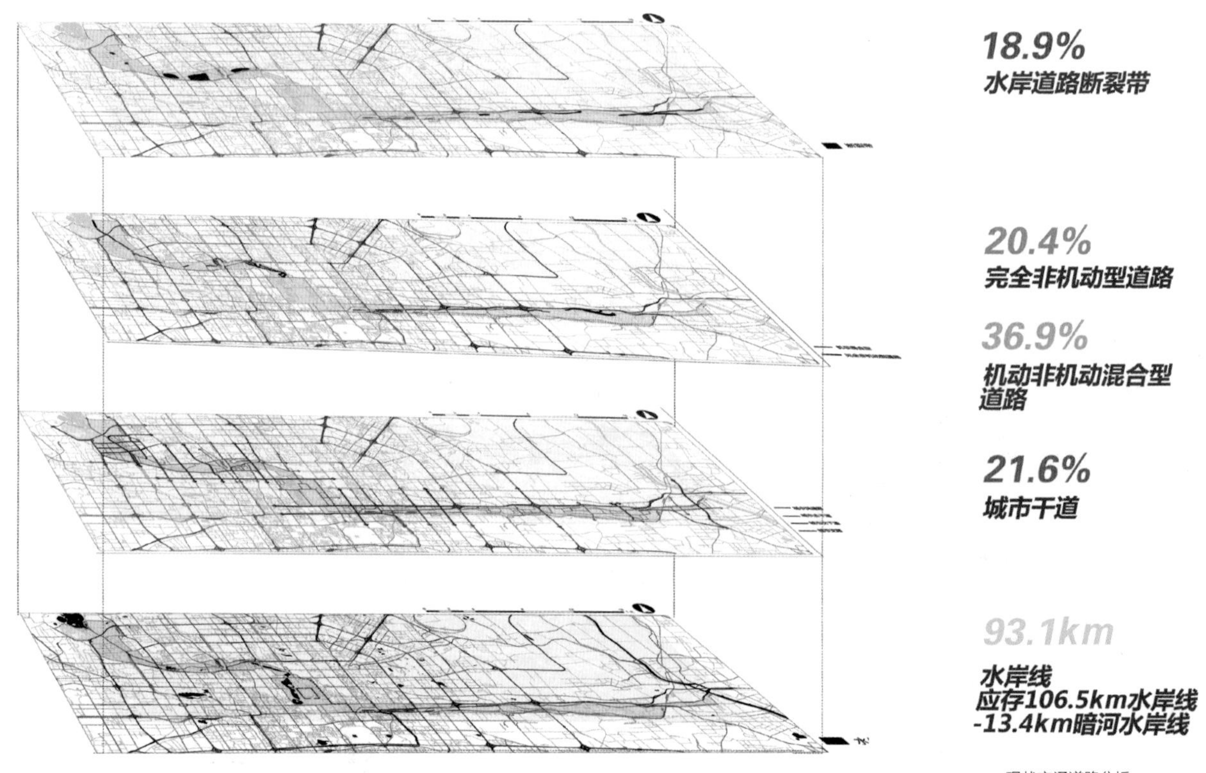

现状交通道路分析

1. 京西段及旧城段地铁与公交系统范围覆盖达70%。

2. 京东段从高碑店水库开始至末，公共交通覆盖仅到18%，需结合土地利用改善。

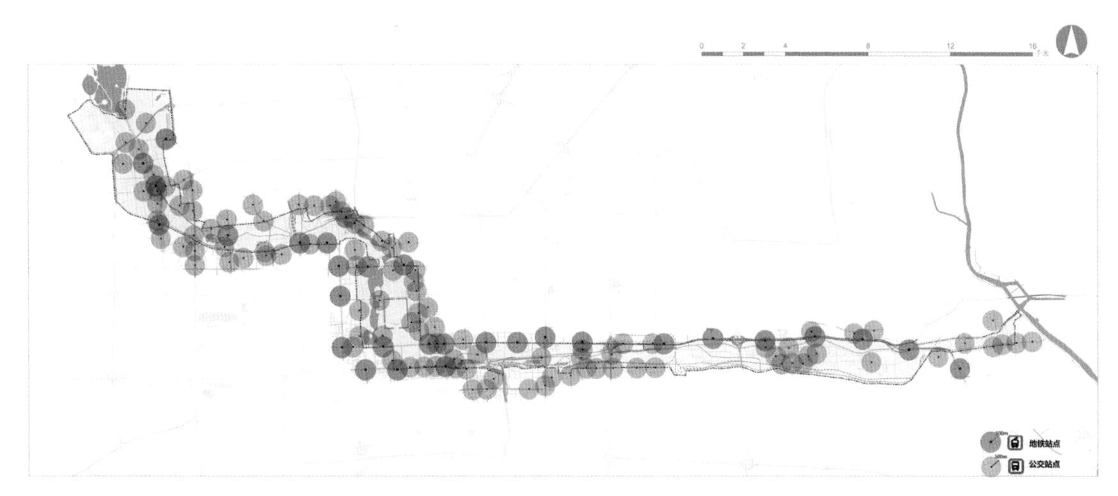

交通专项分析评价——机动车道专项分析
（人、场地、河道关系）

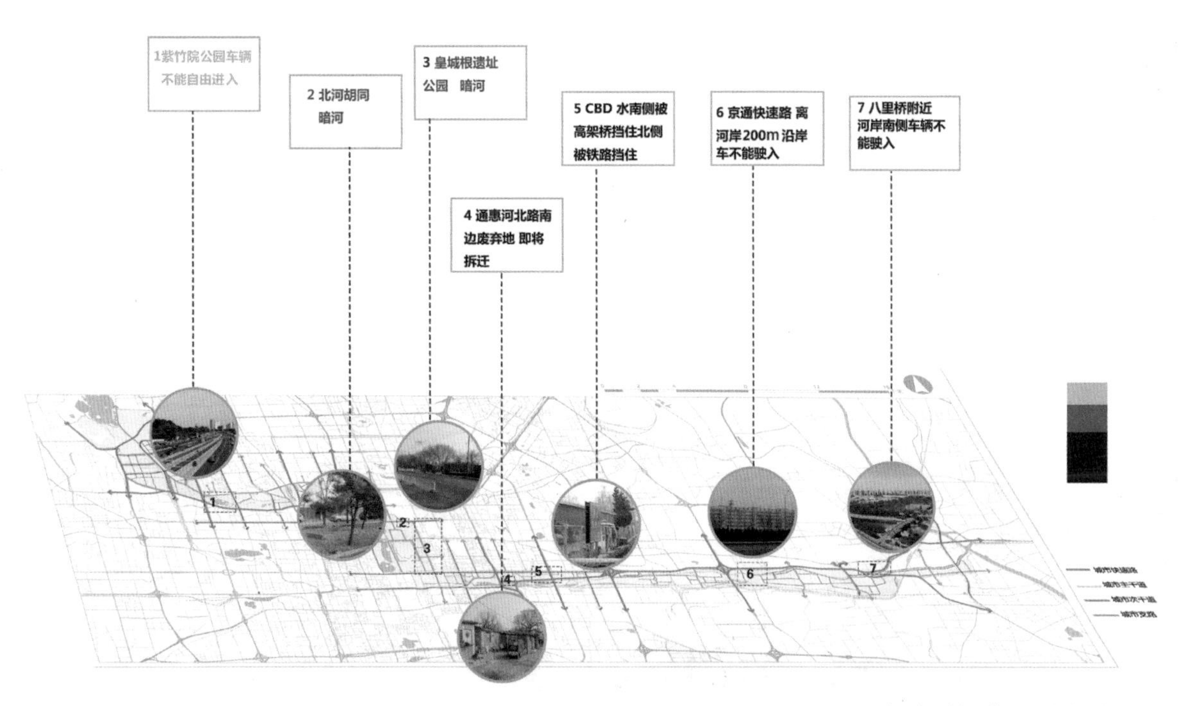

交通专项分析评价——公共交通专项分析
（人、场地、河道关系）

土地利用变化
Land Use Change

用地沿道路和铁路发展，南部、东部为主要发展方向。

旧城：居住－绿地－公共管理与服务（西海、后海区域被较大的绿化包围，并紧接居住区）转向居住－公共管理与服务－绿地。

城东：居住－工业－交通－居住－绿地转向工业－交通－村庄再转向居住—交通－绿地－居住－绿地。

城西：绿地－居住－行政（用地逐渐被梳理，绿化局部得以连贯）。

类别代码 大类	类别名称	图例颜色	颜色
R	居住用地		2
A	公共管理与公共服务设施用地		6
B	商业服务业设施用地		1
M	工业用地		33
W	物流仓储用地		191
S	道路与交通设施用地		9
U	公用设施用地		144
G	绿地与广场用地		3
F	多功能用地		21

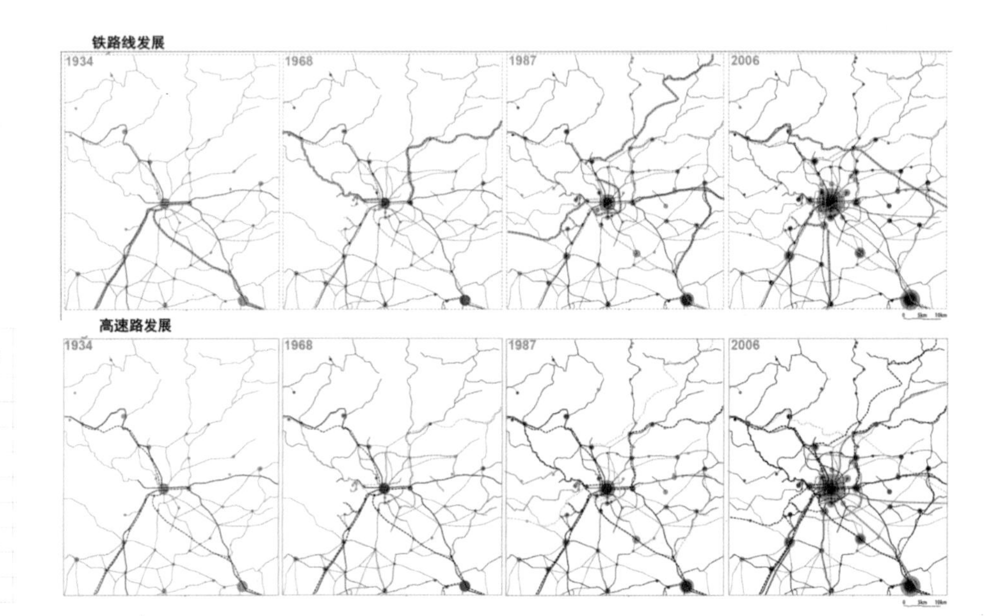

用地现状

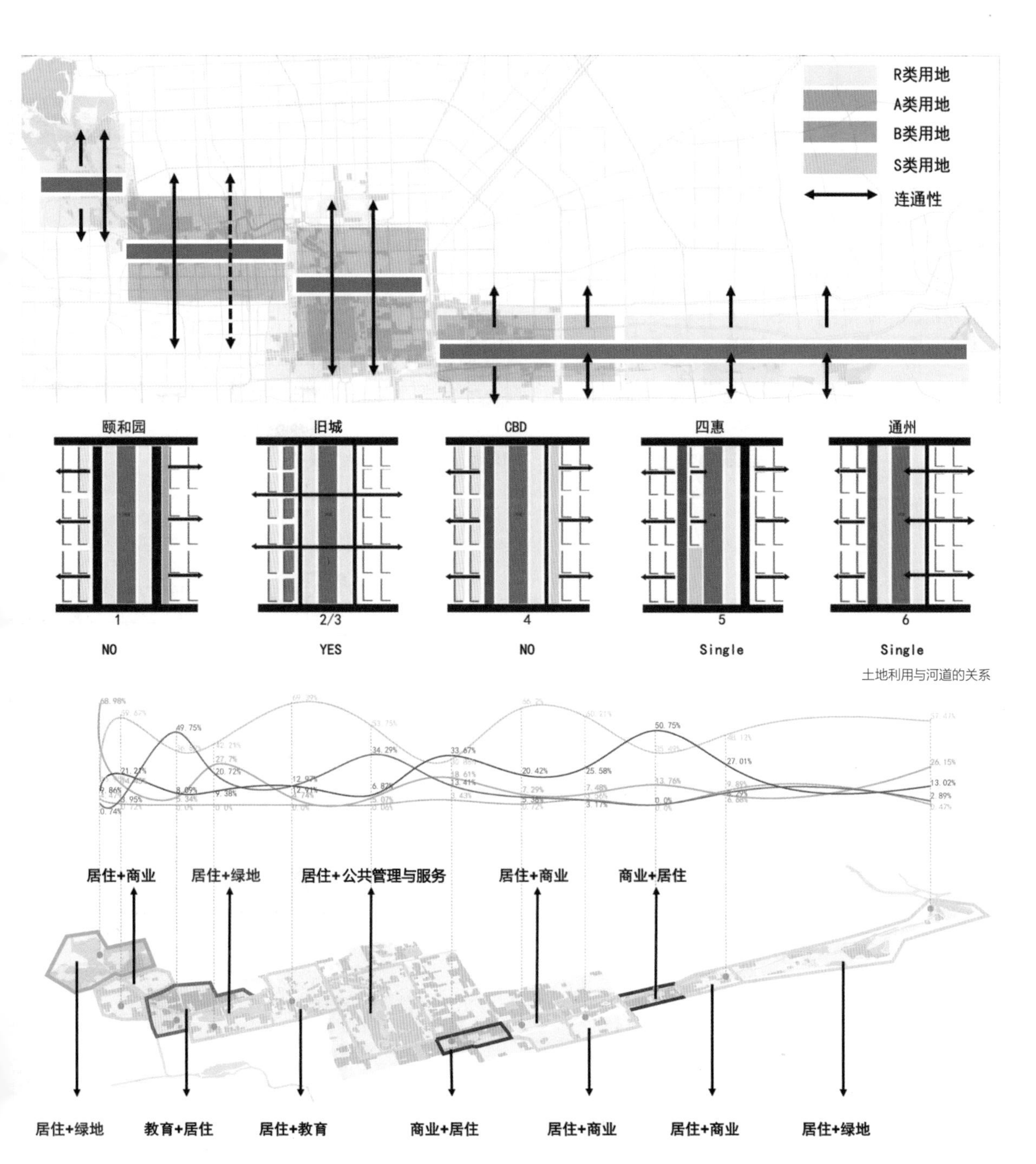

土地利用与河道的关系

总体用地配比

小结
Drief

全线河道几近全部渠化，场地与城市近无渗透。

城市交通与河道也无指引性，没有将水作为一个资源，而是一个障碍。

基地内部，空间不连续，部分地段断裂。

基地交通概况
General Situation of Traffic

交通评价（步行、滨河）
Traffic Evaluation

城西沿河基本都有步行道设计，但自紫竹院区段至西直门，断裂点频繁，步行被挤压和侵占严重。旧城步行道路较为连贯，但在出入口处人车混行严重。

城东步行道路三环内较连续，三环外断裂或无步行道考虑，沿河步行空间不被重视或使用差。

现状滨河桥分布总体西密东疏，以车行桥为主，人行桥主要为跨河过街天桥及公园内部桥。

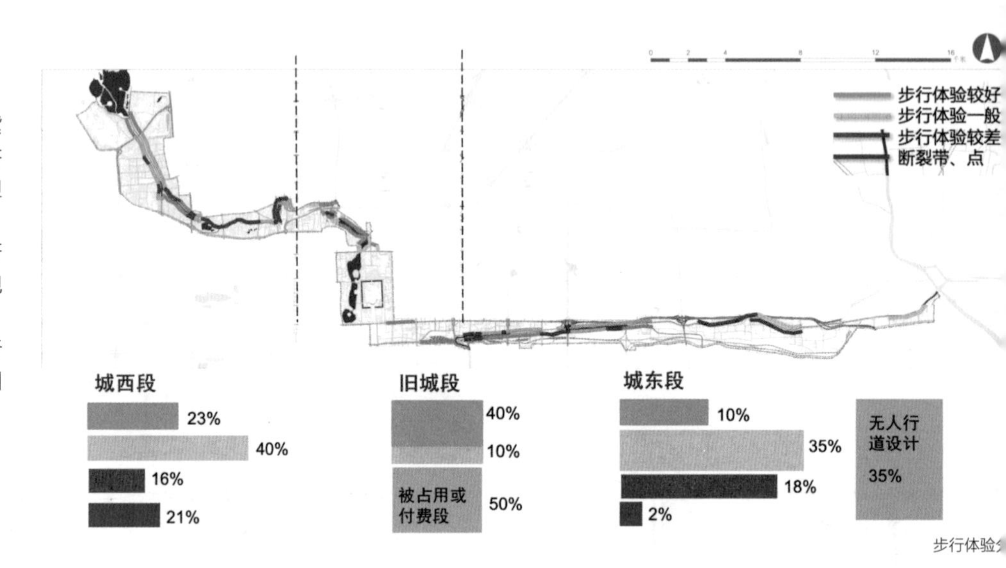

步行体验分

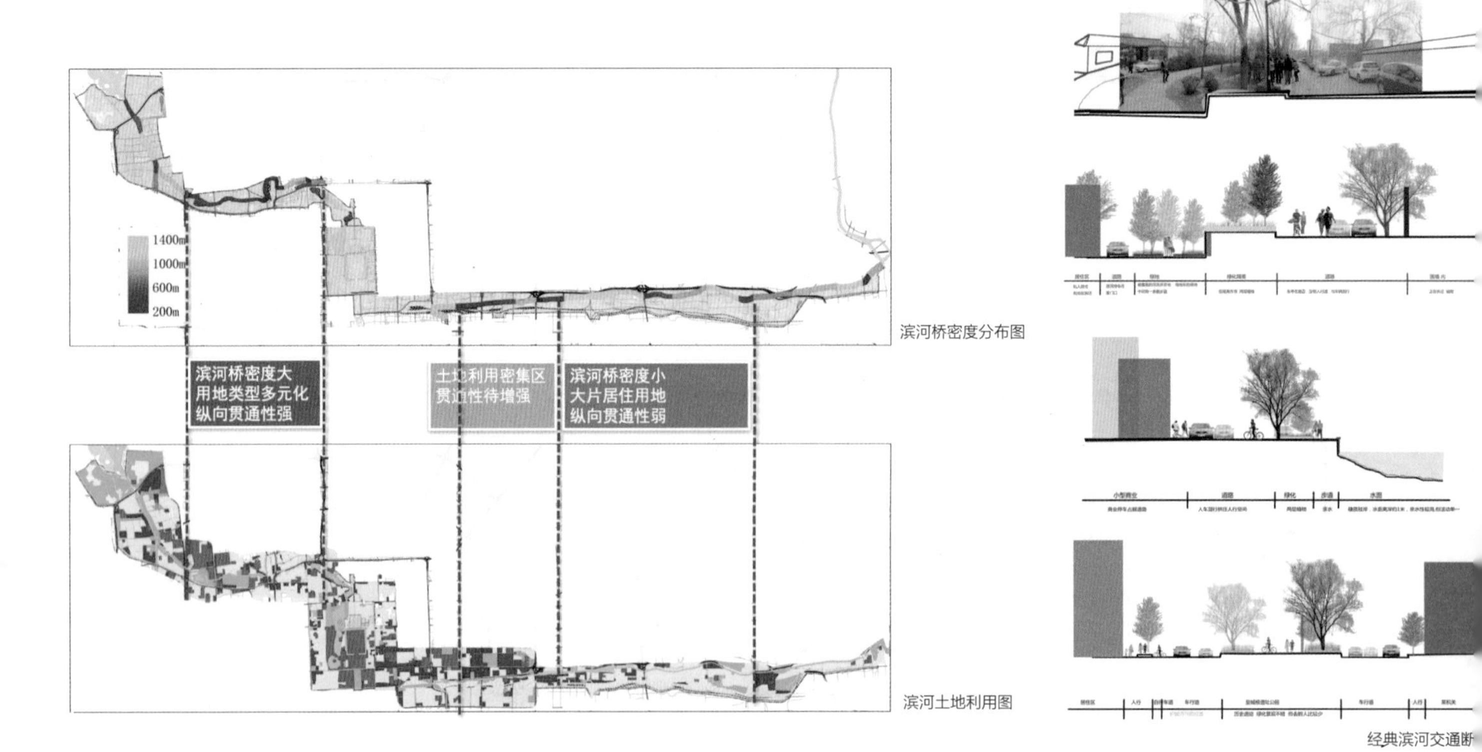

滨河桥密度分布图

滨河土地利用图

经典滨河交通断

基地综合交通评价
Reqional comprehensive traffic evaluation

车行拥堵主要出现在不同面积地块的交叉点上，类型越多越拥堵，面积相差越大越拥堵。人车混行拥堵主要出现在沿河 6m 宽道路上，主要由于停车占用、开口过多引起。

通过道路、土地利用、公园吸引力、步行距离、人口分布、道路障碍等进行综合交通活力评价。

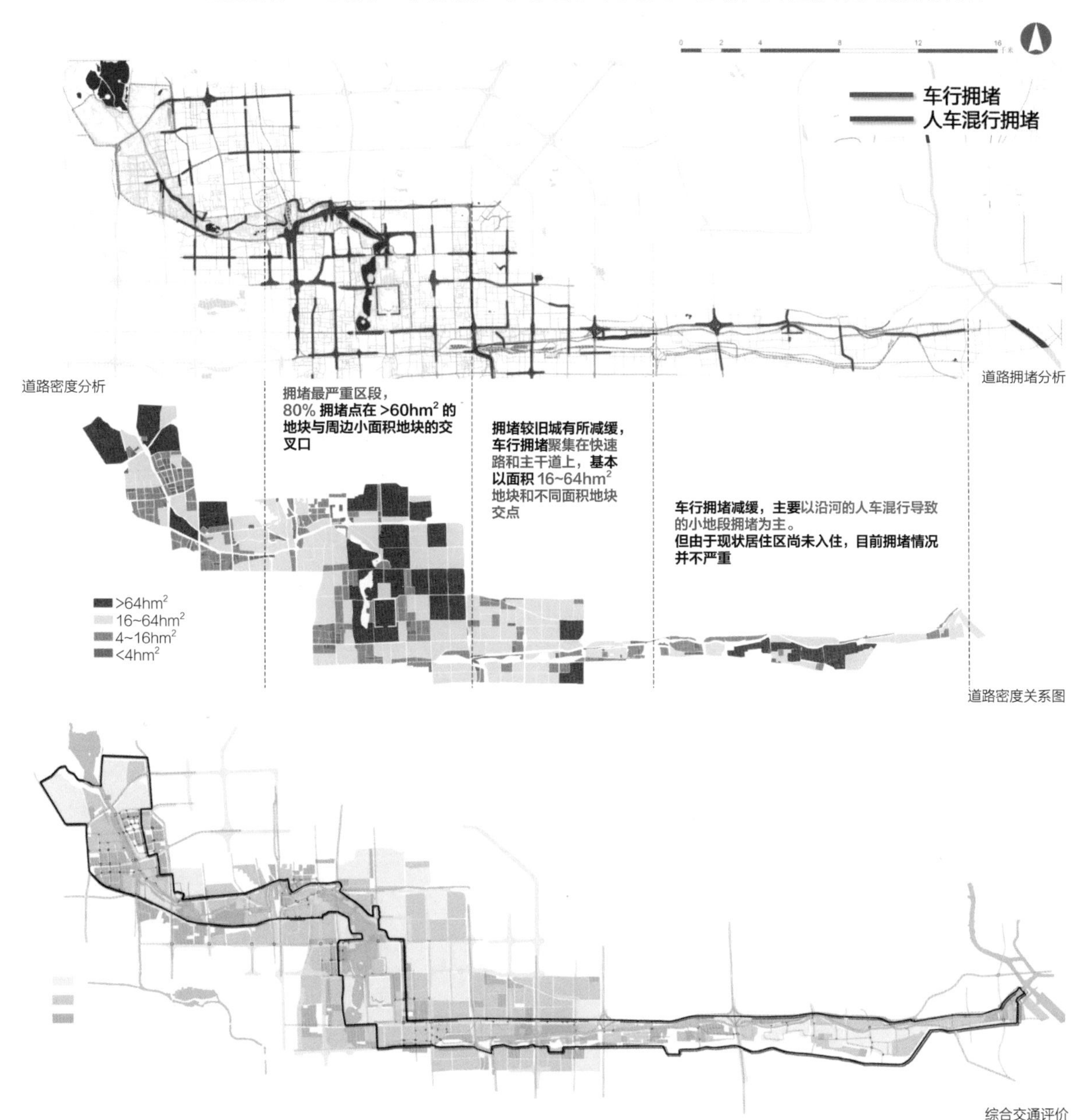

片区规划
District Planning

片区规划 - 京西段
District Planning-Jingxi Section

区位分析
Location analysis

规划片区位于北京中心城区西北隅，紧邻中关村高科技园区核心区，但远离城市发展轴线。依据海淀区整体发展定位：四环路以北的规划用地属于休闲旅游区，中部紧邻中关村核心区，西侧受到老城区和西城金融街和德胜科技园的辐射影响。

生态分析
Ecological analysis

生态优势 Strengths：

1. 绿地率高，公园绿地总面积在水系全段规模最大。
2. 生物多样性水平在水系全段最高。
3. 污染源少，只有部分的生活垃圾污染源。
4. 土壤条件良好（大部分为水稻土以及园土）。
5. 绿地廊道长度较大，能够发挥多重生态效应。
6. 和其他区域相比，乔灌草植被群落结构更完整。
7. 大部分水质较好（为Ⅲ类、Ⅳ类水）。

生态劣势 Weakness:

1. 河道景观单一。
2. 水质部分存在污染。
3. 存在积水点。

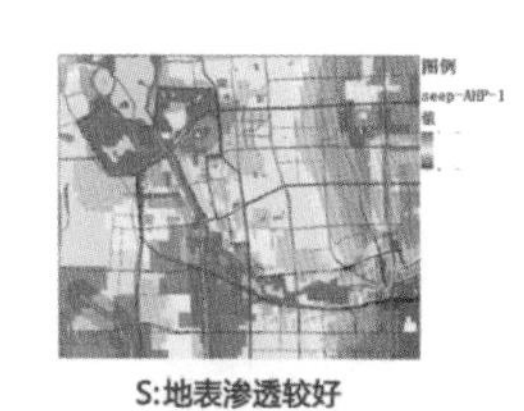

S:地表渗透较好

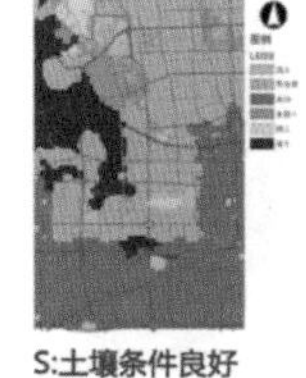

S:土壤条件良好

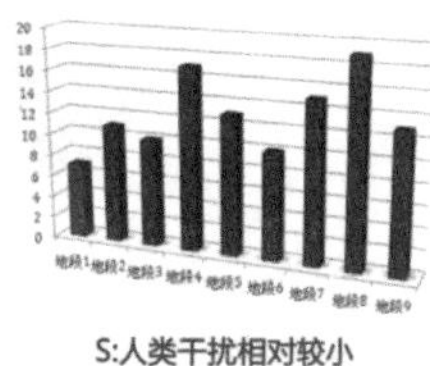

S:人类干扰相对较小

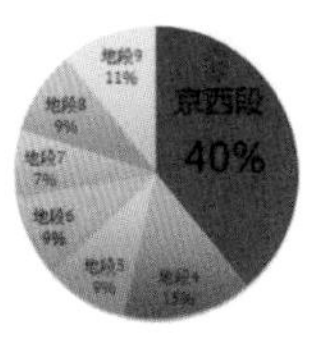

S:较高生物多样性

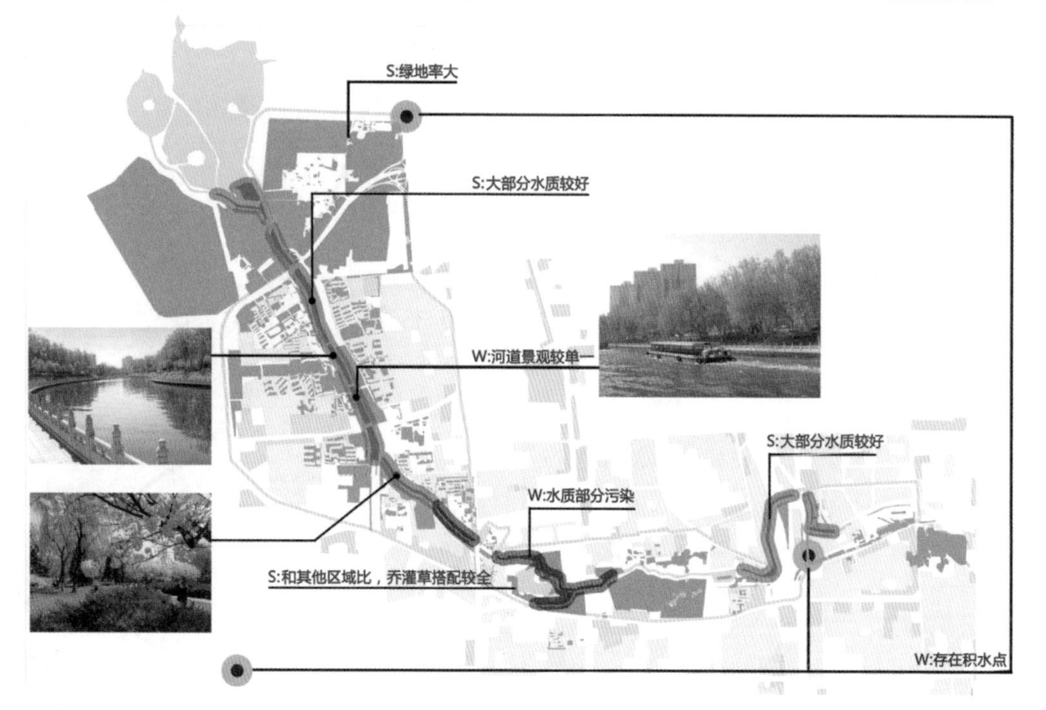

生态优劣势分析

历史与文化分析
Historical and cultural analysis

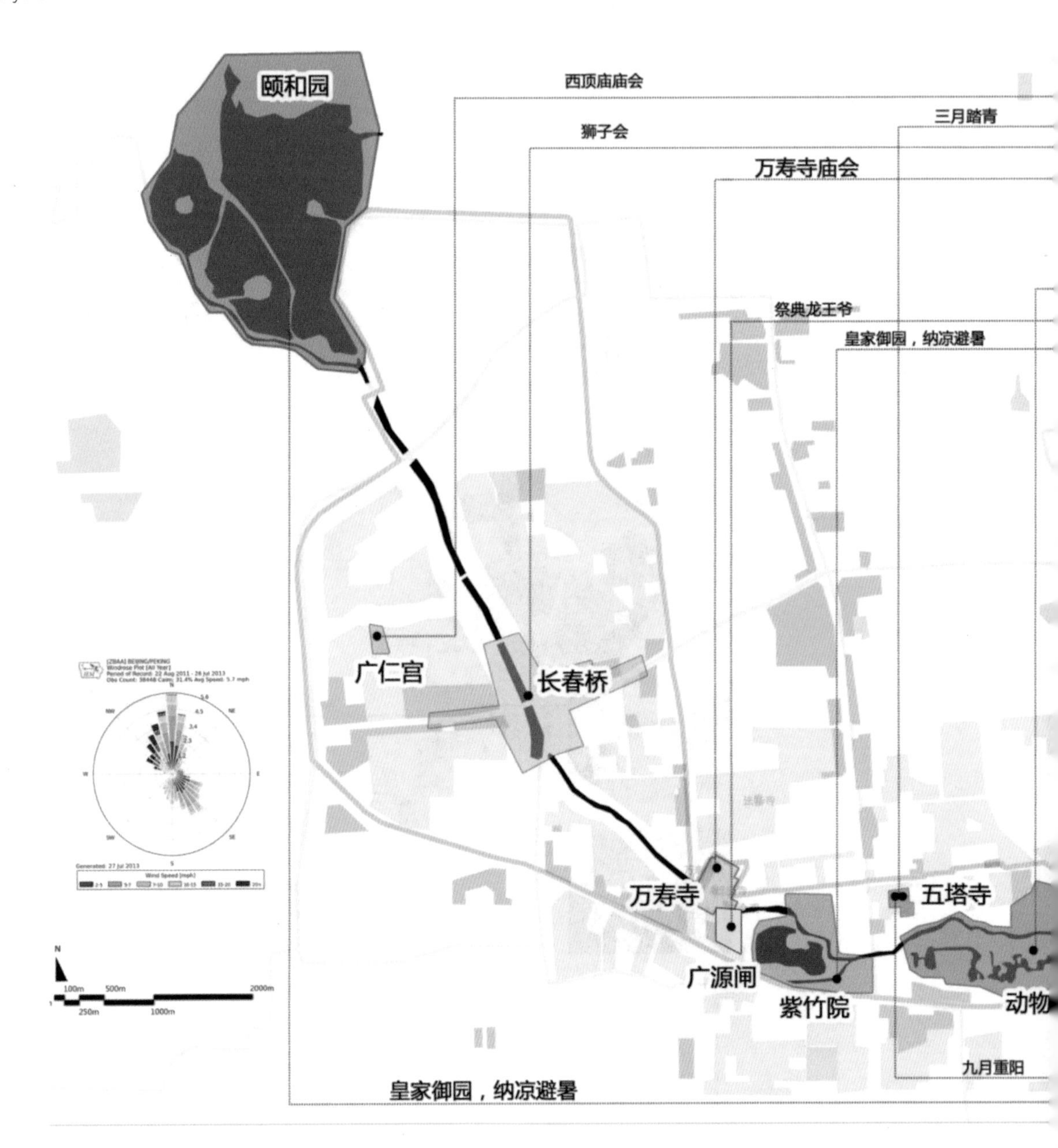

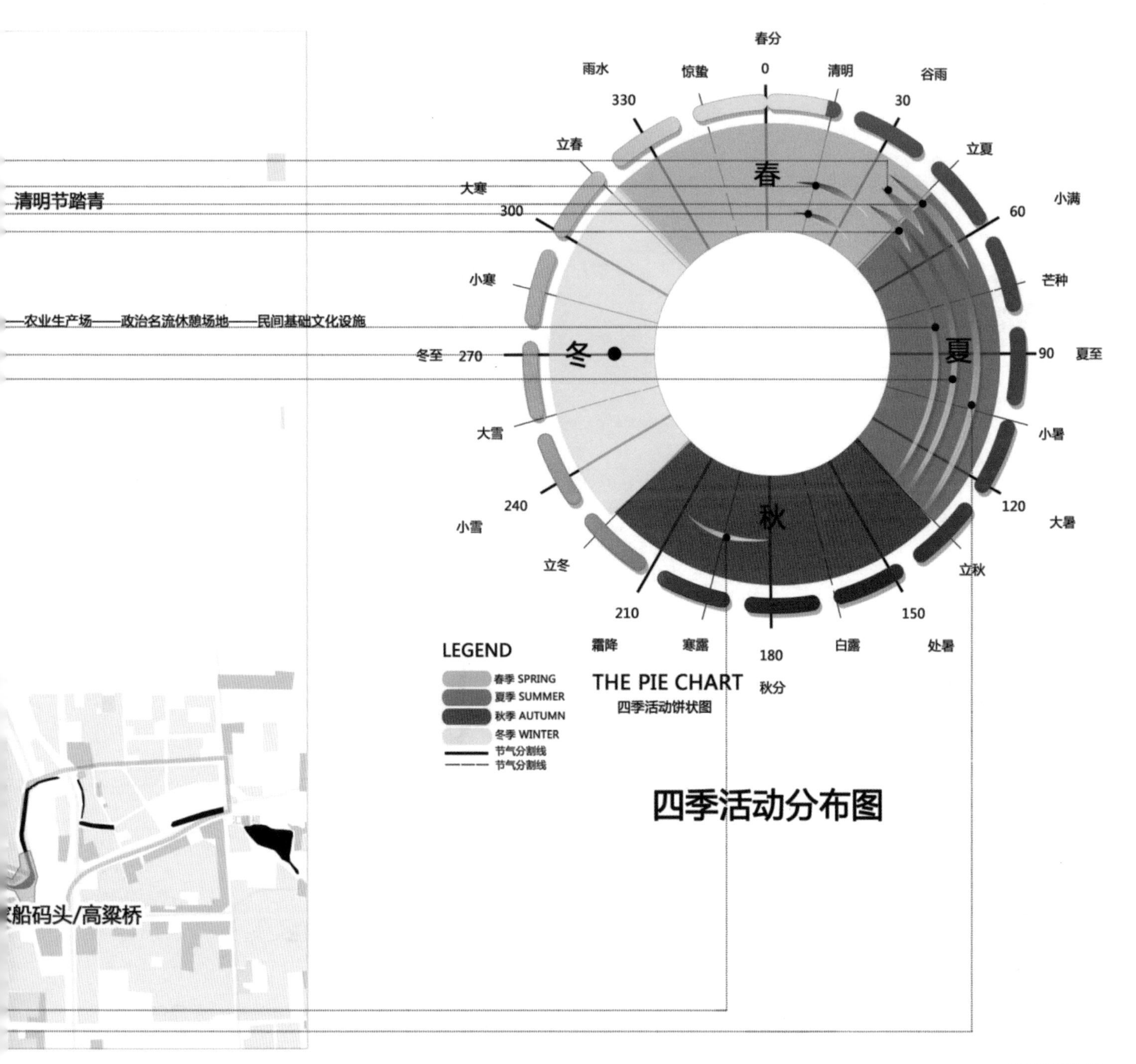
春分
雨水
惊蛰
0
清明
谷雨
330
30
立春
立夏
春
大寒
小满
清明节踏青
300
60
小寒
芒种
农业生产场——政治名流休憩场地——民间基础文化设施
冬至
270
冬
夏
90
夏至
大雪
小暑
240
120
小雪
秋
大暑
立冬
立秋
210
150
霜降
寒露
180
白露
处暑
秋分
LEGEND
春季 SPRING
夏季 SUMMER
秋季 AUTUMN
冬季 WINTER
节气分割线
节气分割线
THE PIE CHART
四季活动饼状图
四季活动分布图
船码头/高粱桥

四季活动分布分析

滨河活动、活力点分析
Riverside Activity Analysis

通过对历史水系京西长河段城市开放空间、居住空间的评价，和对周边人口密度以及活动现状的调查，判断长河段活力特征，形成不同的滨河开放空间影响力与吸引力图。最终发现长河文化公园的开放空间吸引力较高、辐射范围较大、规划潜力较好，对其可进行深度优化。但沿长河两岸受到京密引水渠两侧的机动车道影响很大，需要进一步扩展两岸的相互连通性。在北京农业展览馆区域受到交通因素影响，开放空间受到限制，需要进行进一步提升。

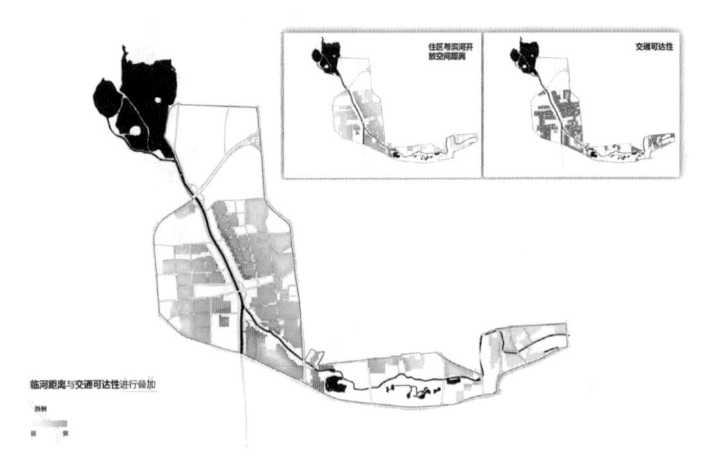

滨河开放空间影响力

居住人口密度

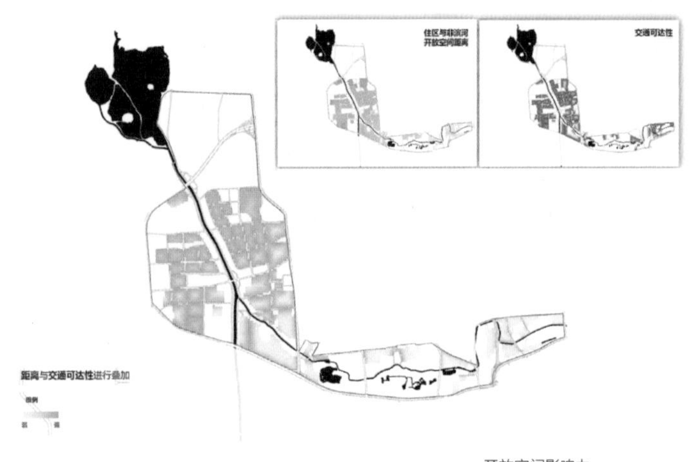

开放空间影响力

滨河开放空间吸引力

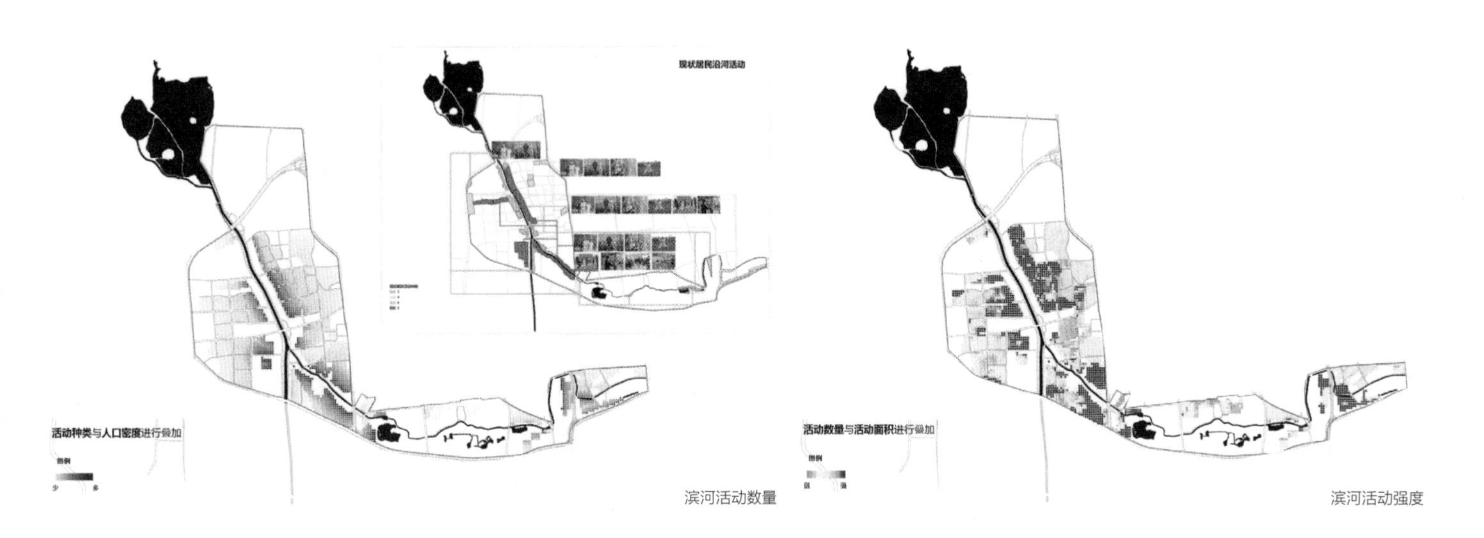

滨河活动数量

滨河活动强度

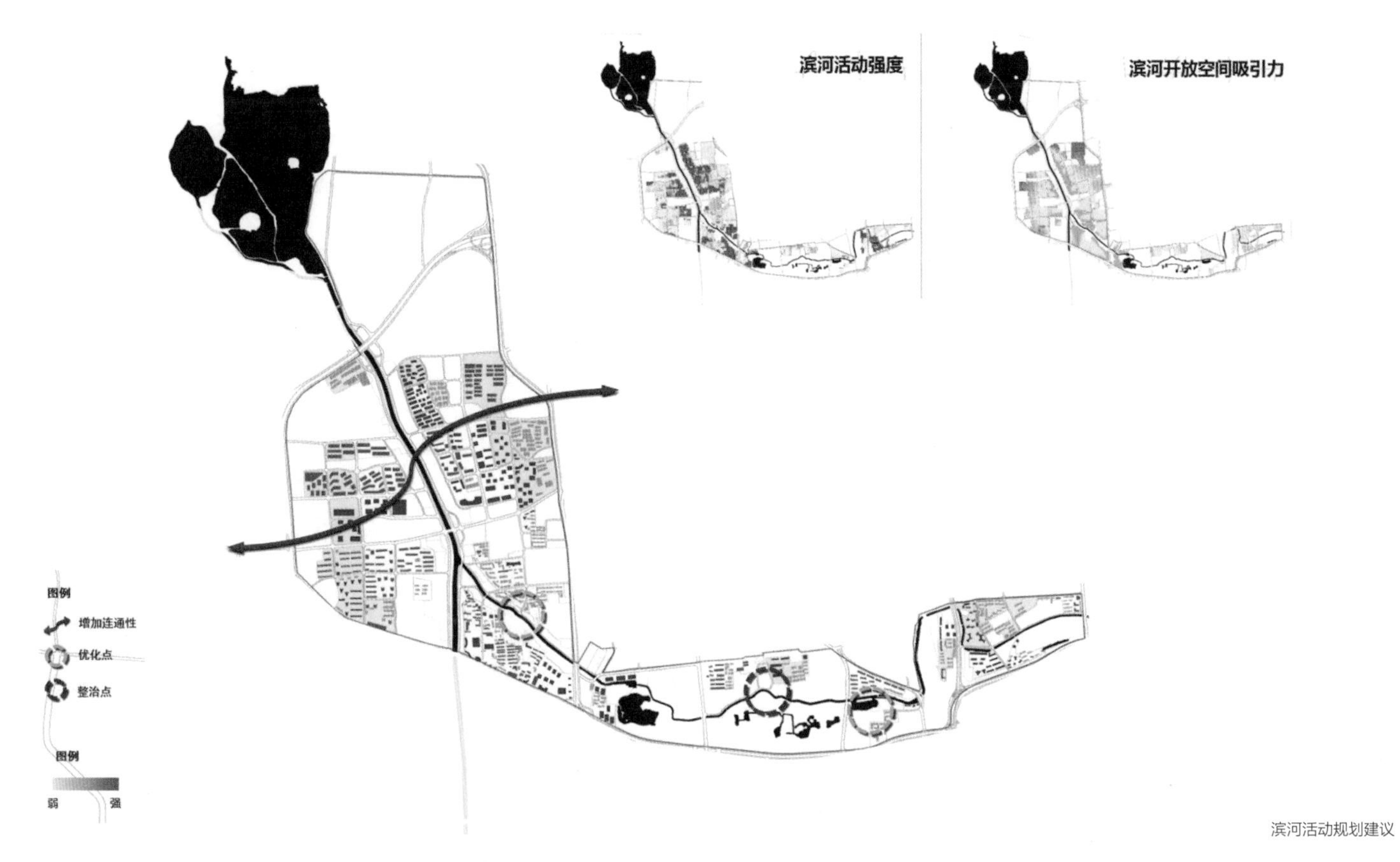

滨河活动规划建议

限制与机遇分析
Restriction and Opportunity Analysis

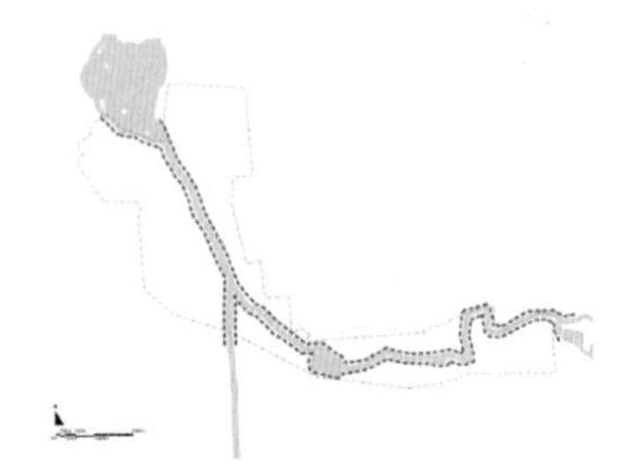

河道硬化阻止了亲水活动的发生

大面积的封闭居住区封闭空间阻碍了社区的交流

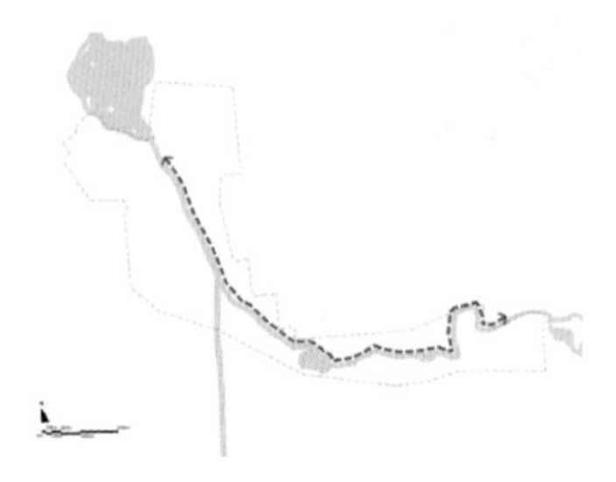

基地空间过长，不利于滨河景观风貌的统一

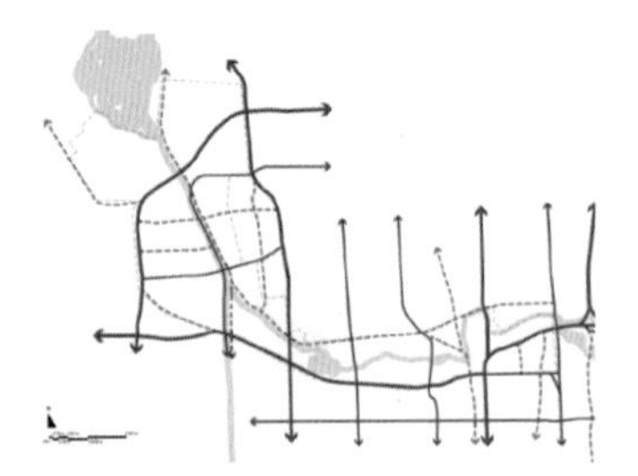

交通堵塞，快速路隔断河流

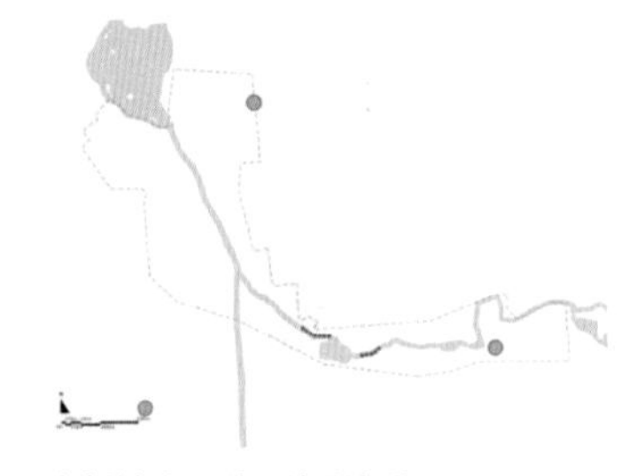

积水点的存在，局部河流受到污染

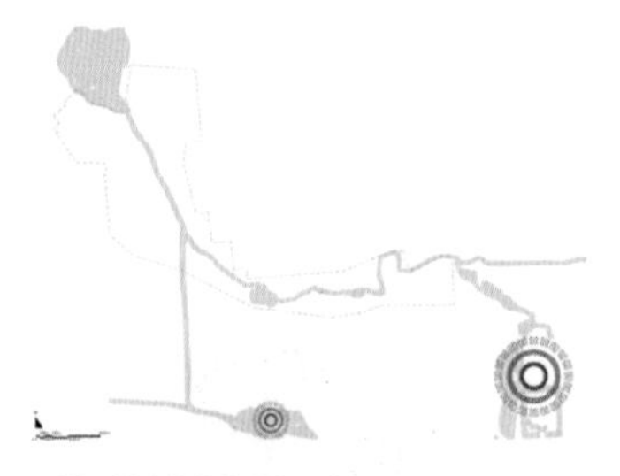

旧城区带来的旅游竞争压力

场地进深较小、河道较窄便于步行桥梁搭建，为完善滨河慢行系统提供了机会

场地的历史文脉与文体设施提供挖掘场地特色塑造文化氛围的机会

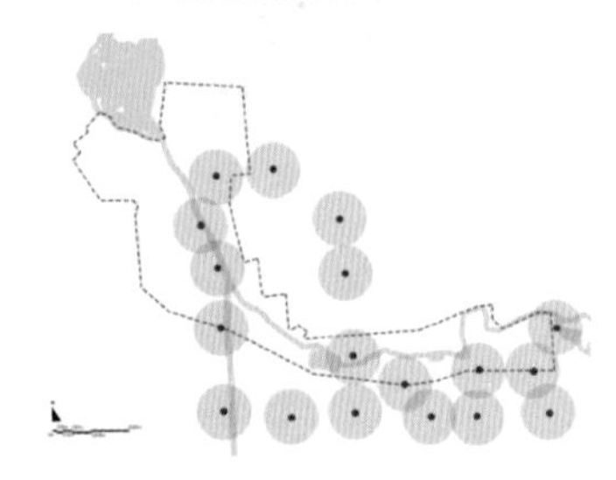

地铁站点周边有发展潜力

公共绿地面积大，有益居住环境的提升

大学密集增加了基地周边活力，使用者接受新事物的可能性较高

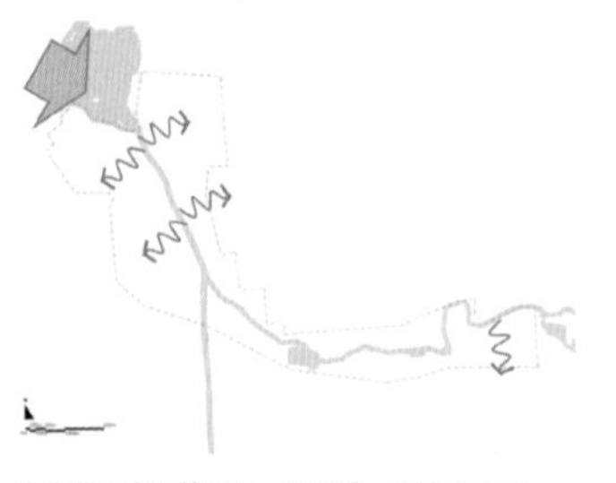

南水北调水源的引入，给湿地、绿地建设提供水资源

概念阐述
Conceptual Elaboration

北京是一座古老而又崭新的城市，因其深厚的文化底蕴和高速的现代化发展而闻名。京城历史水系联通了城市的各个区域，并见证了这座城市的兴衰，每一段河流都承载了城市各个阶段的历史记忆以及不同的生活方式，北京城因这条水脉而生动。

20 世纪后半叶，就像许多城市河流一样，为了满足城市防洪排涝和开发建设的需求，京城历史水系的水域面积、岸边的自然环境和老城肌理遭到不断蚕食，沿河重新修建了大量封闭式管理的高密度社区，这些区域往往背向河流发展。

目睹了河岸开发模式的起起落落，人们已经意识到城市的魅力和文脉逐渐消失在只注重短期利益的、低质量的开发上。因此，为了城市可持续生长而探寻更好的开发模式随之展开。

此次景观规划设计的研究范围是京西长河水系，全长 11.5km，该区域以临近三山五园、众多高等学府和高新产业聚集地而闻名。我们希望在构建充满社区活力的现代化居住环境的同时，保留并增强京西独特的历史文化背景以及丰富的城市休闲活动。

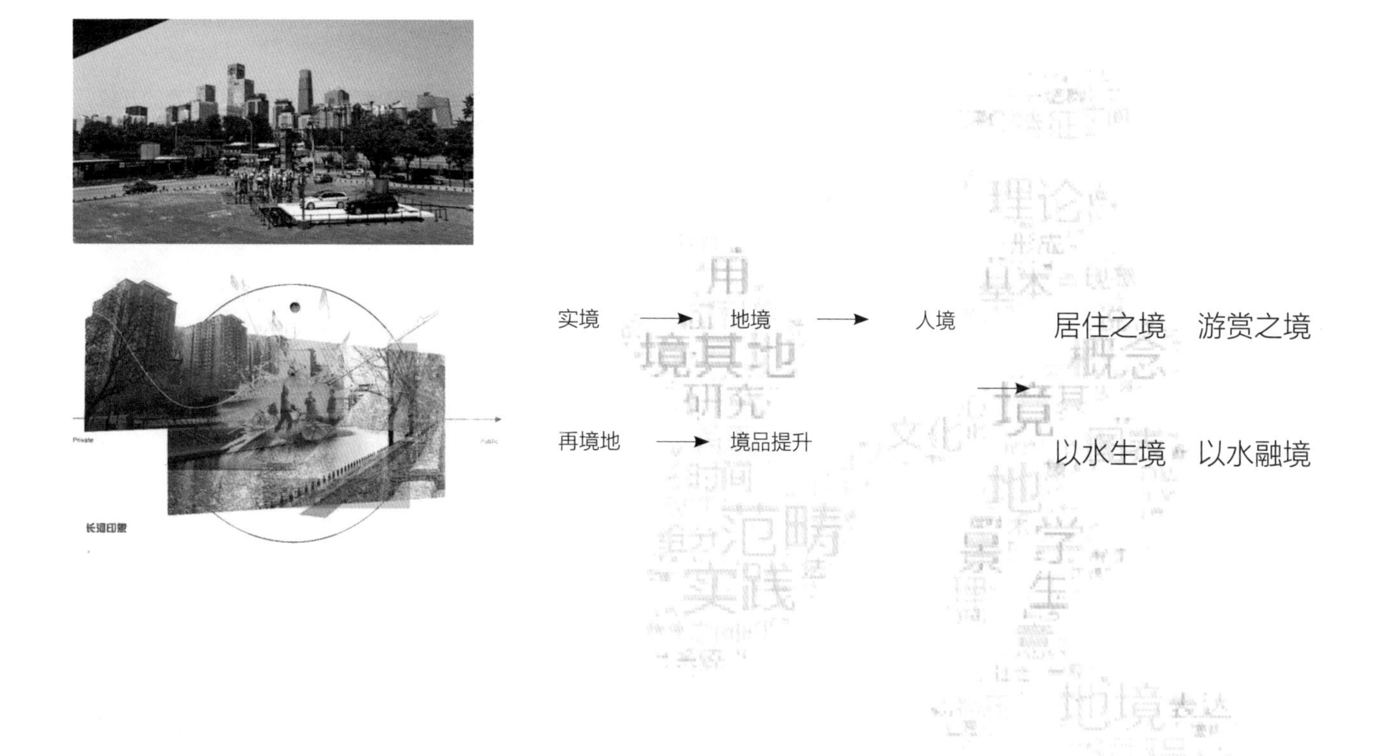

概念阐述
JING-theory

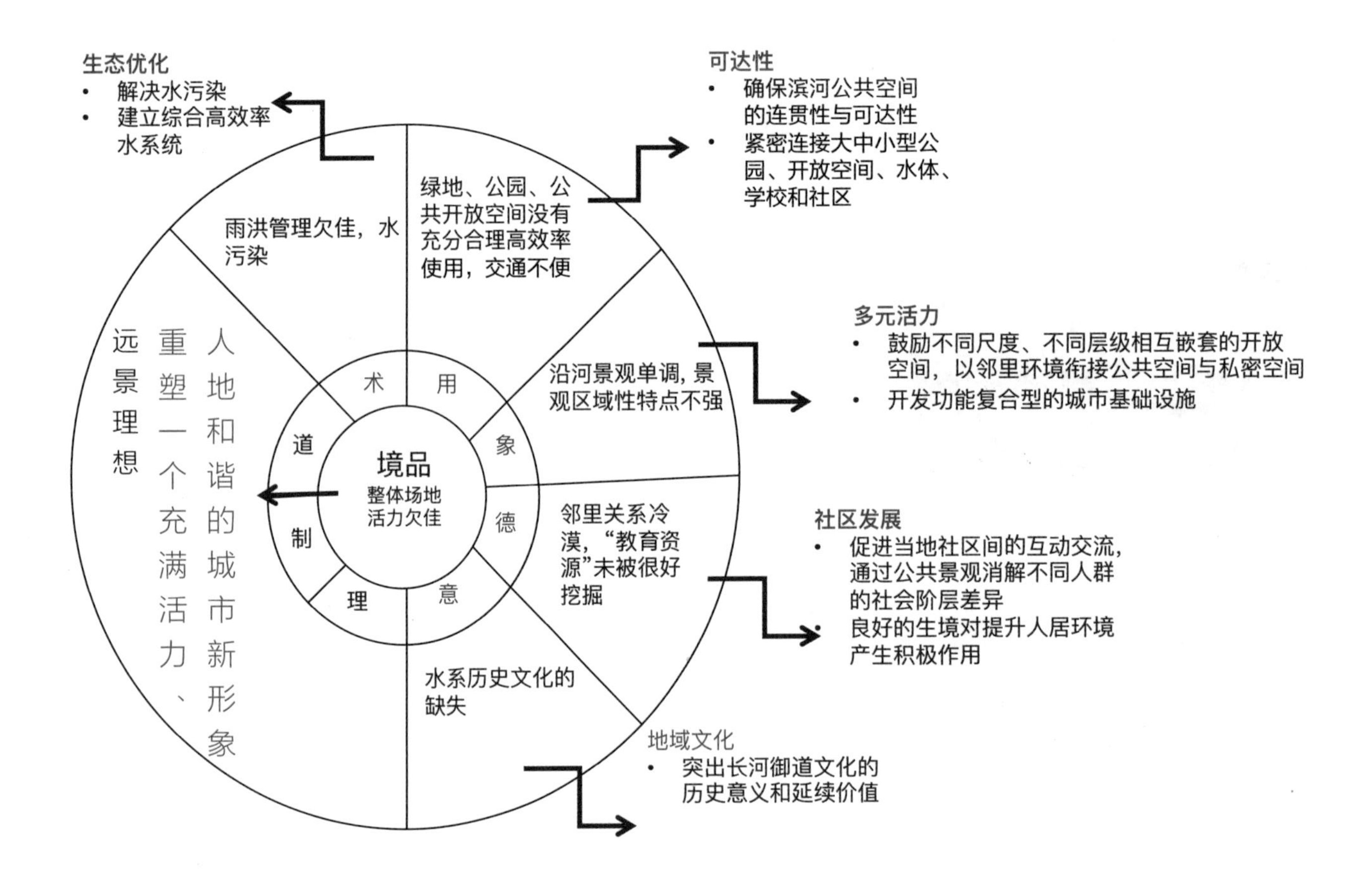

主要战略
Main Strategy

主要战略包括非空间战略与空间战略。非空间战略通过植入社区性活动，增加社会公众参与，并且增强学校与居民的沟通，达到民学结合，让大中小学不同年龄段学生与各类滨河带场地产生娱乐、教育等活动，由此通过参与性的非空间战略来增加人与滨水带、场地之间的互动，以增强空间活力。空间战略从三个尺度出发。在城市尺度中主要通过优化不同的社区中心、社区绿地、水循环系统等构建整体的景观结构与水文过程，并且打通河道两侧的绿色交通线路，提升自行车、步行、车行等连通性。在社区尺度则找出滨水活力点来建立社区公园，并且打造雨水收集系统来增加生态性，开展公众生态教育。在水系尺度中，则从技术层面提升水系的整体水质。

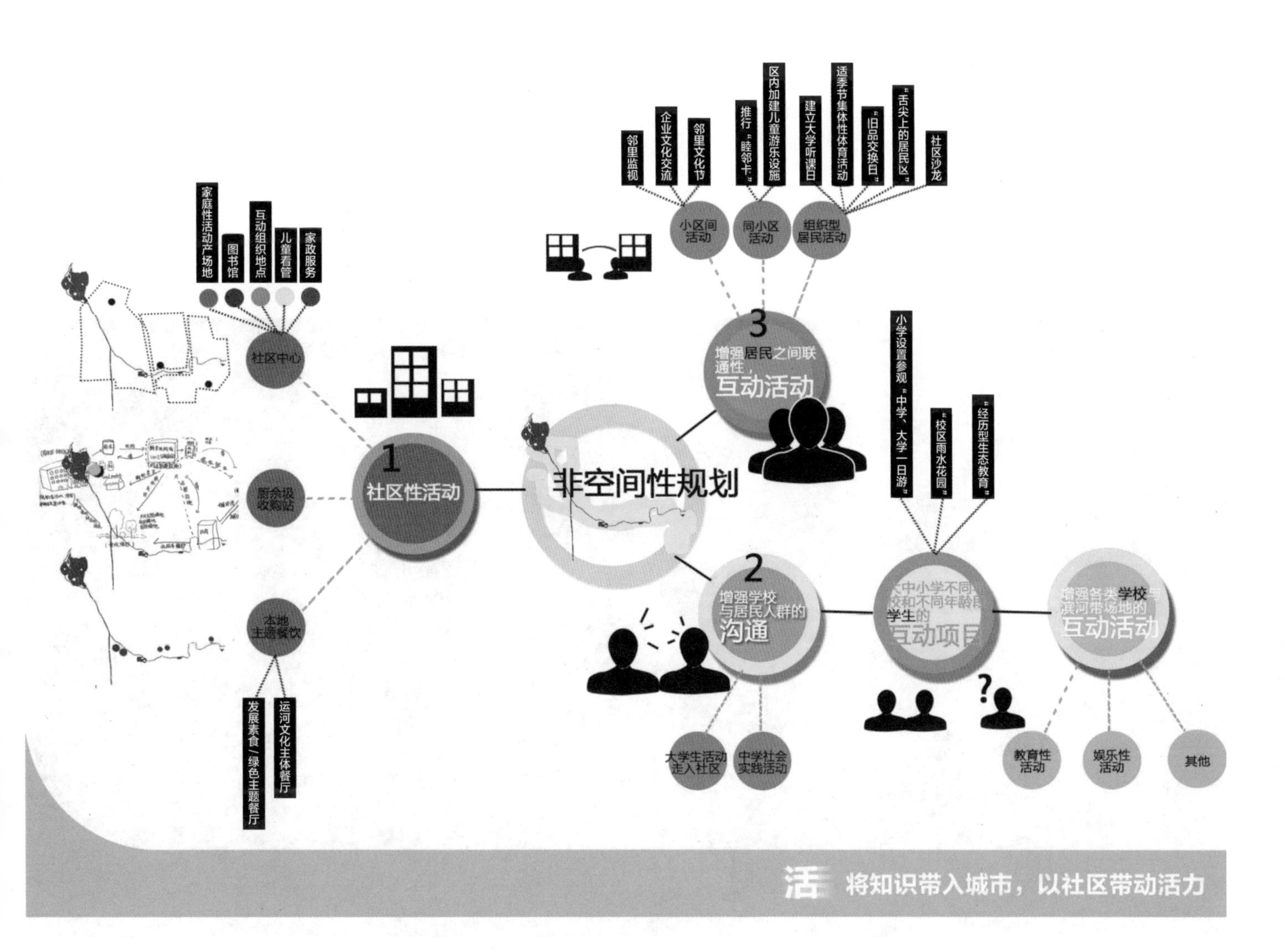

尺度战略
Scale Strategy

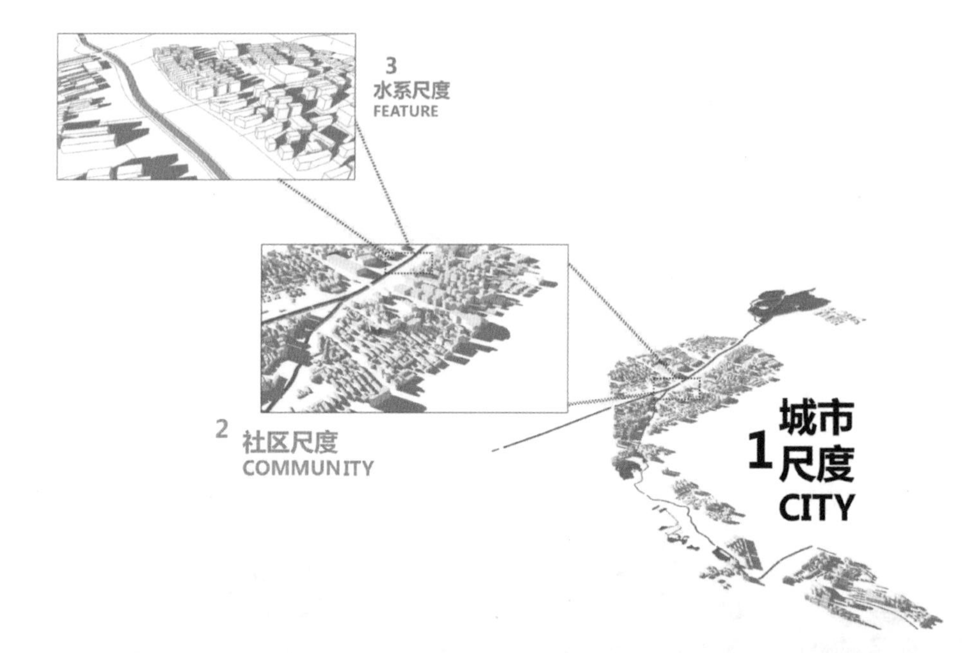

1
城市尺度
CITY

2 社区尺度 COMMUNITY

通过加强与水的联系促使人们贴近自然，并创造出充满活力的生活方式。

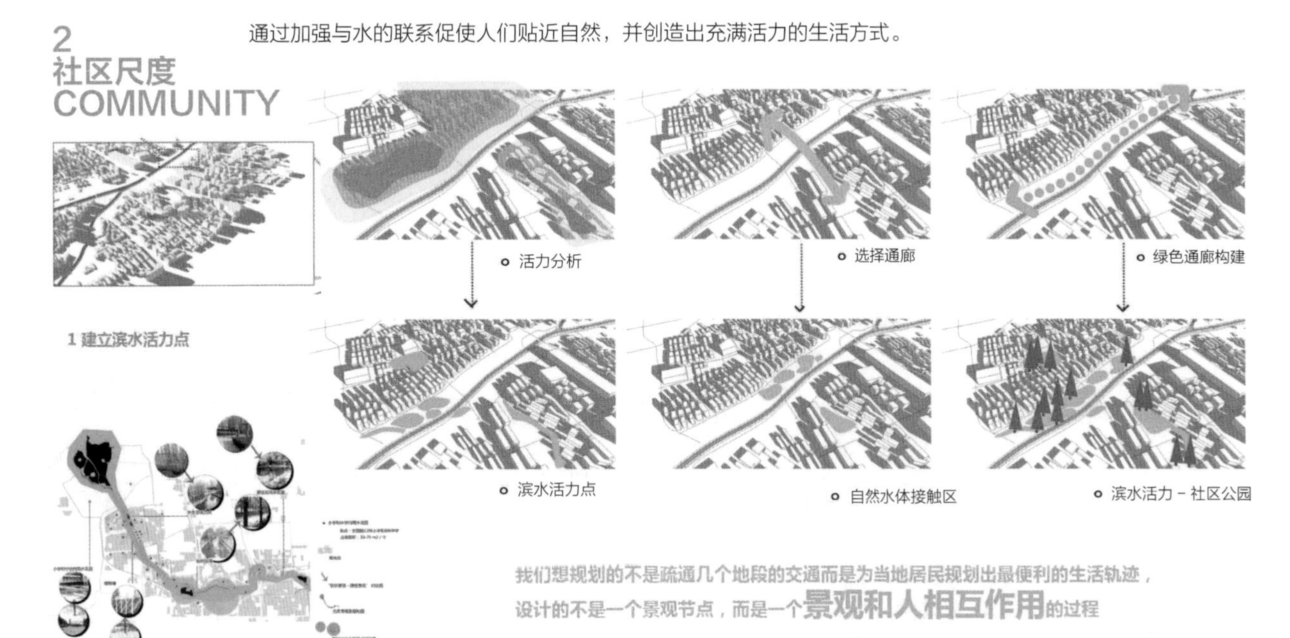

找们想规划的不是疏通几个地段的交通而是为当地居民规划出最便利的生活轨迹，设计的不是一个景观节点，而是一个**景观和人相互作用**的过程

3 水系尺度 FEATURE

目标：从技术层面提升水系水质；从景观要素的层面进行改善

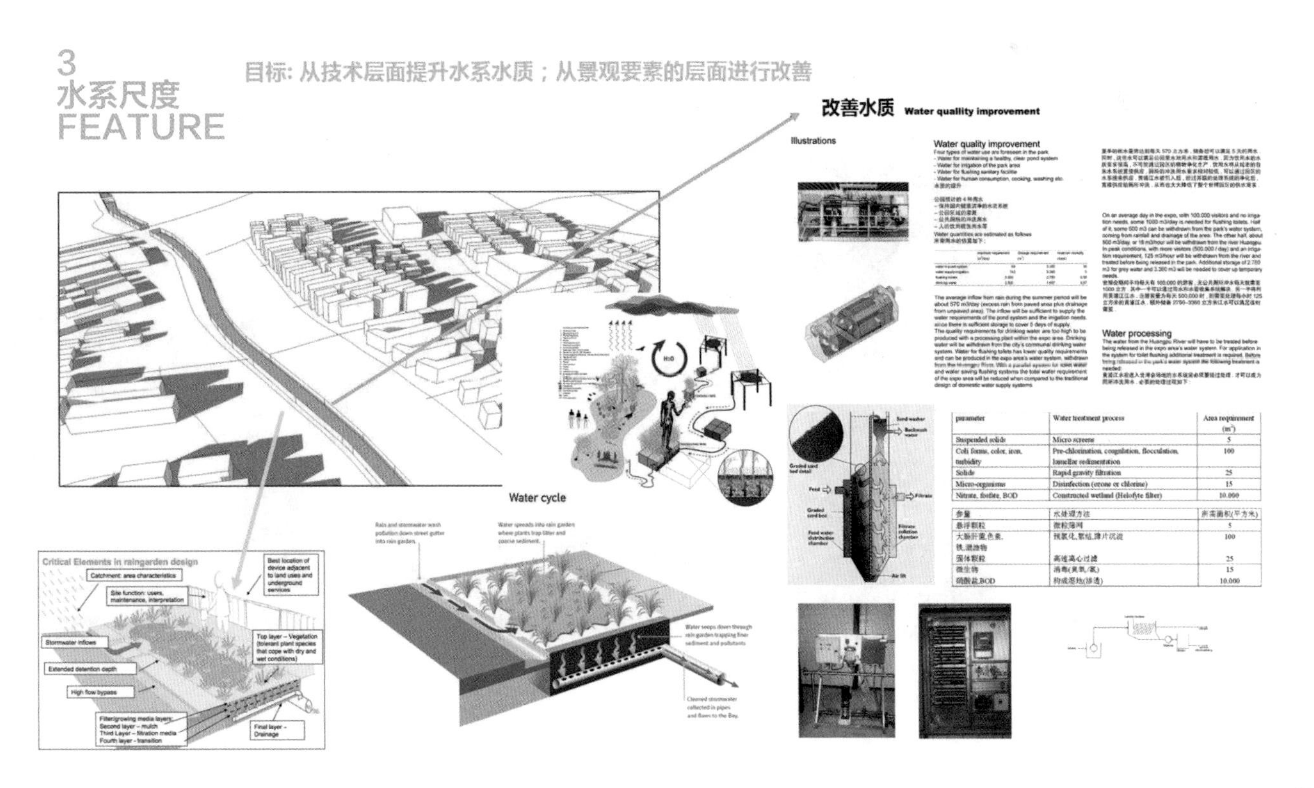

parameter	Water treatment process	Area requirement (m^2)
Suspended solids	Micro screens	5
Coli forms, color, iron, turbidity	Pre-chlorination, coagulation, flocculation, lamellar sedimentation	100
Solids	Rapid gravity filtration	25
Micro-organisms	Disinfection (ozone or chlorine)	15
Nitrate, fosfate, BOD	Constructed wetland (Helofyte filter)	10.000

参量	水处理方法	所需面积(平方米)
悬浮颗粒	微粒筛网	5
大肠杆菌,色素,铁,混浊物	预氯化,絮凝,薄片沉淀	100
固体颗粒	高速离心过滤	25
微生物	消毒(臭氧/氯)	15
硝酸盐,BOD	构成湿地(渗透)	10.000

总体规划战略

Comprehensive Planning

通过建立综合社区中心，塑造各区域的主要活力点；通过对京西历史水系水量的保障、水质的净化提升来营造良好的水体空间；通过创造更多的滨水景观，提供周边社区新的活动去处，重塑滨水空间活力；最终通过针对四种类型的居住区改造以及三个重点区域的设计来体现区域定位以及植入活力，从而达到境品的整体提升。

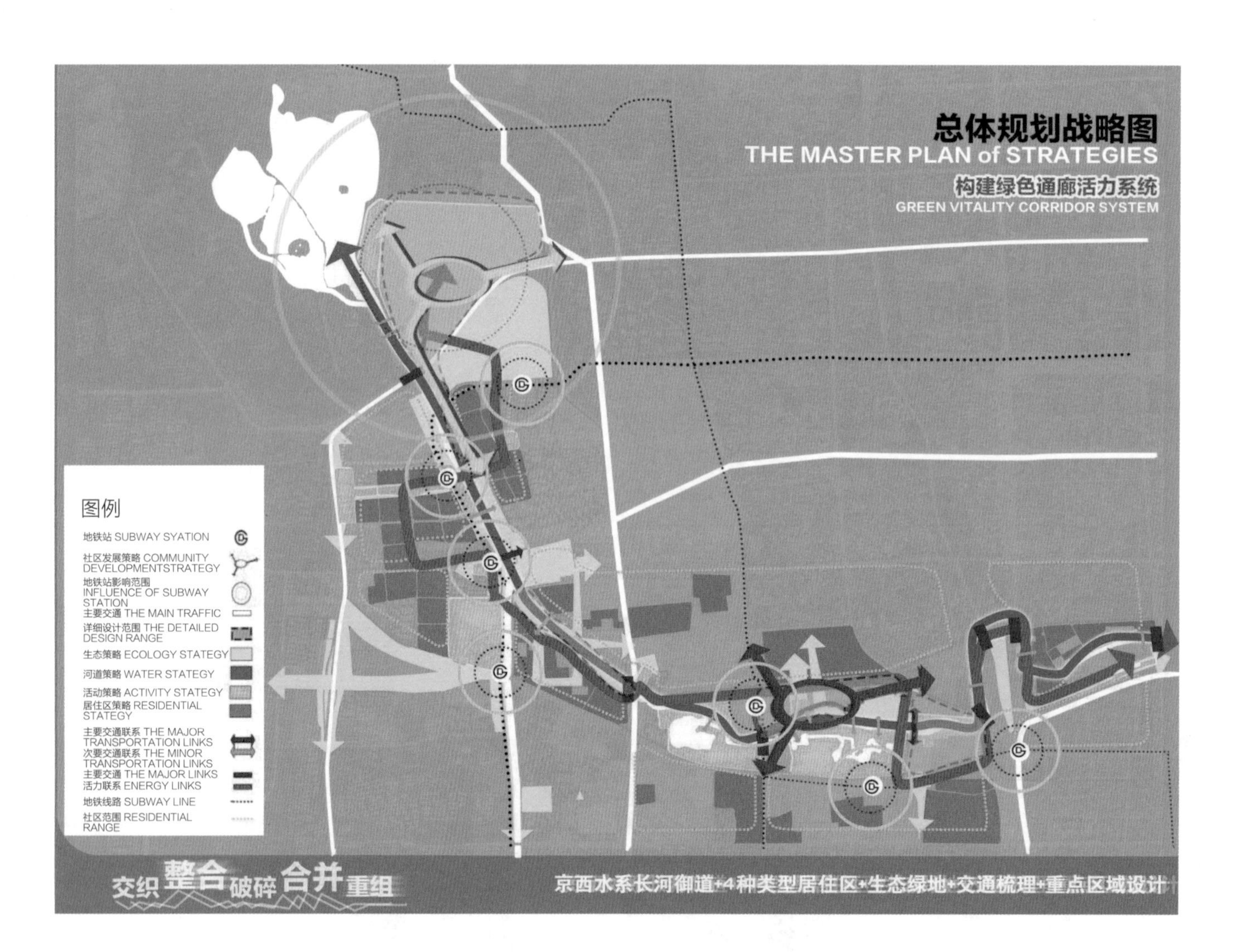

规划分区
Functional Districts

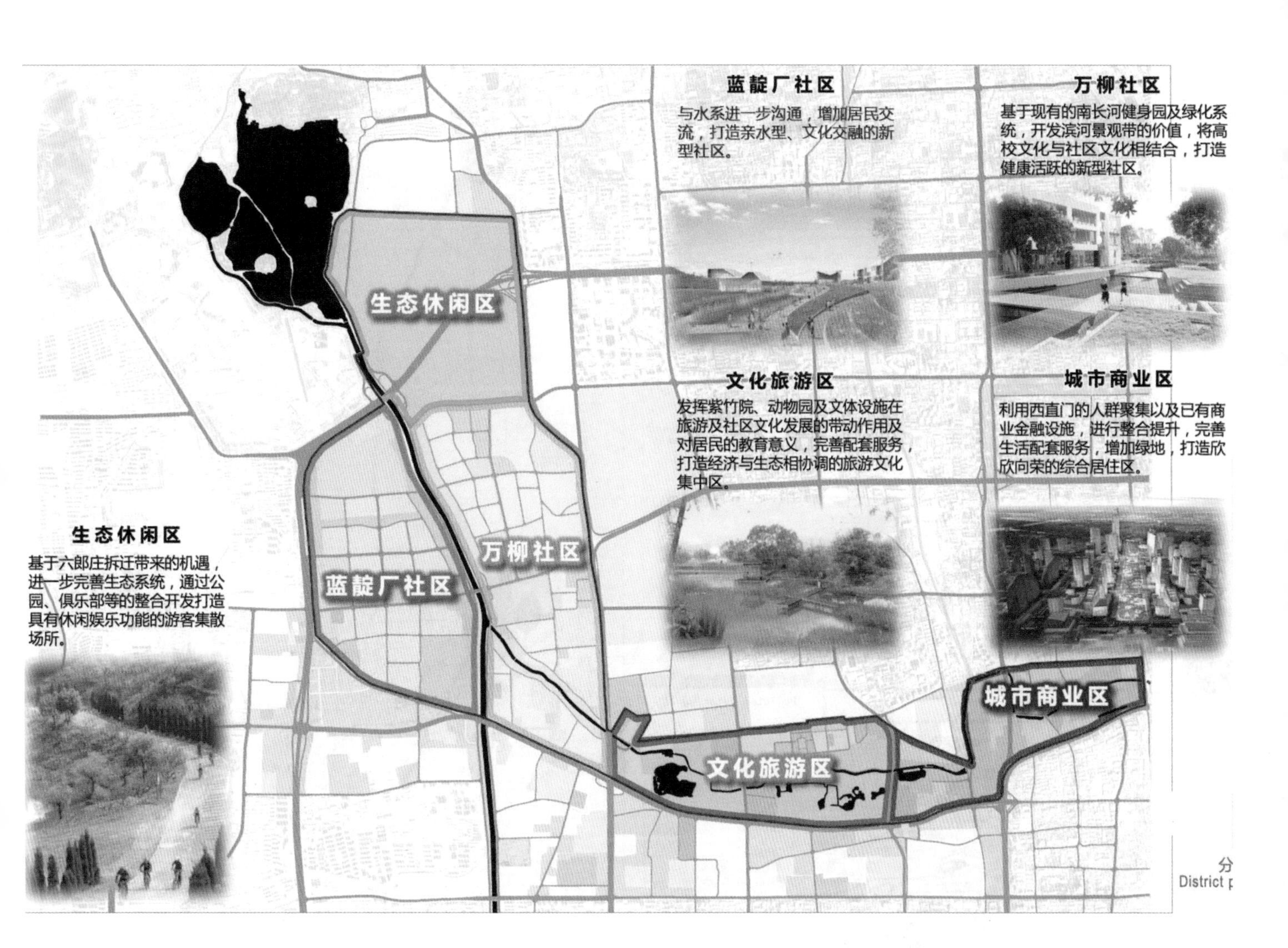

分
District p

五大体系

Five Systems

五大体系包含城市生态体系、城市交通体系、服务设施体系、城市活力体系、公共旅游体系。城市生态体系主要通过整合滨河绿地系统，加强其雨洪管理与生境保护等功能的整体化。城市交通体系通过调整滨河的慢行系统线路，局部更改穿行的机动车线路来减少交通基础设施对河道的割裂。服务设施、城市活力及公共旅游体系借由统一周边已有的商业、旅游设施，并提供公共与旅游基础服务，最终达到对河道周边居民点以及滨河公园进行活力提升的目的。

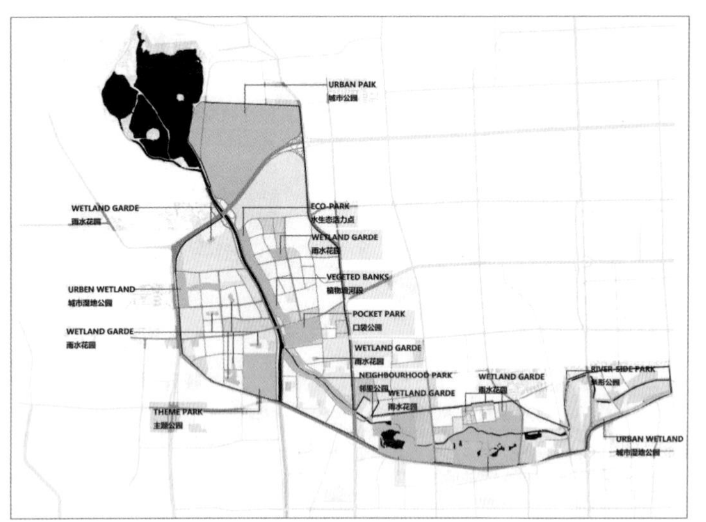

绿地系统

步行与水上交通

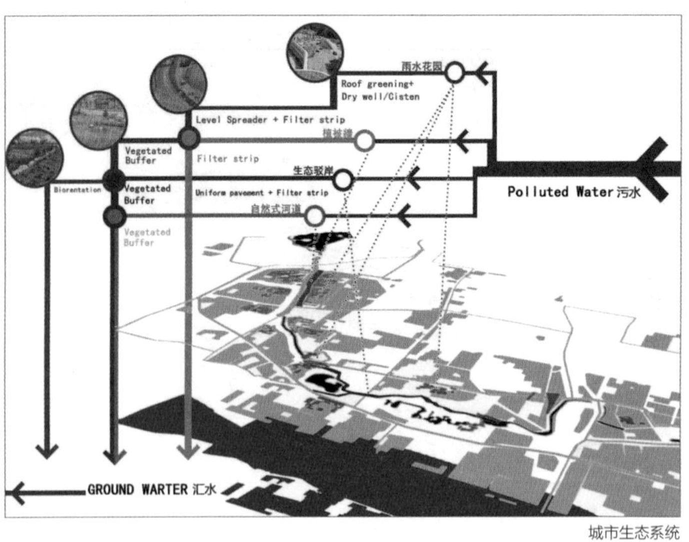

城市生态系统

自行车、停车系统

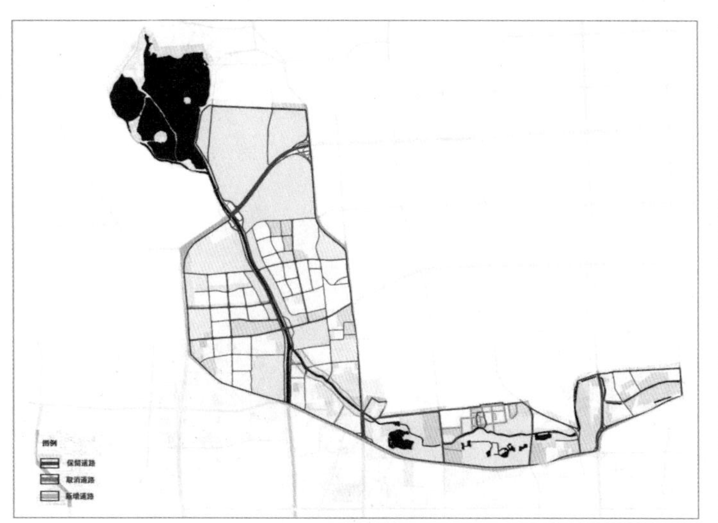

道路交通调整

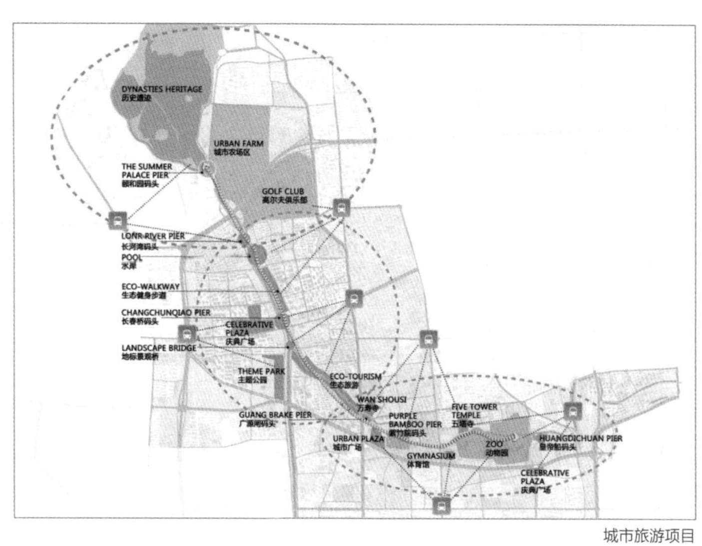

城市旅游项目

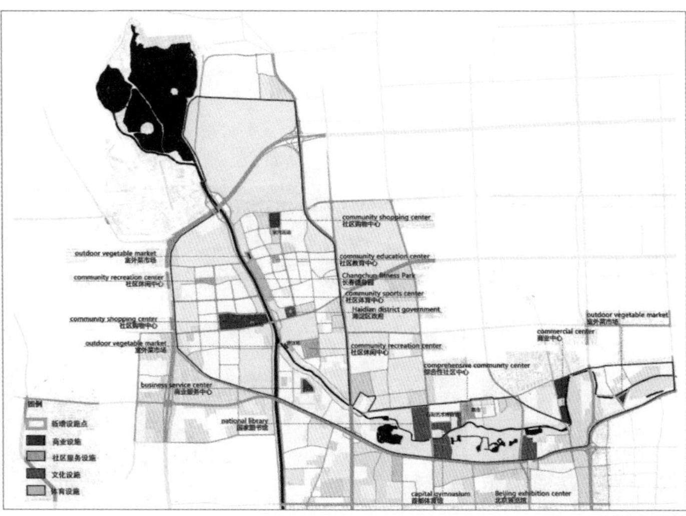

生活服务设施

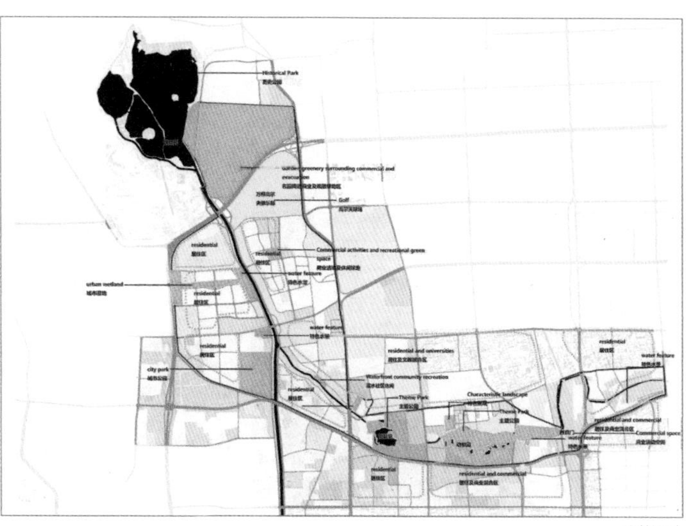

公共活动

节点概念设计——六郎庄生态绿隔

Node Conceptual Design

绿隔公园生成

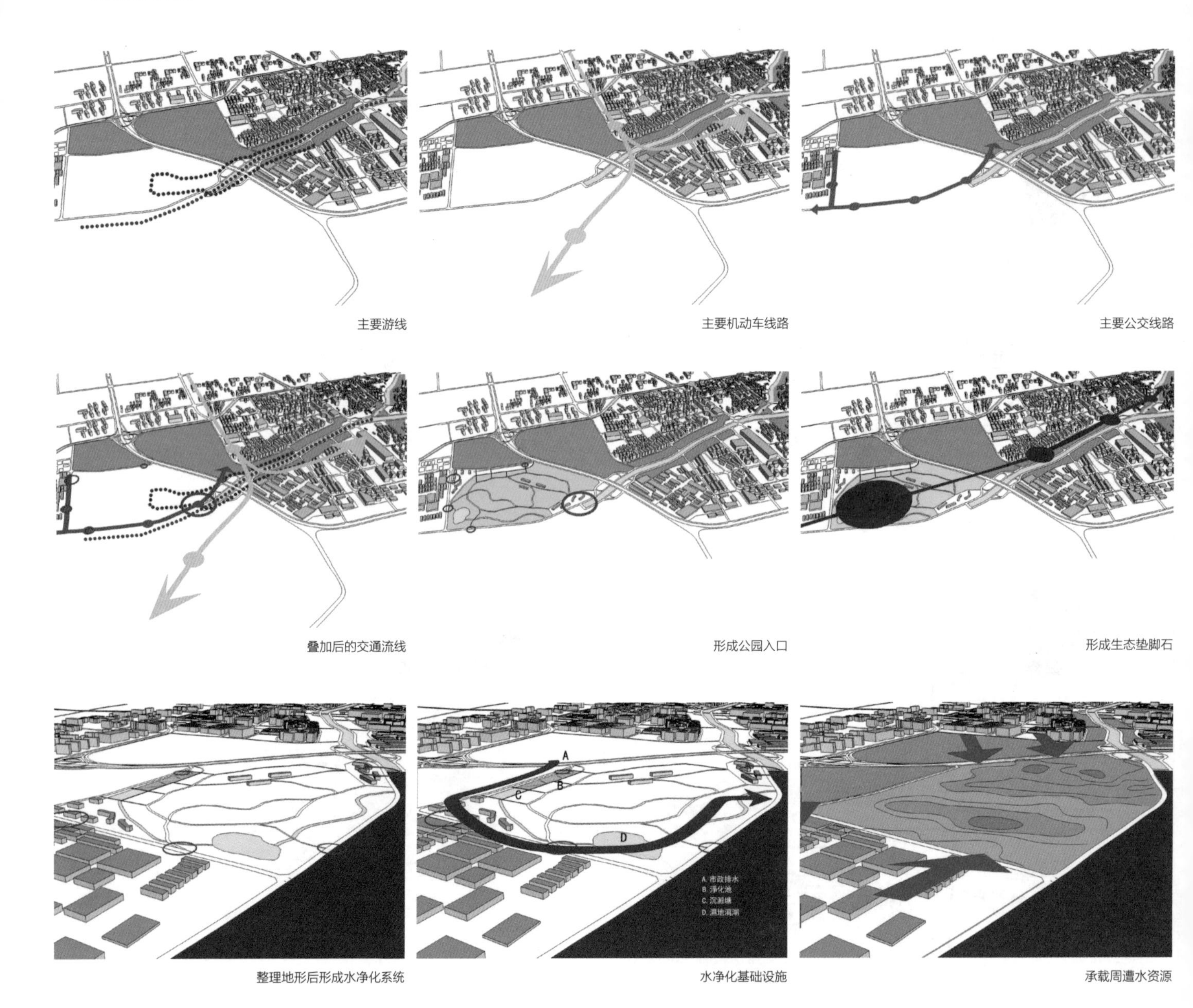

主要游线

主要机动车线路

主要公交线路

叠加后的交通流线

形成公园入口

形成生态垫脚石

整理地形后形成水净化系统

水净化基础设施

承载周遭水资源

都市农业：Urban farming

海淀由于河流及地质演变后地形沉降留下丰富的物质基础，其丰富湿地资源能够提供优良的稻作农业空间。因此可以通过都市农作系统，为周边居民提供可参与的自然体验活动和自然产品。

规划策略

城市尺度：1. 位处北京绿化隔离带
2. 西北郊绿楔廊道
3. 规划中的疏散绿地

社区尺度：1. 万柳和蓝淀厂的住宅区
2. 提升小区互相的凝聚力与活力
3. 绿色通廊活力系统

水系尺度：1. 水系中的生态绿地
2. 藉由绿地的教育功能让居民认识水系

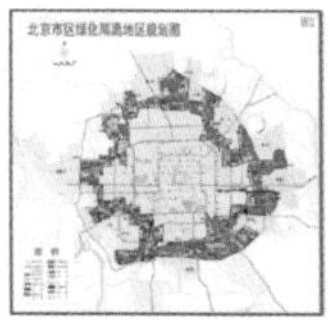

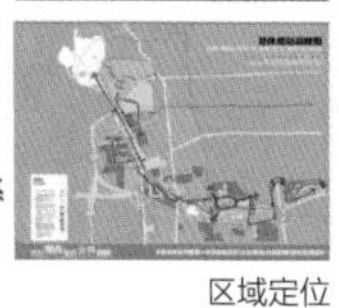

区域定位

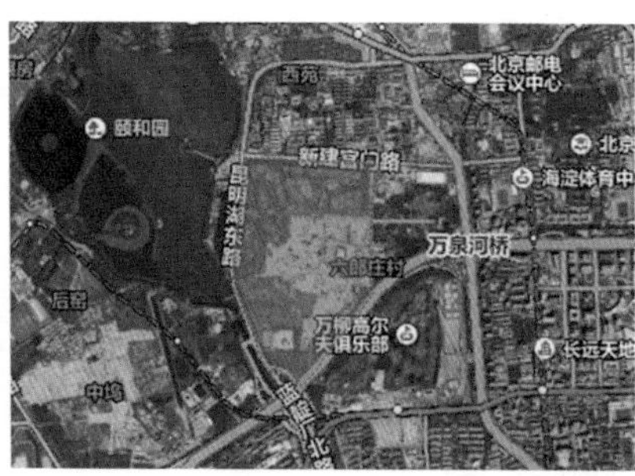

六郎庄

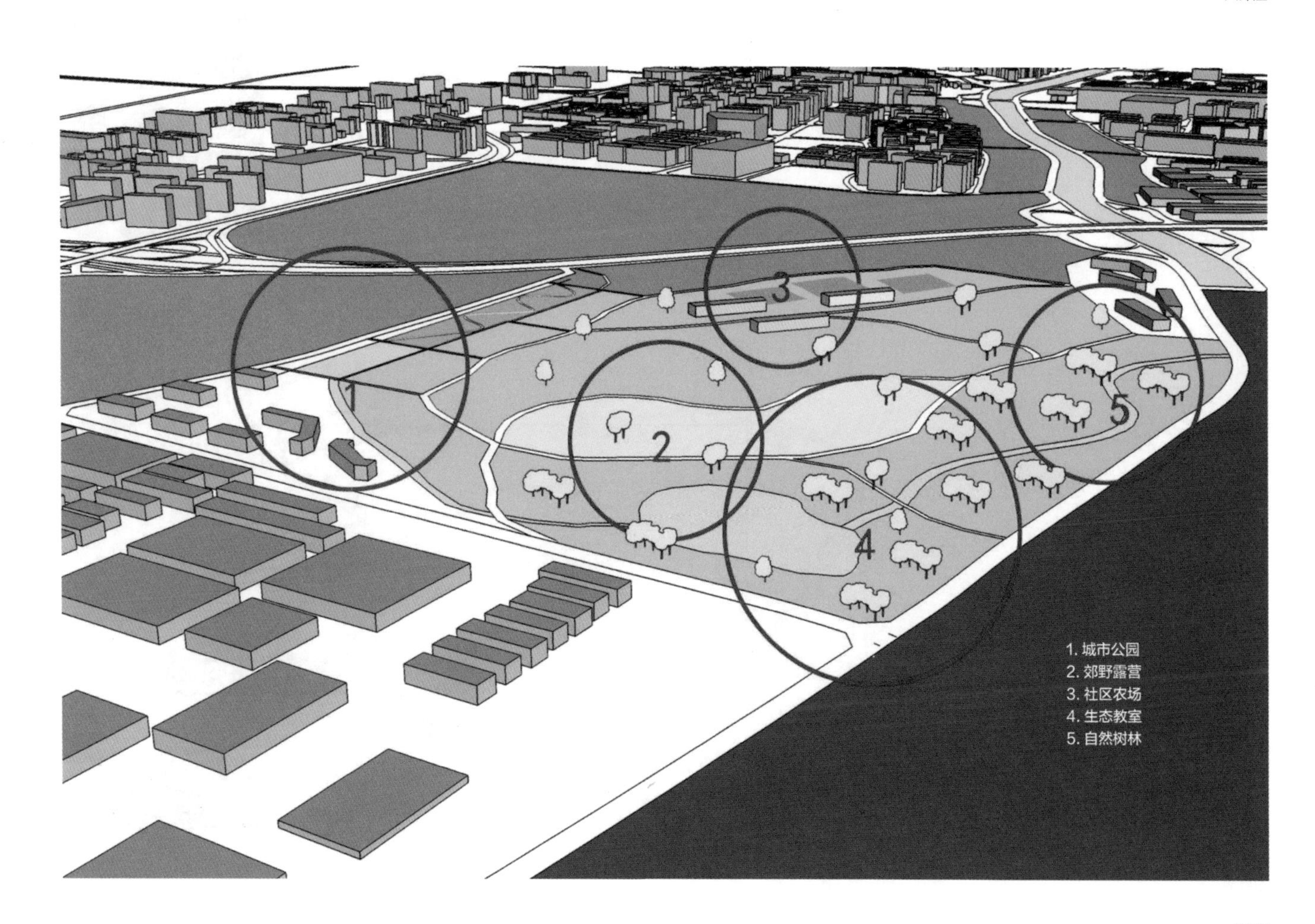

节点概念设计——长河滨水空间
Node Conceptual Design

增加两岸的跨河交通，提升打造滨水步行绿带，利用绿带空间引导住区与校区联系。通过调整周边商业设施，并拆除或改造现状棚户建筑，以滨水社区中心来带动周边活力。在滨水步行绿带中软化部分原有的硬质驳岸来设置亲水区域，并且使慢行步道系统得以整体连贯。

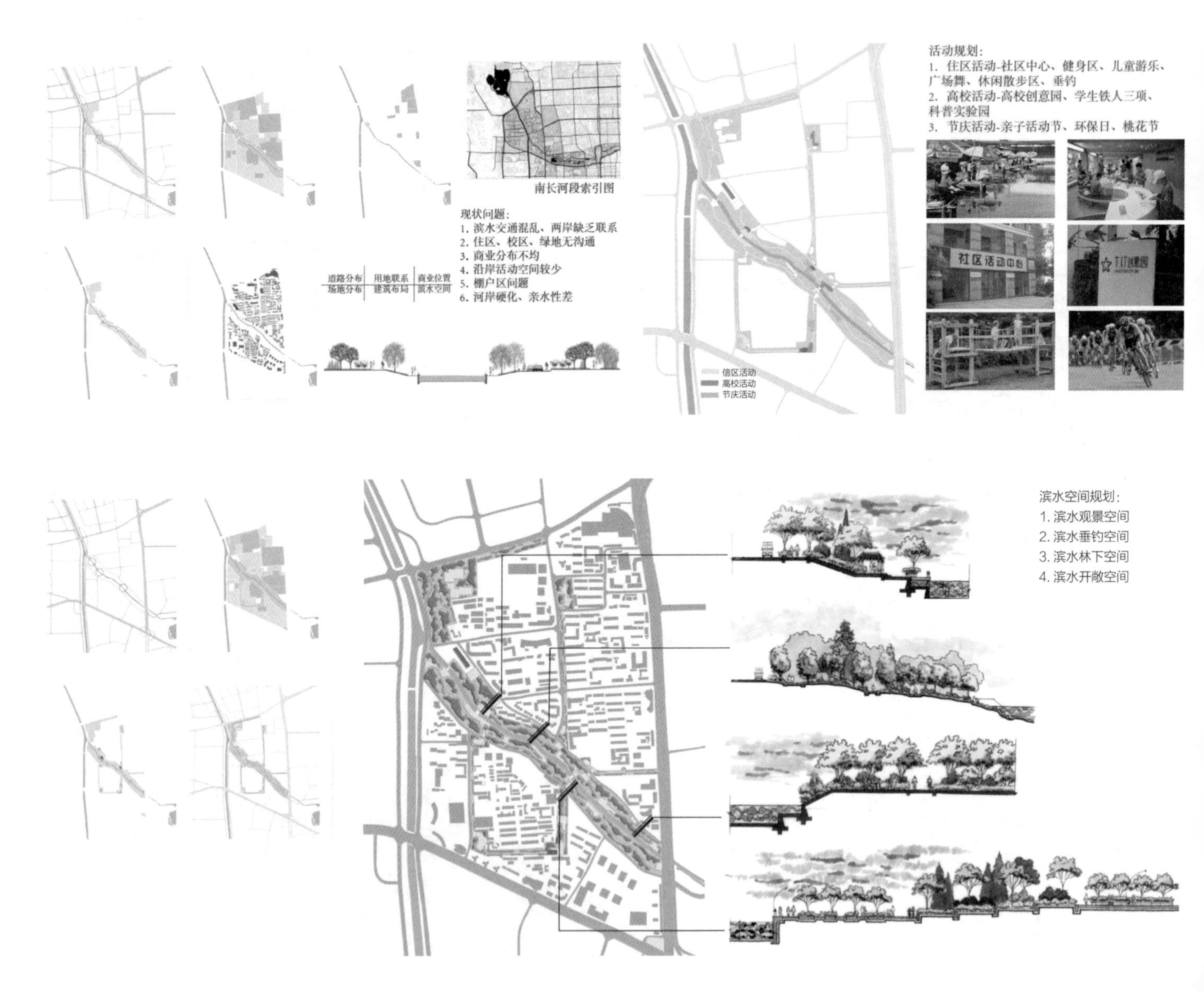

节点概念设计 – 北京展览馆区域更新
Node Conceptual Design

北京展览馆区域位于西直门附近，周围功能布局混乱，车行交通被展览馆馆区隔开，有多处无法连通，多个入口通行困难。概念设计主要通过梳理河道周遭的交通体系与北京展览馆的参观游线，将河道周边滨水空间打造为集商业、滨水游憩等为一体的活力空间。

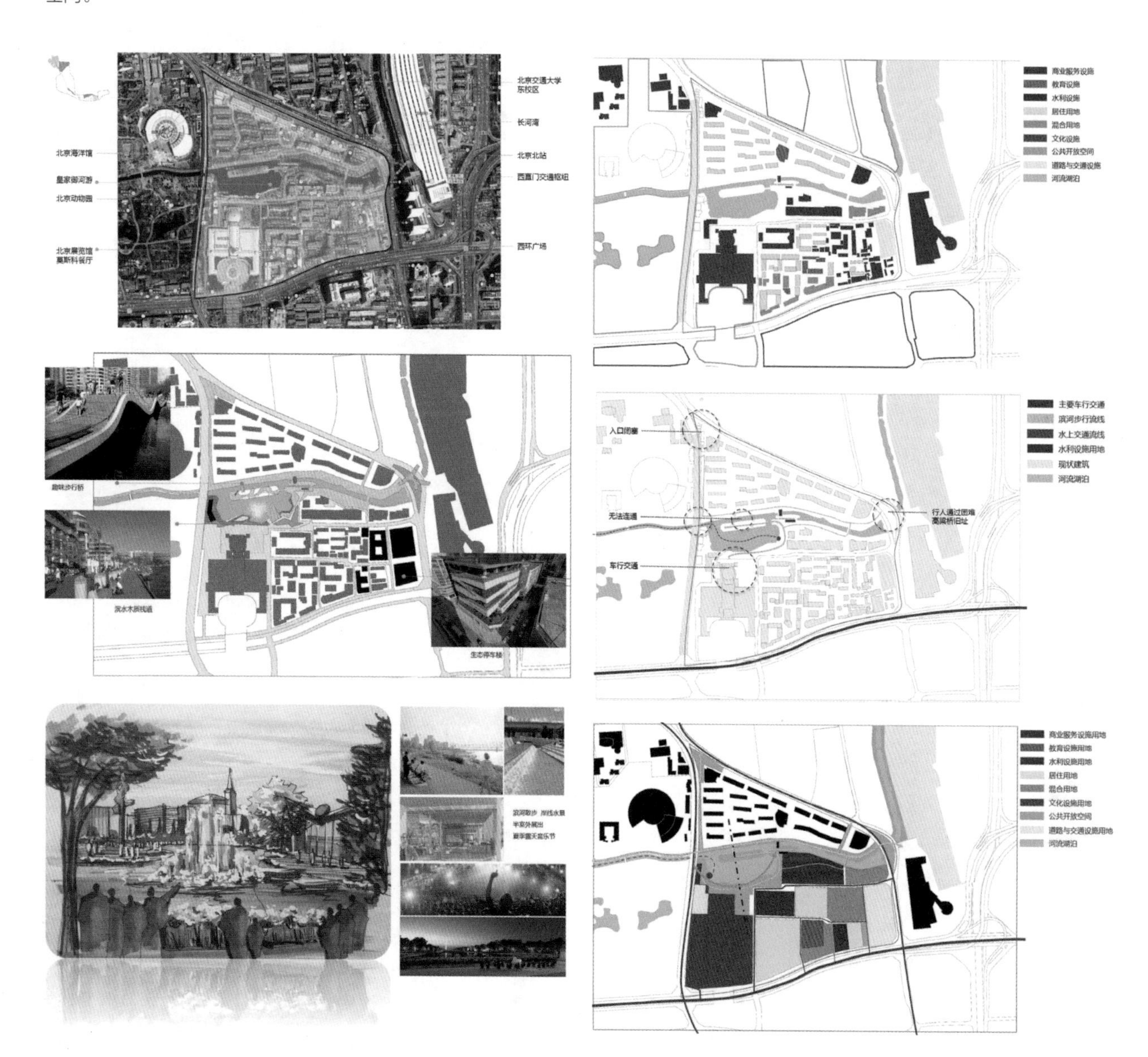

片区规划 - 旧城段
District Planning-Jiucheng Section

区位分析
Location Analysis

旧城历史水系研究分成 3 个范围，分别为影响范围、研究范围、规划范围。从规划区段人口与面积概况来看，本区段的人口密度较大，许多的社区活动场地遍布其中。同时区段场地遗留的文化遗产众多，有许多名人故居、皇家园林、寺庙，多样的文化底蕴，激发出多样的文化活动，承载着的游客量巨大。

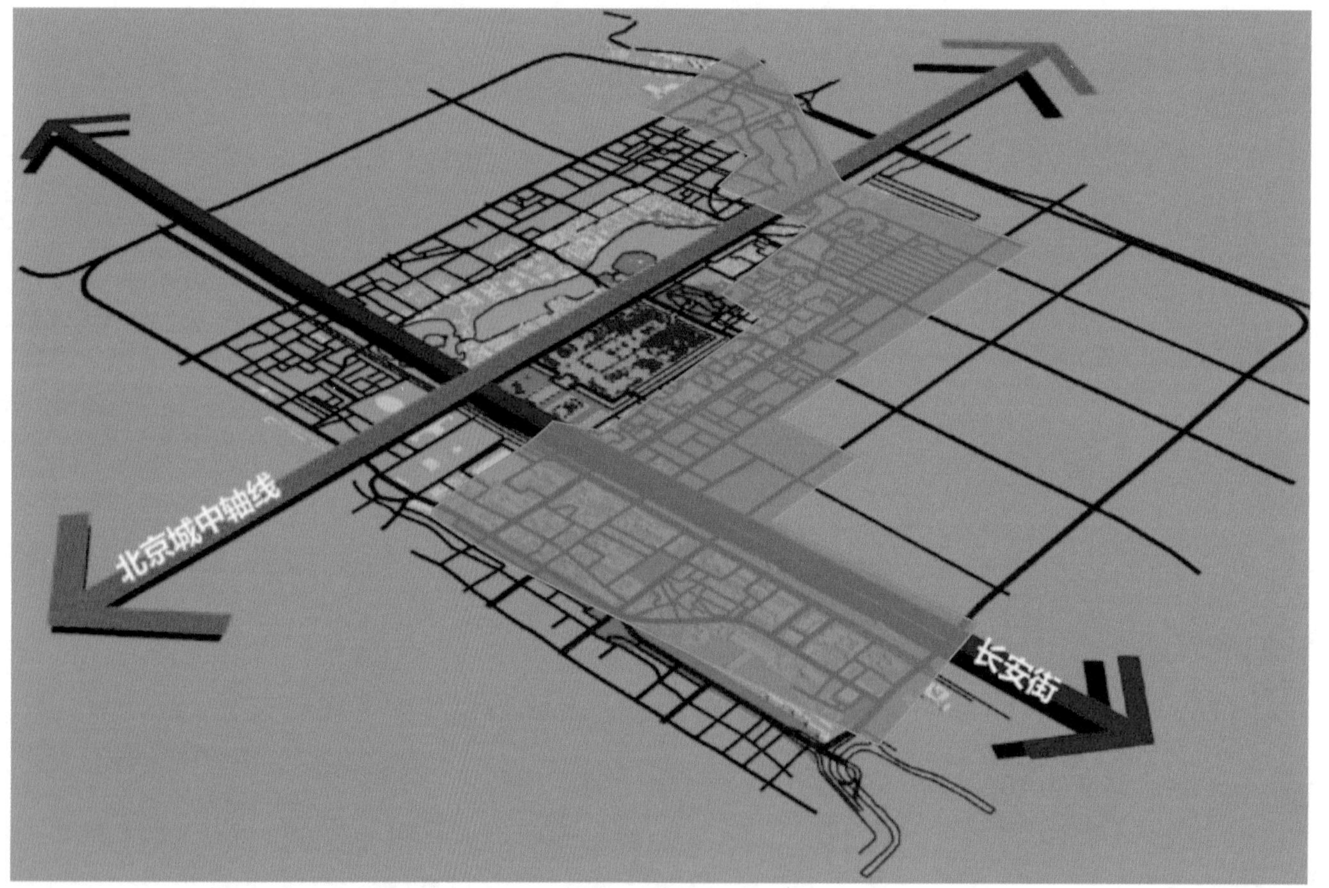

规划范围与中轴线的关系

1530万人次

面积：72万 m^2
馆藏量：180万件

故宫

850万人次

面积：24万 m^2
馆藏量：40万件

卢浮宫

700万人次

面积：7万 m^2
馆藏量：600万件

大英博物馆

34641人

地区：曼哈顿
面积：90km²
水面率：21.35%
平均每平方千米：34641人

18126人

地区：什刹海
面积：19km²
水面率：12.54%
平均每平方千米：18126人

10132人

地区：陶尔哈姆莱茨区
面积：19.77km²
水面率：7.20%
平均每平方千米：10132人

元
明
清初
清末
民国

历史文化活动叠加

元
明
清
民国

历史文化遗迹叠加

宗教文化　园林文化

京剧　风俗文化

风俗文化　漕运文化

故宫　北海

恭王府　银锭桥

广化寺　火神庙

宋庆龄故居　可园

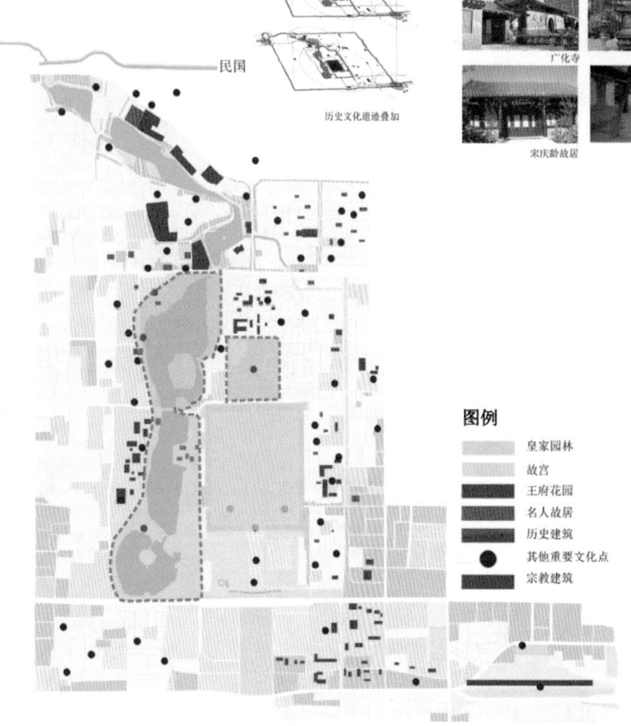

历史文化遗迹分布

历史文化

Historical Culture Analysis

通过调研发现，随着城市的快速发展，多元文化的冲击导致地段内出现了文化失落的现象。回望历史，我们试图找寻那条承载着文化繁盛的河流。但最大的威胁是由于历史价值观念的解体所导致的盲目无知。

希望通过历史水系的复兴带来周边文化的发展。从历史文化片区分布图中可以看出东皇城根地区存在明显断裂带。因此希望通过历史水系的修复，能够唤醒文化记忆，带来周边文化的复兴，具体通过修补文化断裂带，成为旧城全面保护的有力手段。

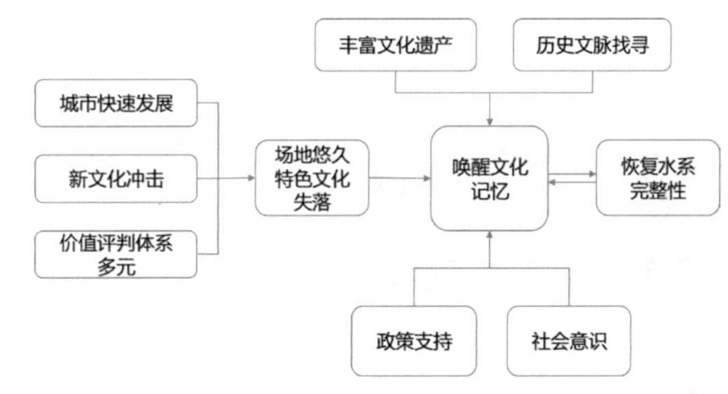

历史文化小结

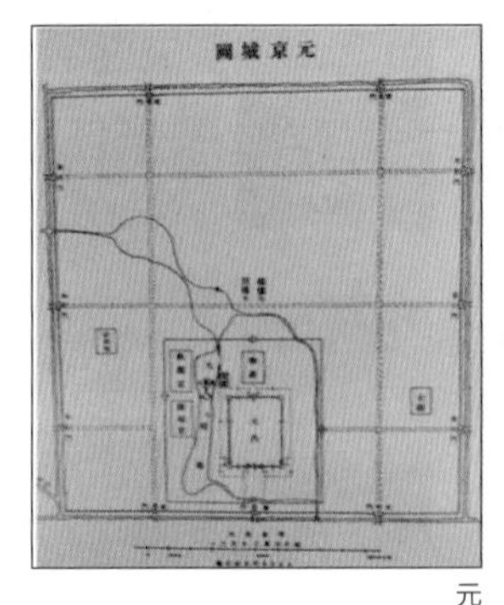

元

明

清

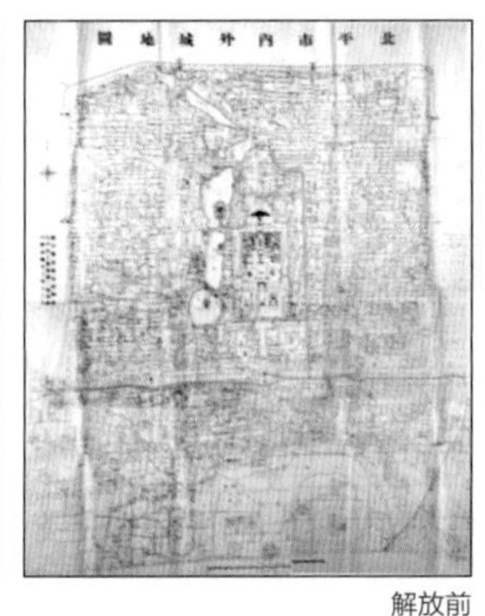

解放前

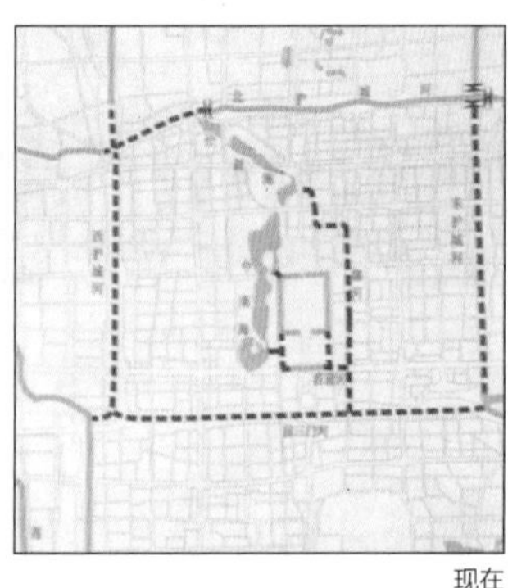

现在

古代京城变迁

2001 年，市规划部门会同文物部门共同组织编制了《北京旧城 25 片历史文化保护区保护规划》。旧城 25 片历史文化保护区的总占地面积为 1038hm^2，约占旧城总面积的 17%。25 片历史文化保护区中的 14 片分布在 旧皇城区内；7 片分布在旧皇城外的内城；4 片分布在外城。

2004 年，市规划、文物部门组织编制《北京第二批 15 片历史文化保护区保护规划》。其中旧城区内 5 片：皇城、北锣鼓巷、张自忠路北、张自忠路南、法源寺。

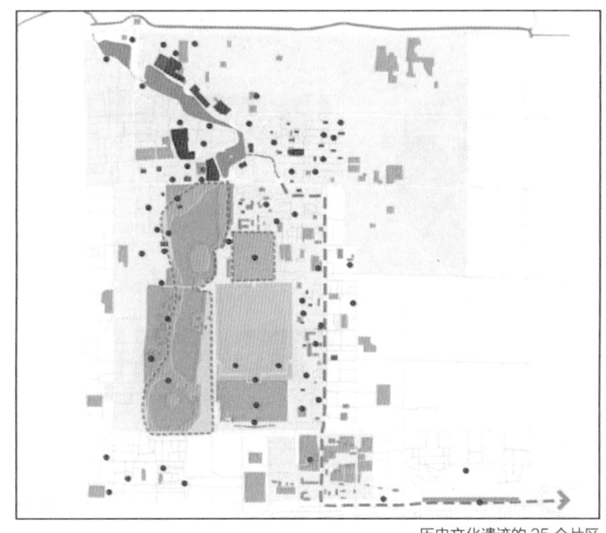

历史文化遗迹的 25 个片区

社会经济
Socioeconomic Analysis

旧城中轴线西侧发展成熟，皇城根遗址公园段成为未来疏散和缓解旧城人口、缓解空间压力的潜力地段。该潜力地段位于两大商圈之间，商圈的影响力成为带动潜力地段发展的动力。水系与商业相互促进发展，商业为恢复水系完整性提供了物质基础，水系为商业带来品质提升，同时起到疏解人口、平衡中轴线两侧发展的作用。

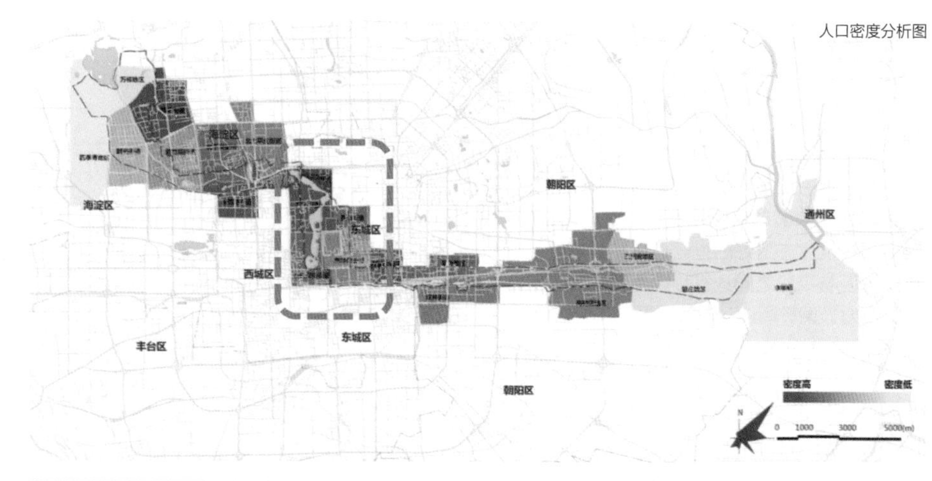

人口密度分析图

	海淀区						西城区				东城区			朝阳区					通州区
名称	四季青地区	万柳地区	海淀街道	曙光街道	紫竹院街道	北下关街道	展览路街道	新街口街道	厂桥街道	西长安街街道	东华门街道	景山街道	建国门街道	建外地区	双井街道	高碑店地区	三间房地区	管庄地区	永顺镇
人口密度（人/km²）	1221	2258	25000	11607	20706	18166	19873	28277	21980	19261	13775	26528	21775	12500	19685	11604	6841	5000	2790

公共管理与公共服务设施用地现状图

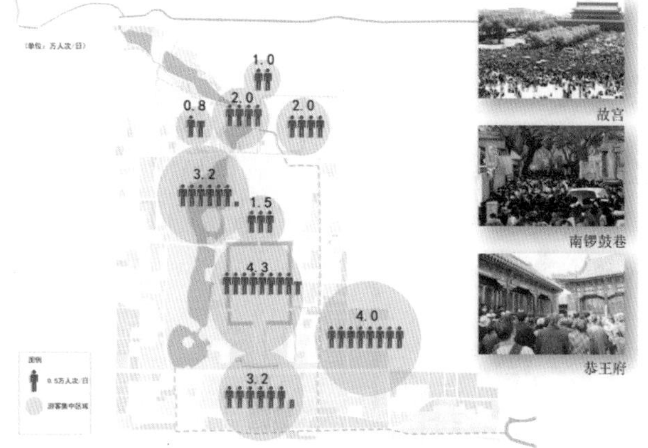

大量游客挤压旧城空间

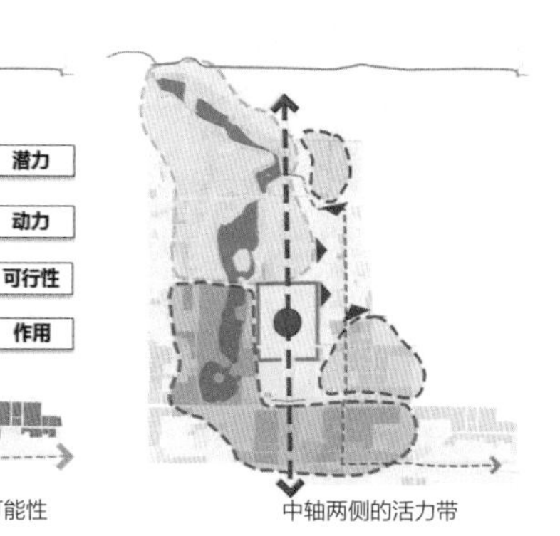

中轴活力的可能性

中轴两侧的活力带

现状城市肌理

自然生态

Ecology Analysis

中心城区被绿带包围，内部绿地斑块破碎化严重，恢复水系的完整性将形成联系整个区域的蓝廊与绿廊。自然生态策略强调整合场地中的破碎化绿地斑块，形成联系东、西的绿廊和蓝廊，为市民提供生态良好的宜居环境；其好处是有利于鸟类及其他生物在山区与平原之间迁徙；改善水循环，提升水质，并增强河道行洪能力；调节周边一定范围区域的小气候。

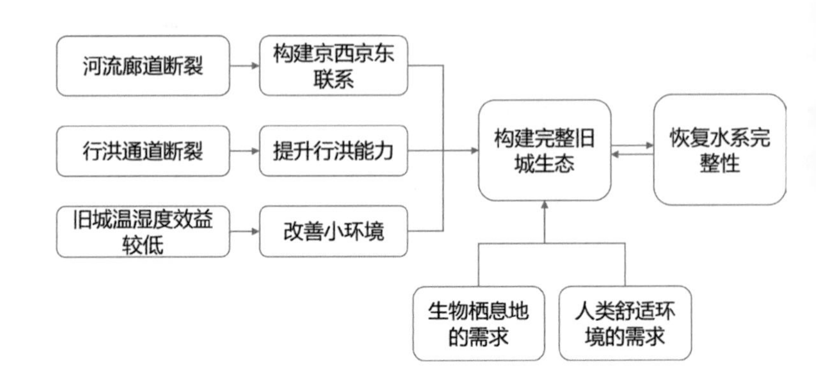

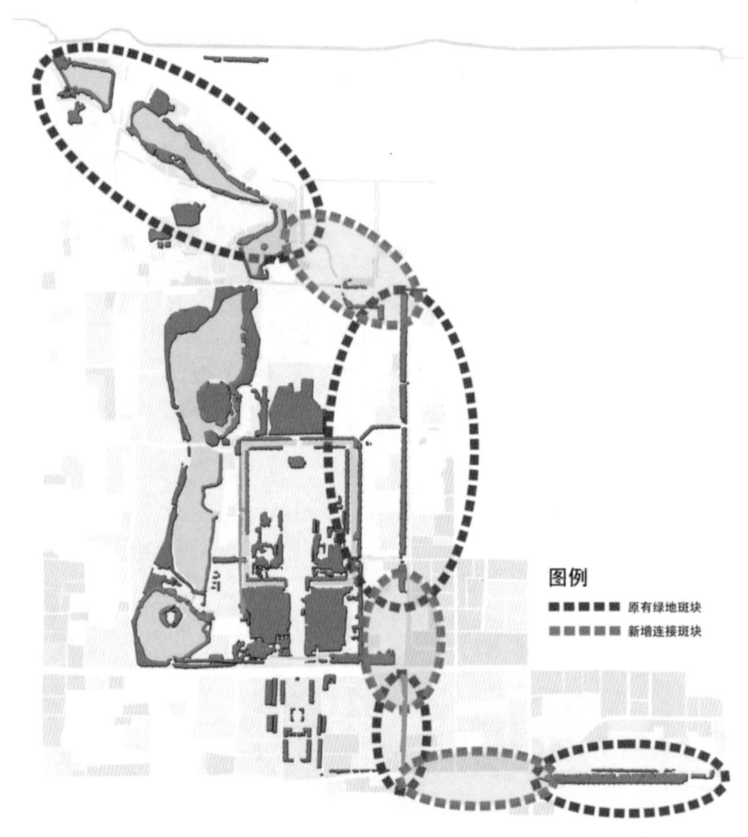

旧城段绿地规划

公众参与

Public Participation

问卷调查结果显示：场地内的公园绿地使用现状有一定群众基础；但公众对水系历史文化不了解；普遍支持水系恢复，并有良好的愿景。在公共空间方面，交通空间组织混乱，被调查者并不赞成机动车进入胡同；居住环境较差，旅游影响居住环境；水系一定程度上改善了公共活动空间。在旧城风貌方面六海地区特色不足，建筑风貌有待改善；对现状商业业态并不满意，赞成恢复具有地区特色的商业；支持政府占用园林的开放。

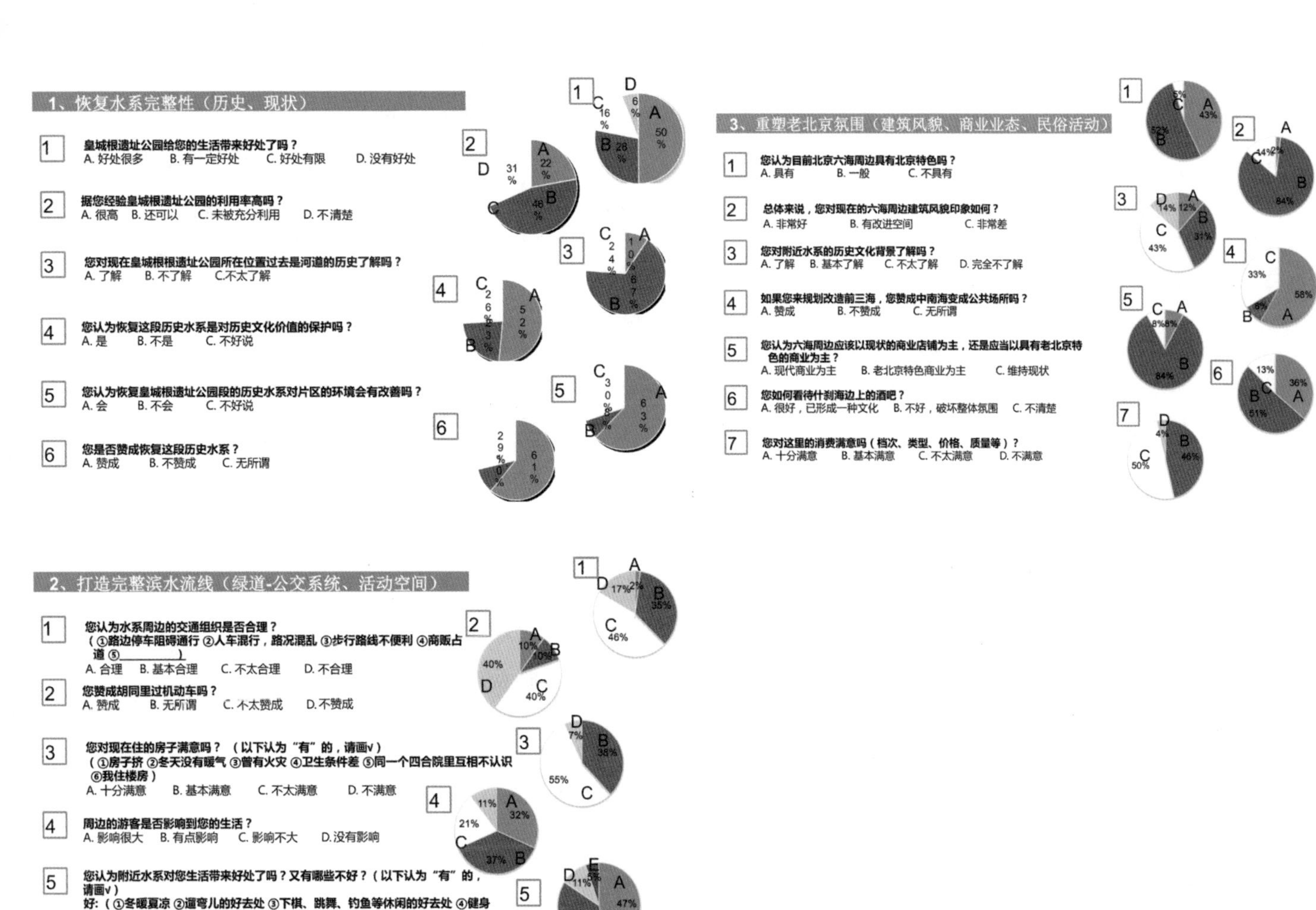

主要目标与规划框架

Main Target and Planning Framework

针对现状进行 SWOT 分析，并根据分析结果提出针对场地的具体应对策略，从水系、交通、文化、商业、生态等 5 个层面制定目标。目标分为近、中、远期：最主要的近期目标是重振历史水系，以空间重塑为主；中期、远期的目标则在空间重塑的基础上，以文化、活动等方面策略来唤醒文化记忆、激发旧城活力。

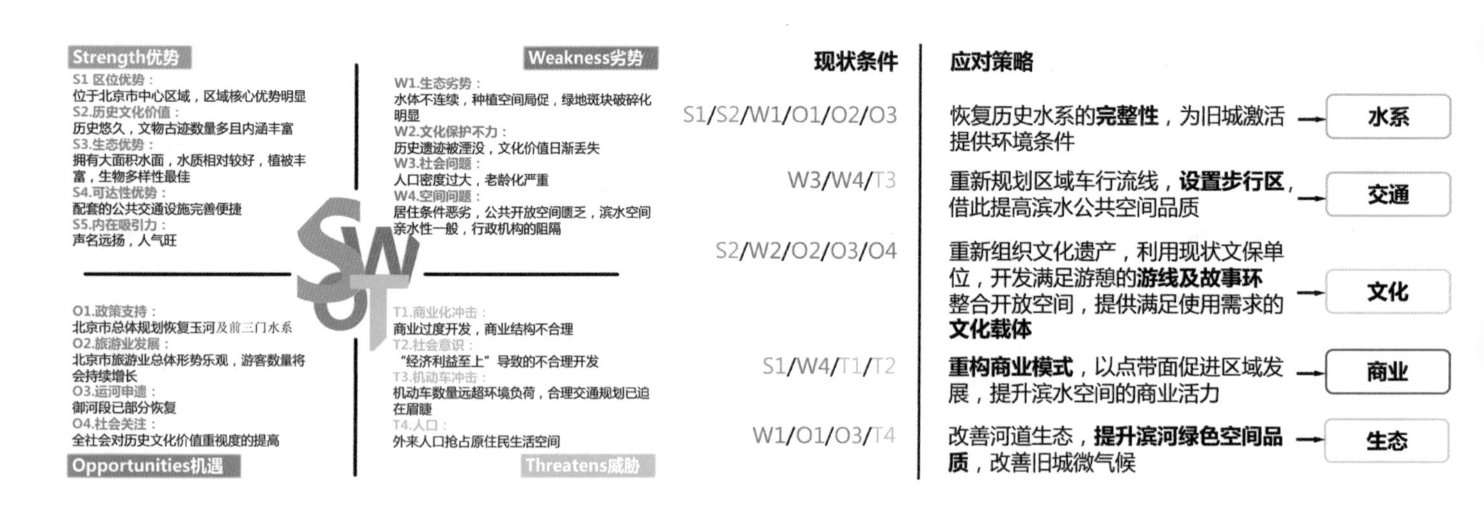

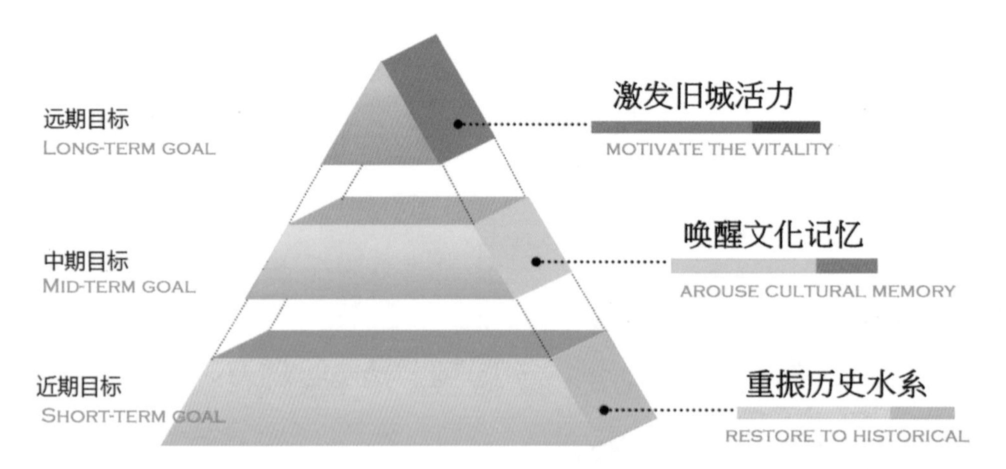

——重振历史水系、唤醒文化记忆、激发旧城活力

规划目标

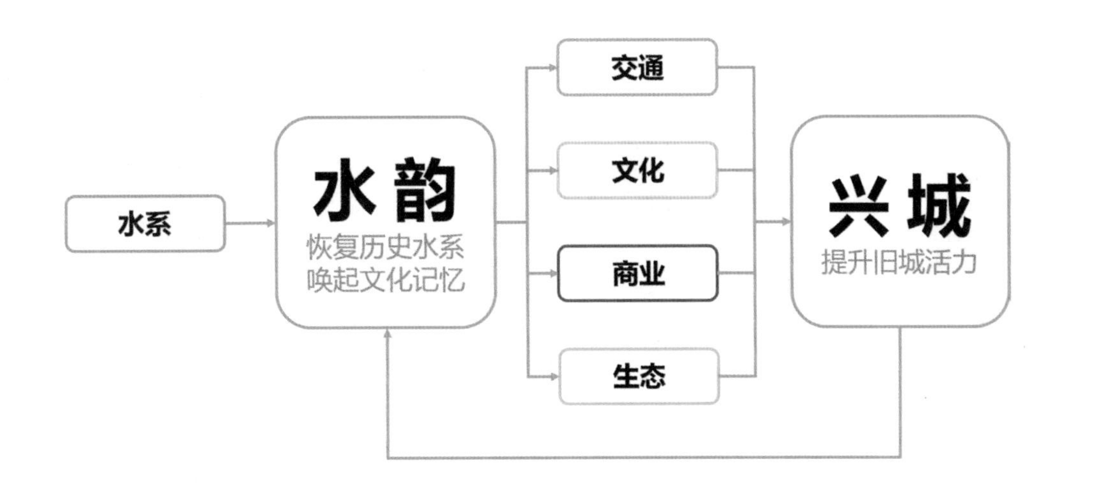

总体规划框架

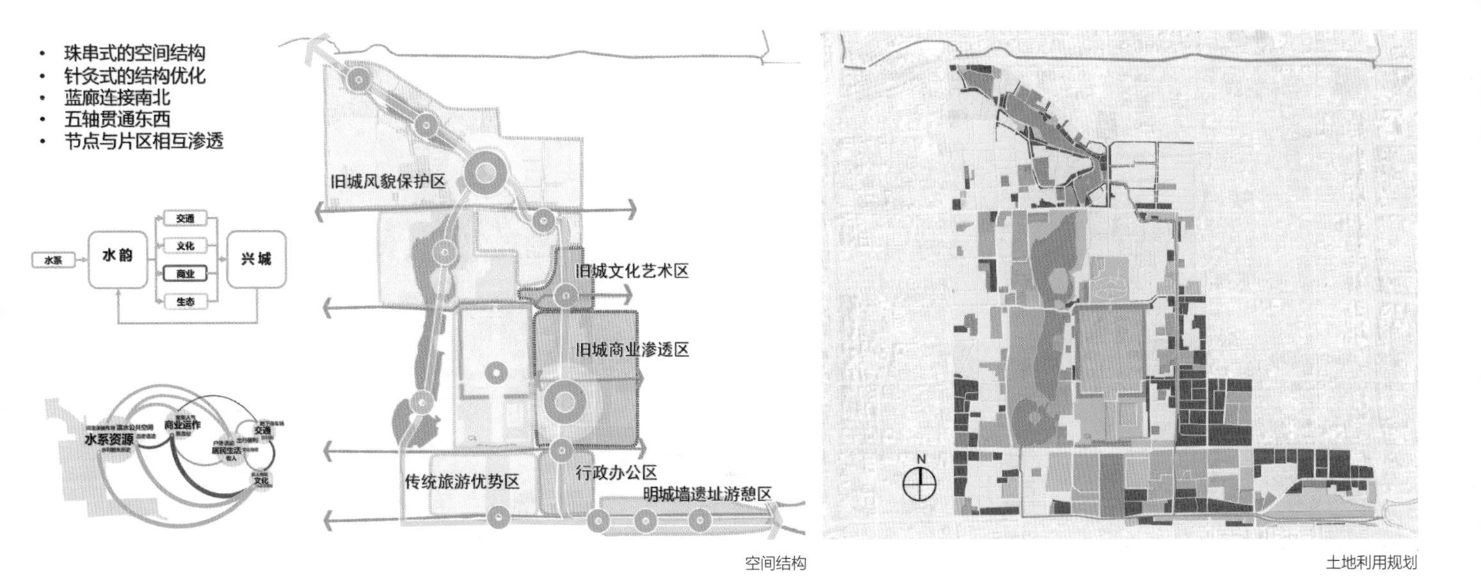

空间结构

土地利用规划

文化策略
Cultural Strategy

两大策略构建文化系统。1. 围绕现状文保单位，开发游线及故事环。以历史水系为骨架，串联老北京民居故事、宗教故事、商贸故事，民俗活动以及城建故事，形成完整的场地文脉。建立露天博物馆策划短线故事环游线，结合慢行系统设计特色游线，开放部分历史遗迹，策划参与活动，提供解说系统。2. 整合开放空间，提供满足使用需求的文化载体，整合绿地空间策划市民活动，复原老北京记忆。

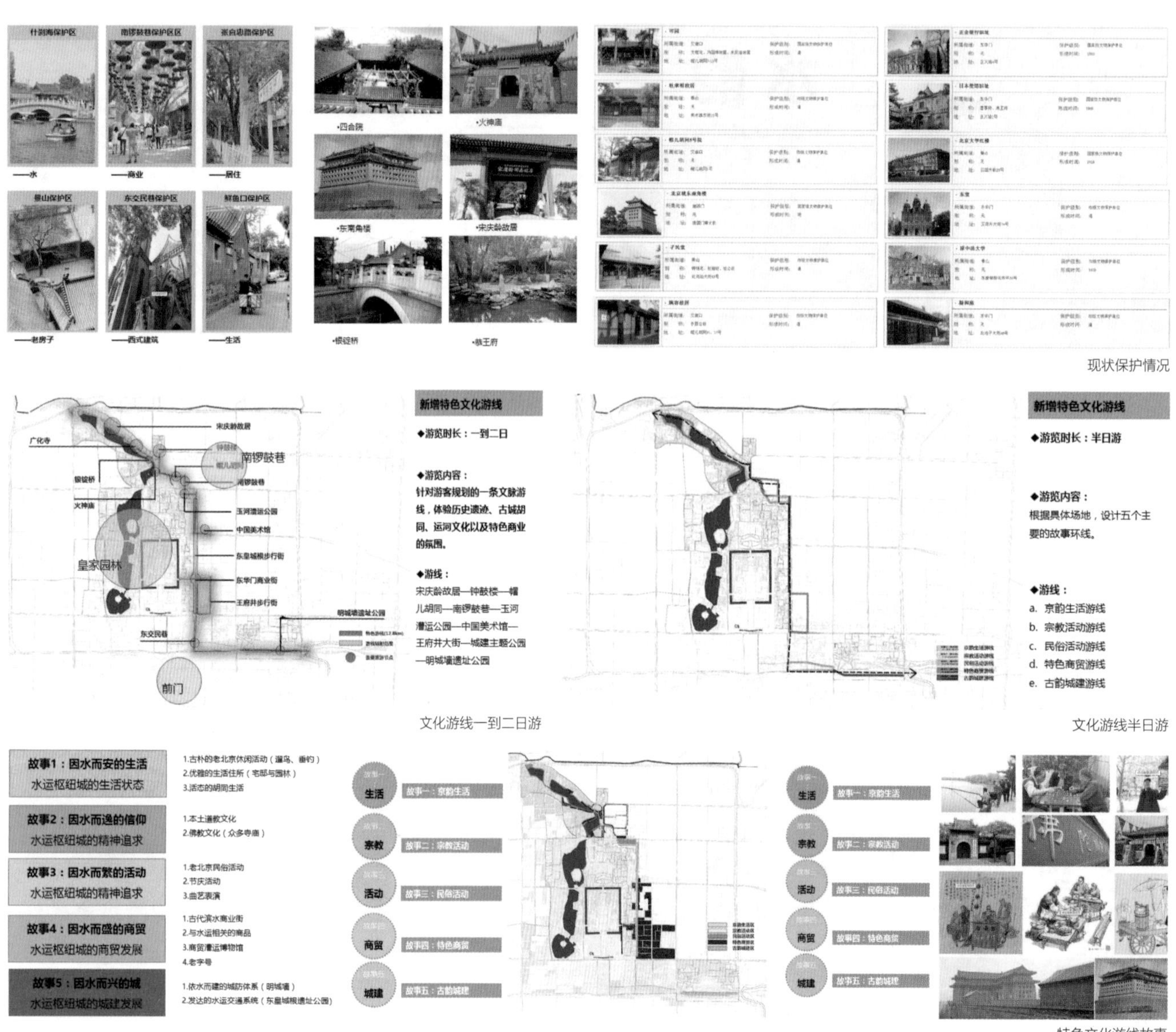

现状保护情况

文化游线一到二日游

文化游线半日游

特色文化游线故事

旧城主要绿地使用人群以游客及50~65岁的中老年居民为主，日常游憩活动丰富且具特色，主要分为3类：

1. 文化餐饮空间，满足市民户外饮茶、老字号商业等活动。

选点原则：

滨河特色餐饮点；

运河上重要文化节点。

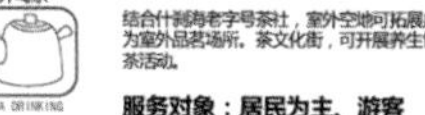

特色餐饮空间分布图

2. 民俗活动空间，依托遗产点或文化活动聚集地，提供户外文化活动服务。

选点原则：

旧城文化活动的主要聚集点；

传统节庆活动点；

遗产点。

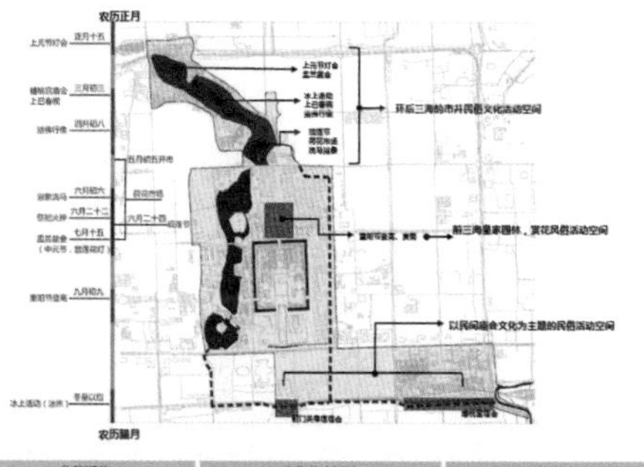

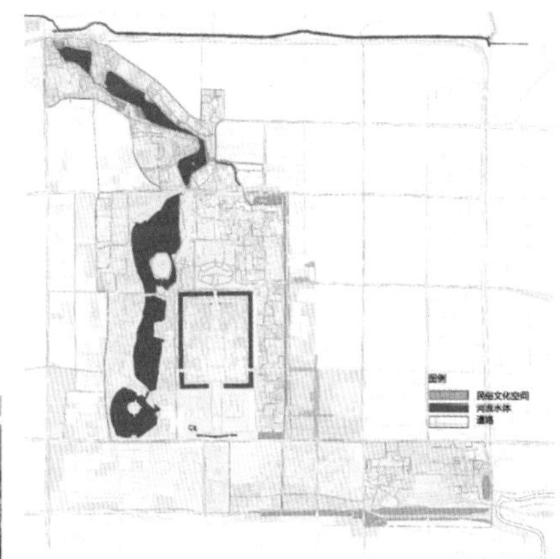

民俗文化空间分布图

3. 体育活动，根据不同活动的需求，对场地进行特殊化改造，满足安全、舒适的需求。

选点原则：

旧城文化活动的主要聚集点；

传统节庆活动点；

遗产点。

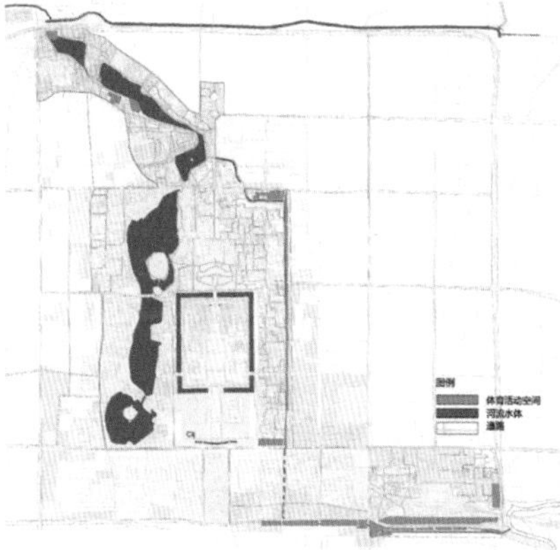

体育活动空间分布图

水系策略

Water System Strategy

北河胡同原来的位置即是元代京杭大运河从通州到北京城内积水潭码头的通惠河的一部分，明代称为玉河。通惠河是漕运内河，从南方来的粮船、货船通过京杭大运河到达通州后，经通惠河可以直驶到北京城内的皇城处。郭守敬设计开凿的通惠河为一条闸河，沿河建造有 24 座水闸，通过水闸的开关调节水位，使粮船、货船从低处向京城内的高处行驶，可以直抵积水潭码头。河水从积水潭经什刹海、万宁桥，向东南经东不压桥，然后顺着北河胡同向东，直到水簸箕胡同转向北河沿大街，南至崇文门外。1950 年为了道路通畅，崇文门城墙两侧开凿了通行的门洞，并修建了崇文门至花市大街长 668m、宽 7m 的道路。1965 年 7 月 1 日地铁开工，拆除了内城南墙、宣武门和崇文门。1965 年 4 月为配合地铁工程建设，兴建改河工程，前三门护城河改成暗渠。

水系策略：开挖历史水系，恢复水系完整性；整合滨水城市肌理，开拓滨水活动空间。针对公共空间的不同区段采取不同的梳理策略。

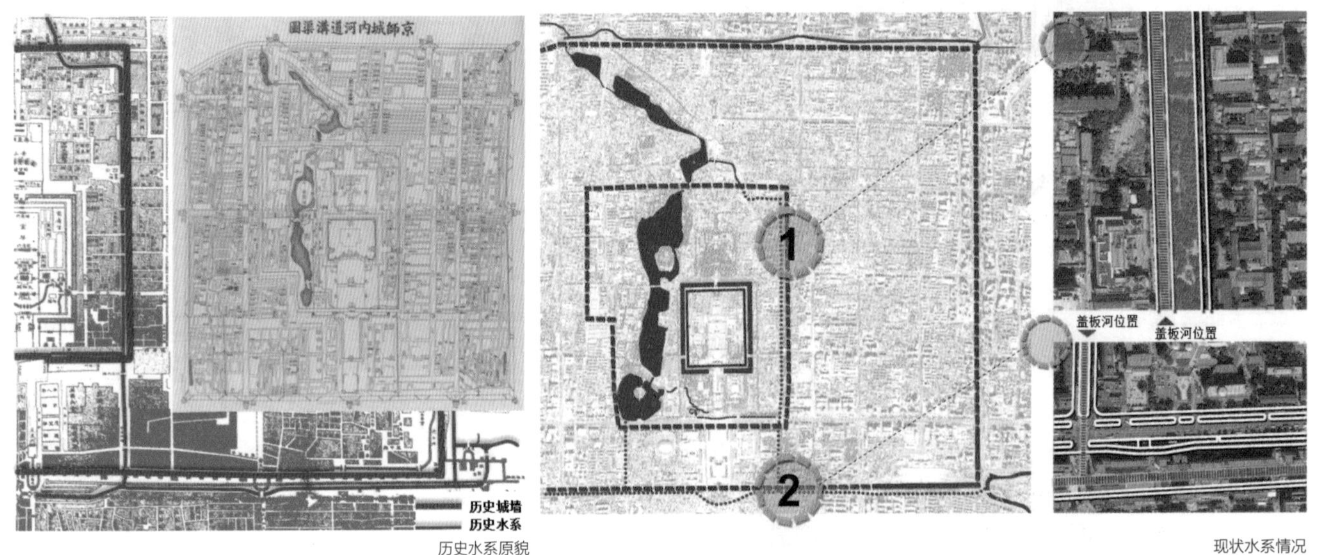

历史水系原貌

现状水系情况

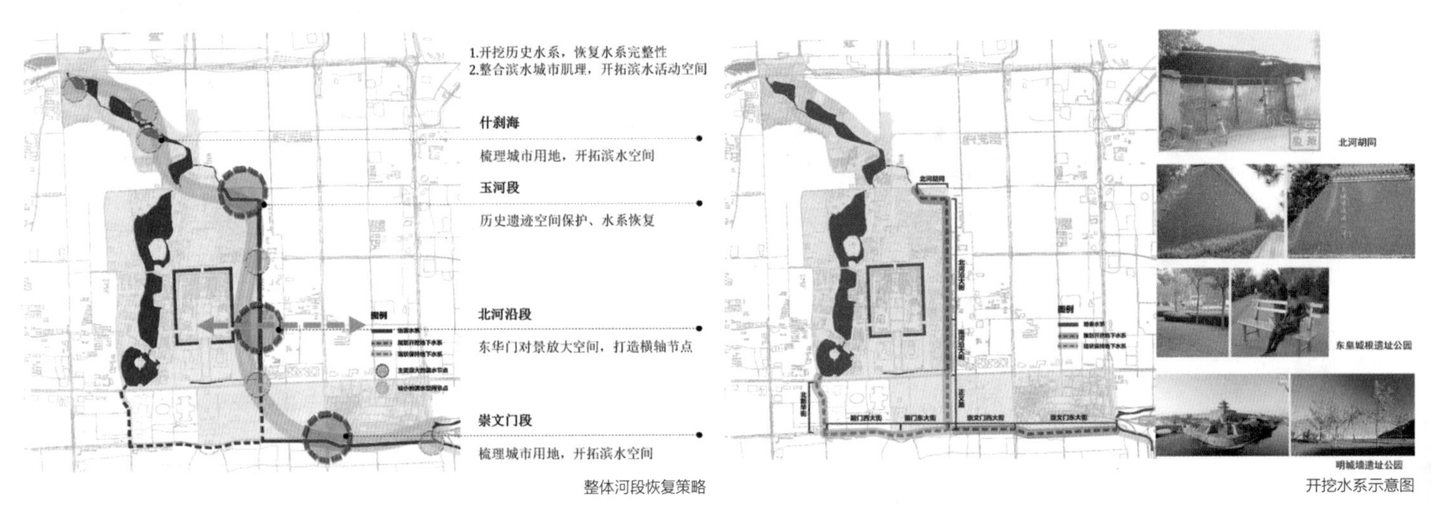

整体河段恢复策略

开挖水系示意图

针对规划场地内 3 段主要水系，提出如下策略：

玉河段：

北河胡同以及火药局胡同周边区域，主要的策略是开挖恢复玉河水系，保护遗迹空间与历史胡同空间，并且在两岸适当建设公共空间。

北河沿段：

属东皇城根，通过建筑质量评价，梳理、调整其中几个段落，疏通了路口的交通空间，并且将部分行车空间使用下穿的方式进行调整，使得水系公园得以恢复开放，并避免影响原来的交通流线。

崇文门段：

崇文门附近有许多名人故居以及历史遗址。在现状建筑评价中区分了建筑风貌类别，把影响风貌的建筑进行调整置换，并且梳理历史空间序列。

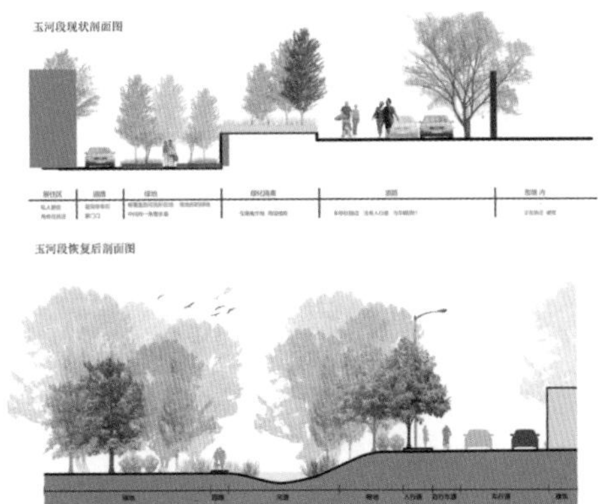

玉河段剖面

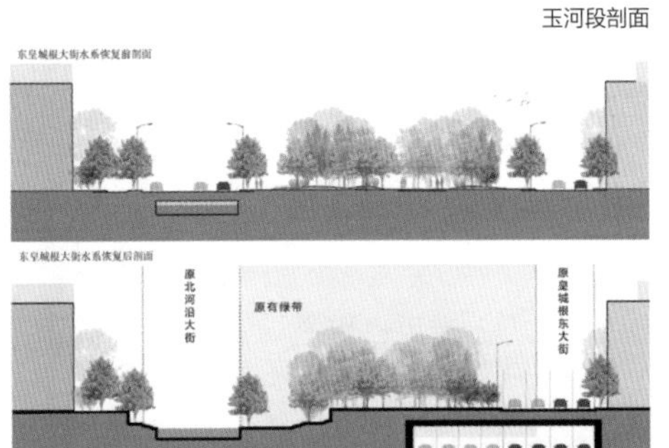

东皇城根大街剖面

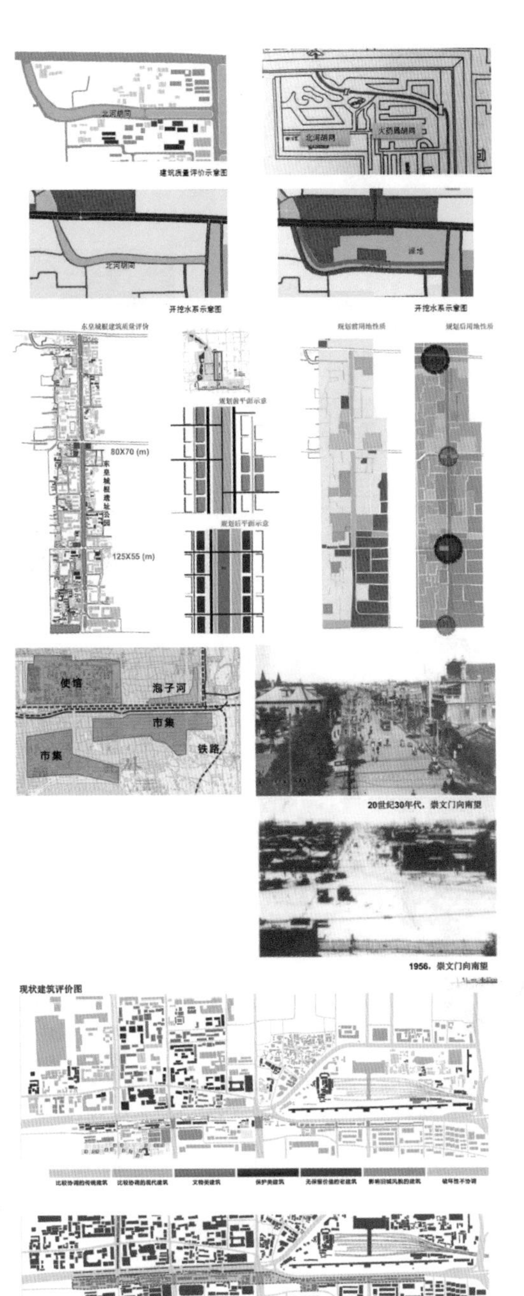

崇文门段建筑质量评价

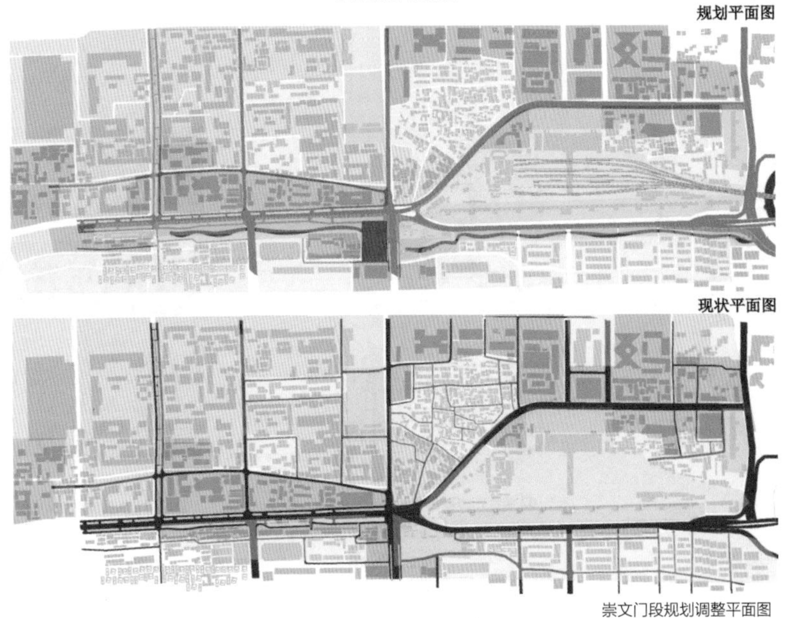

崇文门段规划调整平面图

商业策略
Business Strategy

围绕历史水系对周边城市商业、文化资源与开放空间进行梳理，化零为整，形成了 4 个商业组团体系：鼓楼传统商业步行街、玉河高端商住片区、美术馆艺术商业片区、王府井现代商业片区。

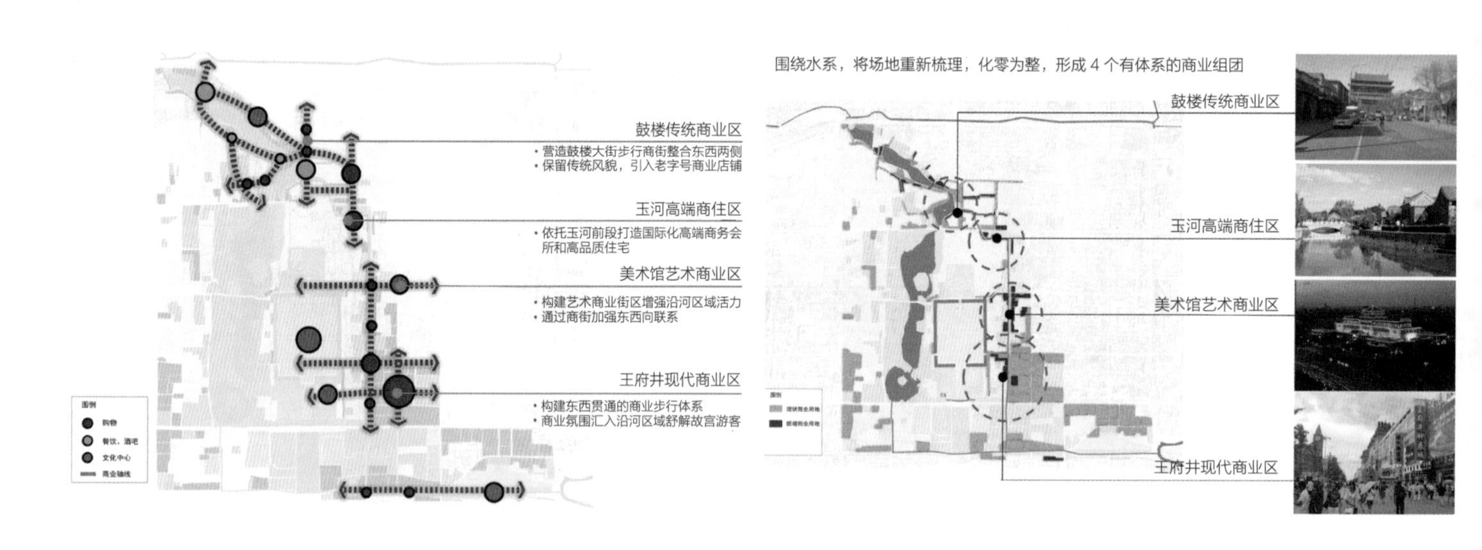

策略一

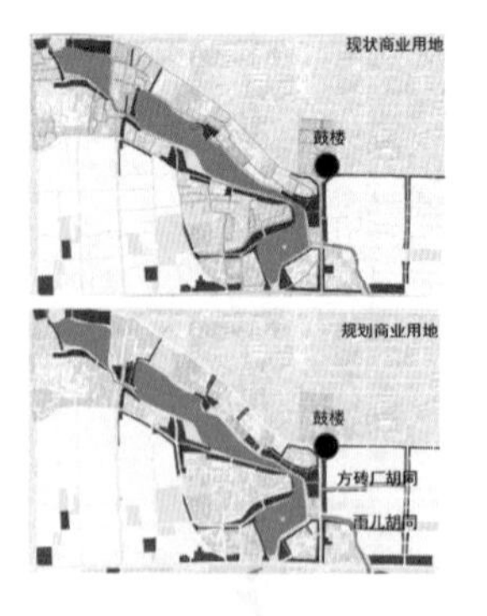

01土地利用调整:
- 整合商业用地，形成完整的商业片区；
- 构建联系两片区的商业廊道，将游客从目前集中地区向周边疏散
- 增加对外联系的商业廊道

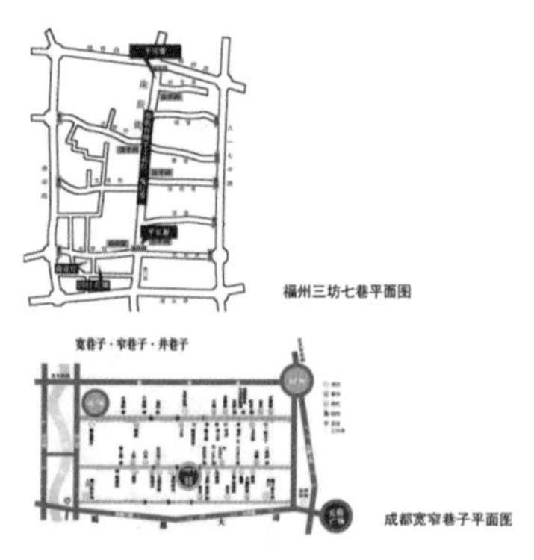

02 结合交通规划步行街:

- 地安门外大街为纯步行街；
- 沟通东西方向的步行连接体系

福州三坊七巷 10m

成都宽窄巷子8m

地安门外大街22m

03植入传统商业风貌:
- 以传统老字号为主的招商引资；
- 还原建筑传统风貌
- 塑造场地中轴线的记忆

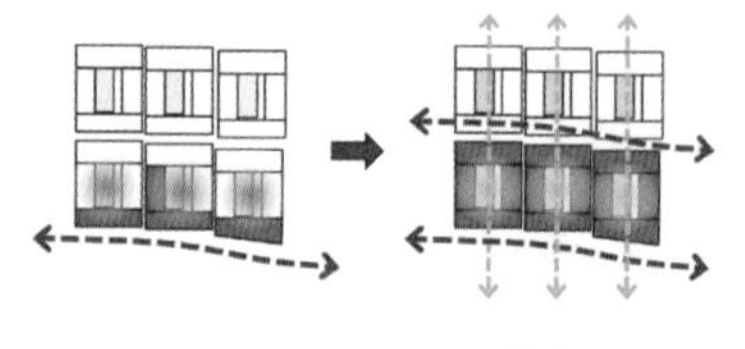

建筑空间优化示意图

现状商业空间
- 大部分商业用房仅是四合院的一部分
- 线性的商业空间逼近水岸
- 四合院内院形成低活力点

规划商业空间
- 部分四合院全部用作商业用房
- 网状的商业空间，水岸活力渗透
- 活跃的内院

04 合理利用建筑空间:
- 充分利用合院空间；
- 营造建筑多界面的商业使用

策略二

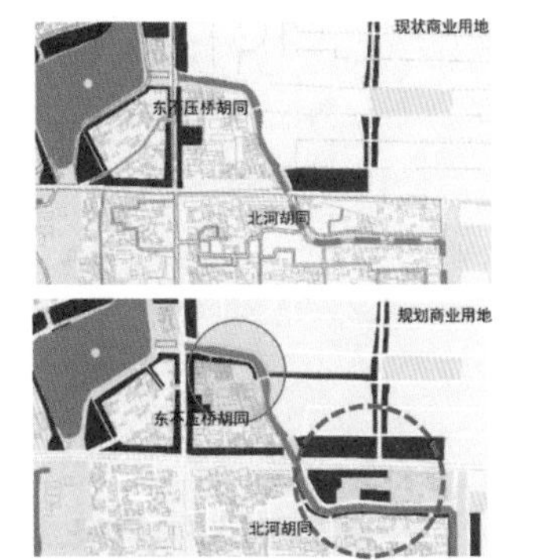

玉河高端商务区

- 结合玉河北段河道开发以及旧城拆迁改造建立新的高端商务区
- 延续玉河起点高端商务区的风貌

策略三

美术馆艺术商业街区

- 整合零星商业用地，形成成片商业区
- 结合美术馆的艺术氛围，构建北京传统特色的艺术商业街区
- 商街连通景山公园，创造玉河与筒子河之间良好的步行氛围

策略四

王府井现代商业区

土地利用：以王府井为中心，向外扩展商业，形成环形体系。

以新东华门大街—东安门大街打造连续的商业街，吸引游客，形成连续的商业体系。

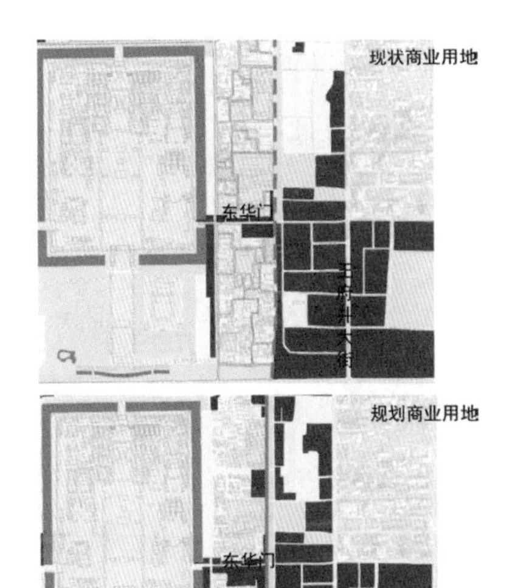

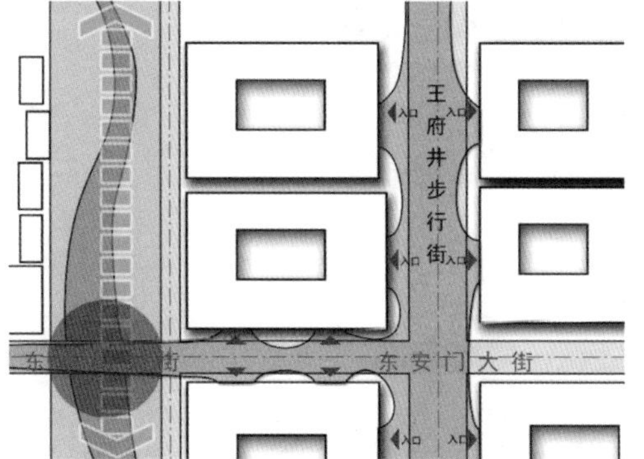

规划商业空间示意

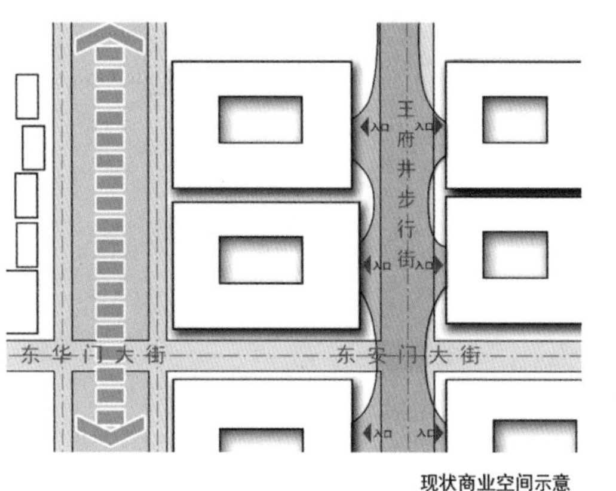

现状商业空间示意

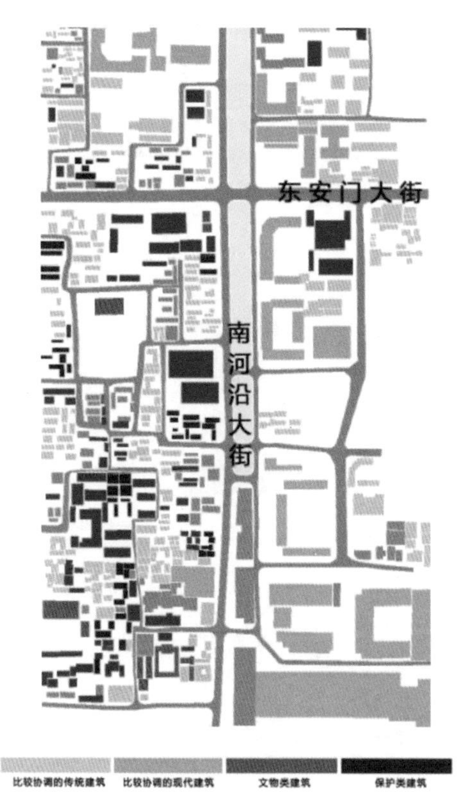

交通策略
Traffic Strategy

在交通方面通过构建滨水慢行系统，向外疏散机动车，并且构筑立体交通系统来为拥挤的旧城释放出一定的公共空间。

在东皇城根大街南北向修建 2.8km 的隧道，在相关慢行片区规划地下停车空间。对地安门外大街实施机动车限行，成为步行街空间。保证公园整体的水系连通，在增大公园面积的情况下不影响交通流线。

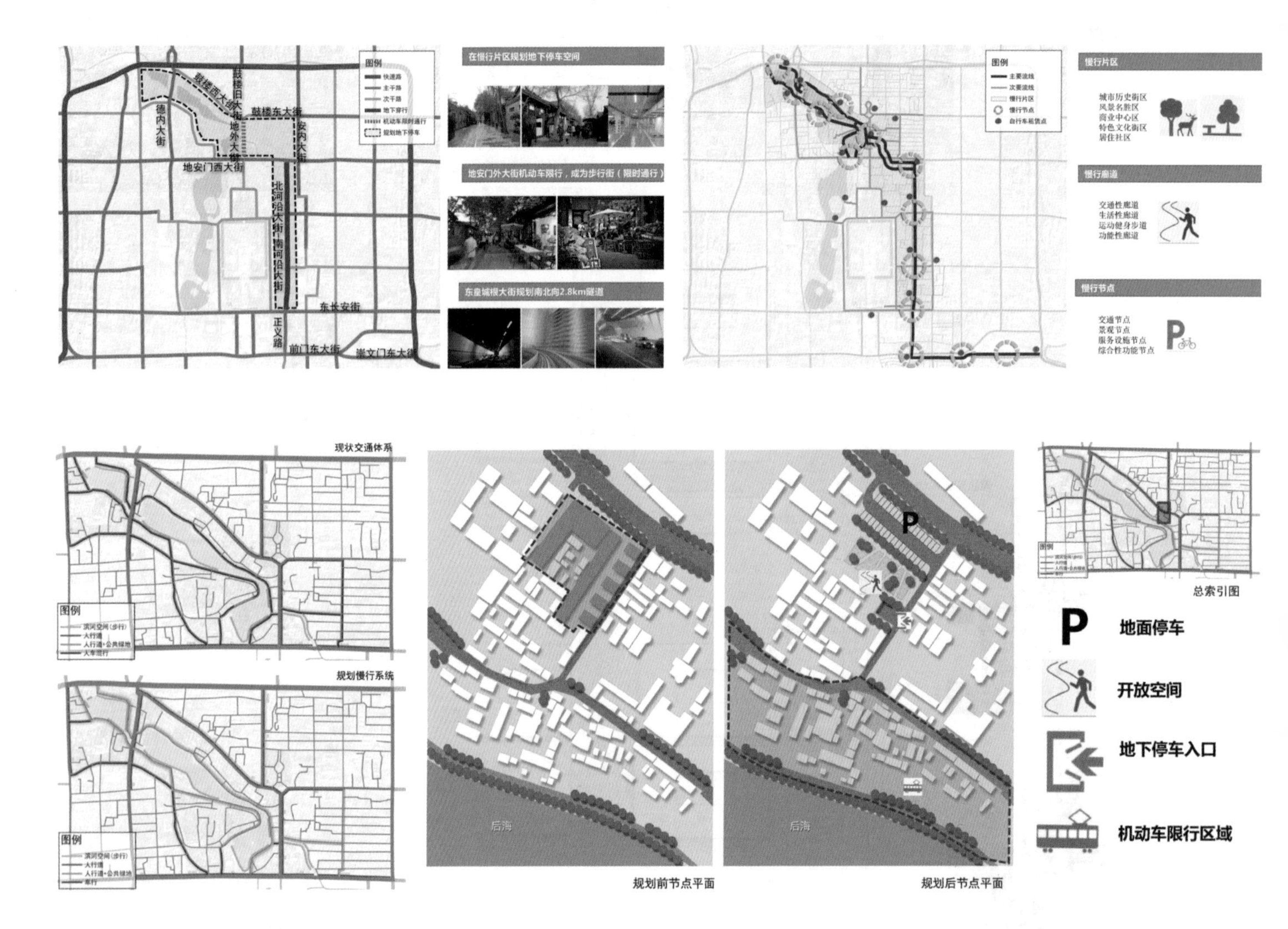

规划前节点平面　　规划后节点平面

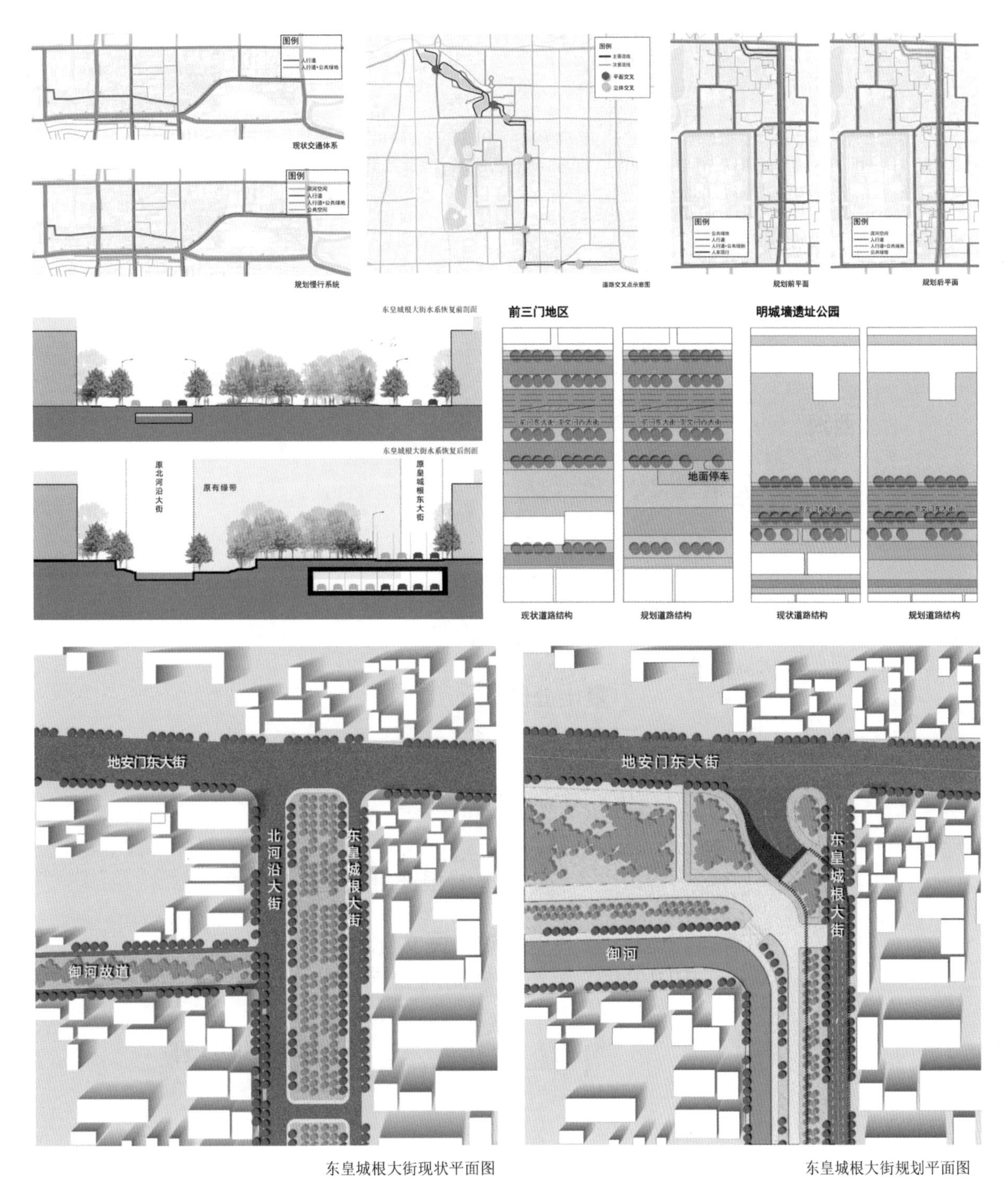

东皇城根大街现状平面图

东皇城根大街规划平面图

生态策略

Ecological Strategy

梳理水系周边用地，增加旧城绿化面积。恢复旧城中“胡同 + 四合院 + 树木”的肌理，针对由于私搭乱建导致的肌理破坏与消失问题，将保存完好的肌理作为参照，通过梳理建筑空间与补植树木，重构旧城传统肌理，营造完整的旧城“空中生态”。并且部分构建雨水花园，解决城市内涝问题，并加强雨洪管理方面的公众教育。

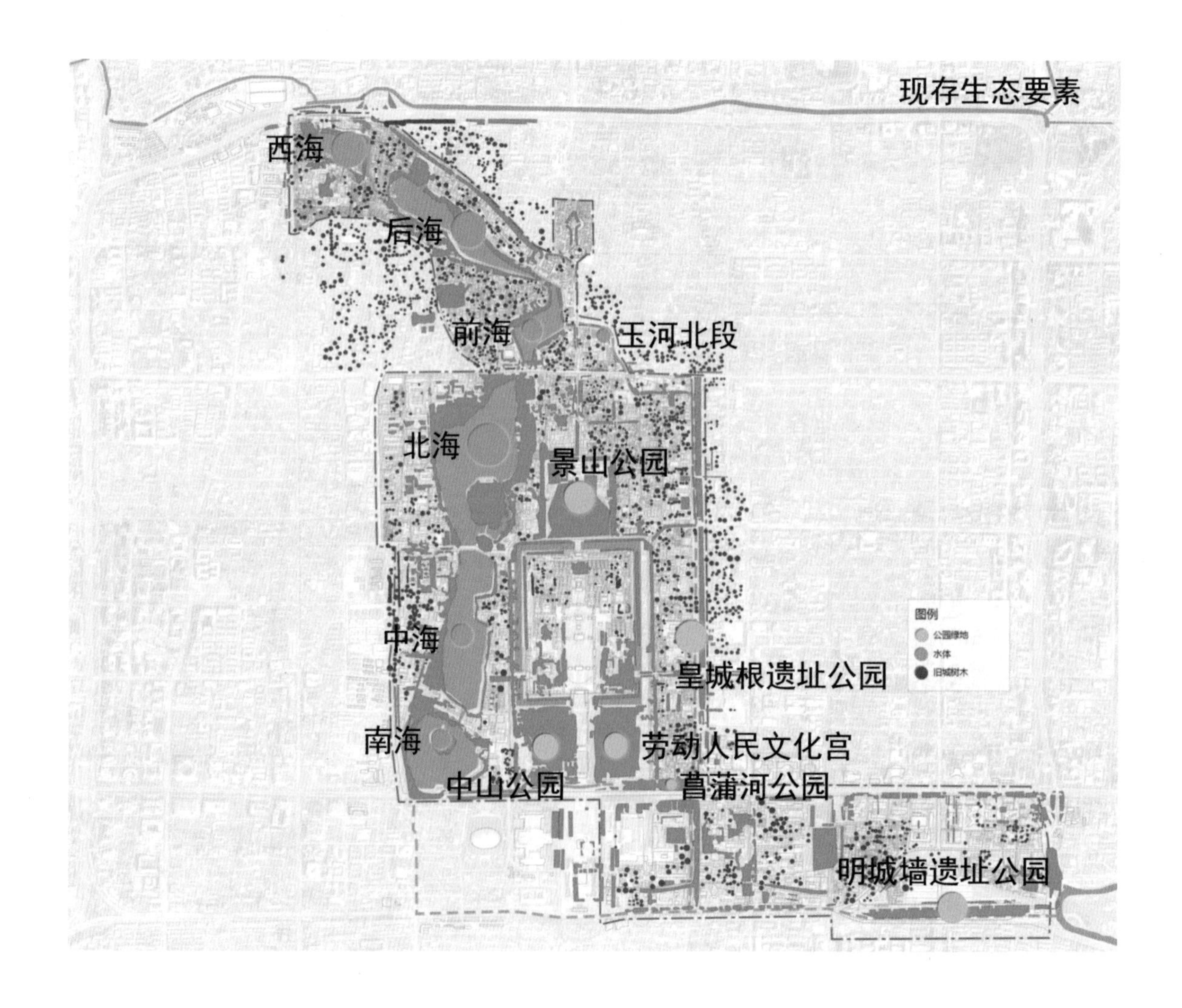

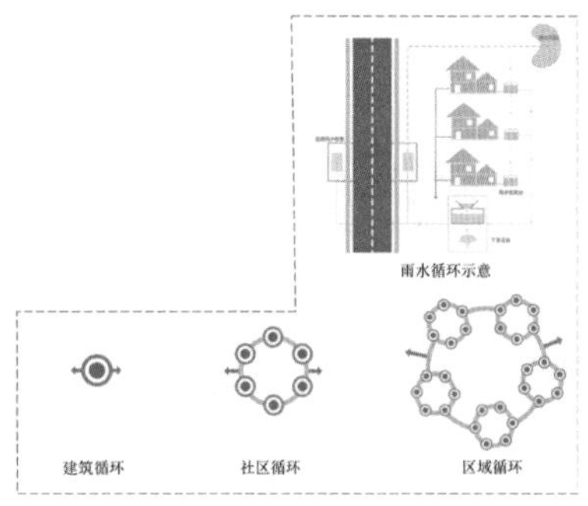
雨水循环示意
建筑循环
社区循环
区域循环

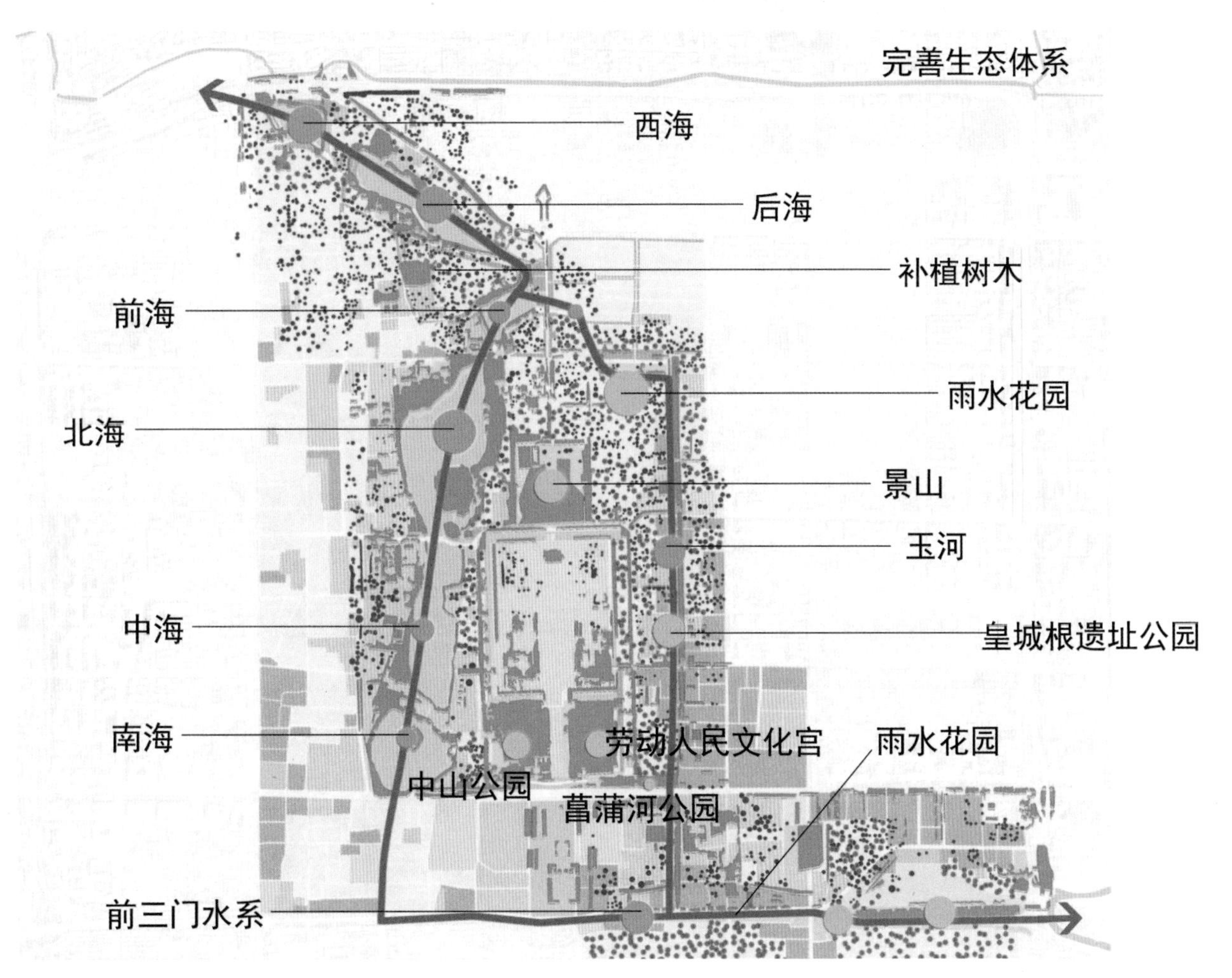
完善生态体系
西海
后海
补植树木
前海
雨水花园
北海
景山
玉河
中海
皇城根遗址公园
南海
劳动人民文化宫
雨水花园
中山公园
菖蒲河公园
前三门水系

北京传媒

片区规划 - 京东段
District Planning-Jingdong Section

Strength优势

1. 规划区可塑性强，区位位于新城,有大量未建设和可调换的地
2. 整体地势平坦，原有土壤肥沃，适宜植物生长
3. 位于水系下游，水量较大
4. 水系贯通性好，形成一体
5. 京杭运河的起点，北京漕运文化最集中的区域，民俗文化特点突出，文化具有多元性
6. 宏观交通联系较好，地铁、快速路连通中心城区和通州新城

Weakness劣势

1. 水体严重污染，近无生态可言
2. 河流两侧植被缺乏统筹，丧失绿地功能
3. 城市泄洪性河道，驳岸多为硬质，生态性差，且不易亲水
4. 南北向被快速路和铁路分割，景观通达性差
5. 沿河道路多为人车混用，交通杂乱，且离河较近
6. 沿岸城市风貌缺乏引导控制，且基础设施构建不足
7. 河流两岸产业缺乏与水的互动，未将水做为资源利用
8. 漕运文化和文化遗址保护不当
9. 拆迁难度大
10. 原有的工业用地裸土污染严重（尾气重金属污染）

Opportunities机会

1. 大运河正在申遗，通惠河的发展进一步得到重视
2. 随着通州新城的开发建设，通惠河水系作为连接中央商务区与通州新城两个商圈的纽带作用将日益显现
3. 生态建设已纳入国家战略层面，北京逐步加大生态环境改善的力度
4. 城市化加速，人口增多，给区域带来活力
5. 一些工业用地将从规划区内搬迁出去，给规划区生态化发展带来机会

Threats威胁

1. 通惠河作为游憩休闲的功能几乎消失，河道两侧开放空间被日常生活所忽视
2. 漕运文化逐渐被人们淡忘，旅游业开发"困难重重"
3. 人口增长过快，向通惠河污水排放量大
4. 机动车数量剧增，沿岸环境受到威胁
5. 通州新城过度城市化发展可能会对历史文化遗址保护产生威胁，尤其是燃灯塔和八里桥区域

Strategies	Strengths	Weakness
	1. 规划区可塑性强 2. 整体地势平坦 3. 位于水系下游，水量较大 4. 水系贯通性好，形成一体 5. 多元文化并存 6. 宏观交通联系较好	1. 水质差，多污染并存，生态恢复困难 2. 道路交通用地将场地分割，可达性差 3. 产业活力不足，且与水无沟通 4. 文化底蕴丰厚，但所剩无几 5. 原有工业棕地，对生态有后续污染 6. 基础设计构建欠缺，沿岸城市风貌缺乏引导控制
Opportunities 1. 生态建设已纳入国家战略层面 2. 大运河正在申遗，通惠河得到重视 3. 卫星城战略，两心轴线，为基地发展带来机遇 4. 城市化加速，人口增多，给区域带来活力 5. 工业用地的迁出，给生态发展带来机会	**Opportunities-Strengths** 1. 净水为先，利用可闲置用地，完善绿地系统，连通生态廊道 2. 生态与文化相渗透，使生态人文化，人文景观化	**Opportunities-Weakness** 1. 响应政策导向，对基地内部及周边污染源迁出，恢复生态 2. 紧随基地周边发展规划，利用水系，发展片区商务、旅游业、小型临河商业，缓解居民两端化的矛盾
Threats 1. 通惠河作为游憩休闲的功能几乎消失，河道两侧开放空间被日常生活所忽视 2. 漕运文化逐渐被人们淡忘，旅游业开发敌强我弱 3. 人口增长过快，向通惠河排污量大 4. 机动车数量剧增，沿岸环境受到威胁 5. 过度城市化可能会对文化遗址产生威胁，尤其是燃灯塔和八里桥区域	**Threats-Strengths** 1. 利用场地重塑，承载漕运文化，构建完整生态绿地，重拾通惠河在居民心中、生活中的地位 2. 基地内、外的污水，进行截流或回收，处理后排放	**Threats-Weakness** 1. 利用绿色基础设施，构建完整水管理系统。 2. 构建绿道网络，与场地外绿道、点结合，为市民提供丰富的生活环境 3. 完善公共交通和慢行系统，为人提供趣味性和连续性的路线

概念生成
Concept Generation

场所精神

心理学家马斯洛将人类的需求从低到高分为五个层次：

生理需求 ➔ **安全需求** ➔ **归属和爱的需求** ➔ **自尊需求** ➔ **自我实现需求**

人类设计由简单实用发展到包含实用之外的精神文化因素，城市空间人性化设计所表现的在一定时间跨度内的物质与文明的多样性，使人感受到它的脉动和灵气。

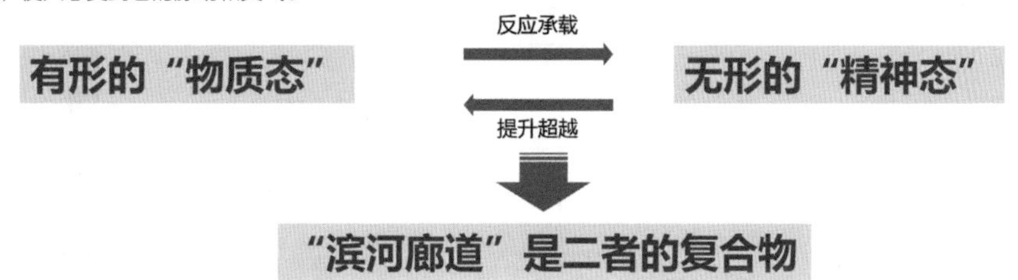

生态示范廊、职能服务区、宜居宜游带

集生态、宜居、休闲旅游、文化产业、城市公共服务于一体的现代滨河景观展示廊道

生态示范
Ecology
一个展示生命活力的绿色场所——生态走廊

公共职能
Public service
一个集结多种功能的公共服务——创意展厅

宜居宜游
Settlement&tourism
一个见证城市变迁的文化脉络——形象窗口

国际：**河道生态修复典范展示窗口**

国内：**运河文化复兴游憩体验展厅**

北京：**低碳活力产业聚焦示范基地**

基地：**滨河绿地生态休闲文化长廊**

生态而富有文化、自然而富有秩序、时尚而富有活力

廊道生态化——生态景观化

刚柔并济，虚实结合，既强调景观的序列感，又展现河道的原生肌理感。

如何绿水

How to make water green

绿——即实现一种自然、生态的目标，构筑以通惠河水系为骨架的蓝绿生态基础设施，发挥改善水质、休闲游憩、控制城市蔓延的作用，并结合居住、文化、产业、交通等形成绿色宜居宜游宜业的城市新区域。

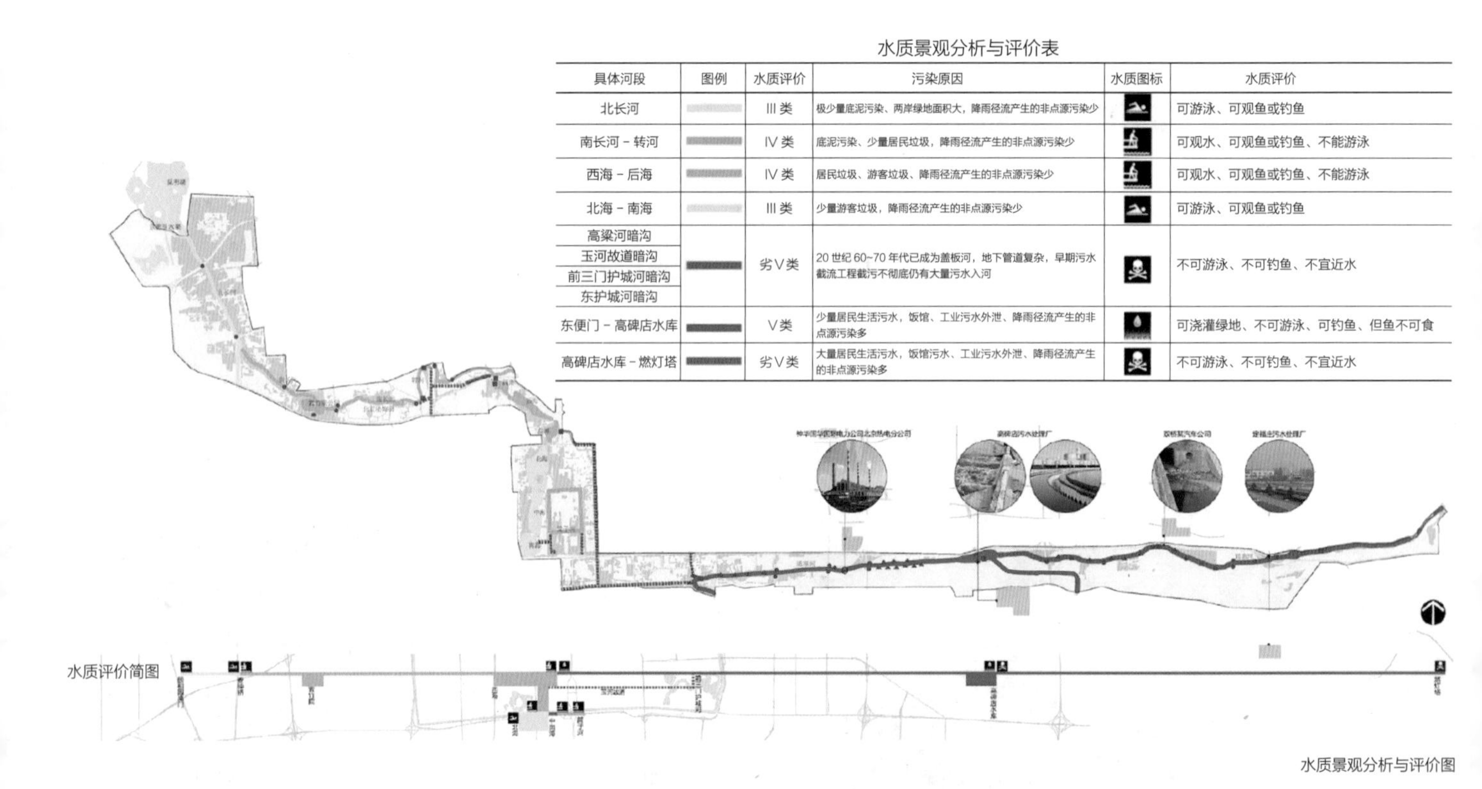

水质景观分析与评价表

具体河段	图例	水质评价	污染原因	水质图标	水质评价
北长河		Ⅲ类	极少量底泥污染、两岸绿地面积大，降雨径流产生的非点源污染少		可游泳、可观鱼或钓鱼
南长河－转河		Ⅳ类	底泥污染、少量居民垃圾，降雨径流产生的非点源污染少		可观水、可观鱼或钓鱼、不能游泳
西海－后海		Ⅳ类	居民垃圾、游客垃圾、降雨径流产生的非点源污染少		可观水、可观鱼或钓鱼、不能游泳
北海－南海		Ⅲ类	少量游客垃圾，降雨径流产生的非点源污染少		可游泳、可观鱼或钓鱼
高梁河暗沟 玉河故道暗沟 前三门护城河暗沟 东护城河暗沟		劣Ⅴ类	20世纪60~70年代已成为盖板河，地下管道复杂，早期污水截流工程截污不彻底仍有大量污水入河		不可游泳、不可钓鱼、不宜近水
东便门－高碑店水库		Ⅴ类	少量居民生活污水，饭馆、工业污水外泄、降雨径流产生的非点源污染多		可浇灌绿地、不可游泳、可钓鱼、但鱼不可食
高碑店水库－燃灯塔		劣Ⅴ类	大量居民生活污水，饭馆污水、工业污水外泄、降雨径流产生的非点源污染多		不可游泳、不可钓鱼、不宜近水

水质景观分析与评价图

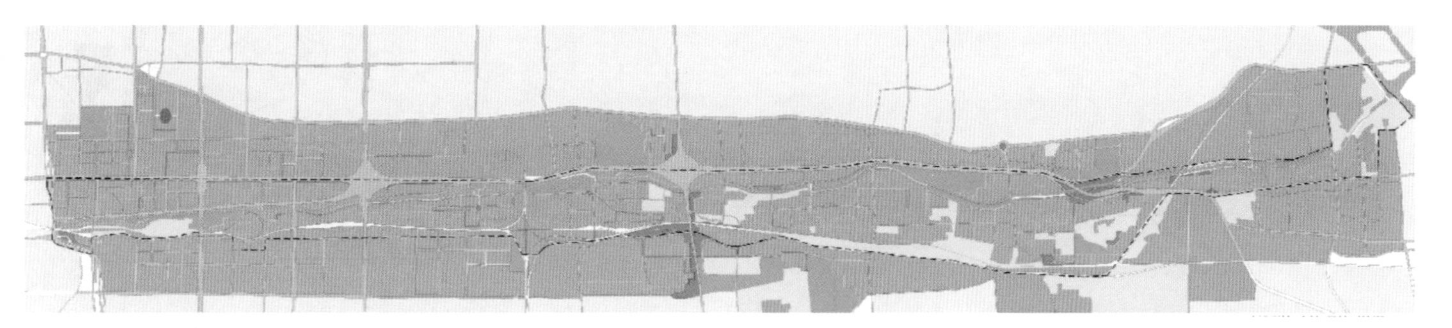

建设用地－空地－绿地对比图

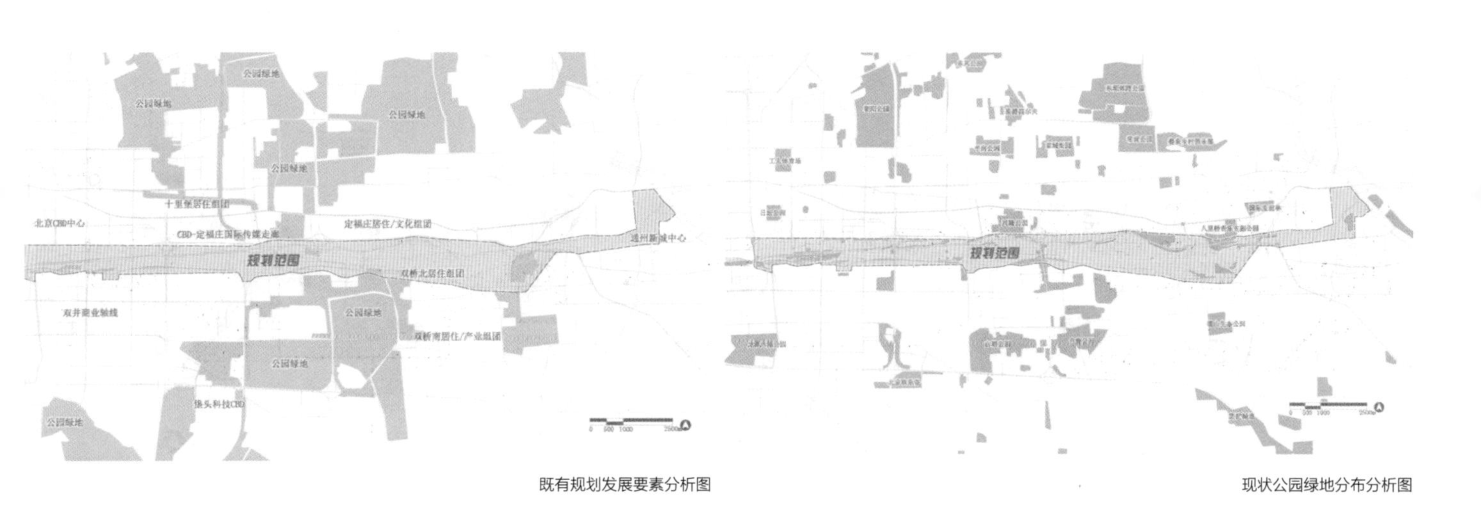

既有规划发展要素分析图

现状公园绿地分布分析图

如何绿水
How to make water green

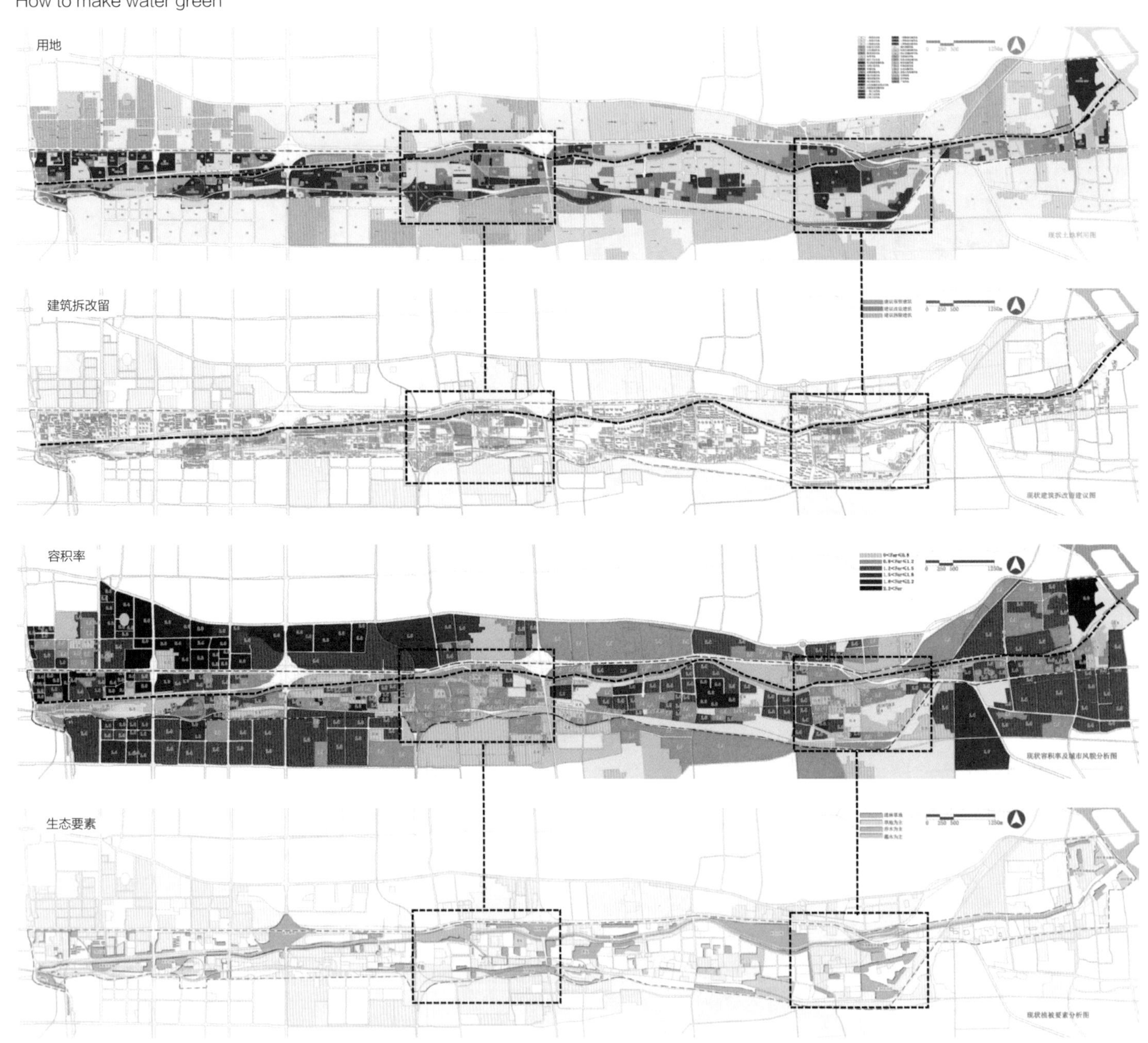

绿水结构
Green Structure

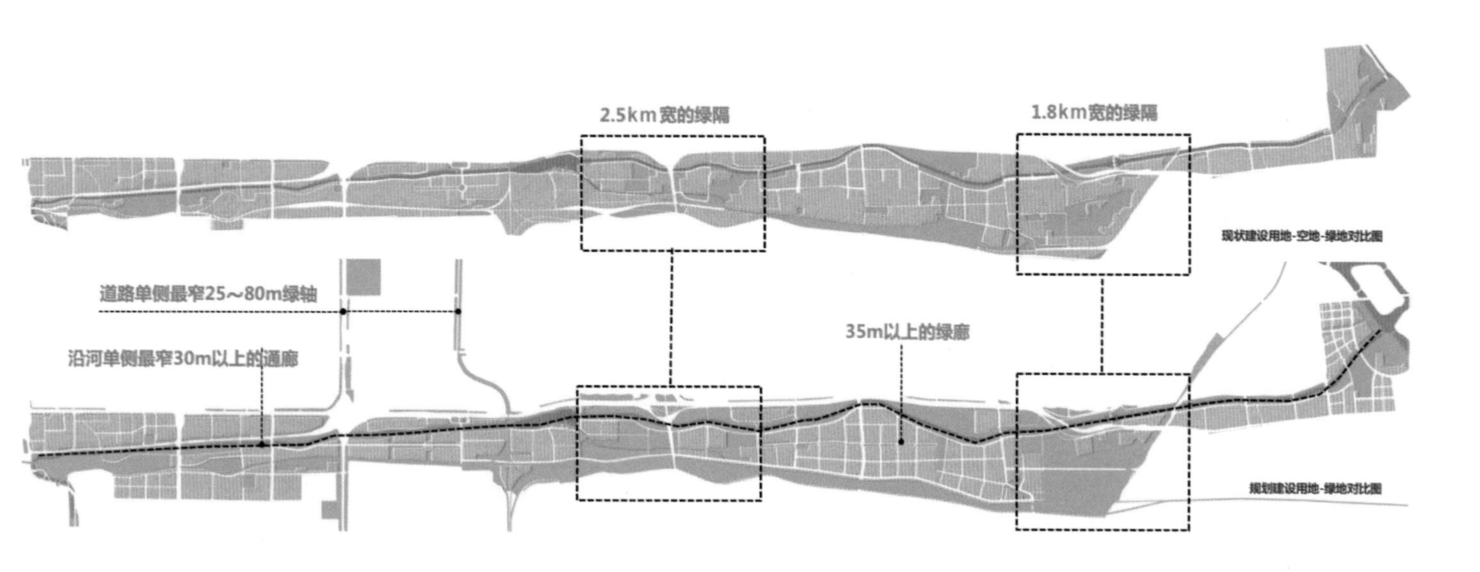

绿水六大策略
Six Strategies of Greening Water

策略一：系统化的生态修复

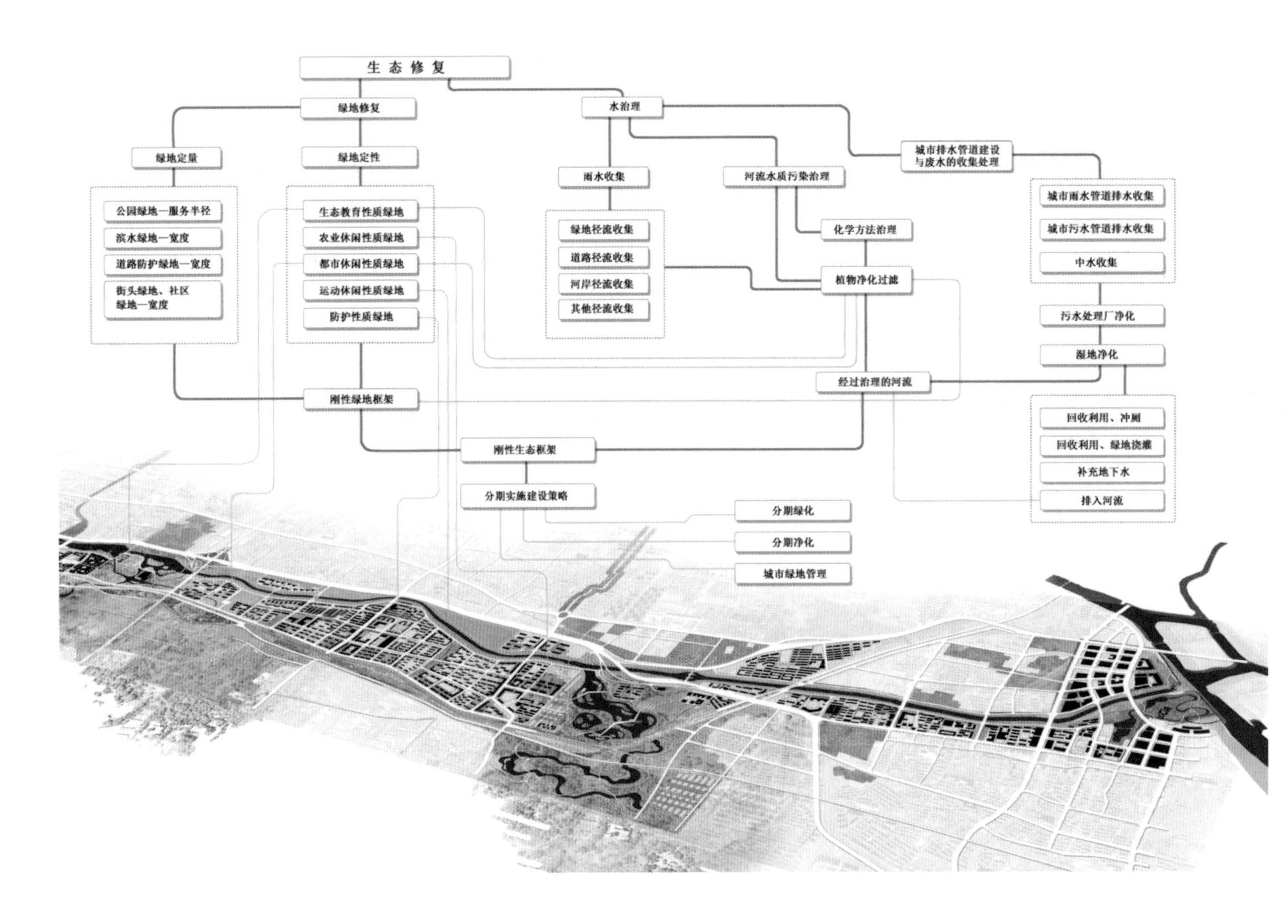

策略二：污水处理和雨水收集

规划沿河雨污水收集管道，禁止直排入河，将其收集到污水处理厂处理，排入人工湿地净化后再入河。根据河道水质情况和污染来源分类、分期进行水质治理。

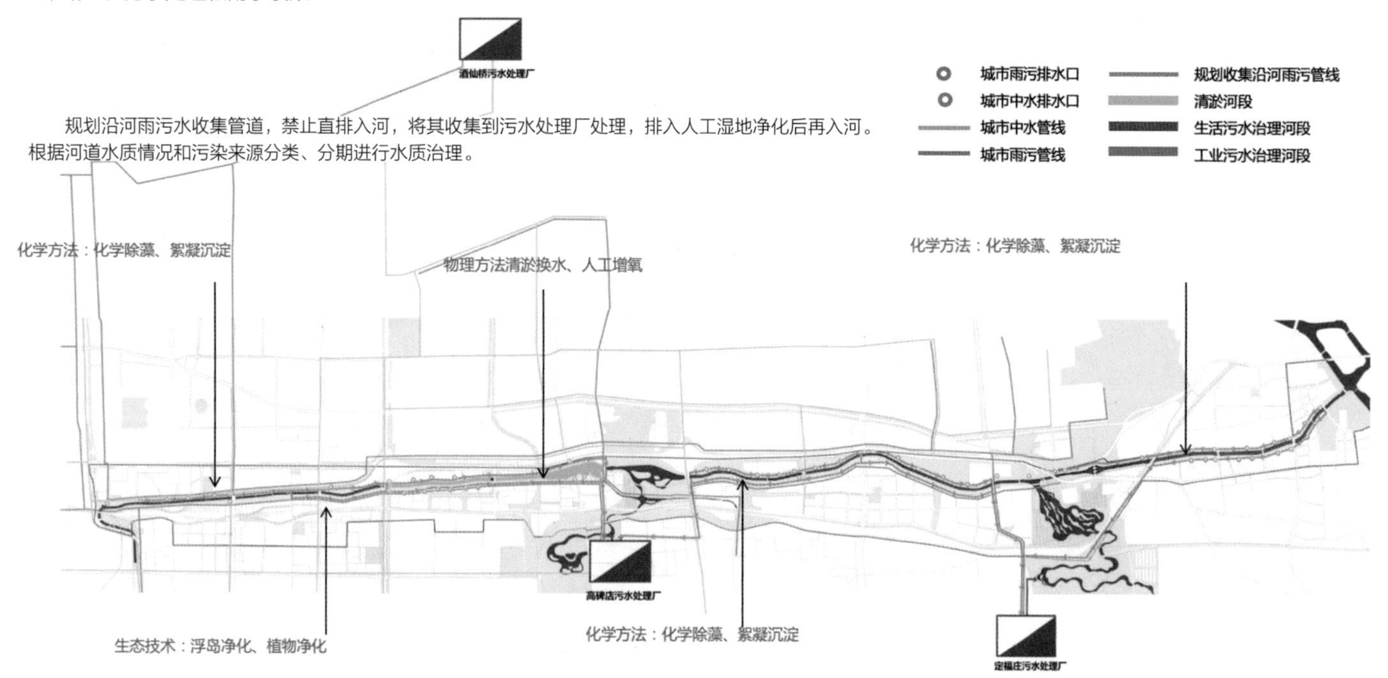

结合社区绿地和沿河公园绿地，构建规划区的雨水收集系统。

污水处理规划图

雨水花园规划图

03 专项策略
Special Strategy

策略三：驳岸设计结合净化系统

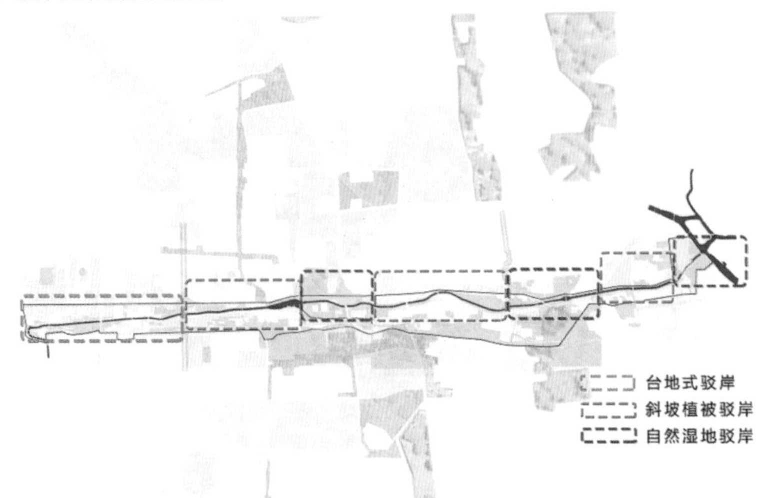

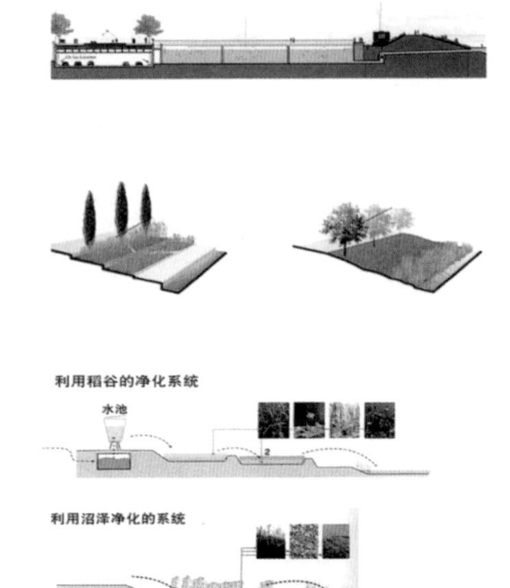

策略四：基于生物多样性的生态系统

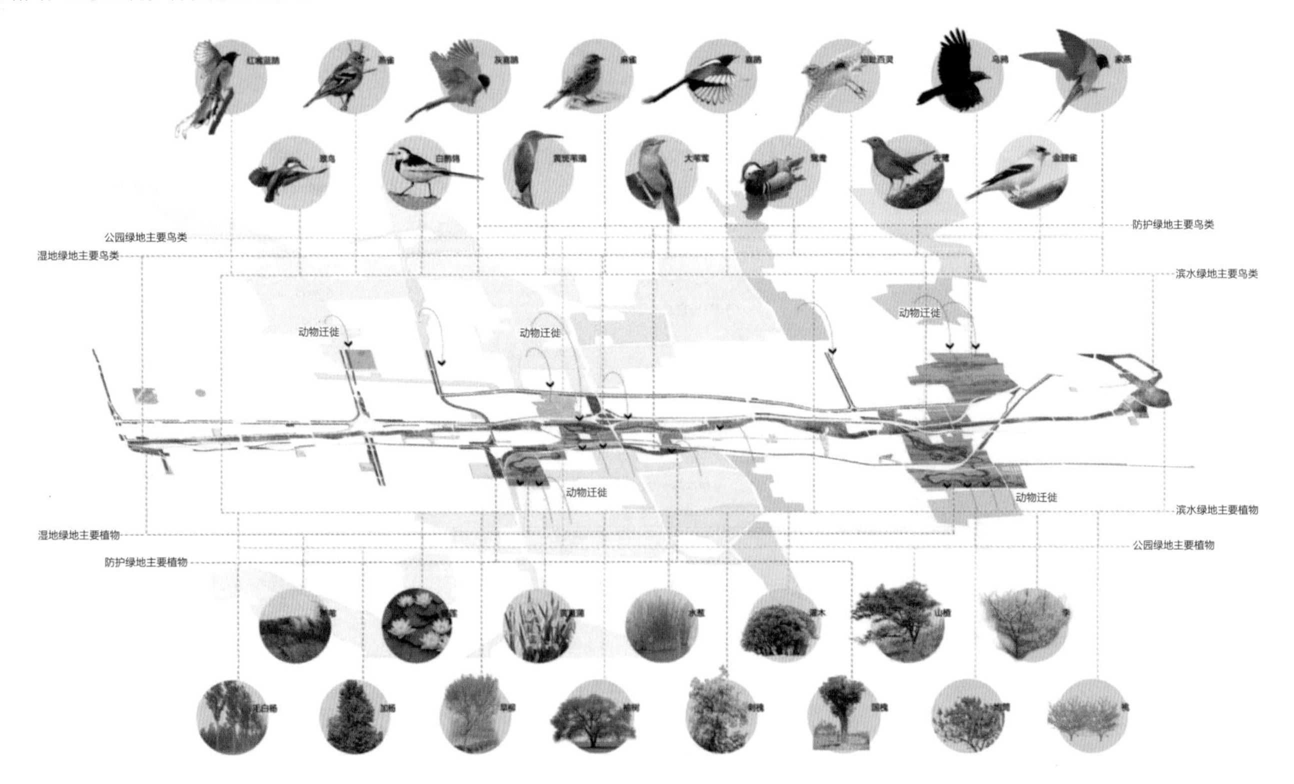

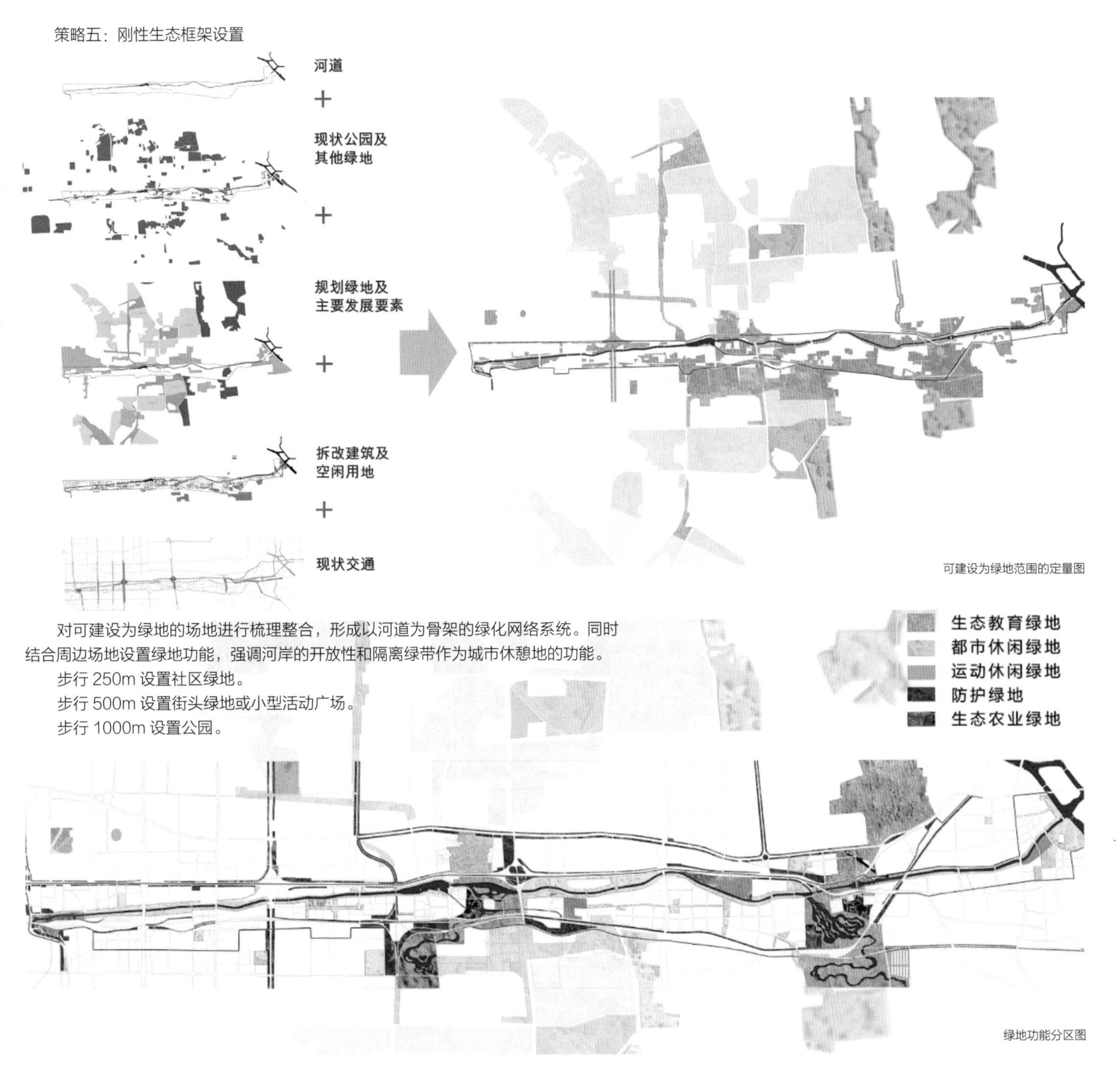

可建设为绿地范围的定量图

对可建设为绿地的场地进行梳理整合，形成以河道为骨架的绿化网络系统。同时结合周边场地设置绿地功能，强调河岸的开放性和隔离绿带作为城市休憩地的功能。

步行 250m 设置社区绿地。

步行 500m 设置街头绿地或小型活动广场。

步行 1000m 设置公园。

绿地功能分区图

策略五：基于生物多样性的生态系统

以沿河绿带、两条隔离绿带、道路防护绿带和铁路防护绿带构成整个场地的刚性生态框架。严格控制防止对绿化的侵占，使河道的生态廊道功能、城市郊区的休闲游憩功能，绿化隔离带阻止城市无序蔓延和生态涵养的功能，均得以重新实现。

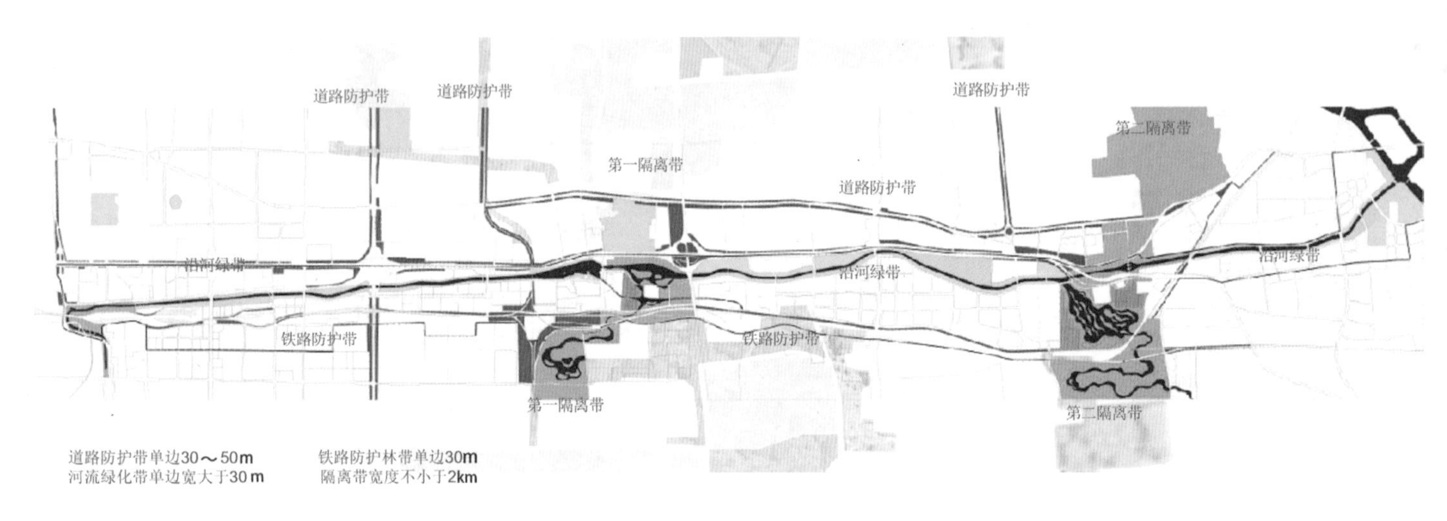

策略六：分期规划实施

	一期 （0～5年）	二期 （5～15年）	三期 （15～25年）	远期 （25年～）
水治理	排污管道管理及建设。控制沿岸排污水管水质及排放。建设沿岸的雨污收集管道，将其导入污水处理厂。 对现有水质分段分类进行物理和化学净化	对CBD、双桥、通州三处污染严重区域水质进行深度净化，水质达三类。 对高碑店等局部污染较小区域采用浮岛净化技术	河道开始投放鱼类及其他河道生物，促进沿岸生态多样性	1. 沿岸水质管理 2. 沿岸垃圾监控 3. 沿岸绿化管理
湿地建设	在高碑店和通州入河口建设湿地水质净化示范点。 对第一隔离带和第二隔离带的建设用地进行分期腾退规划。并对其进行腾退	建设高碑店处的湿地净化系统，并投入使用	建设八里桥处的湿地净化系统并开始投入使用	完善湿地系统的配套和管理，投放微型物种，增加湿地物种多样性
岸线绿化	完成高碑店处2km的湿地净化台地驳岸示范段建设。 完成通州入河口的3km湿地净化驳岸建设	完成二环到高碑店的堤岸改造共5km。 完成八里桥自然湿地堤岸建设，2km	完成沿河岸的驳岸改造和建设	
防护绿化	完成沿铁路沿线的防护绿化带建设	完成对四环、五环、六环的防护绿带建设	城市内防护绿带设施功能的完善	
社区绿化	对新建社区实行雨水花园相结合的社区绿化模式，对原有社区进行部分改造，植入雨水收集系统。在几个社区聚集点设置街头绿地，打通社区和河道之间的连接通道			

策略六：分期规划实施

污水治理基础设施分阶段建设

绿地分阶段建设

0~5 年

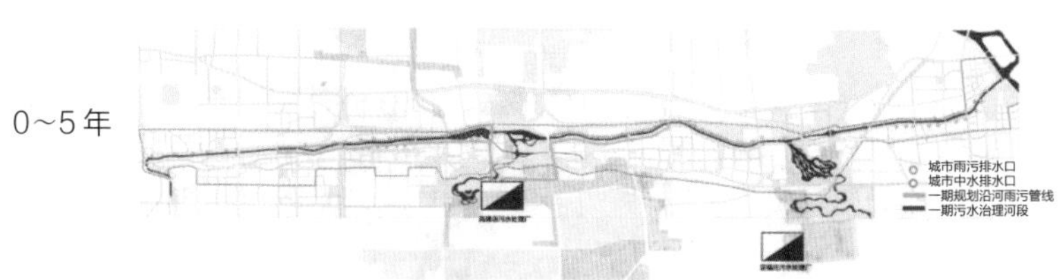

建设从三环到高碑店处的雨污收集管道，对高碑店、CBD及双桥几处水质污染严重的区域采取物理方法和化学方法净化。

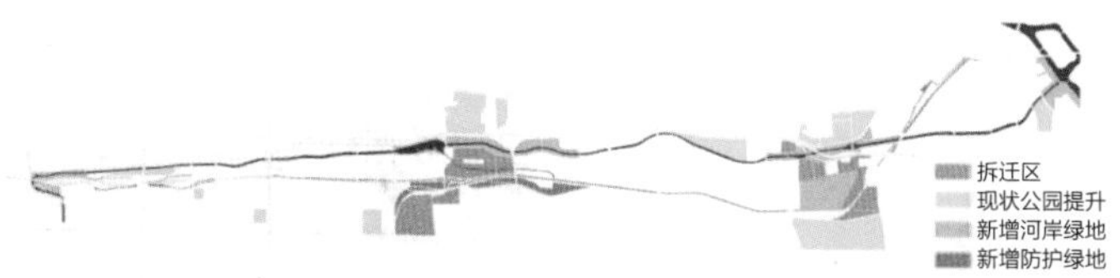

· 完成一、二绿隔处品质低下城中村的拆迁以及居民安置。
· 完成二环处1.5km、高碑店处2km 的绿地及驳岸净化示范段建设，完成通州入河口的3km 湿地净化驳岸建设。
· 完成铁路沿线的防护绿化带建设。
· 完成区域内已有公园的品质提升。

5~15 年

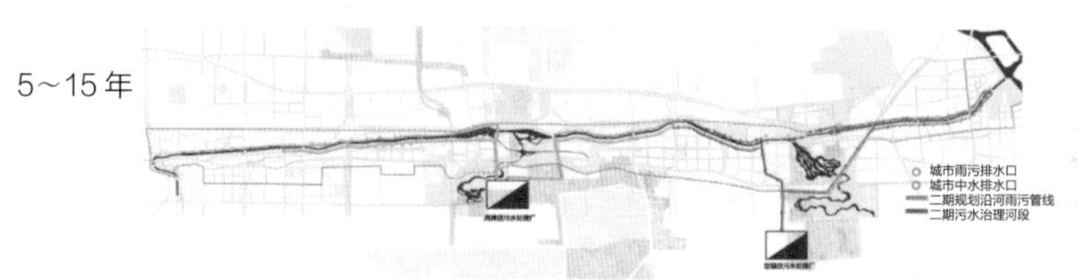

建设CBD地段和通州区域的雨污收集管道，连接到污水处理厂。对CBD地段和通州地段水质进行二次净化处理。

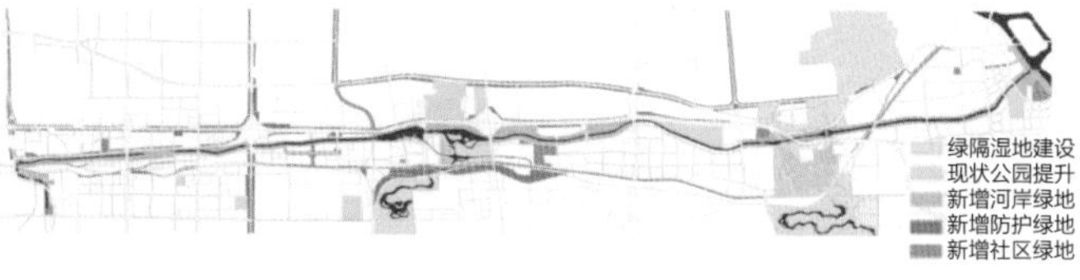

· 完成二环到高碑店段和通州入河口到二绿隔堤岸改造，对沿岸径流净化再入河。
· 高碑店绿隔湿地初具形态和投入使用净化功能，二绿隔处湿地在建设并初具形态。
· 完成对四环、五环、六环的防护绿带建设。
· 完善现状社区的绿地建设。

15~25 年

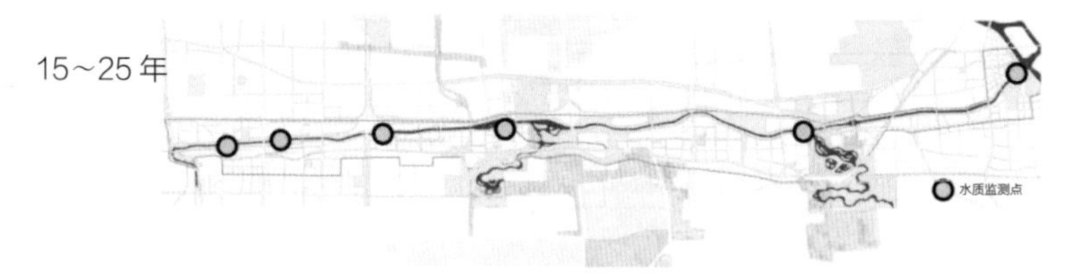

结合沿河的水坝，设置水质监控点，对河道水质进行分段监控和管理。

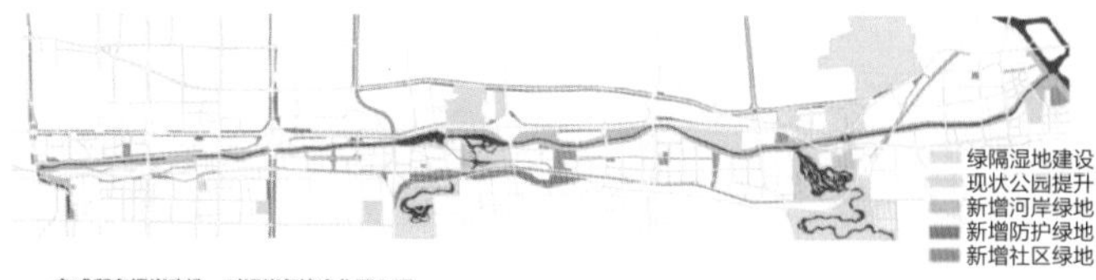

· 完成所有堤岸改造，对沿岸径流净化再入河。
· 完成三个湿地的建设。
· 城市内防护绿带基础设施及功能的完善。
· 完善新建社区的绿地建设。

为什么律城
Why to do Urban Planning

律，即规律、韵律，改变城市无序蔓延，形成有机的结构、空间、风貌。

无序蔓延的用地开发

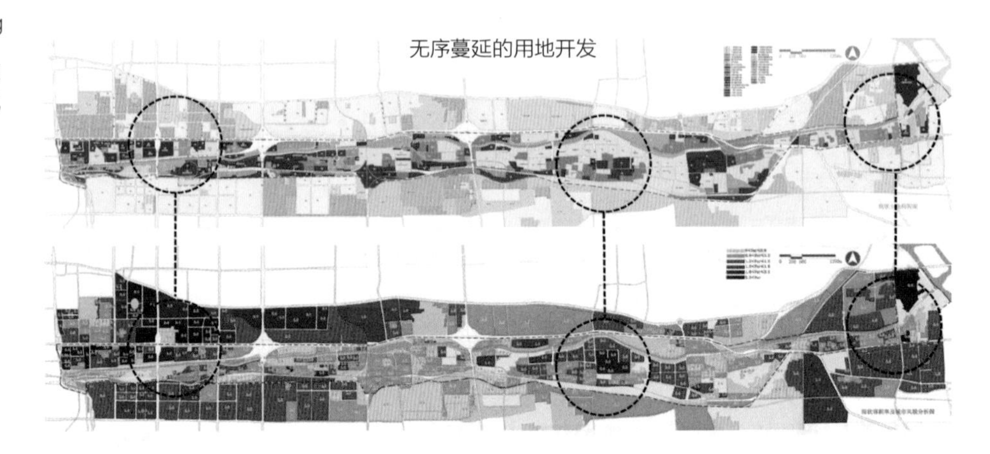

缺乏配套的城中村和安置区

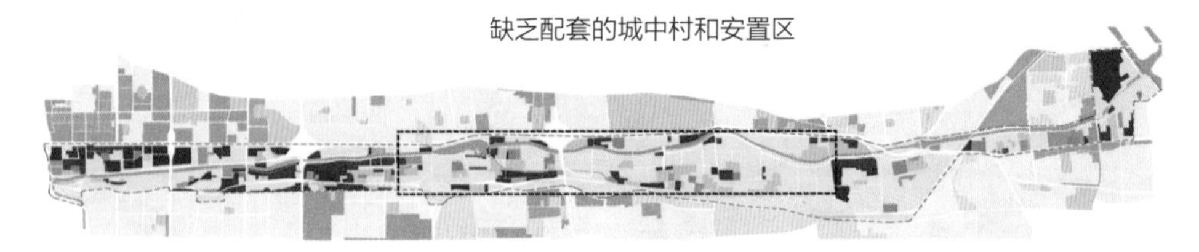

通达性与流畅性极差的交通

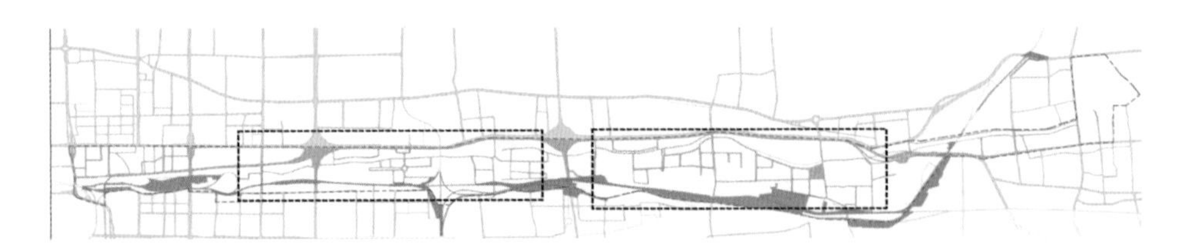

需要转型的污染工业以及批发市场

有什么条件来律城
How to do Urban Planning

综合对接区域职能

既有规划发展要素分析图

扩大一个街区作为研究和协调范围；综合现状对接区域职能

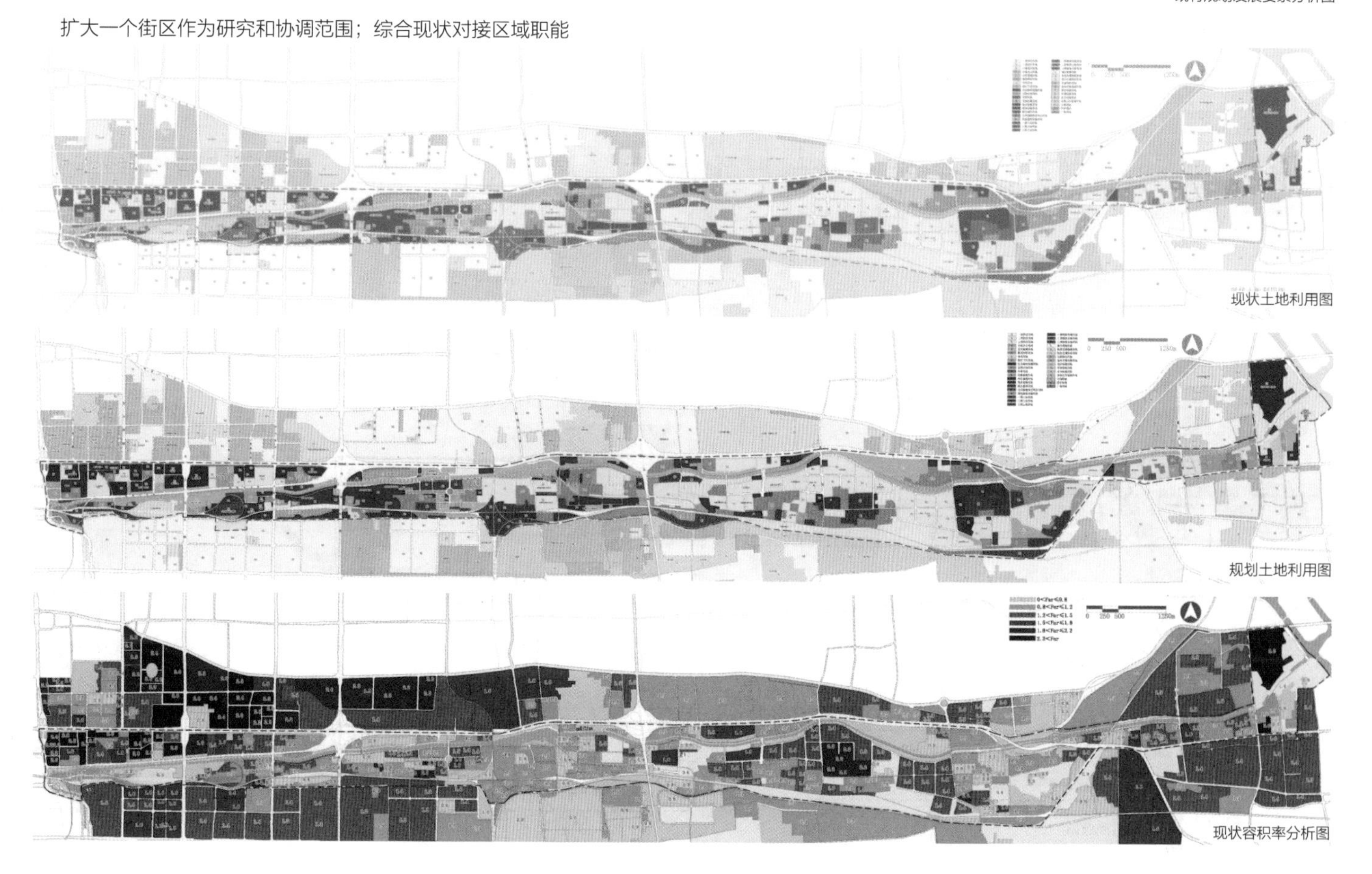

现状土地利用图

规划土地利用图

现状容积率分析图

有什么条件律城
How to do Urban Planning

落实发展轴的南侧辅助地带

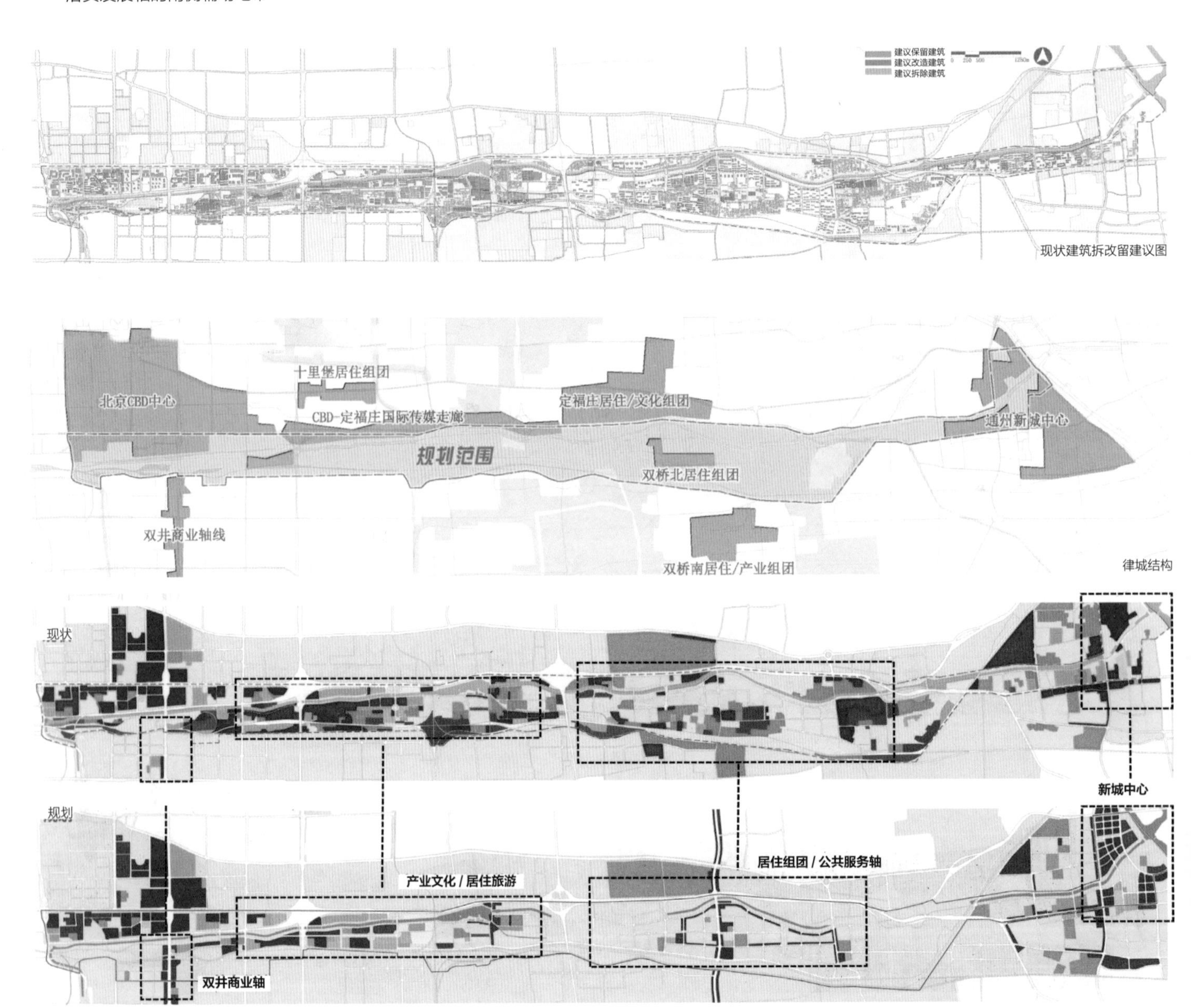

律城六大策略

Six Strategies of Planning

制定六大策略，并通过分期规划实施落地。1. 生态宜居：探索小力度拆迁安置、系统化的公共服务系统与开发模式。2. 交通出行：构建特色交通体系、便捷交通体系、与水共舞的慢行交通体系。3. 产业重构：开发低密度办公综合体，并发展符合区域方向的办公产业园区与养老产业。4. 打造文化品牌：结合现有的文化资源以及文创事业创造独特 IP。5. 拓展都市农业：基于适宜性分析进行选址，并与其他产业相结合。6. 空间把控：城市空间引导管控，对天际线、开发强度与建筑高度进行控制。

六大策略之一：生态宜居

1. 拆迁安置

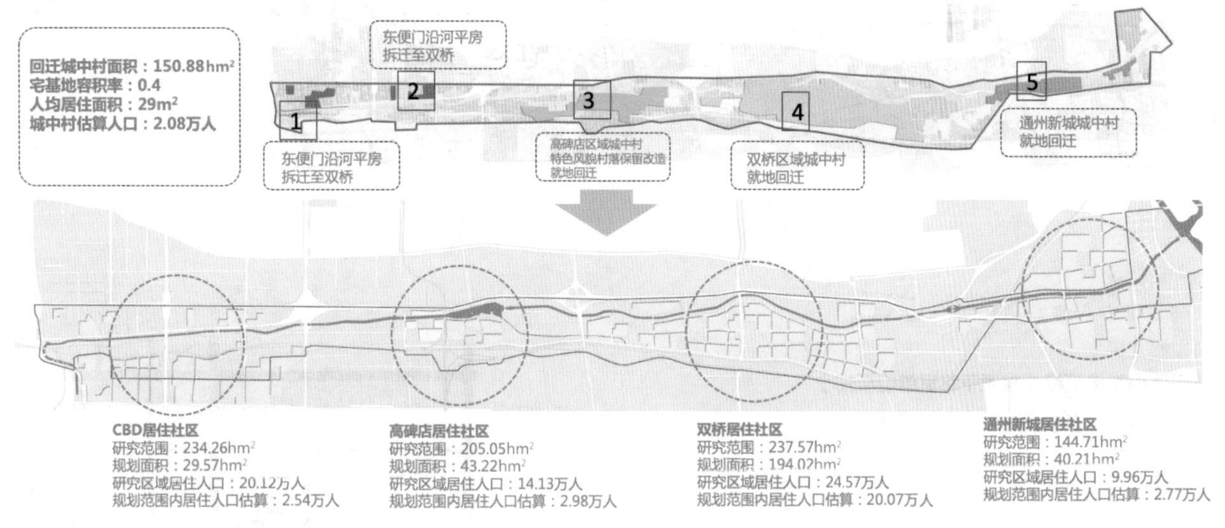

2. 系统化的公共服务系统配置

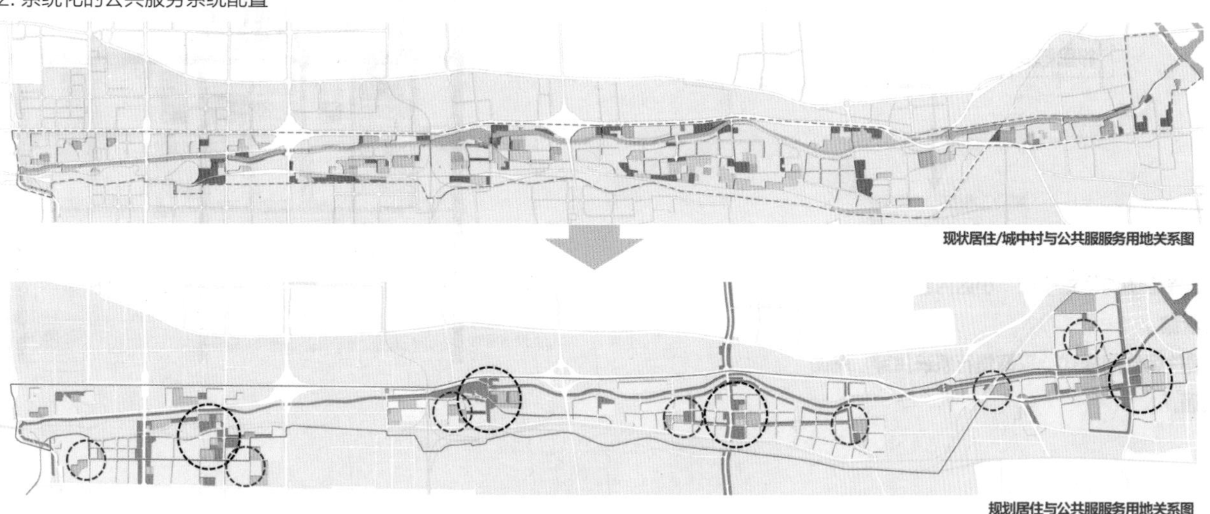

现状居住/城中村与公共服务用地关系图

规划居住与公共服务服务用地关系图

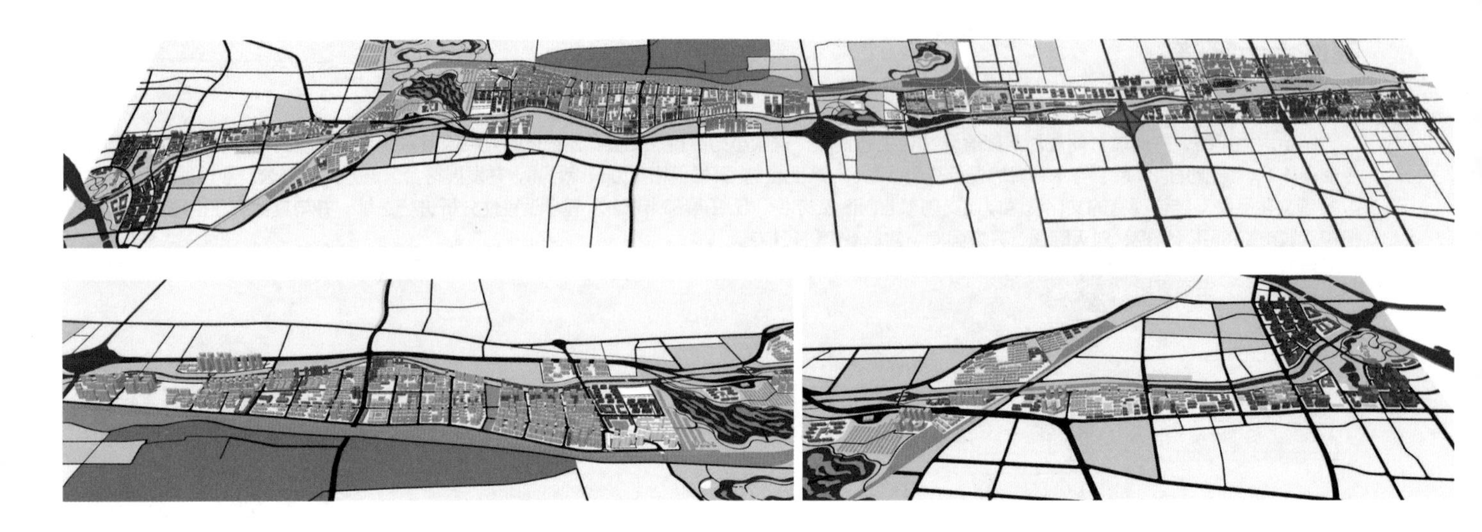

3. 开发模式探索

居住区开发模式探索

我国城市居住小区组织模式来源于邻里单位模式，形成多个细胞组团，但彼此封闭，配套设施浪费。

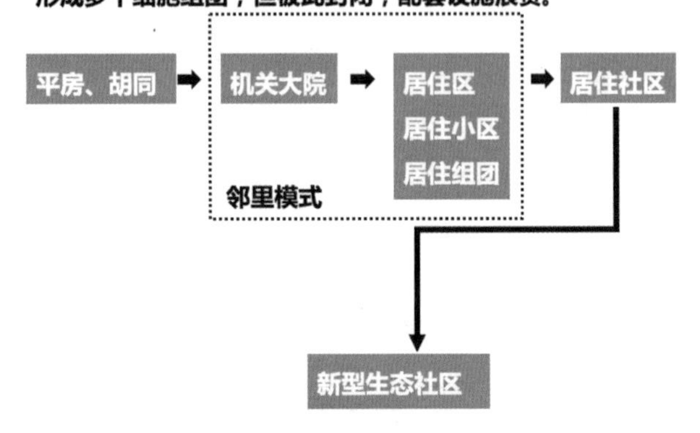

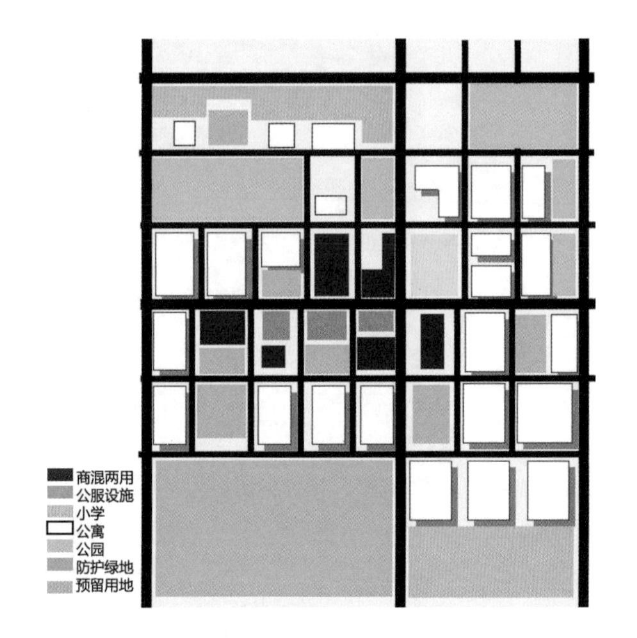

■每个居住组团均依主干道，小区内部人行、树状路转网状路 。

■打破居住区封闭模式，采取慢行系统贯穿，辅助城市交通。

六大策略之二：交通——便捷交通体系

1. 车行交通策略——四通八达的路网架构

（1）高架入地——东二环至东三环之间通惠河北路高架入地。

（2）道路腾退——沿河两侧机动车道腾退 20m 宽绿地。

（3）交通梳理——梳理双桥居住组团与通州商务区道路。

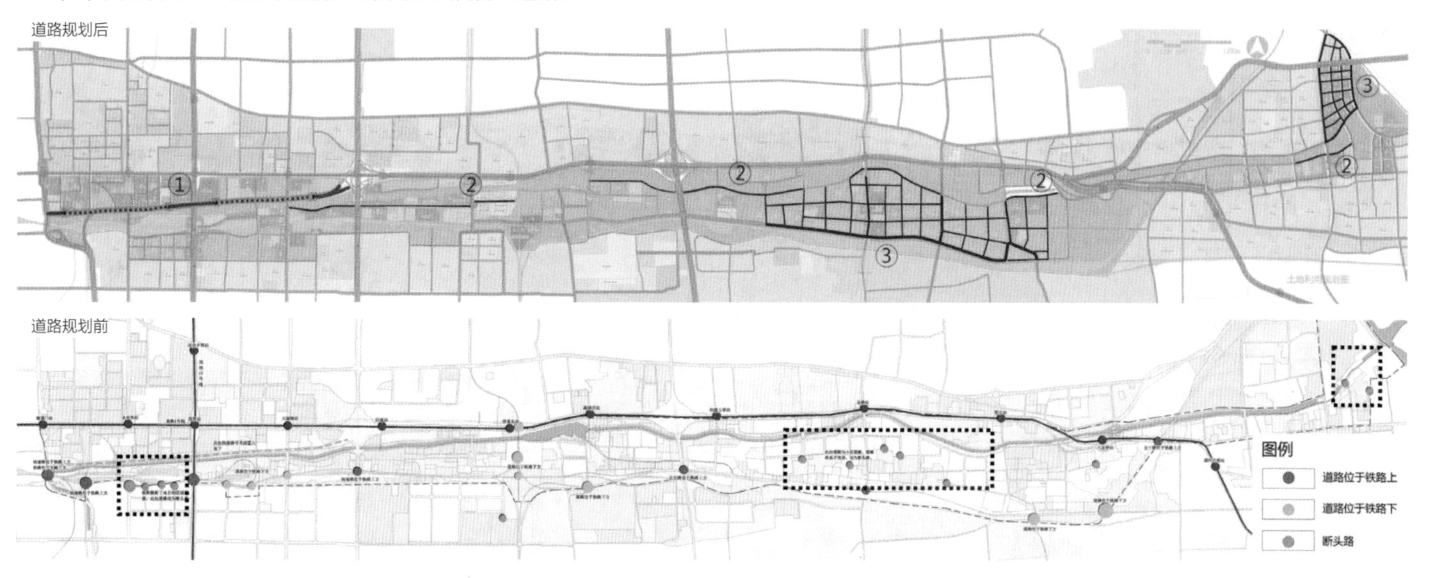

（4）绿道规划策略——中观区域选线。

（5）串连周边大型绿地公园，成为中观区域的慢行主线和绿色廊道，与北京市两大绿隔相得益彰，突显绿地生态系统构架。

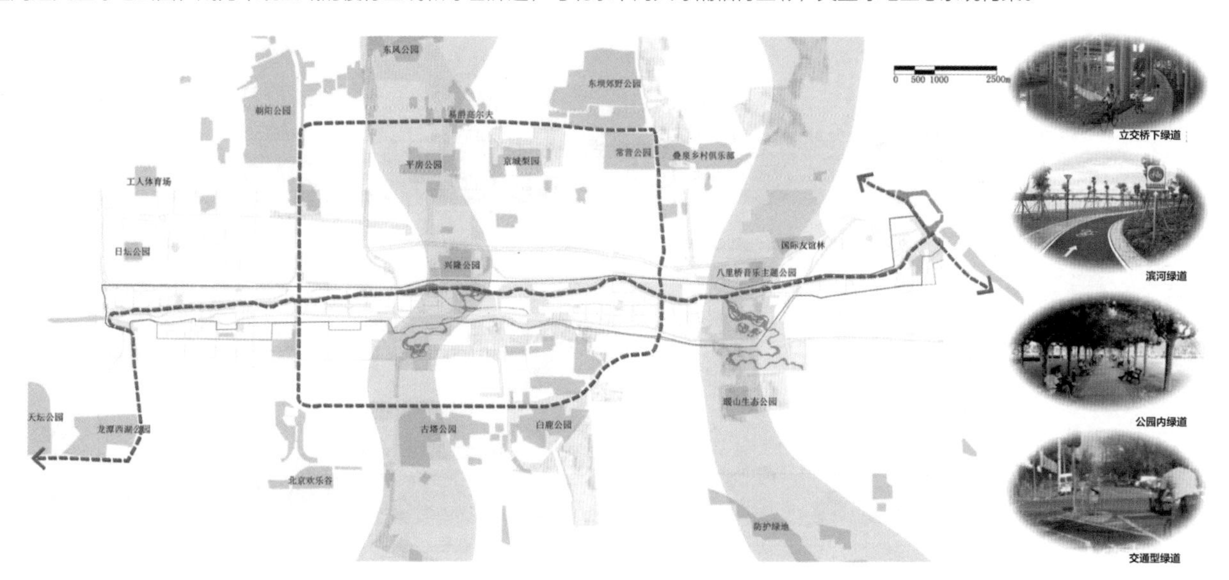

2. 交通：特色交通体系

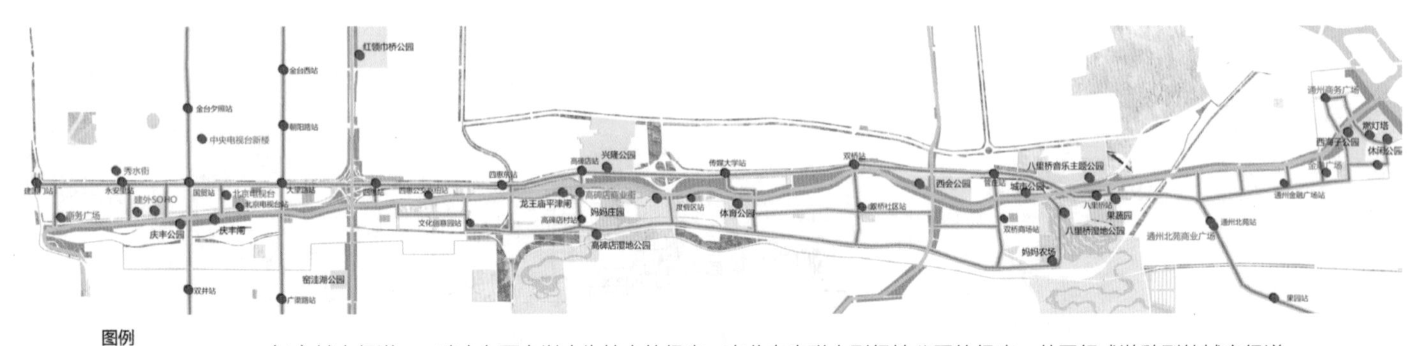

图例
- 游憩型绿道
- 交通型绿道
- 交通节点
- 绿道景点

（1）城市绿道——建立东西向以水为核心的绿廊、南北向串联大型绿地公园的绿廊，共同组成游憩型的城市绿道。
（2）社区绿道——慢行道路接驳地铁路线和公交路线，延伸至每个社区，组成社区绿道。
（3）便民设施——自行车全智能化取还系统、导向标识系统、厕所、停车场地、坐凳、简易自行车维修箱等服务设施系统。
（4）雨水收集——绿道内慢行道路路面采用透水材质，路下设置雨水收集暗沟，连接大型绿地公园、停车场雨水收集蓄水池。
（5）公众管理——与自行车爱好者协会及社区管理中心合作，共同管理绿道。

3. 交通——慢行系统 + 水

交通详细设计——剖面示意

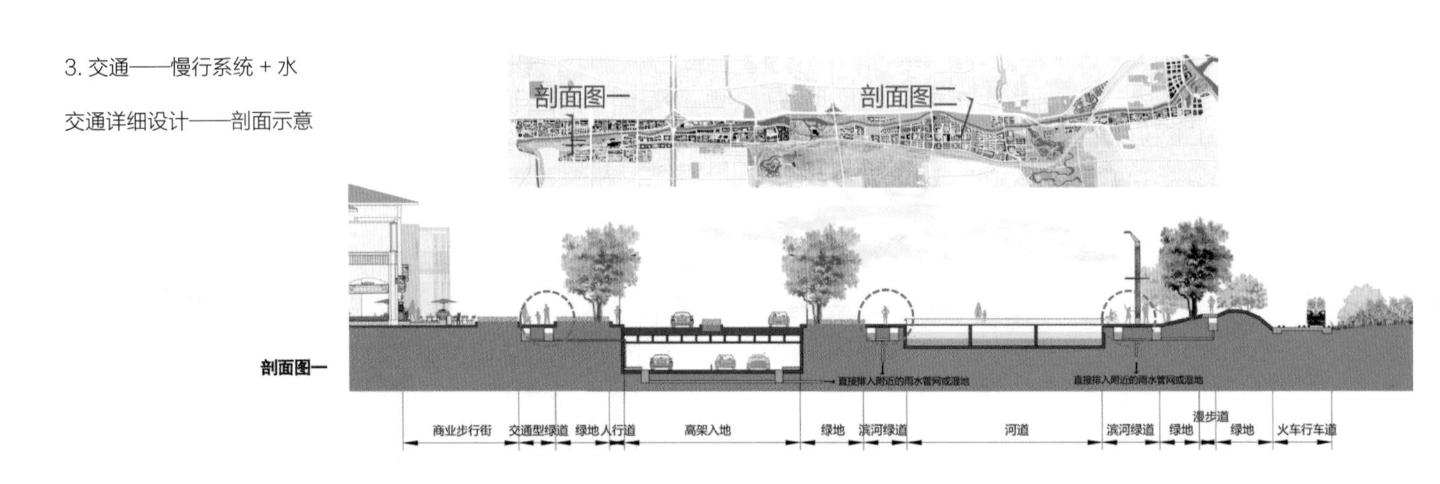

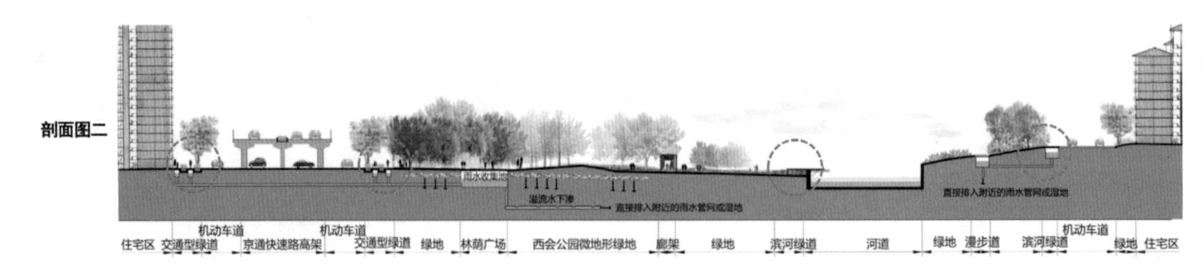

六大策略之三：新型产业重构

1. 产业结构布局

（1）政策支持；（2）便利交通；（3）人才支持；（4）产业链共生。

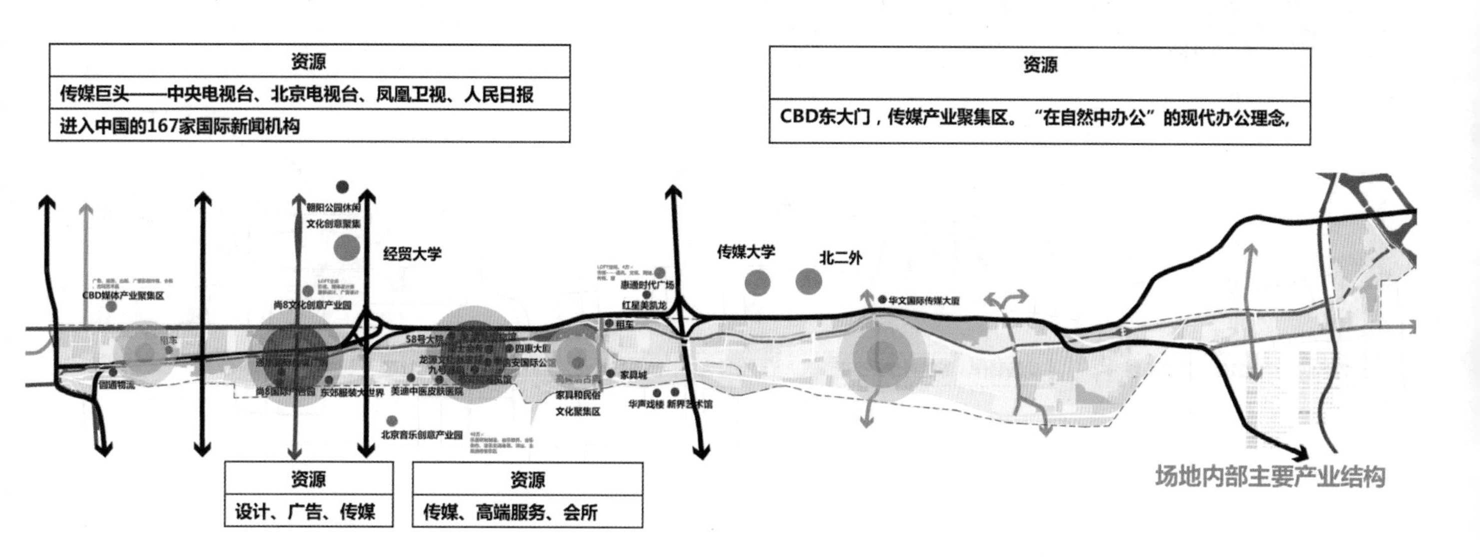

2. 产业进一步定位布局

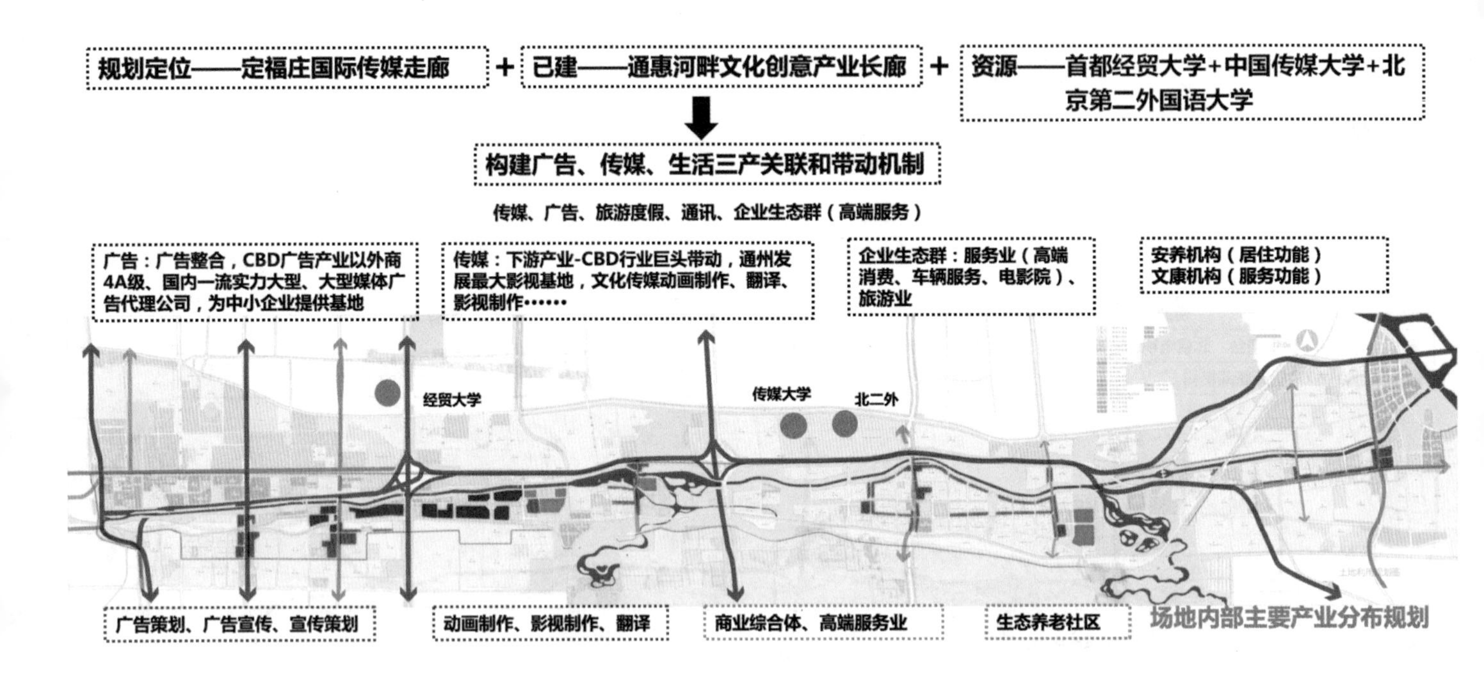

3. 产业链的关系分析

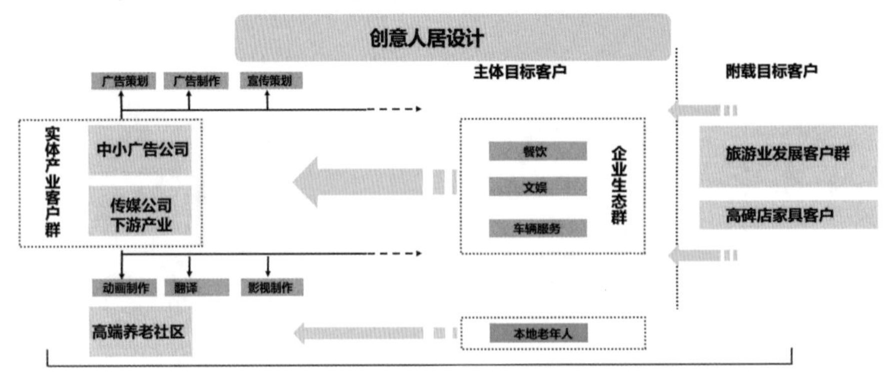

4. 结合下层设计的产业开发模式探索

在原有建筑基地上进行开发建设，以低密度、低层特色中式街巷空间为主，通过滨水界面内敛到外放的空间变化，体现开合关系和动静关系，形成多层次、多空间感受的复合空间形式。

承载通惠河水文化，营造特色办公空间，打造多种建筑与水主题的耦合性，形成人一水一自然的和谐环境。通过空间关系的开合变化，形成了与水多层次的渗透关系。

5. 结合下层设计的养老社区开发模式探索

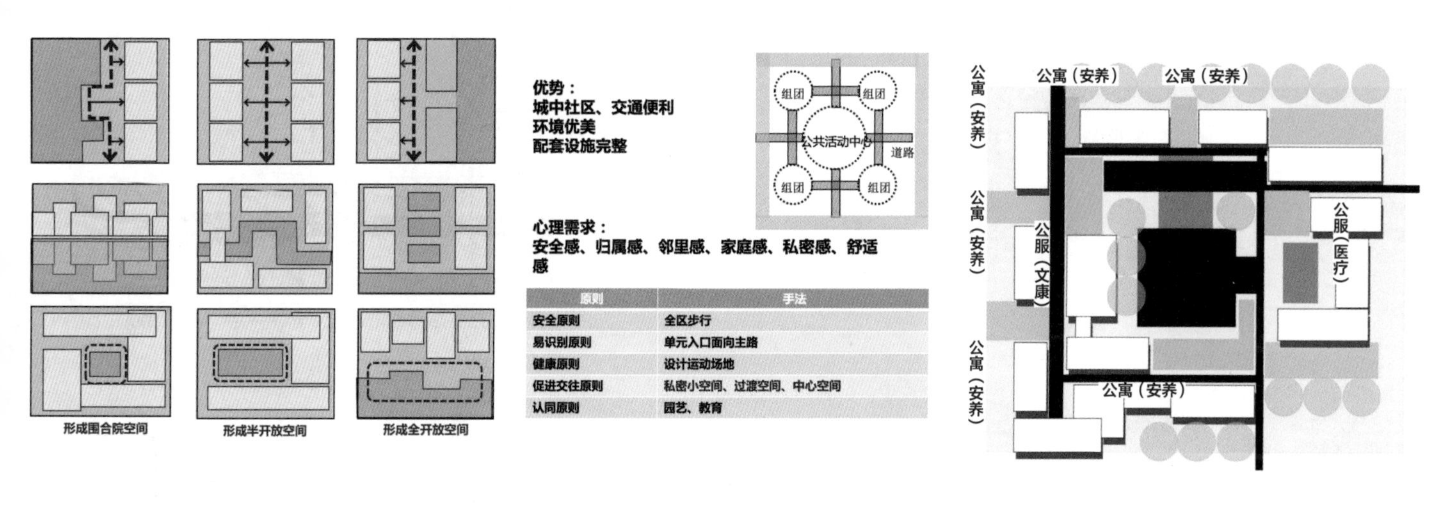

原则	手法
安全原则	全区步行
易识别原则	单元入口面向主路
健康原则	设计运动场地
促进交往原则	私密小空间、过渡空间、中心空间
认同原则	园艺、教育

六大策略之四：文化品牌策略

1. 文化品牌探索

现有文化资源分析
- 1 漕运文化遗址及相关历史文化遗址
- 2 博物馆、艺术馆等教育文化中心
- 3 中国传媒大学、北二外
- 4 定福庄传媒走廊、传媒广场
- 5 草莓音乐节等新兴文化
- 6 CBD现代都市文化

＋

参考案例 → 策略

＋

目标愿景

策略
- 都市农业文化
  - 益处
    - 1）城中村居民的安置和就业问题
    - 2）城市生活中缺失的农业文化，人与土地的关系割裂问题
    - 3）增加市民生活中的互动
    - 4）达到城市开放公园自身收支平衡
- 生态文化展示
  - 雨水收集、净化过程展示
  - 生态涵养绿地的生态知识展示
- 可提供音乐会/演出/集会的开放空间
  - 音乐会/演出/集会期间作为集会场所
  - 其余时间作为生态涵养绿地或者市民休闲场所
- 沿河科普线/文化游线
  - 与历史文化遗迹结合和慢行交通系统结合
  - 沿河岸都改为人行道，车行道后退，且都覆盖绿地
  - 以历史文化遗址作为关键节点，沿河岸和慢行交通系统形成文化科普线

2. 文化品牌规划

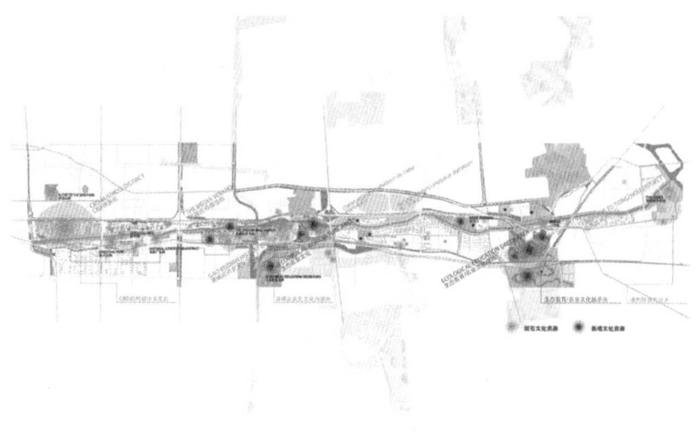

六大策略之五：都市农业策略

1. 都市农业研究框架

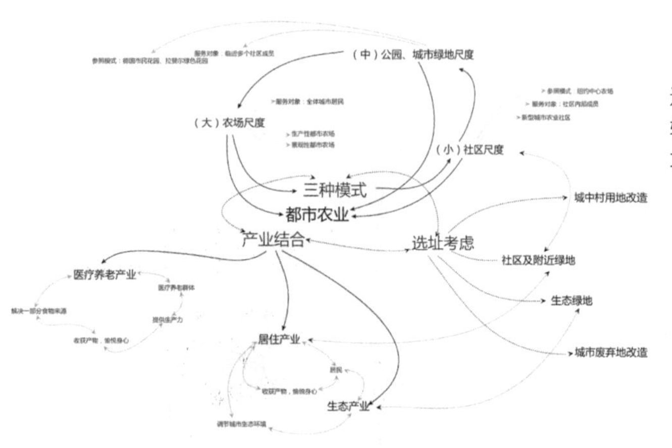

2. 选址适应性分析

自然环境适宜性评价原则：土壤适宜性，与水系距离较近，土壤污染小，功能性原则

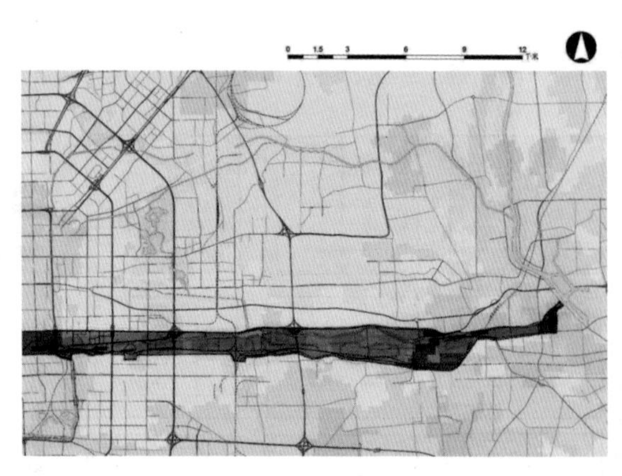

3. 与其他产业结合

（1）与医疗养老产业结合——发展新型医疗养老模式

（2）与居住产业结合——新型社区

（3）与生态产业结合——生态绿地中的都市农场

4. 功能原则选址考虑：

（1）城中村耕地改造

（2）医疗养老院附近

（3）社区及附近绿地

（4）离社区较近，交通便利

（5）废弃地、废弃建筑改造

（6）都市农业规划方案

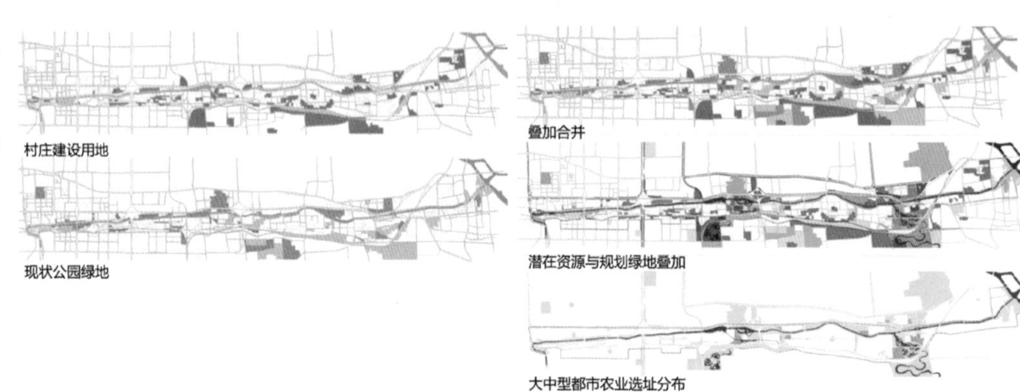

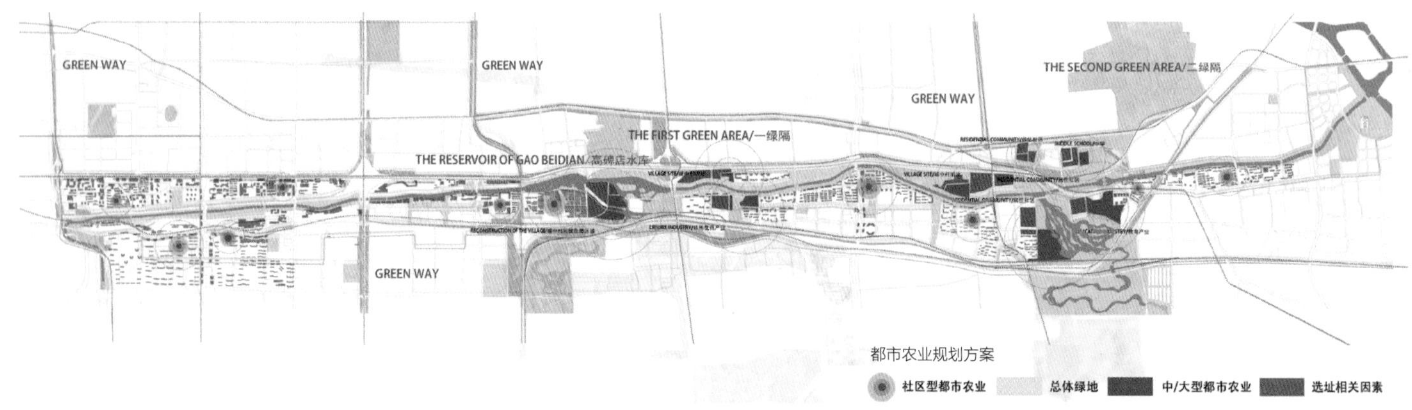

都市农业规划方案

六大策略之六：城市空间引导与管控

1. 基于“绿水”的开发强度控制

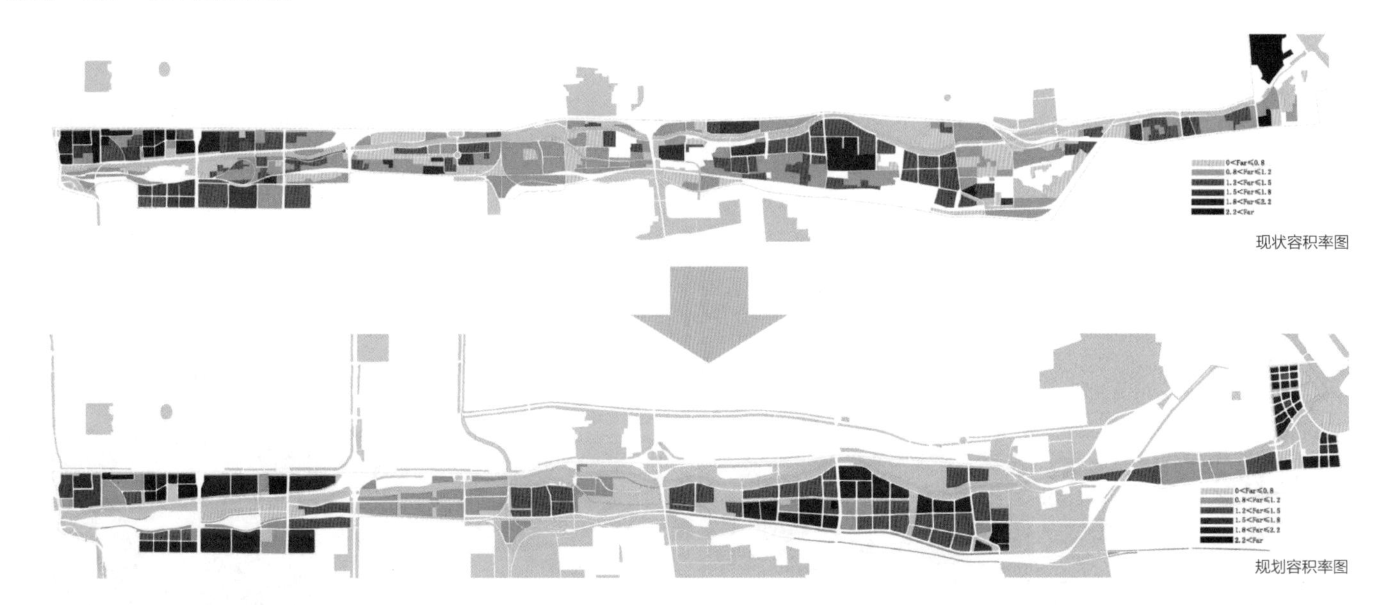

现状容积率图

规划容积率图

2. 基于“绿水”的天际线和高度控制

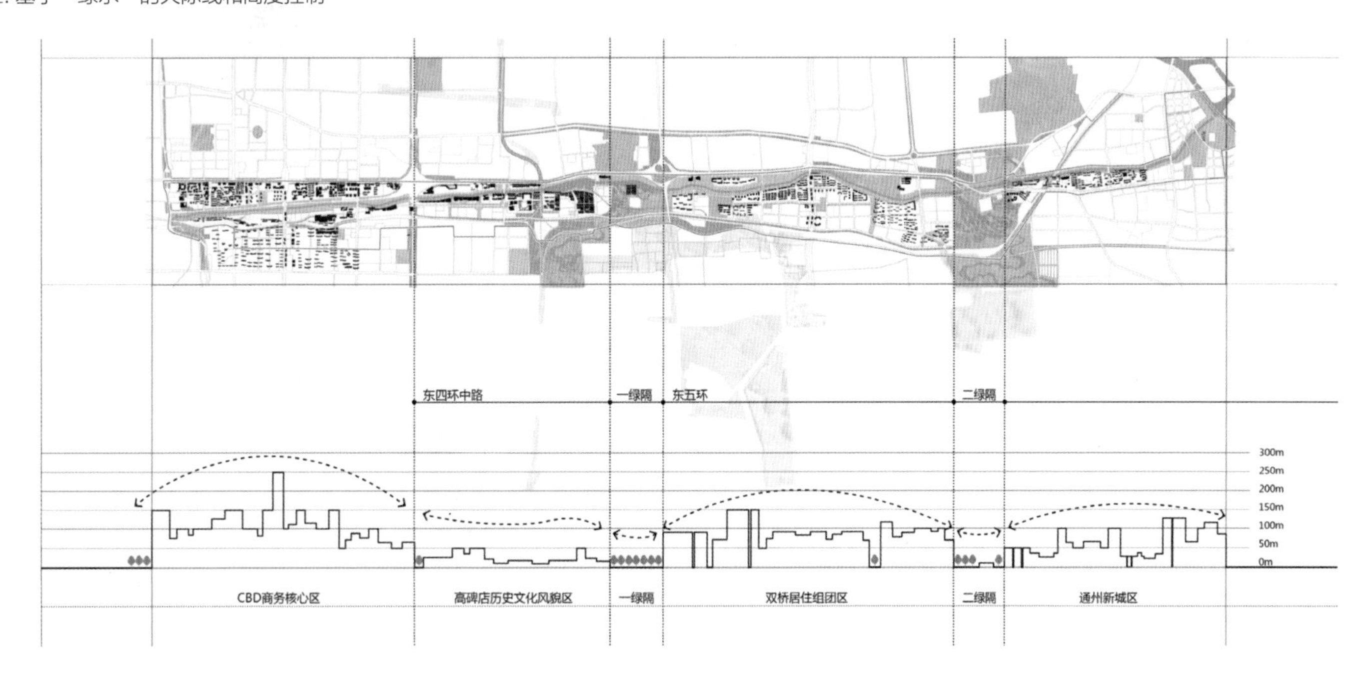

04 片区节点设计
Partition and Nodes Design

总平面图　绿水 · 律城

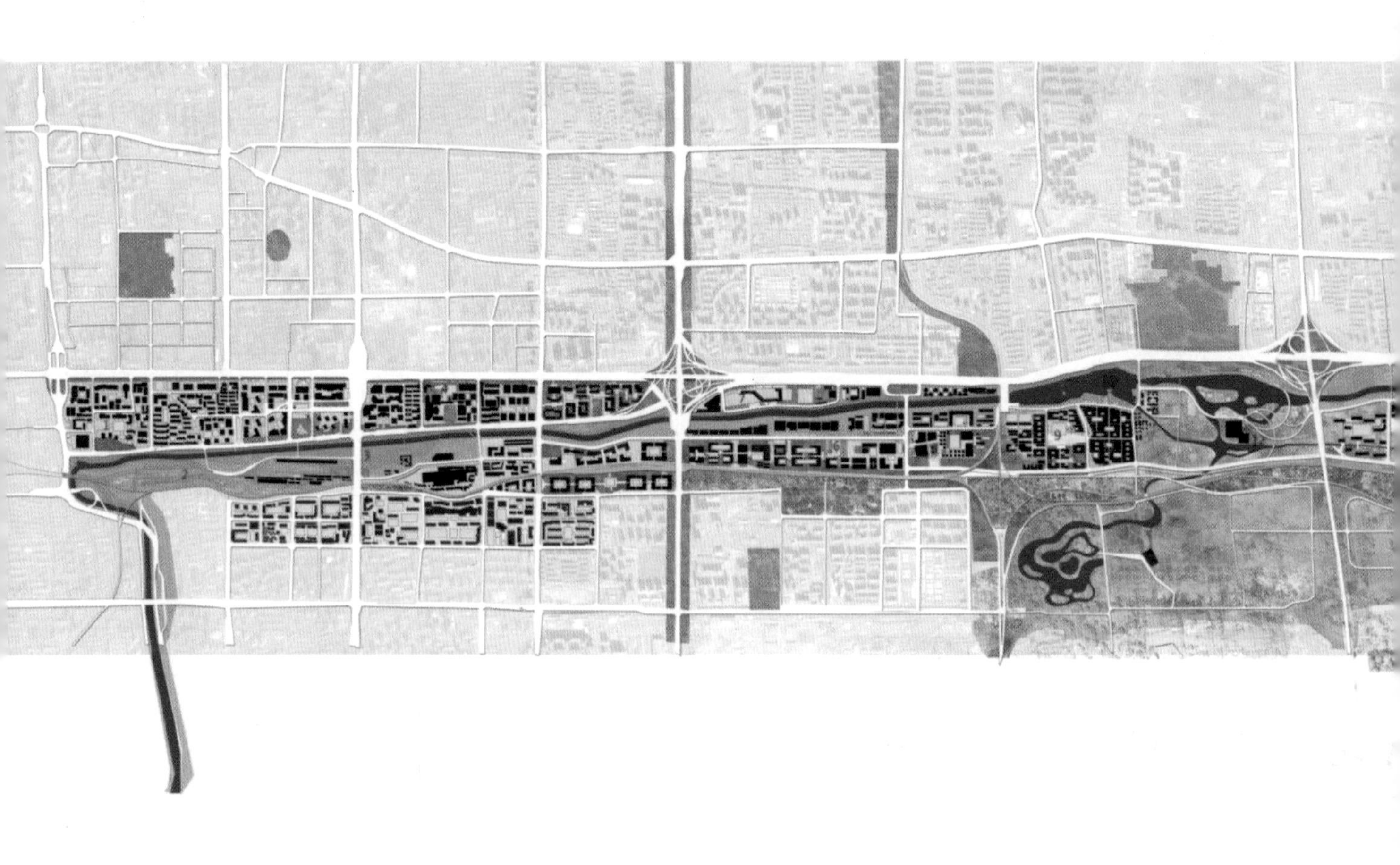

0~5 年

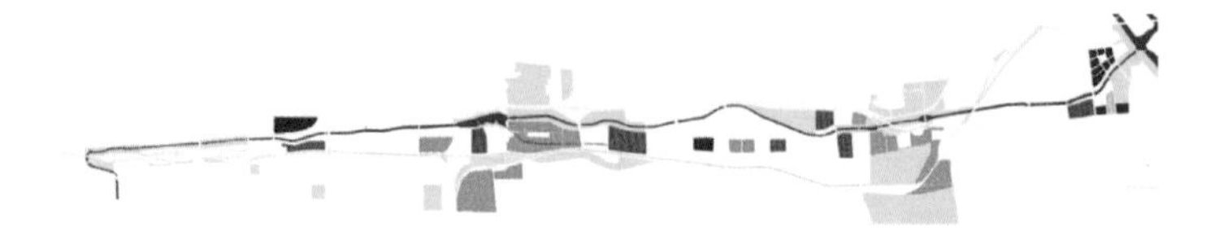

5~10 年

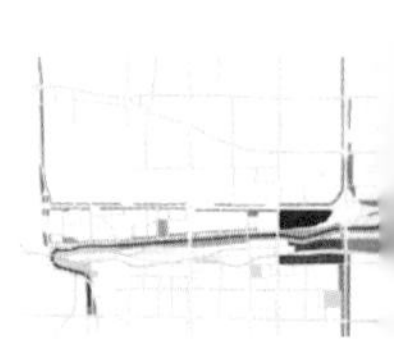

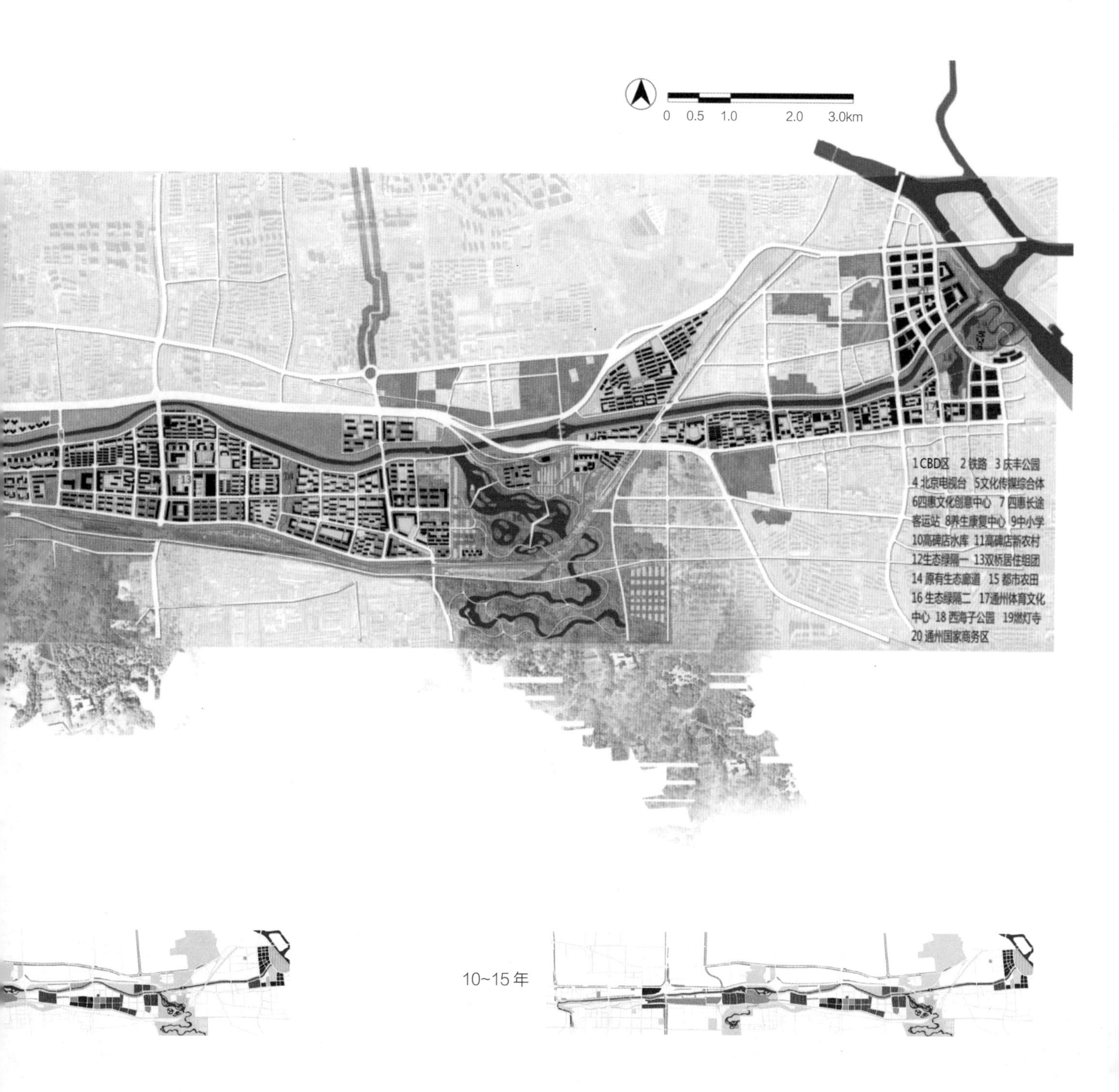
0 0.5 1.0 2.0 3.0km
1 CBD区 2 铁路 3 庆丰公园
4 北京电视台 5文化传媒综合体
6四惠文化创意中心 7 四惠长途
客运站 8养生康复中心 9中小学
10高碑店水库 11高碑店新农村
12生态绿隔一 13双桥居住组团
14 原有生态廊道 15 都市农田
16 生态绿隔二 17通州体育文化
中心 18 西海子公园 19燃灯寺
20 通州国家商务区
10~15年

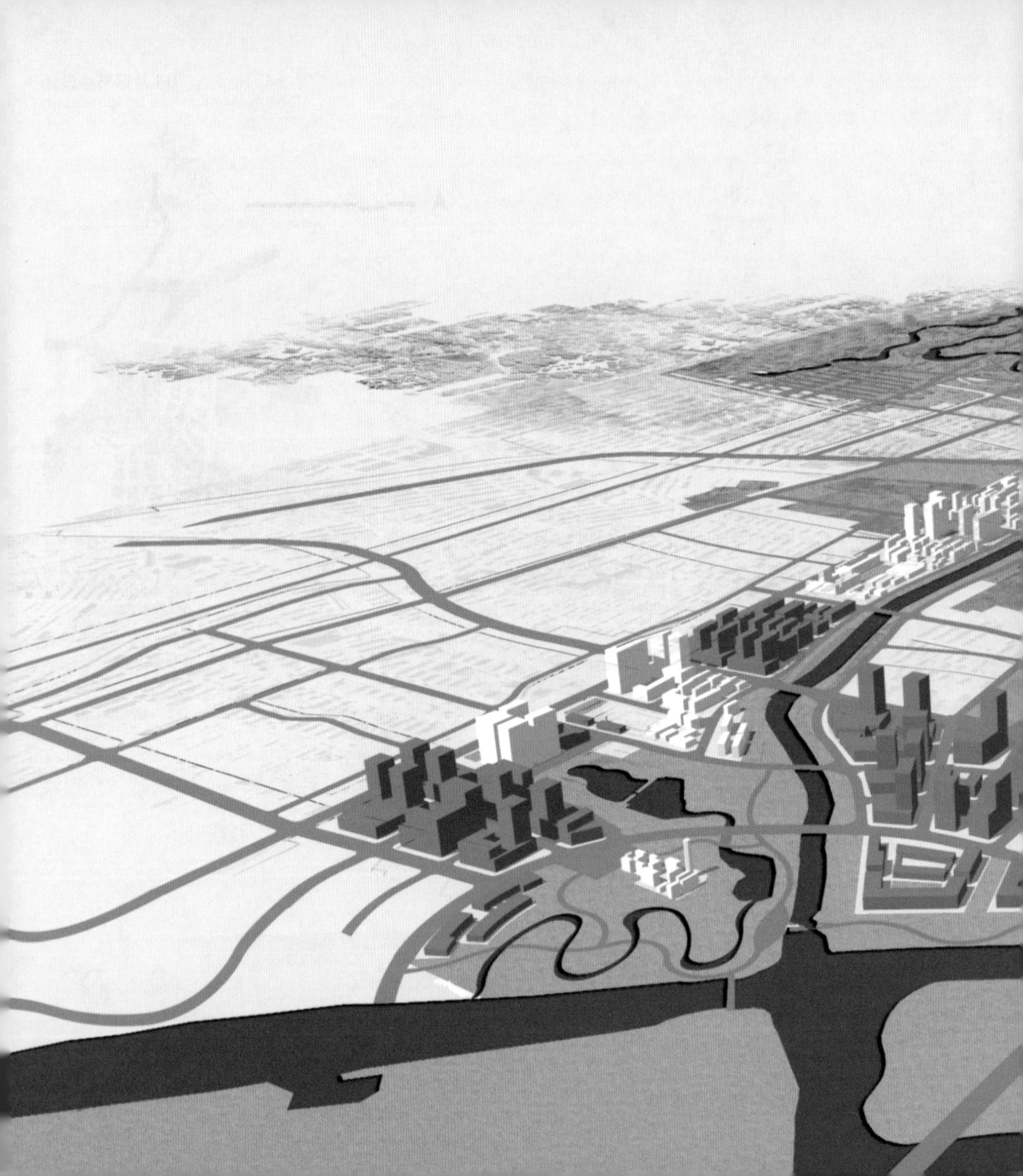

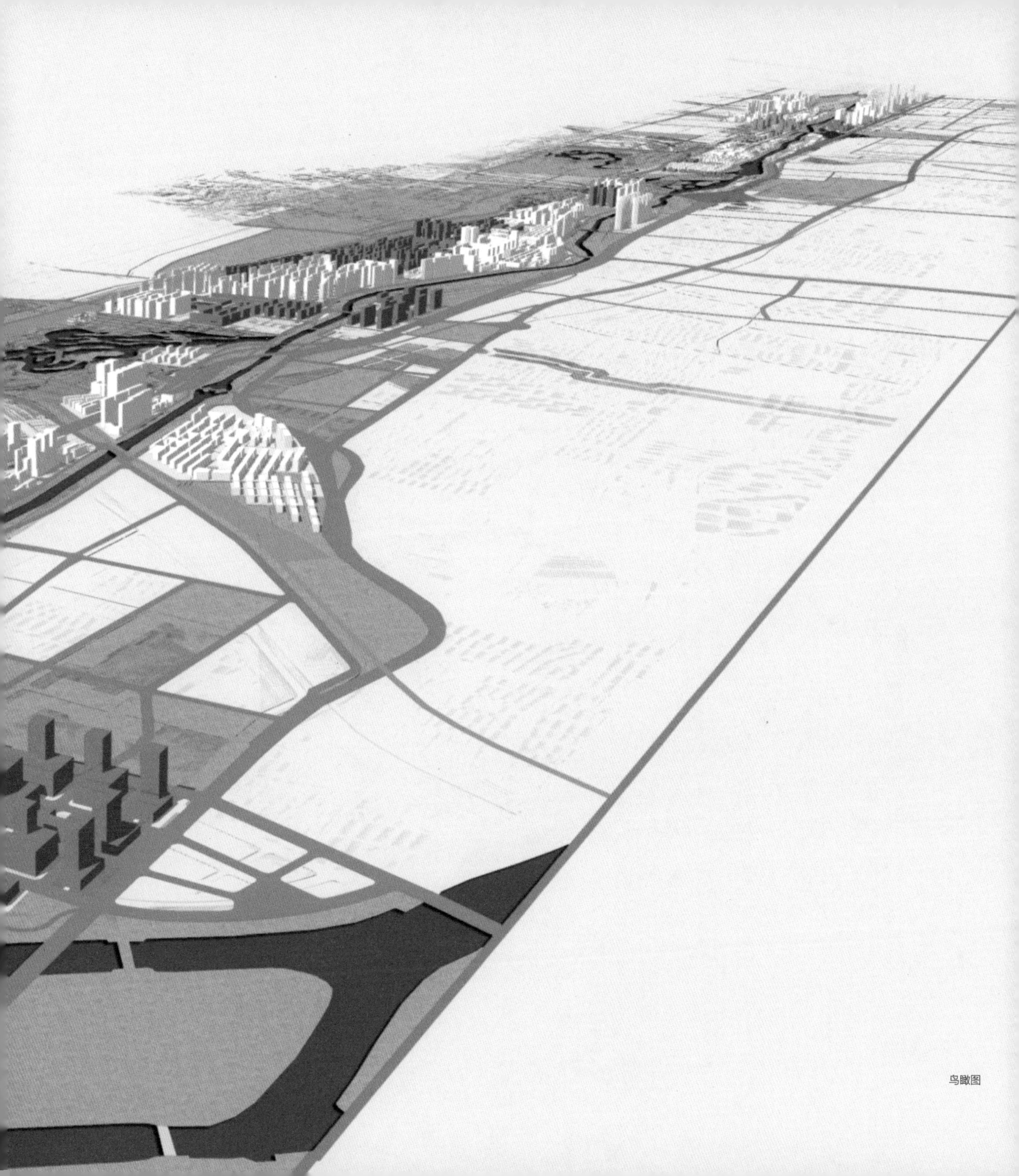

鸟瞰图

节点设计
Node Design

中国当前正处于高速的城市化进程中。在北京，有许多地方受到城市化过程的影响，遗留形成了散布的城中村以及拆迁遗留的大量废墟。本组通过利用绿色生态基础设施（小丘圃）来对破碎的场地进行生态修复，利用场地的废墟条件形成新的生态系统。通过植物生态修复的手段，对场地内受污染的土地进行修复，随着时间的推移将原有的废墟转化为颐和园历史水系东侧的生态绿隔及周边居民的活动场所。利用植物的生态更迭最终在场地内形成稳定的植物群落。并且根据时间推移对景观变迁过程进行规划，最终形成一个基于废墟场地再生目标的生态修复设计。

Dune garden 小丘圃

荣　南
黄　澄
张益章

现状区位
Site Location

场地位于北京颐和园东侧 1km 范围内。受到迅速的城市化进程影响，六郎庄形成城中村，场地内有许多已经变成了废墟的废弃建筑垃圾和生活垃圾。同时在场地内还有许多因历史遗留与产权问题尚未迁出的居民们，与还在运营的六郎庄小学。

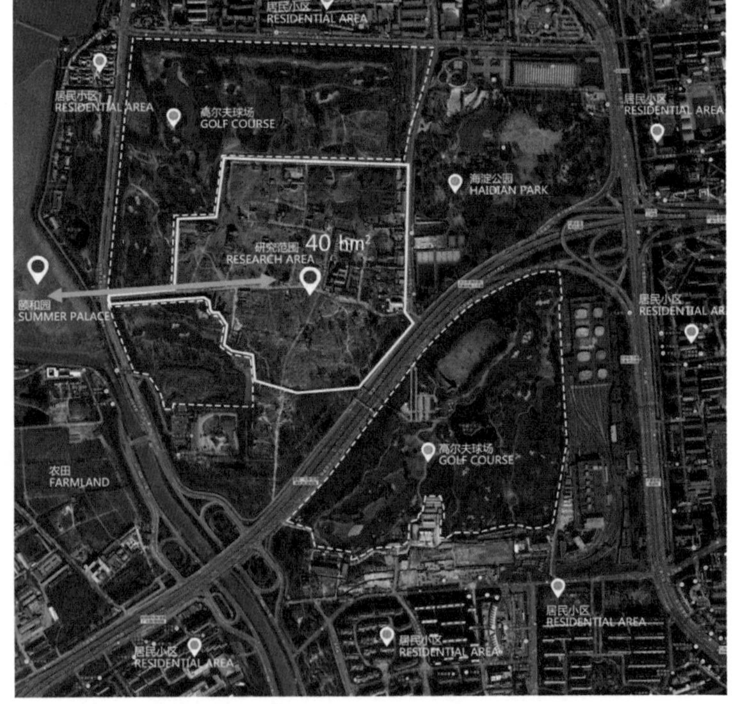

场地现况
Current Situation Analysis

在场地中，大量的生活废料和建筑废墟让当地居民的生活质量极度下降，同时隐蔽的废墟已经成为六郎庄地区的安全隐患。是否能够利用这些建筑垃圾和废墟来实现生态修复，并且能否解决六郎庄小学的安全问题以及居民生活问题成为了场地内最大的挑战。

场地变迁
Site Change

六郎庄的景观经历了较大的历史变迁。从古代京西的农业景观到现代郊区乡村景观，再由剧烈城市化所导致的城中村现象，再到由于产权问题等所引发的“废墟景观”，说明场地景观具有明显的变化特征。

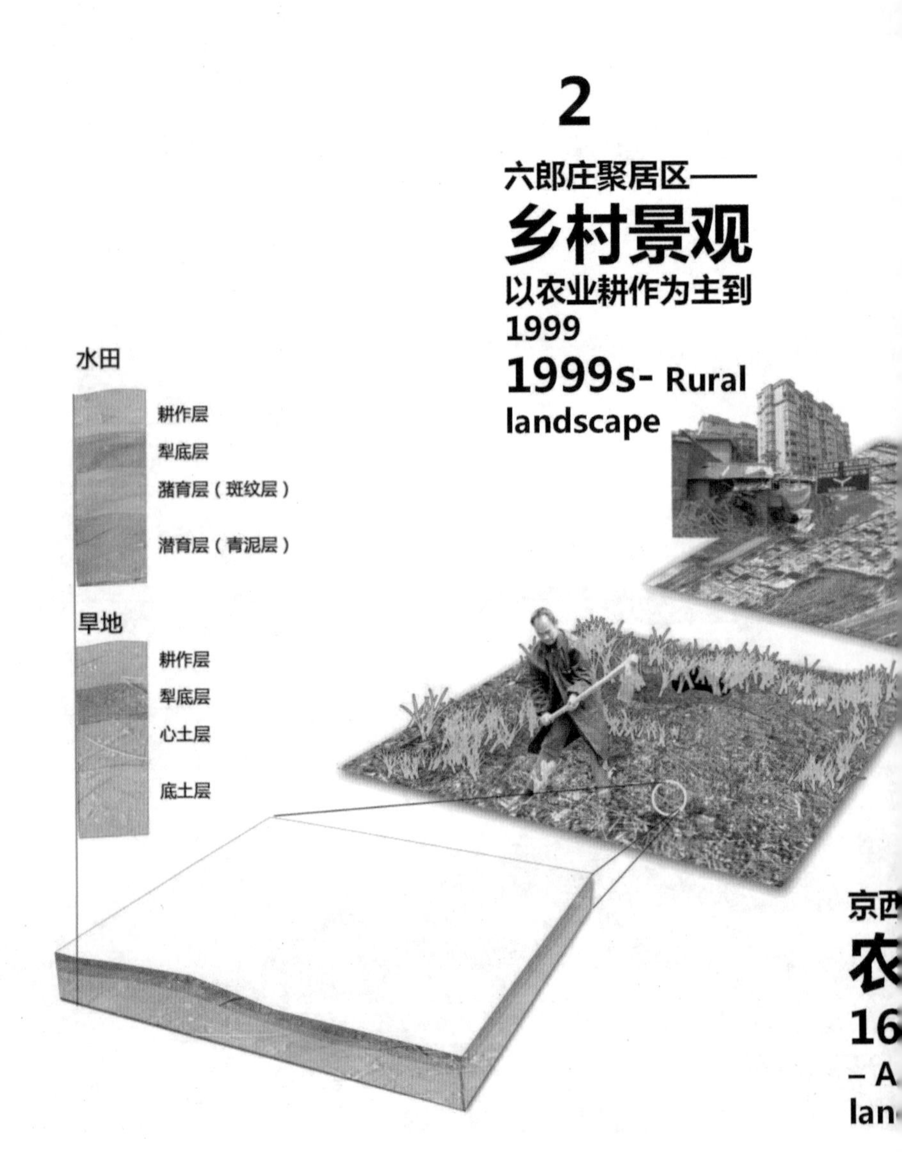

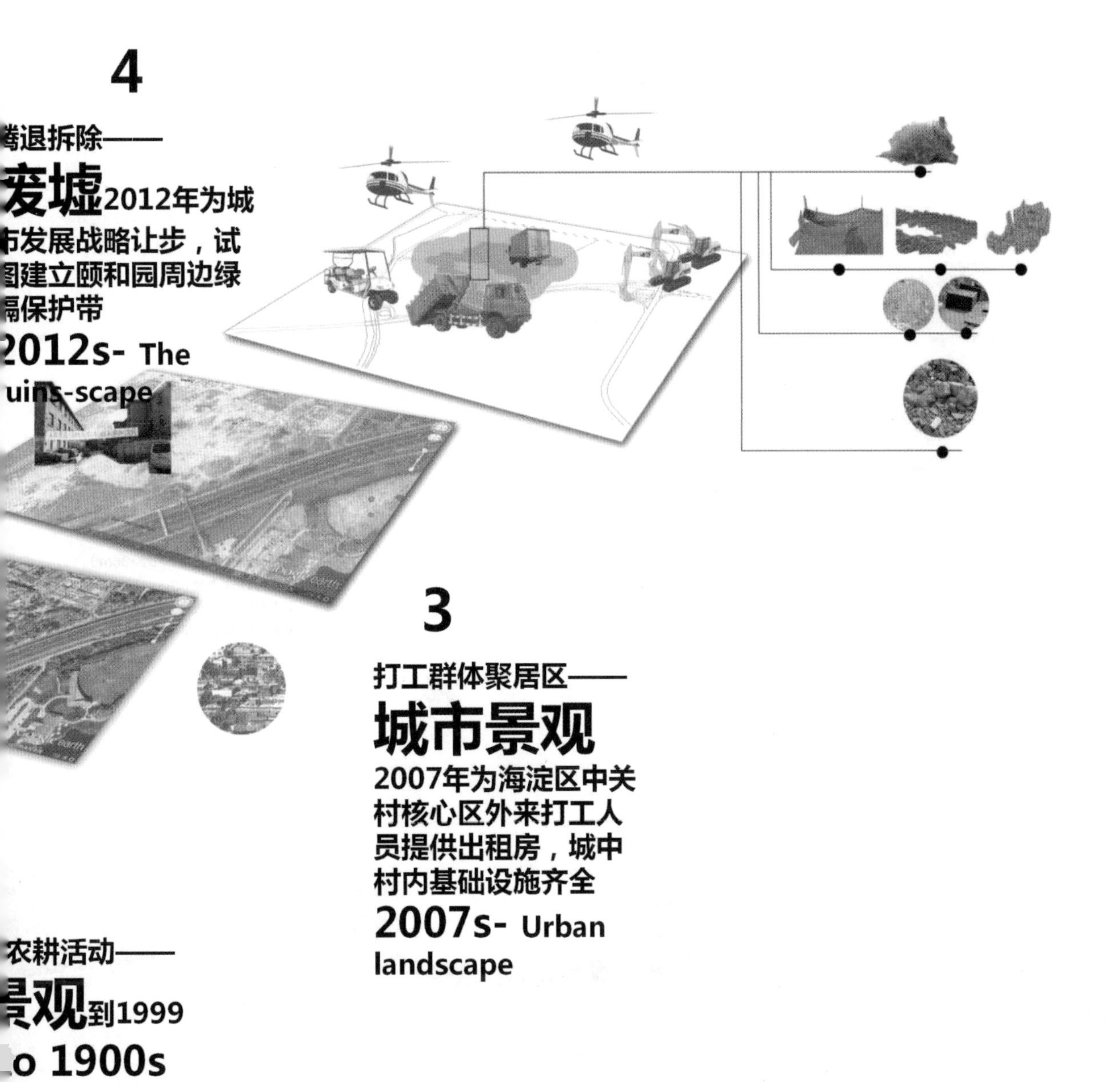
4
腾退拆除——
废墟2012年为城
市发展战略让步，试
图建立颐和园周边绿
隔保护带
2012s- The
uins-scape
3
打工群体聚居区——
城市景观
2007年为海淀区中关
村核心区外来打工人
员提供出租房，城中
村内基础设施齐全
2007s- Urban
landscape
农耕活动——
景观到1999
o 1900s
ural

01 现状问题
Present Issues

棕地特征
Features of Brown Field

根据废墟颗粒粒径的不同来区分场地内不同的棕地特征：颗粒粒径较大的多为建筑废墟，粒径中等大小的多为混凝土及生活垃圾，粒径极小的则多为黄土构成成分，因此也有部分居民在黄土中发展起自给自足的农业。

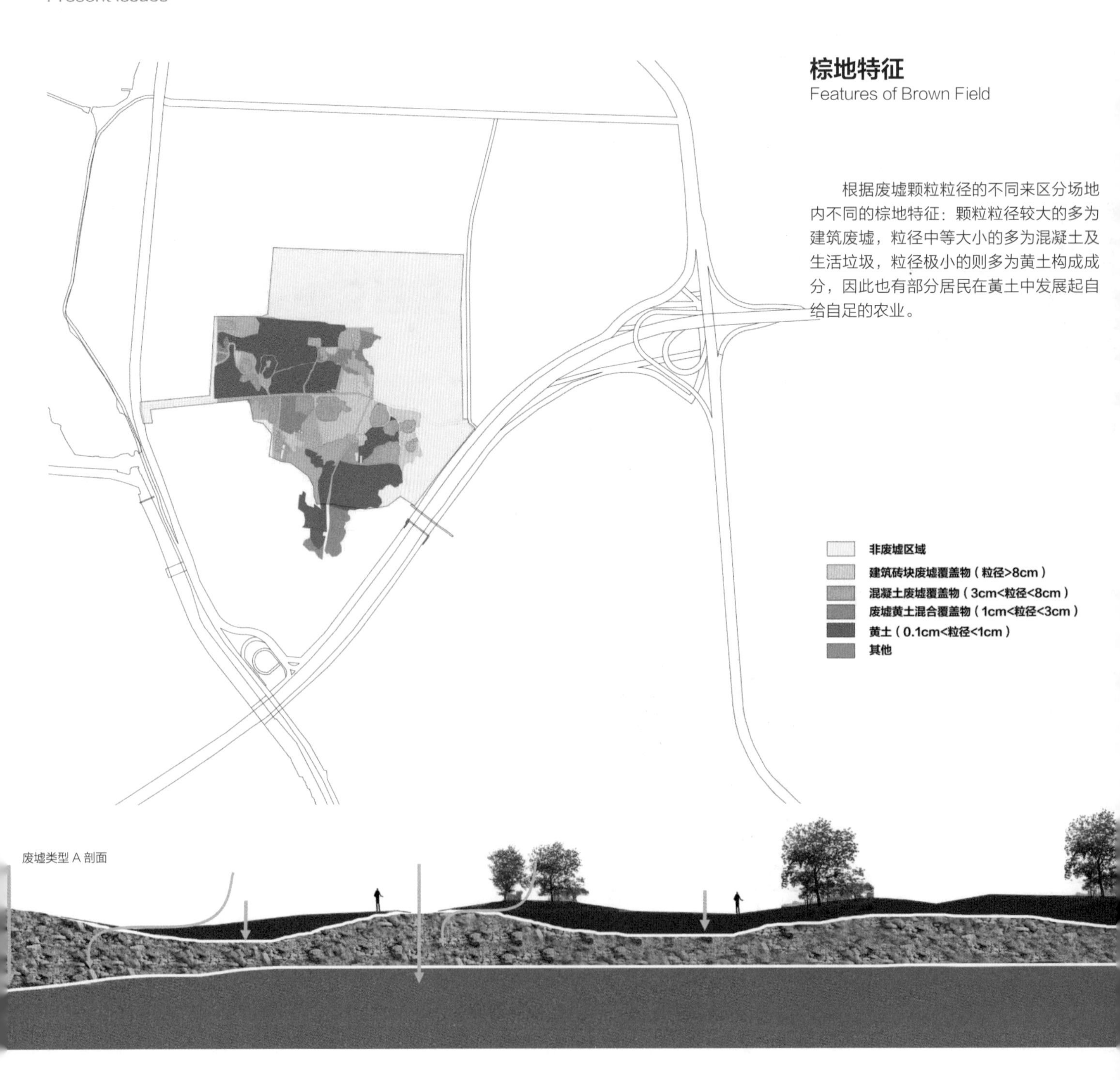

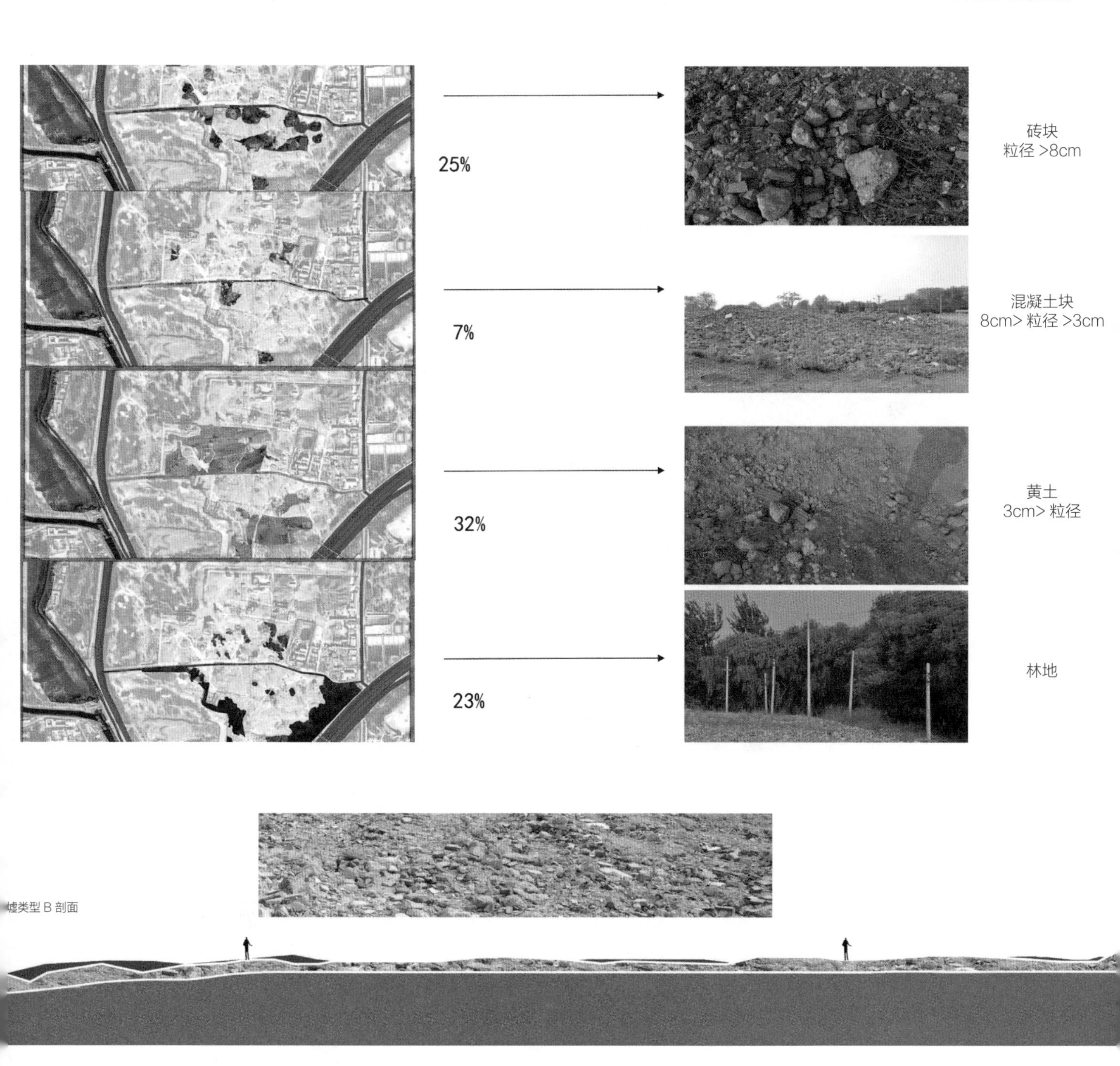
25%
砖块
粒径 >8cm
7%
混凝土块
8cm> 粒径 >3cm
32%
黄土
3cm> 粒径
23%
林地
墟类型 B 剖面

场地综合分析
Site Comprehensive Analysis

根据地形绘制出场地内的小流域径流分析图。经过场地现场勘查识别出场地内不同的覆盖物。这些覆盖物具有不同的粒径颗粒大小，并具有不同的渗透系数。最终通过径流分析以及不同区块的渗透系数计算得出总水量，以指导后期小丘圃在场地中不同的功能布置。

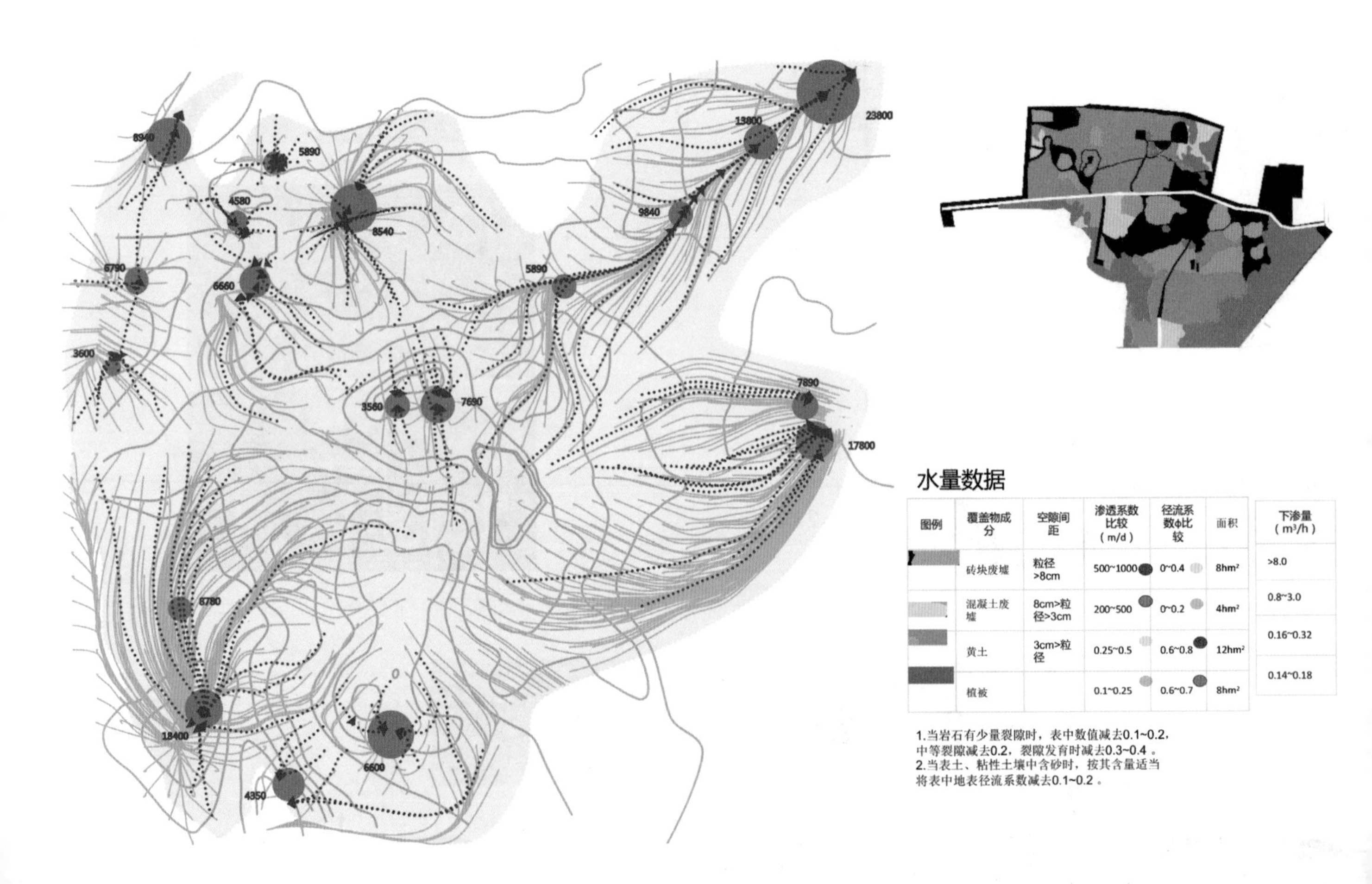

水量数据

图例	覆盖物成分	空隙间距	渗透系数比较（m/d）	径流系数φ比较	面积
	砖块废墟	粒径>8cm	500~1000	0~0.4	8hm²
	混凝土废墟	8cm>粒径>3cm	200~500	0~0.2	4hm²
	黄土	3cm>粒径	0.25~0.5	0.6~0.8	12hm²
	植被		0.1~0.25	0.6~0.7	8hm²

下渗量（m^3/h）
>8.0
0.8~3.0
0.16~0.32
0.14~0.18

1.当岩石有少量裂隙时，表中数值减去0.1~0.2，中等裂隙减去0.2，裂隙发育时减去0.3~0.4 。
2.当表土、粘性土壤中含砂时，按其含量适当将表中地表径流系数减去0.1~0.2 。

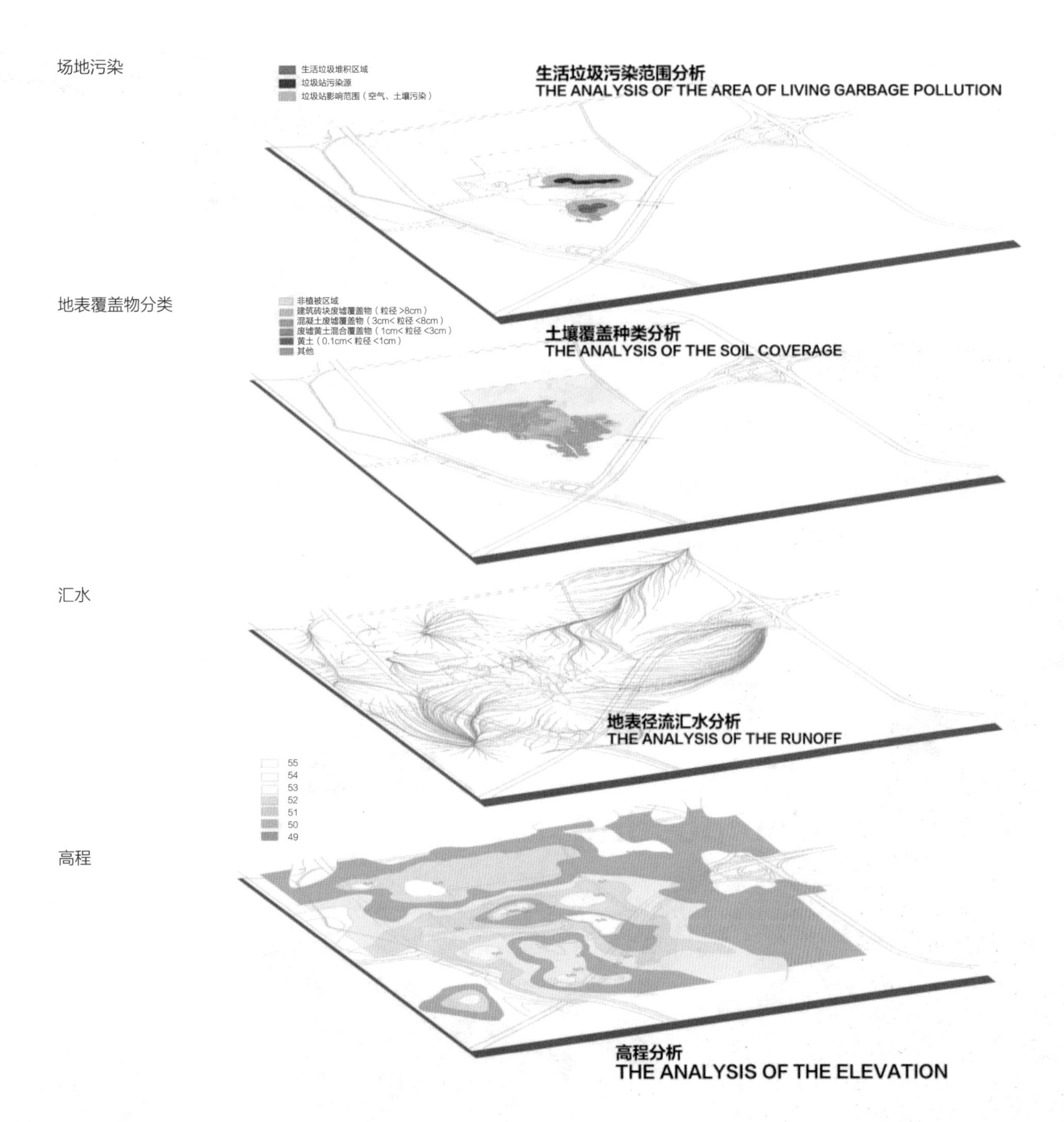
场地污染
生活垃圾堆积区域
垃圾站污染源
垃圾站影响范围（空气、土壤污染）
生活垃圾污染范围分析
THE ANALYSIS OF THE AREA OF LIVING GARBAGE POLLUTION
地表覆盖物分类
非植被区域
建筑砖块废墟覆盖物（粒径 >8cm）
混凝土废墟覆盖物（3cm< 粒径 <8cm）
废墟黄土混合覆盖物（1cm< 粒径 <3cm）
黄土（0.1cm< 粒径 <1cm）
其他
土壤覆盖种类分析
THE ANALYSIS OF THE SOIL COVERAGE
汇水
地表径流汇水分析
THE ANALYSIS OF THE RUNOFF
55
54
53
52
51
50
49
高程
高程分析
THE ANALYSIS OF THE ELEVATION

概念设计——小丘圃：生态修复绿色基础设施

Dune Garden - A Green Infrastructure for Ecological Restoration

场地现状土壤属于贫瘠的沙质黄土，并不适合植被生长。由于风的长时间侵蚀，黄土上形成了凹陷小坑的自然现象——风蚀沙地。通过汇水分析，作为雨水收集的小丘圃就被放置在这些风蚀沙地凹陷处，便于更有效地汇集雨水。小丘圃内部存有储水箱，在雨水渗流到储水箱之前，表面的草地层和沙石层起到了雨水过滤的作用。每个丘圃的储水箱之间搭建了联通管道，管道上附有渗水孔，在雨水流经时可以渗透到周边土壤，补给周边土壤水分。

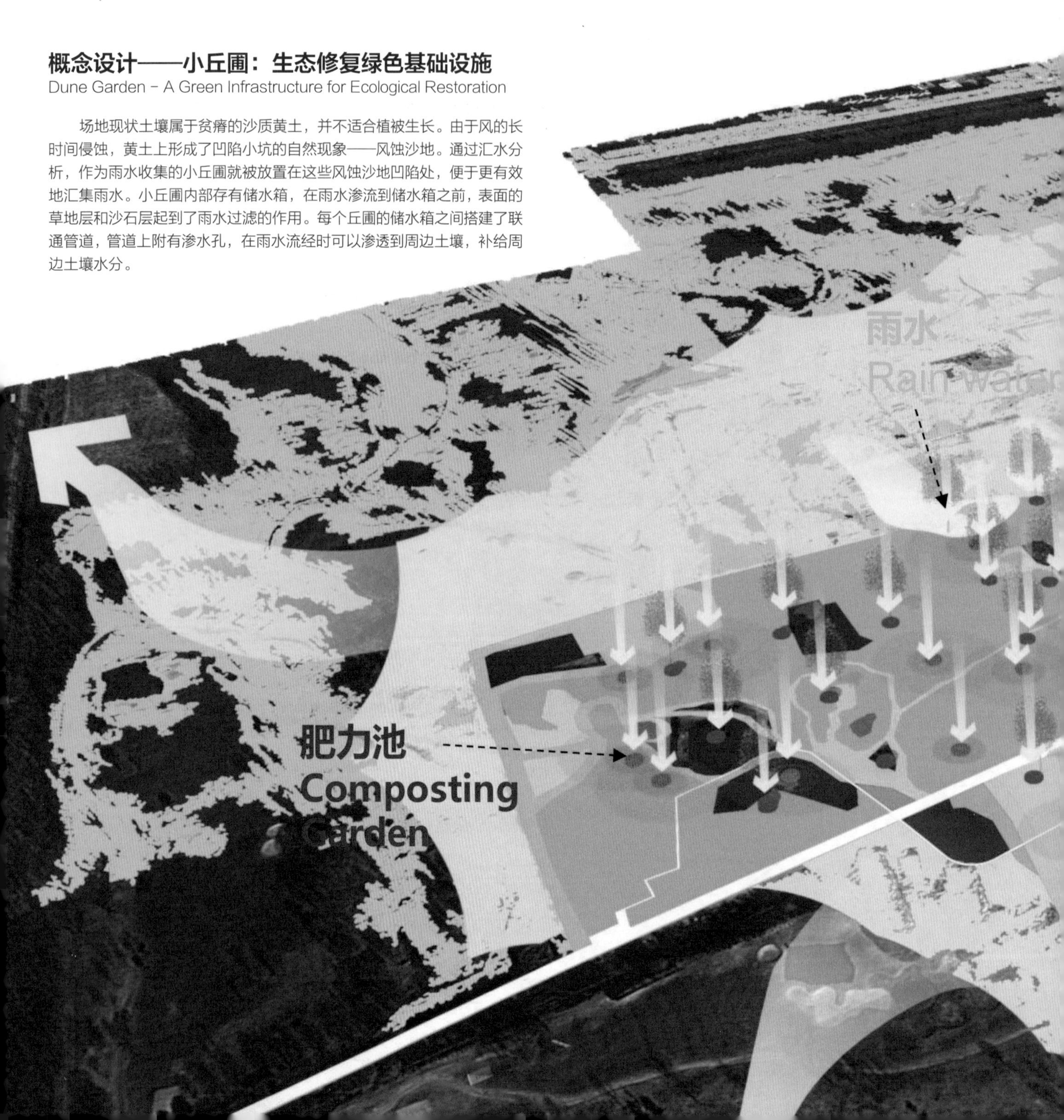

场地的变迁过程

概念设计——小丘圃的类型与构造
Types and Structures of Dune Gardens

1. 雨水收集型

半径 4m 的大草池。

平时人们可以在上面玩耍，雨季时作为雨水收集的基础设施与游憩用的景观设施。

2. 树池生态恢复型

在树林中穿插放置的树池丘圃。

种植刺槐、紫荆等具有固氮特性的豆科植物，以恢复土壤种植能力。

3. 厨余肥力补给型

用于当地社区有机蔬果种植。

收集社区厨余肥料来对土壤施肥。

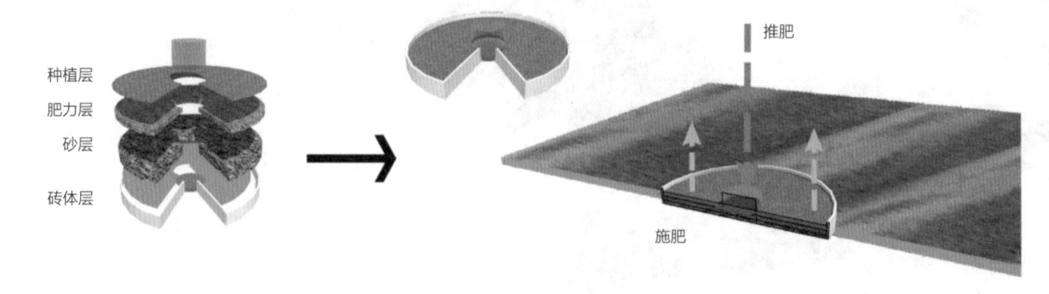

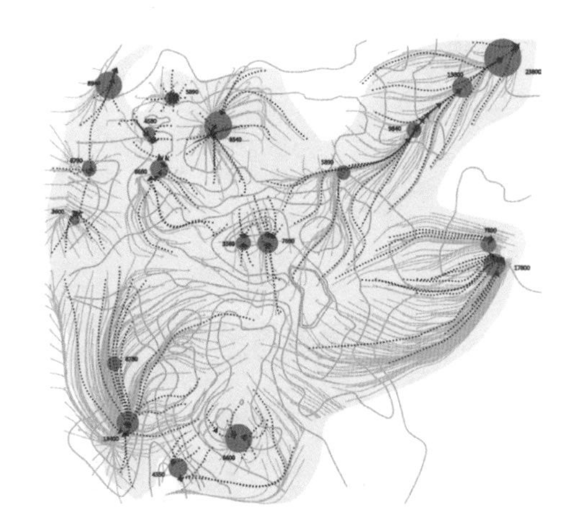

小丘圃——雨水收集型

通过计算场地地形及地表径流系数得知雨水汇集点。根据汇聚点的分布来决定雨水收集基础设施——小丘圃的最佳放置地点。

常见草原植物根系对比

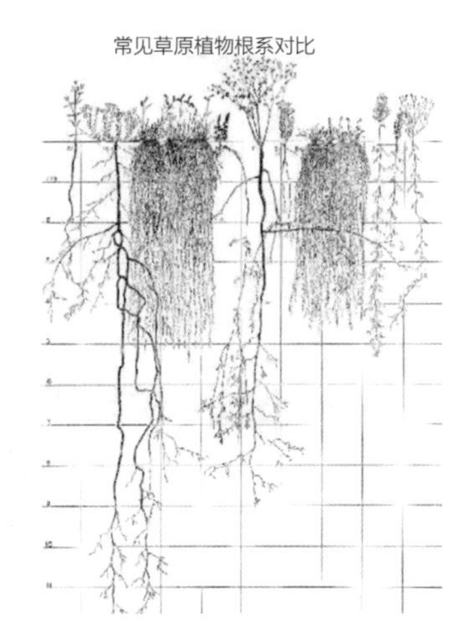

小丘圃——树池生态恢复型

场地现状的土壤属于贫瘠的沙质黄土。在树林中穿插放置的树池丘圃种植刺槐、紫荆等具有固氮特性的豆科植物，以恢复土壤种植能力为主要功能。

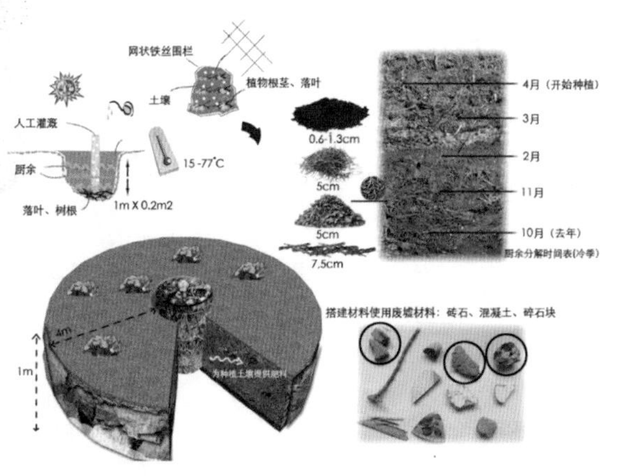

小丘圃——厨余肥力补给型

种植周期表：
10 月 - 放置食物厨余
11 月 - 收集放置秋天落叶树枝
2 月 - 剪下草坪的碎屑
3 月 - 每周放置社区厨余
4 月 - 土壤肥力达到种植标准
开始种植

肥料培植条件：
水分（1 ~ 2 升 / 周）
适合的温度（15 ~ 17C）
有机物质（树枝、草、厨余）

1
2
3
4
1 入口
2 停车位
3 新人行桥入口
4 耕地景观视点
5 城市景观视点
6 废墟景观视点
7 废墟景观视点 2
8 林地修复区域
9 草地修复区域
10 六郎庄小学

注：本设计曾获 2014 年
IFLA 竞赛 BEST 25

设计总平面

根据不同的粒径进行植物修复
Different Phytoremediation According to Different Particle Sizes

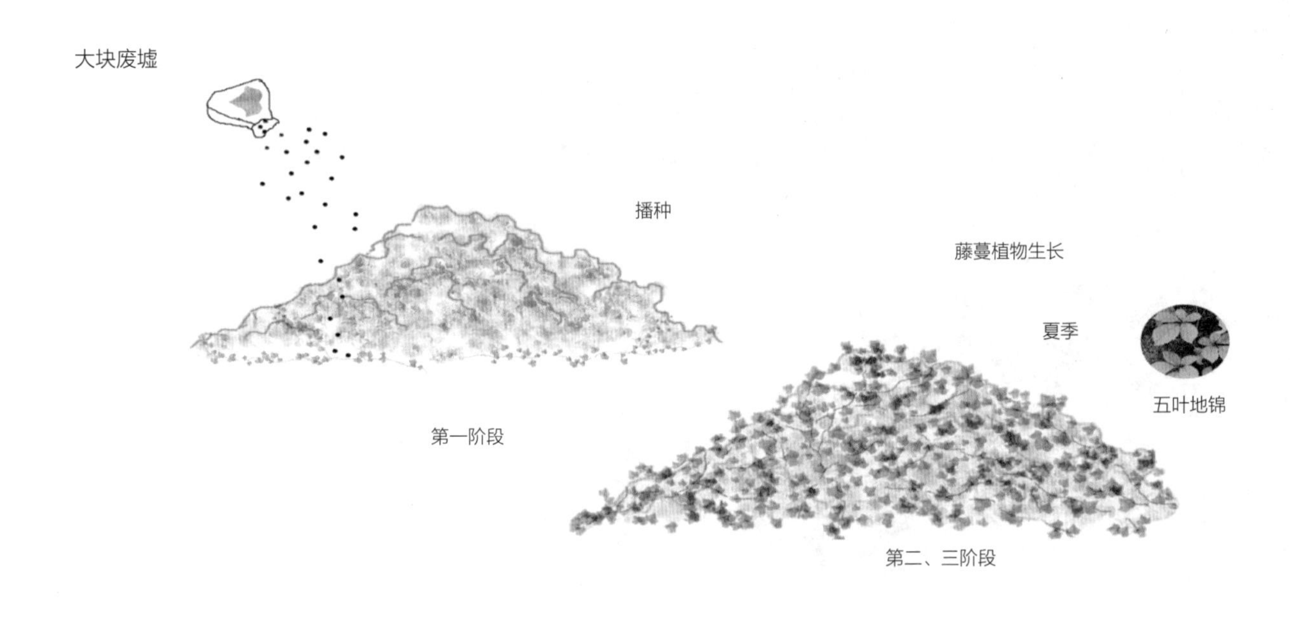

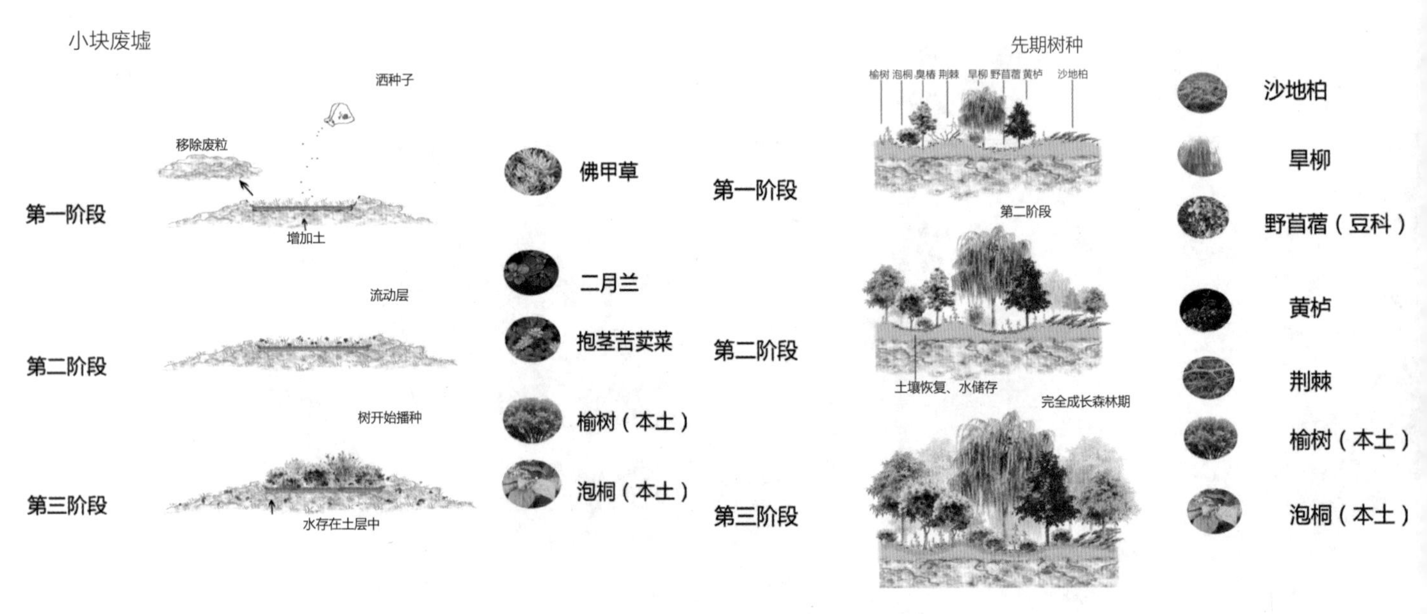

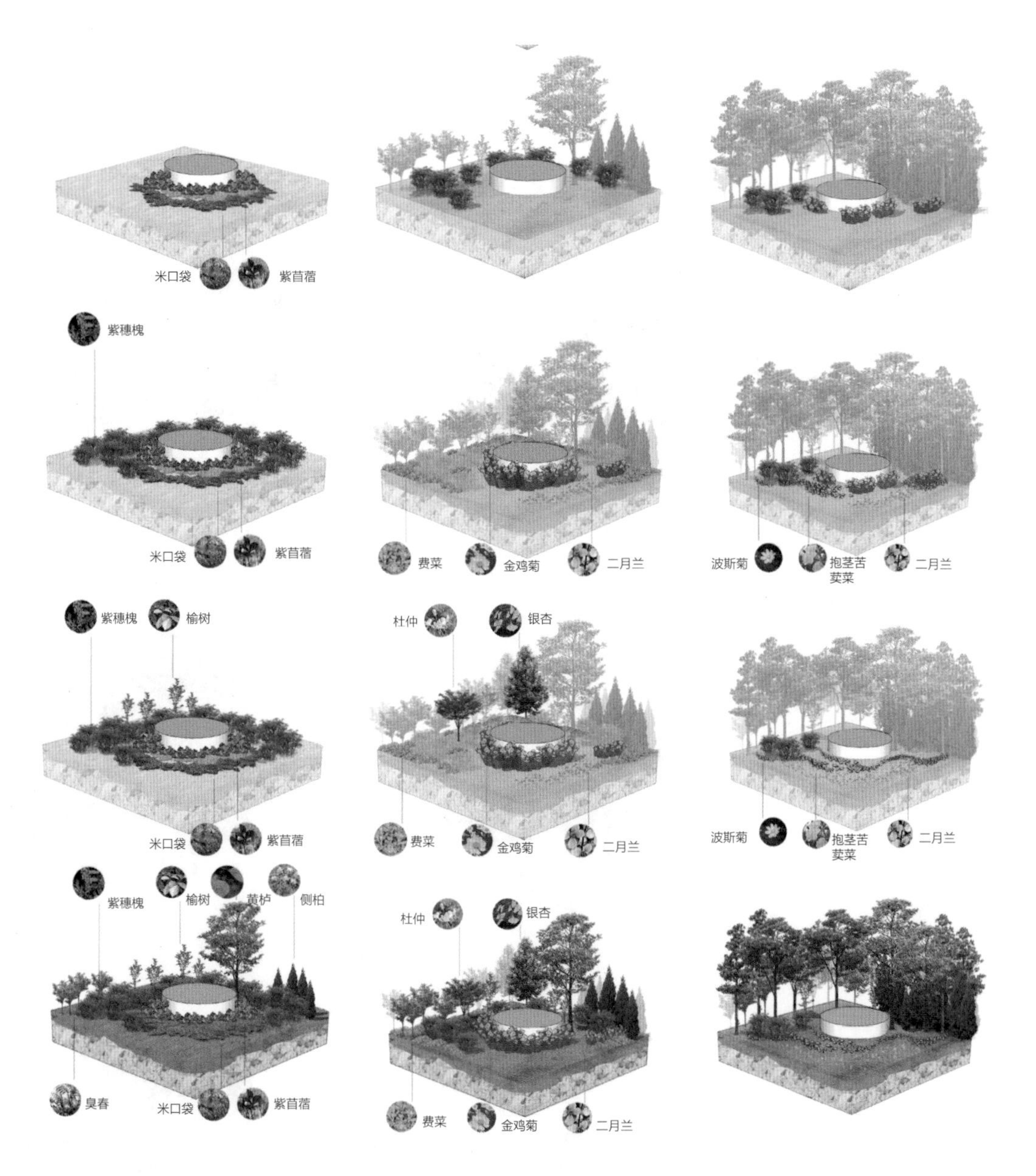

第一阶段
小丘圃的介入与豆科植物恢复

在土壤水分相对充足的丘圃周围，利用豆科植被恢复土壤肥力。紫苜蓿有较好的固氮功能。豆科地被初步恢复后，使土壤持有较充足的水分和充足的营养，再引入豆科灌木如紫穗槐等树种。通过豆科植被的修复作用，场地土壤从肥力较低的沙质土改善到具备种植能力的种植土壤。在土壤状况改善良好的情况下最后引入容易存活的乔木，例如黄栌、臭椿、银杏等。

第二阶段
豆科植被演替，灌木成为主要基调植被

土壤经过一段时间的修复从光秃的沙质土壤变为草地，大部分豆科植被生命周期为 5 ~ 7 年，之后会被其他植被所替换。金鸡菊、费菜耐旱，喜光，适应性强。杜仲、山桃、暴马丁香生命力强，易存活。大多数植被处于生长初期，林冠较小，郁闭度不高。

第三阶段
喜光灌木和地被演替

植被进入生长成熟期，郁闭度变高。随着乔木郁闭度增加，喜光植被得不到充裕阳光照射，逐渐被淘汰。不喜光的林下植被开始引入。林下空间被耐阴植被占领。

景观变迁过程
The Changing Landscape

借由提高小丘圃收集水与肥的能力，使得周遭的绿化度提升，许多小丘圃将以块状绿化形式扩散开来。

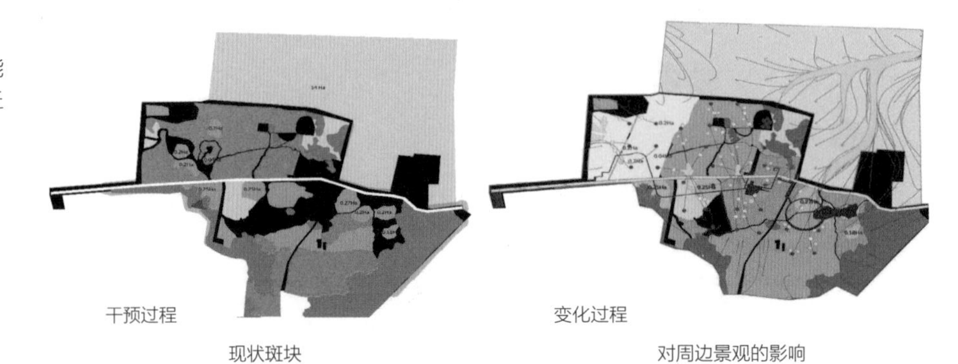

干预过程

变化过程

现状斑块

对周边景观的影响

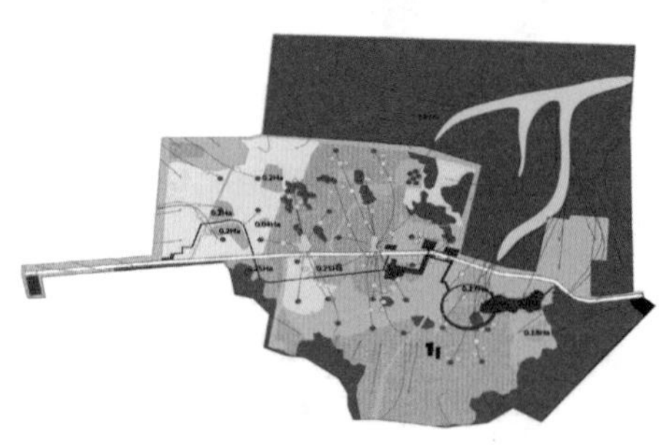

小丘圃加入

土壤表面变化

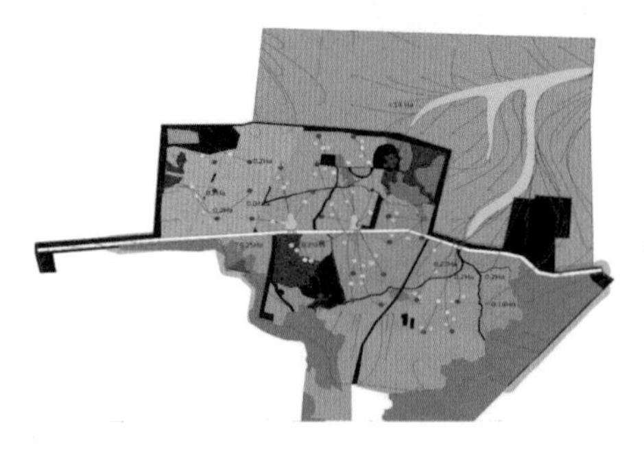

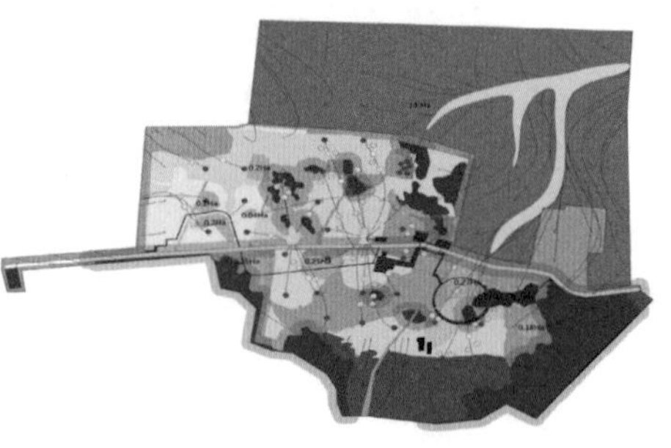

不同层次的土壤种植

后续接替影响

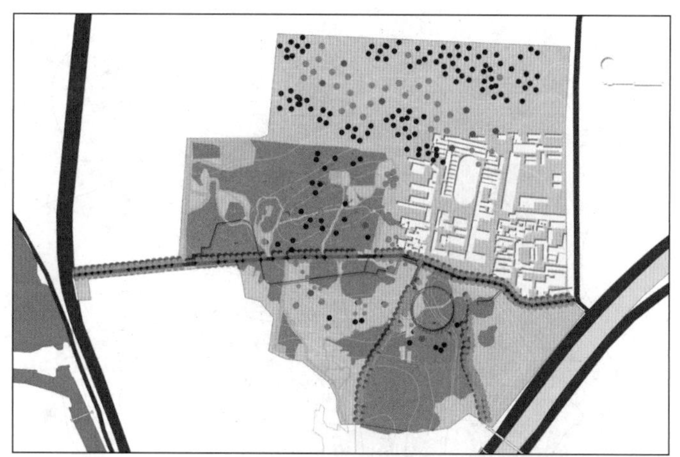

第一阶段

1~2 年

激活场地线性路径的活力，新置活动空间，结合雨水收集设施，展示六郎庄过去的景观变迁过程。

对场地内不同的覆盖物分别覆土，并分别播撒乡土树种种子，如图种植不同种类的抗性强的乔木、灌木和地被。

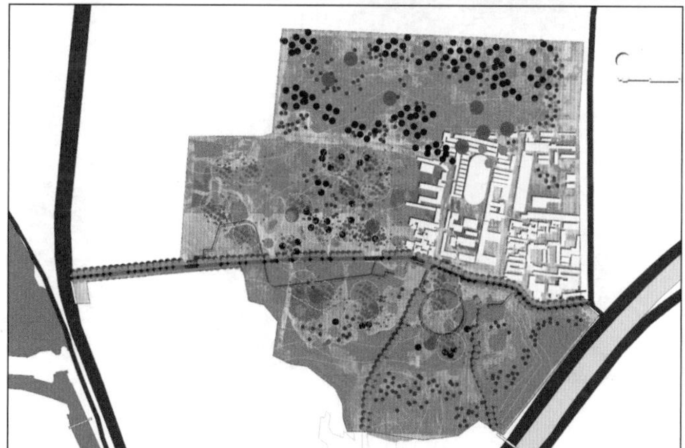

第二阶段

2~50 年

场地通过农耕进行土壤恢复，雨水收集设施提供水资源支持，农作物的销售交易的循环利用提供经济上的可持续支持，新置的活动空间则激活场地的活力。周边通过乡土树种种子的播撒恢复自然林地。

在这个阶段中，第一阶段种植的树苗由于生长速度不同开始形成多种植物景观。播撒的种子有的开始长成树苗，而肥力池周边的豆科植物演替为土壤增加了肥力并影响周围植物的生长。

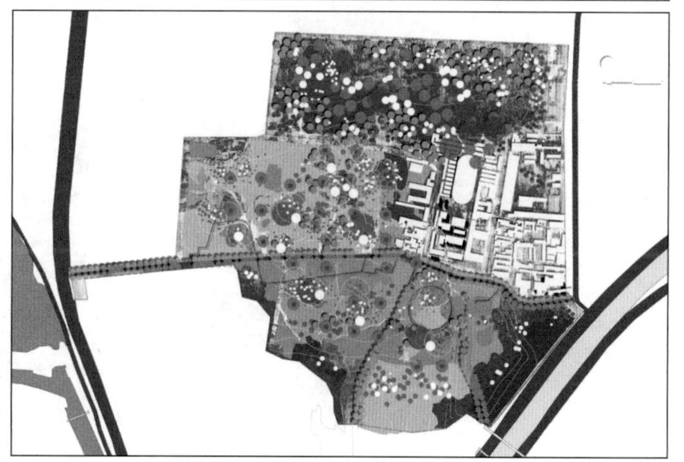

场地生态变迁图

第三阶段

50~100 年

大约 25% 的场地将形成植物群落，达到了设计者对场地未来发展的预期。场地最终形成颐和园历史水系东侧的生态绿隔和周边居民的活动场所。

由于乔木的树冠形成的空隙越来越小，喜阳的灌木开始死亡，逐渐被喜阴的灌木和地被所替代，并最终形成稳定的植物群落。

长河是明清时期皇都北京城内唯一的御用河道。当时皇家的帝后王妃，赴西郊各行宫御苑，若乘舟行船，都必须通过这条著名的河道。光绪十二年，慈禧命人整理长河两岸。从西直门外登船处倚虹堂起，到绣绮桥正南泄水闸止，每隔两丈种植两棵水杨，水杨之间，夹种一株山桃。

高粱桥原叫高亮桥，传说高亮曾到此赶水。高粱桥是明清时期城内去西郊的必经之路，是城内与农村的分水岭，慈禧在此小憩后登舟。高粱桥以西，垂柳成荫，为老北京人春游踏青的胜地。

西直门区域是海淀区的商业繁华地段，采用“绿绕水景，径疏古桥”的规划概念，重新梳理周边社区功能以及交通路径功能，通过优化生态驳岸、塑造雨水花园、屋顶绿化等形式倡导绿色生态的环境理念，并且通过路径引导激活场地、重塑历史。重新设计高粱桥周边，达到增加周边社区活力，和境品总体提升的目的。

绿绕水景，径疏古桥

李云云
马之野
张倩玉

历史背景分析
Historical Analysis

古时高梁桥宽约 6m，是青白石三孔联拱式石桥，两侧设有石护栏。桥西北面原来有清朝乾隆十六年兴建的“倚虹堂”，南岸设有船坞，民国时期被拆卖。20 世纪 80 年代初期拓宽高梁桥路路面时，重修高梁桥。此后又经过多次修缮，桥长约 16m，宽约 10m，共有 16 对石柱。高梁桥原来在南北两端各有牌坊一座。南牌坊的南额题有“长源”，北额题有“永泽”；北牌坊的北额题有“姿安”，南额题有“广润”。

历史 - 龙船　现状 - 北展北岸
历史 - 慈禧登船图　现状 - 长河柳岸
历史 - 西直门城楼　现状 - 高梁桥
历史 - 慈禧登船图　现状 - 高梁桥

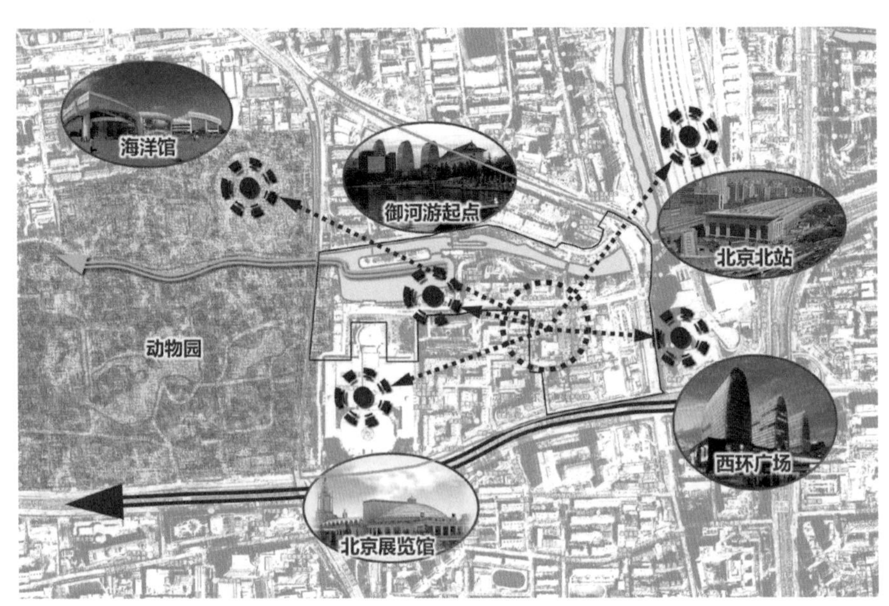

周边重要节点

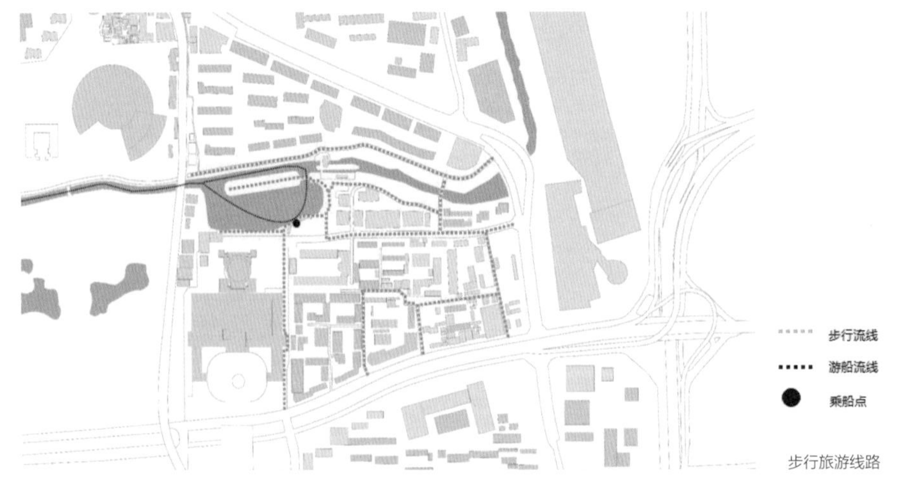

步行旅游线路

场地分析
Site Analysis

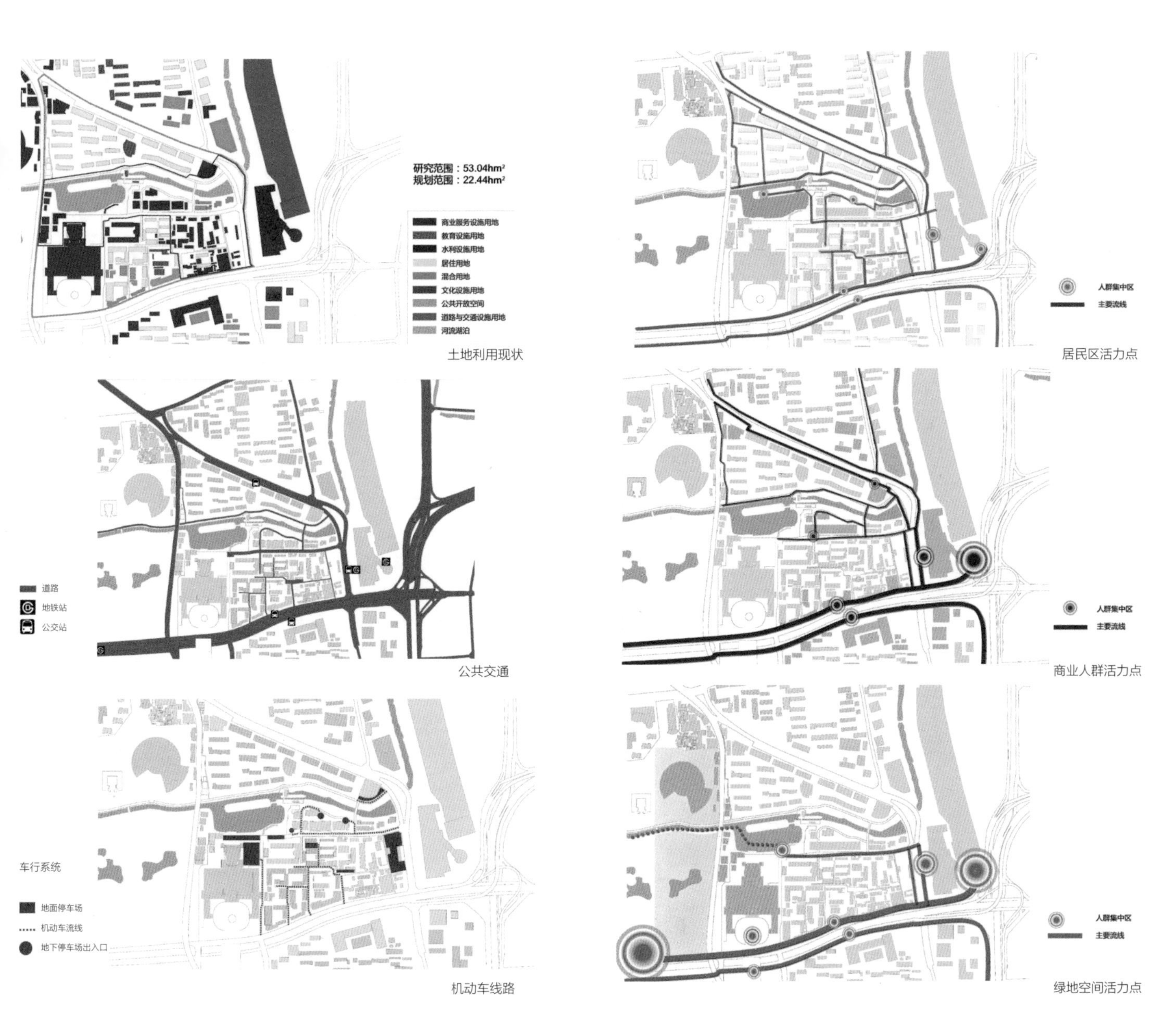

土地利用现状

居民区活力点

公共交通

商业人群活力点

机动车线路

绿地空间活力点

问卷调查
Questionnaire Survey

将规划设计场地分成3个区域，针对场地内的人群，就身份、性别、年龄、职业、来河边的目的、从事什么类型的活动、在公园的游览时间、河岸的不足之处以及游客希望增加的设施进行问卷调查。并根据调查的结果统计评分。最终发现2区域的得分是最高的。

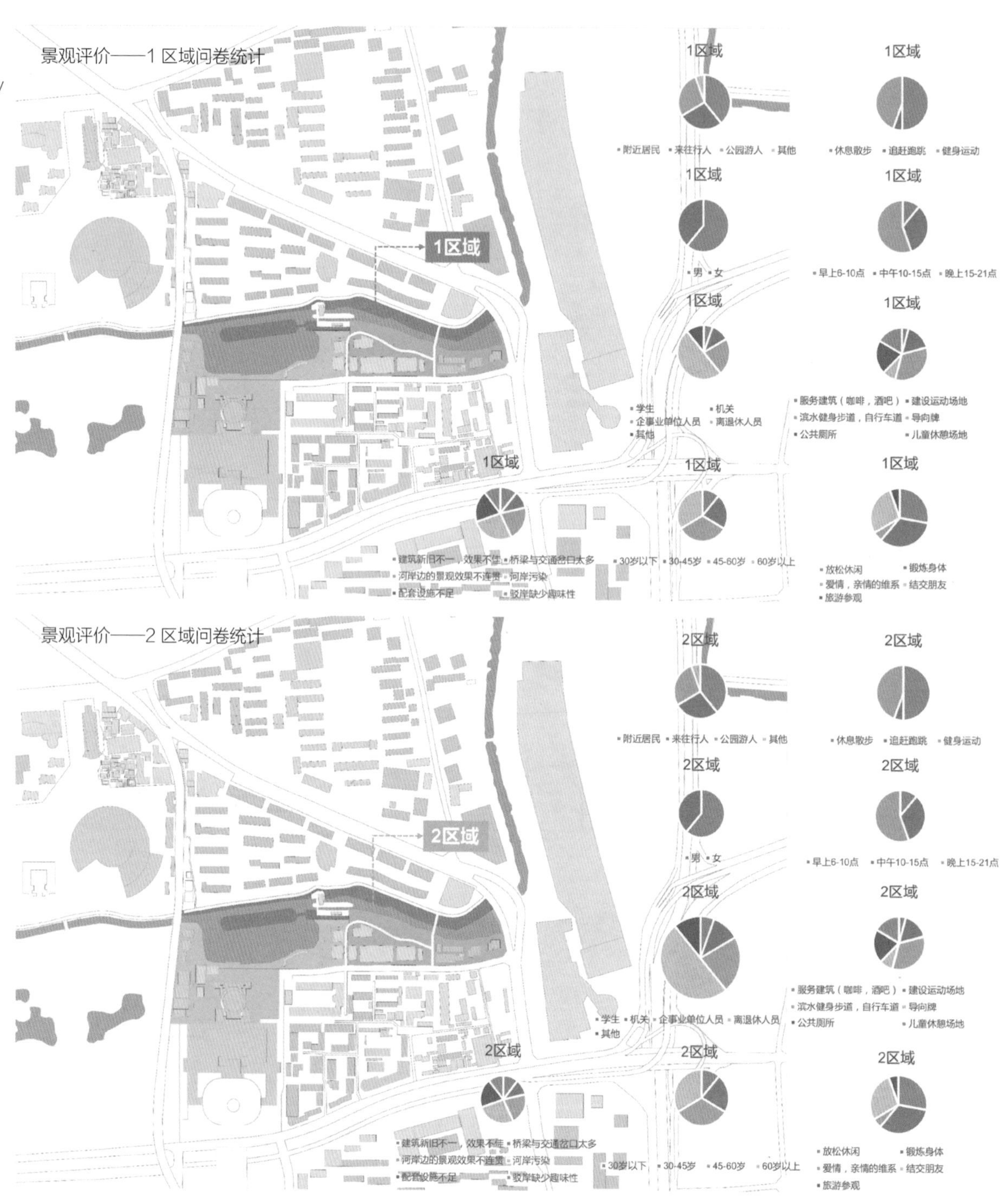

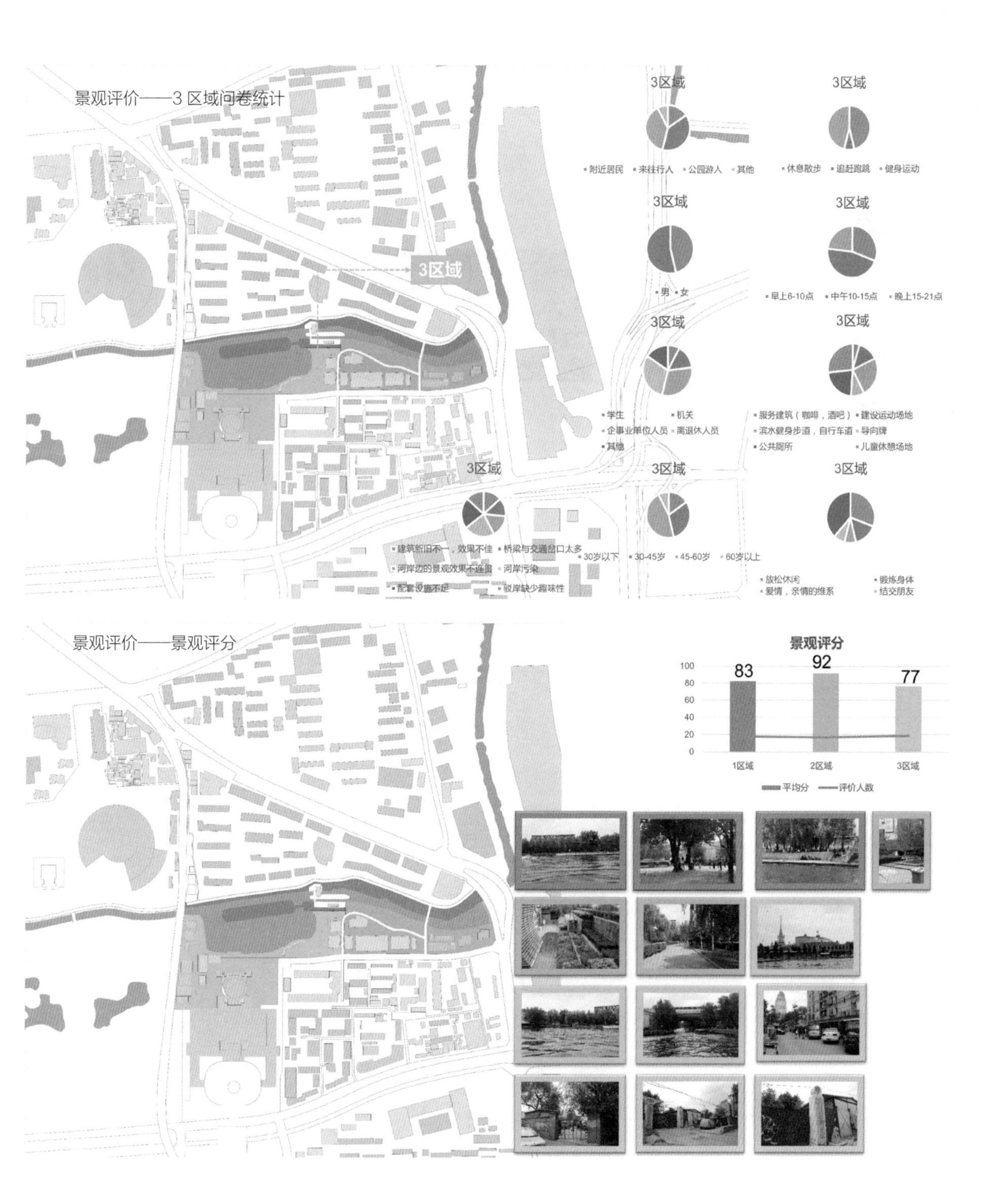
景观评价——3 区域问卷统计
3区域
附近居民
来往行人
公园游人
其他
休息散步
追赶跑跳
健身运动
男
女
早上6-10点
中午10-15点
晚上15-21点
学生
机关
企事业单位人员
离退休人员
其他
服务建筑（咖啡，酒吧）
建设运动场地
滨水健身步道，自行车道
导向牌
公共厕所
儿童休憩场地
建筑新旧不一，效果不佳
桥梁与交通岔口太多
河岸边的景观效果不连贯
河岸污染
配套设施不足
驳岸缺少趣味性
30岁以下
30-45岁
45-60岁
60岁以上
放松休闲
锻炼身体
爱情，亲情的维系
结交朋友
景观评价——景观评分
景观评分
83
92
77
1区域
2区域
3区域
平均分
评价人数

概念生成
Concept Generation

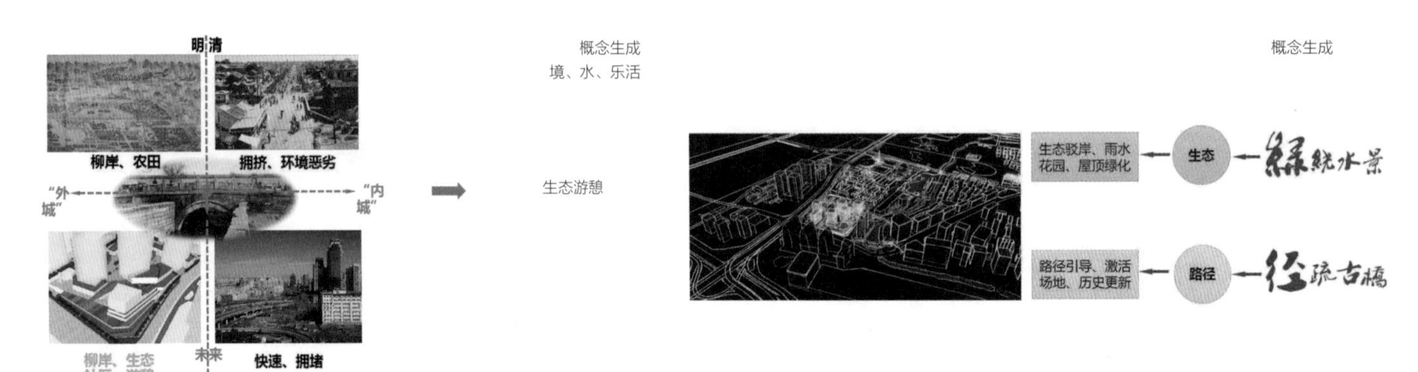

整体规划
Overall Planning

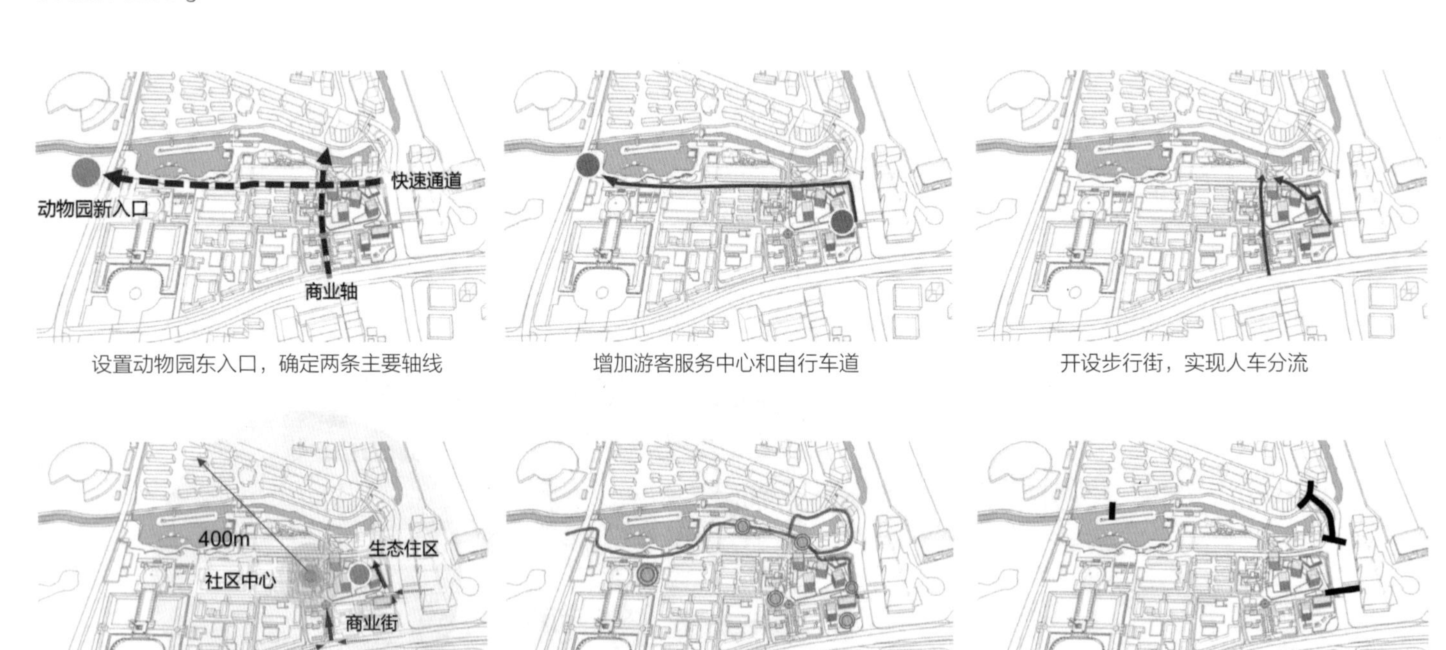

设置动物园东入口，确定两条主要轴线

增加游客服务中心和自行车道

开设步行街，实现人车分流

植入新功能——社区中心、生态住区、商业街

设置新的开放空间联系路径，提供游憩空间

增设过街天桥等通行设施，重点处理高梁桥遗址

整体规划
Overall Planning

总平面图

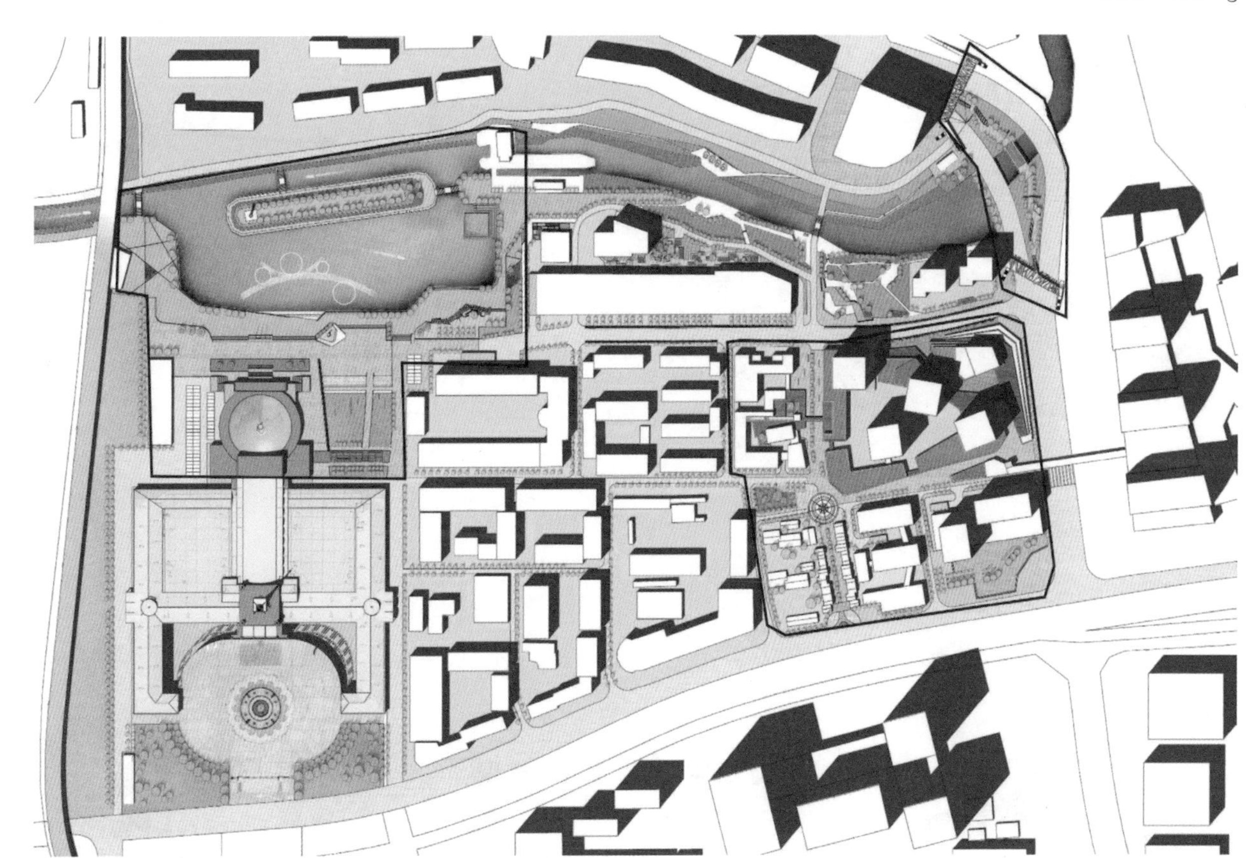

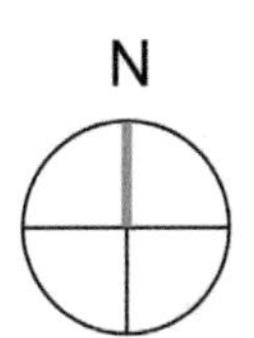

天际线控制

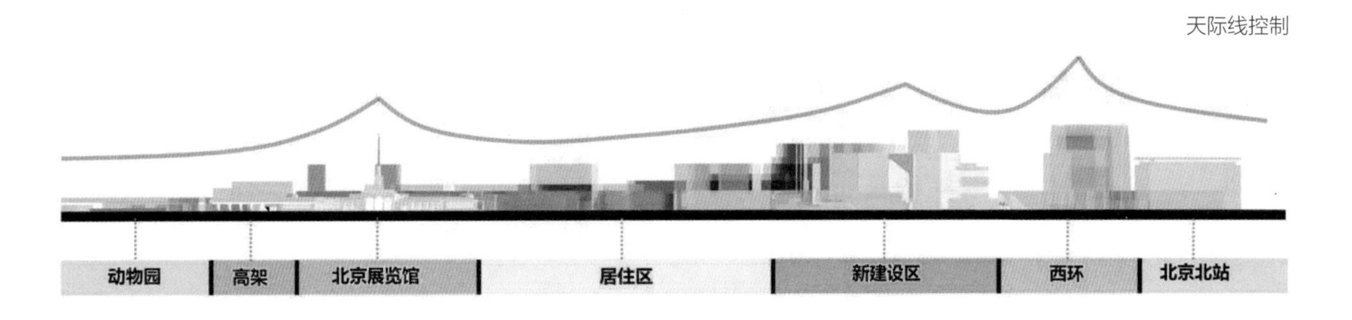

整体规划
Overall Planning

场地结构

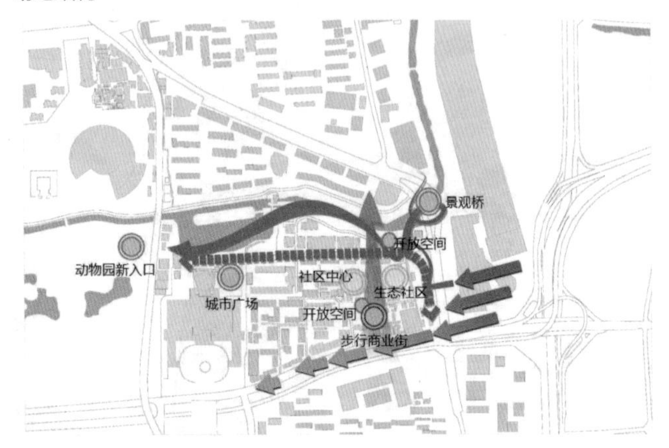

活动策划

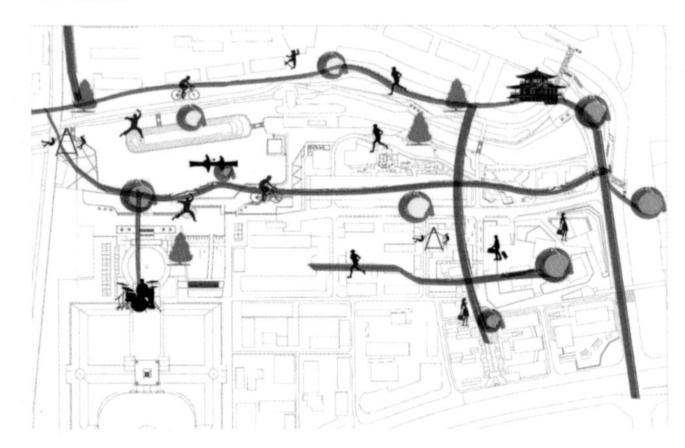

活动策划

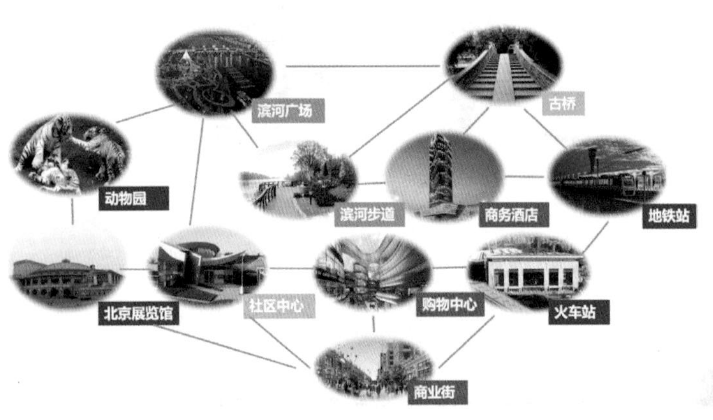

用地调整

	规划面积m²	现状面积m²	增长面积m²
商业服务设施用地	44854	43227	1627
居住用地	103485	43653	59832
教育用地	5103	5103	0
混合用地	7153	3207	3946
文化设施用地	39278	13611	25667
公共广场用地	94497	23608	70889

交通流线系统

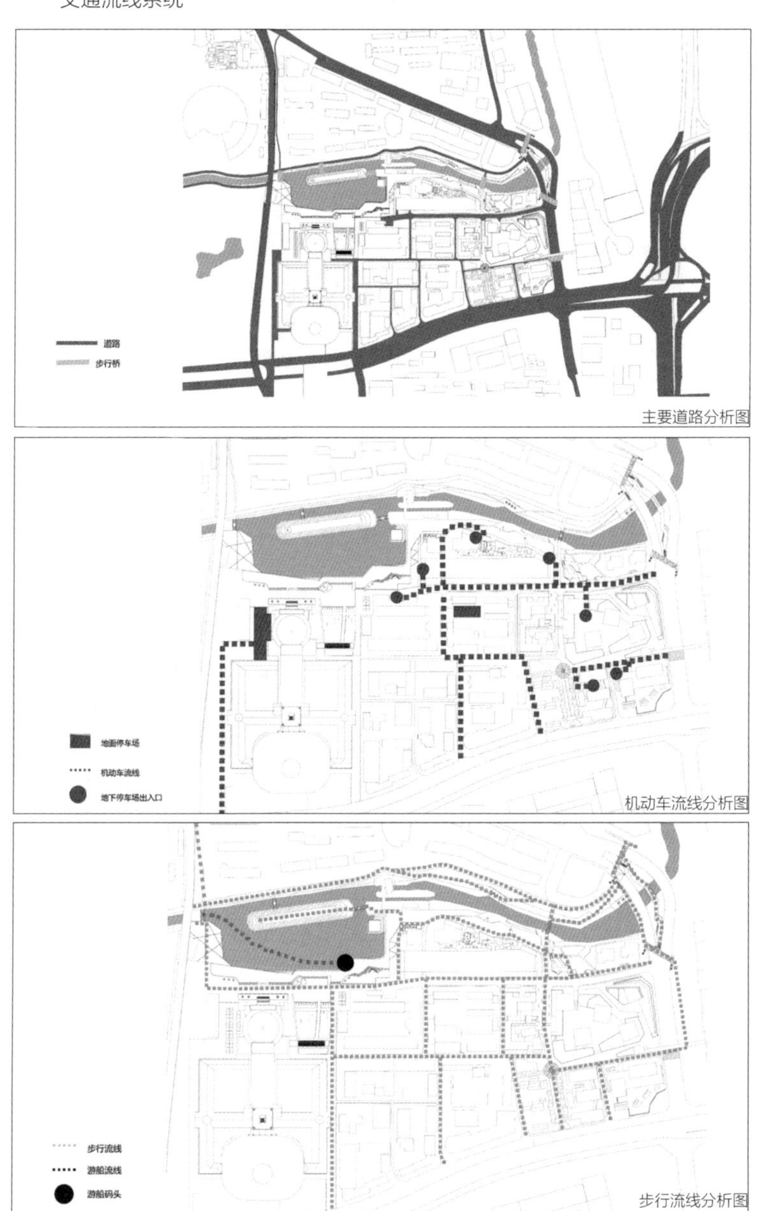

主要道路分析图

机动车流线分析图

步行流线分析图

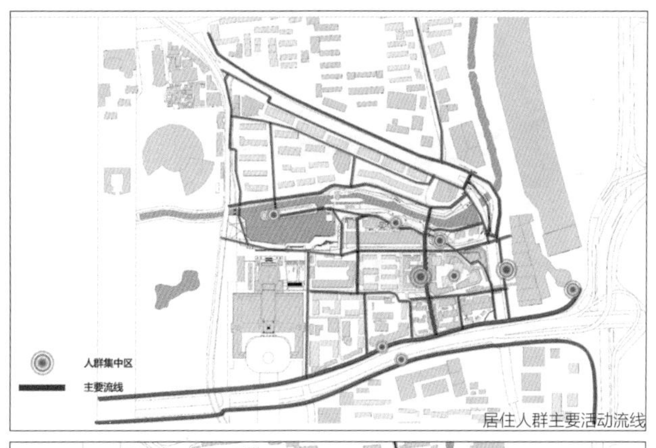

居住人群主要活动流线

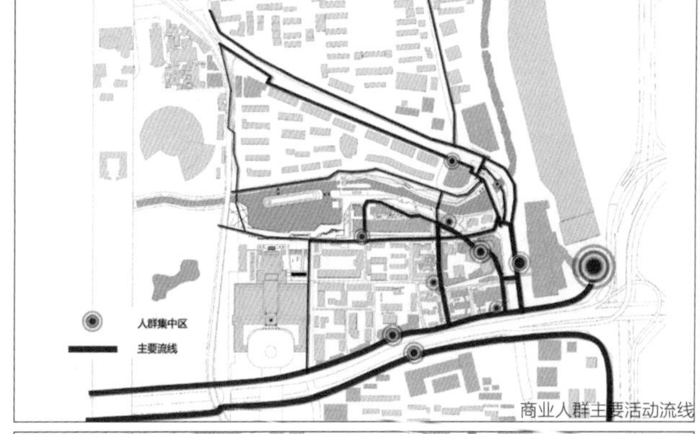

商业人群主要活动流线

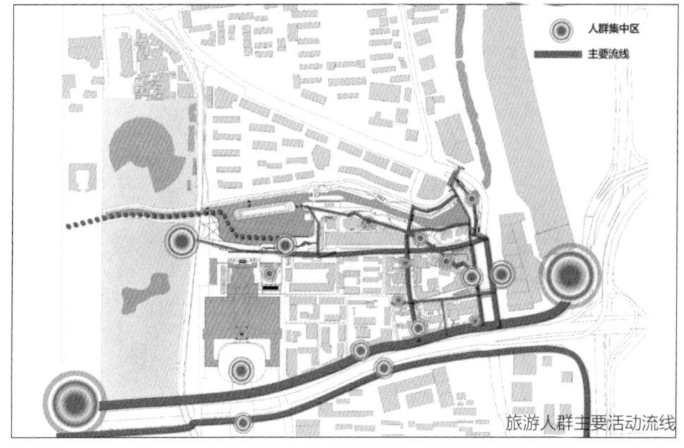

旅游人群主要活动流线

03 专项策略
Special Strategy

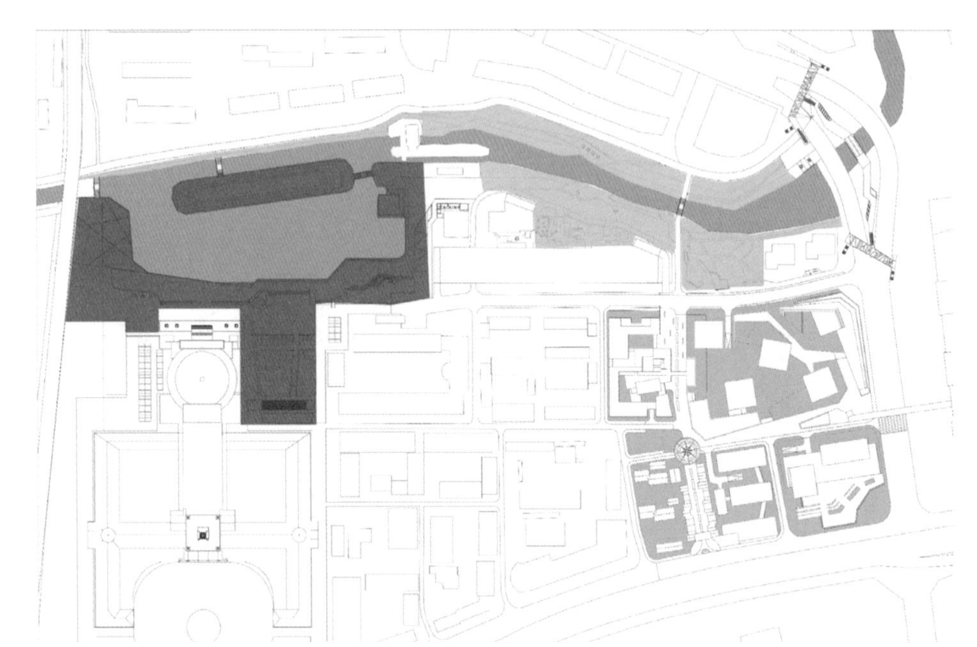

主要乔木

黑枣 丝棉木旱柳 国槐 栾树 银杏 合欢 洋白蜡 枫杨 玉兰 雪松

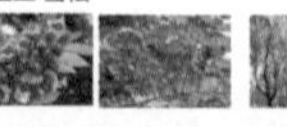

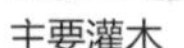

主要灌木

山桃 丁香 紫藤 紫荆 榆叶梅 大叶黄杨 胡颓子山杏 华北珍珠梅 大花溲疏

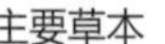

主要草本

鸢尾 萱草 抱茎苦荬菜 二月兰

浅坡入水驳岸剖面　道路剖面

硬质驳岸剖面

节点设计一——北京展览馆北岸

Node Design 1: North Bank of Beijing Exhibition Center

场地平面

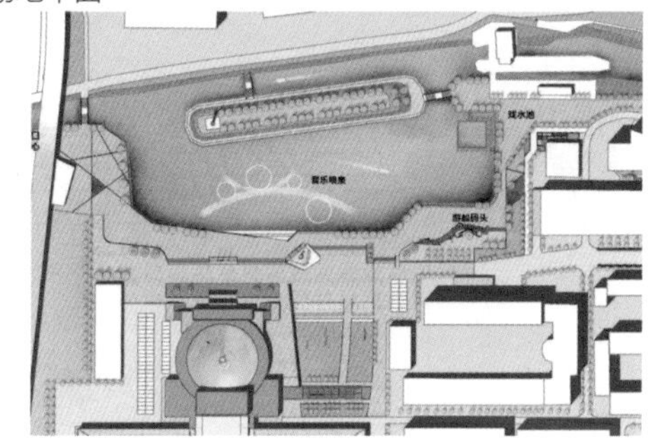

场地结构

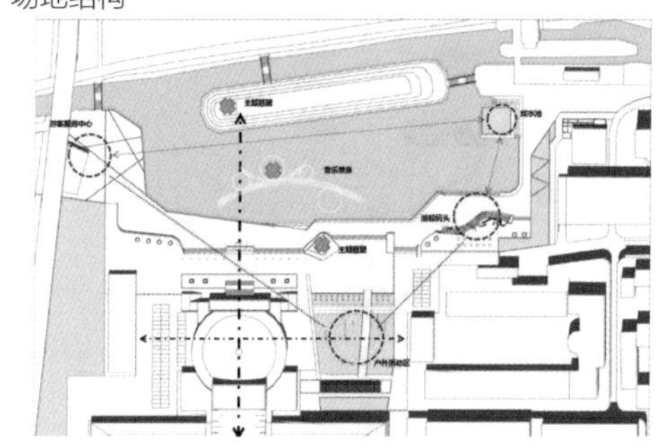

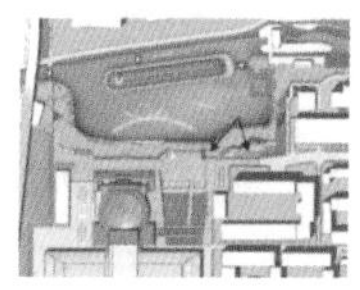

交通流线

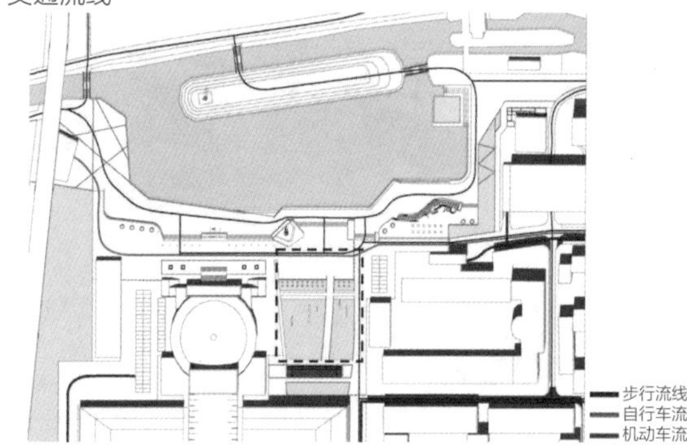

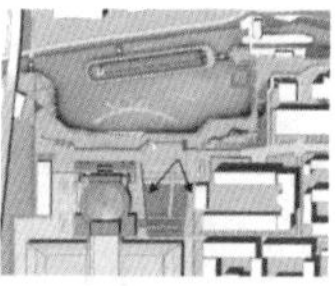

节点设计二——高梁桥修复
Node Design 2: of GaoLiang Bridge Renovation

对高梁桥进行历史调研，再对高梁桥的遗址进行古桥风貌复原工作。通过整合滨水广场、居民区、动物园、商业中心、西环广场、北京展览馆的交通流线，结合高梁桥本身的古迹修复，带动周边的活力，达到境品提升的效果。

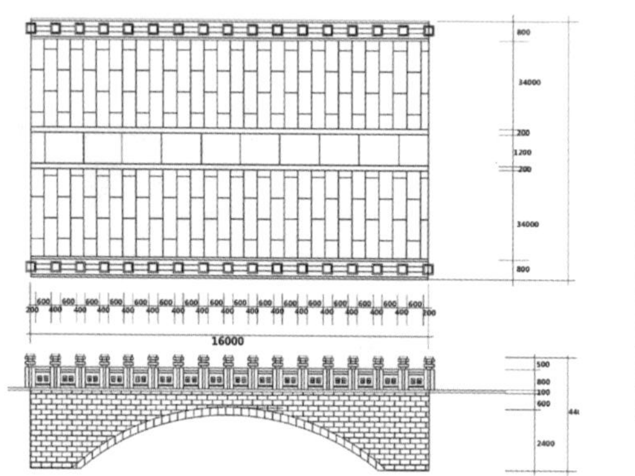

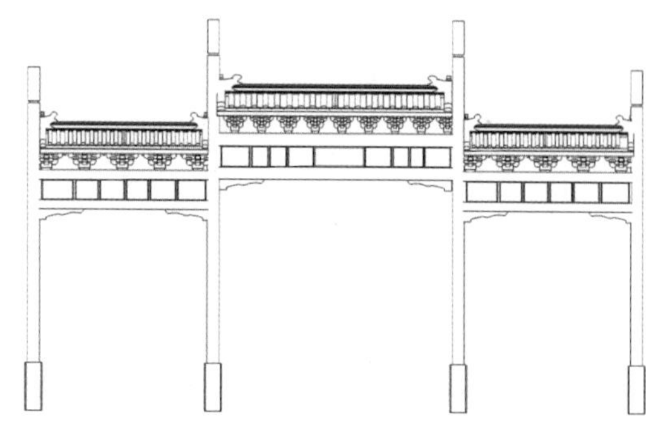

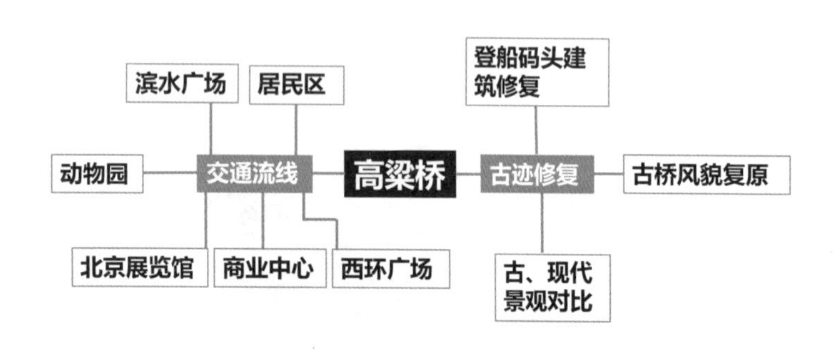

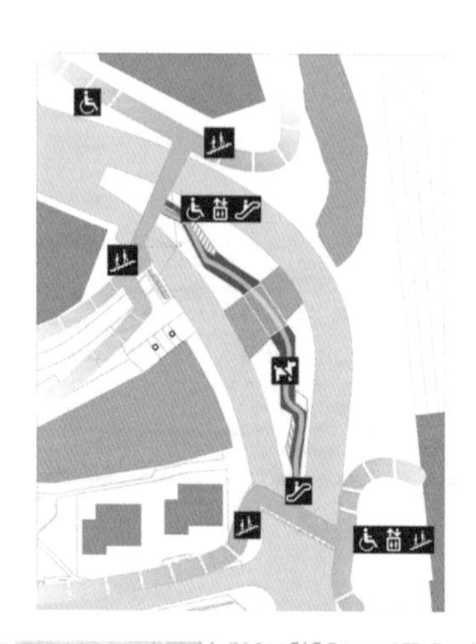
交通分析

节点设计三——新兴东巷社区

Node Design 3: Xinxing Dongxiang Community

根据新兴东巷社区已有的轴线结构，通过交通轴线与景观视线的重新构筑，与其他两个节点产生联系，对社区中心、住区、写字楼、快捷酒店、开放空间、特色商业街、会所等在视线、交通等方面重新整合疏导、组织社区的空间结构，达到激活社区的效果。

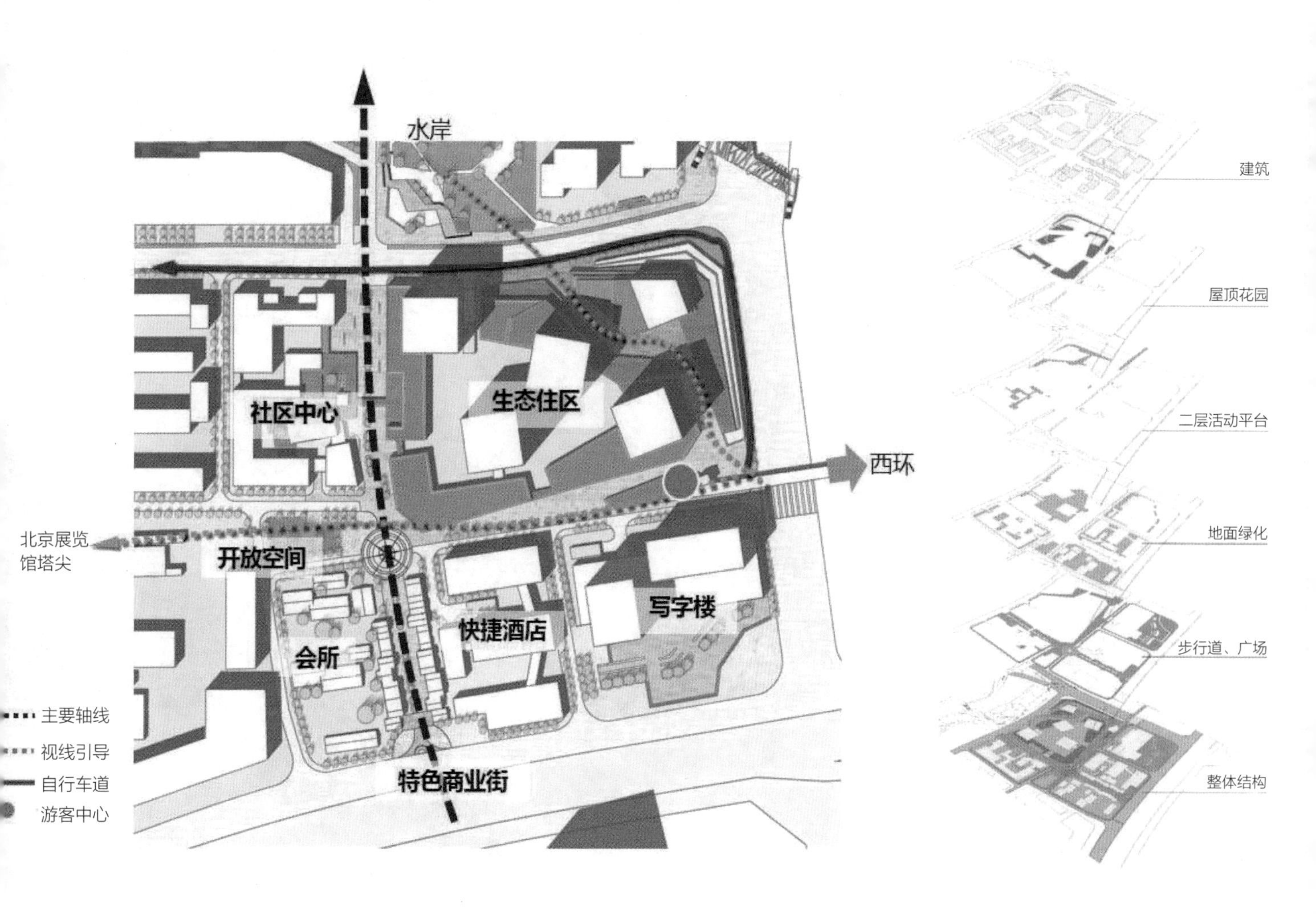

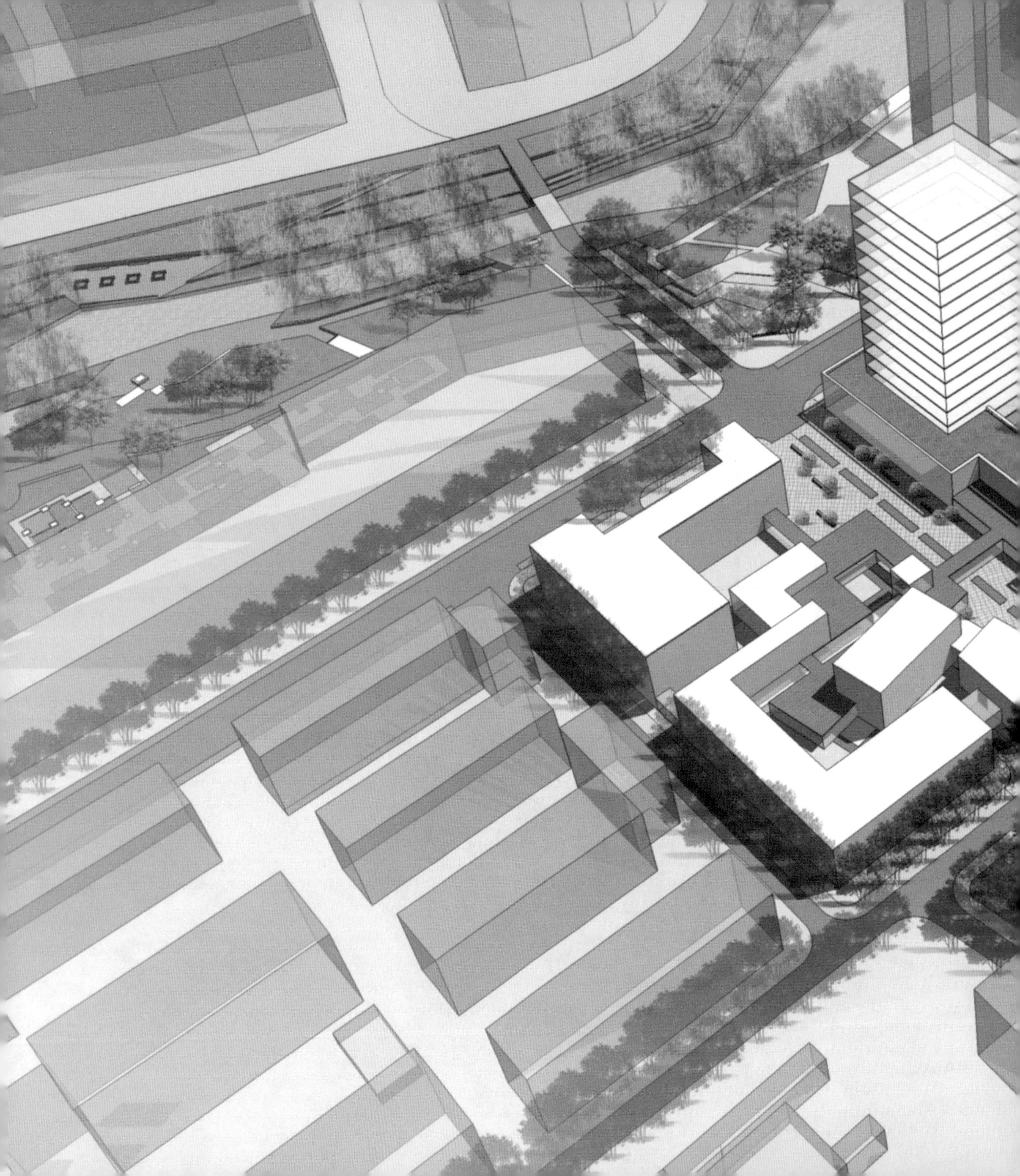

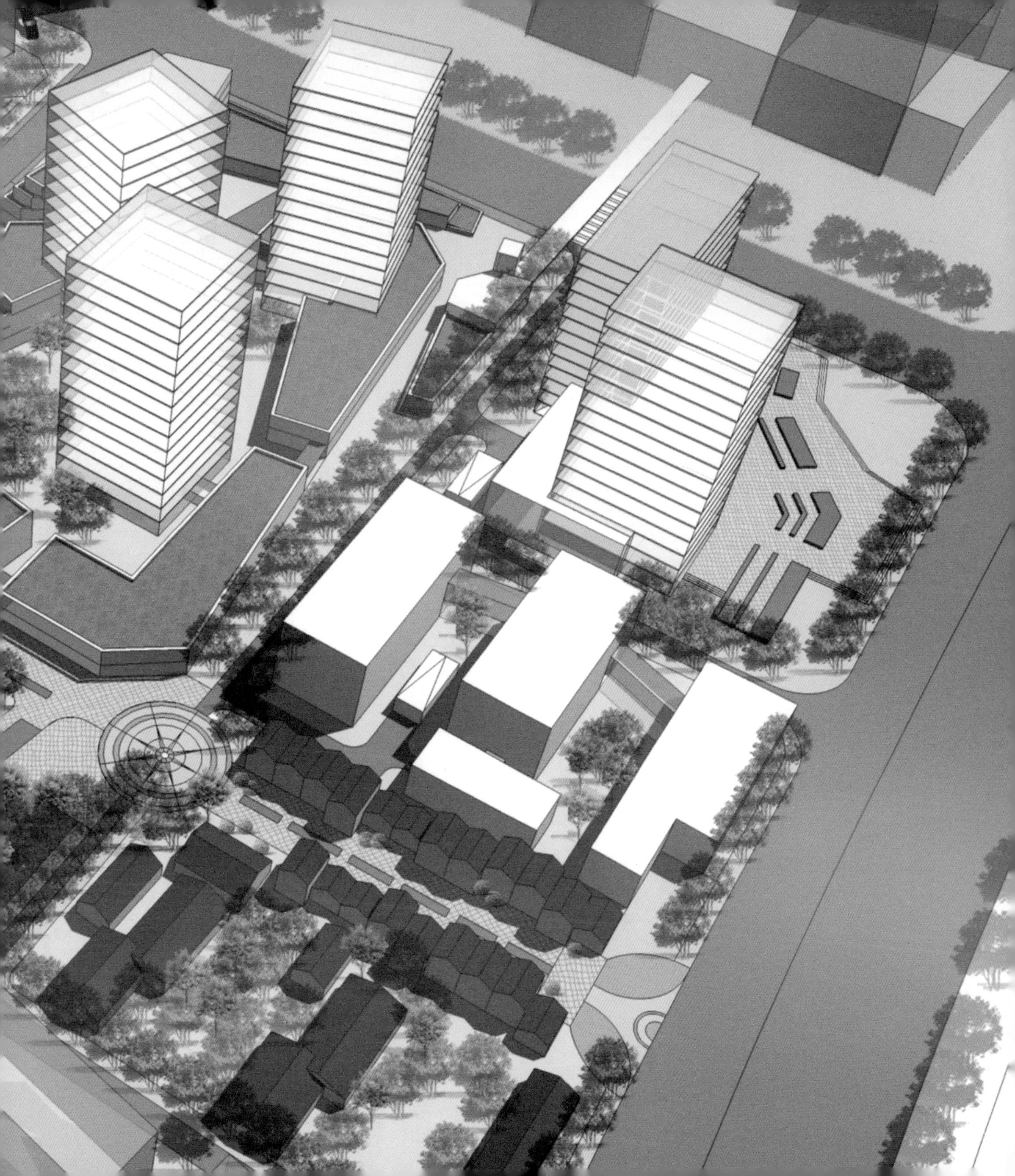

五塔寺，作为长河上一个重要的节点，承载着皇家御河游中重要游憩景点的功能。本组通过对五塔寺宗教景观的研究，重新利用佛教空间观念（五塔象征须弥山五形）与曼荼罗坛城结构（金刚界方五佛）的世界观，重塑景观，梳理周围混乱的交通，并且重新定位周边的功能。基于五塔寺本身鲜明的文化特征，重新营造宗教文化景观。

五塔寺景观区域规划

张　杭
黄　超
王潇云

现状主要问题

Main Problem of Site

研究范围位于京西段东部，南至西外大街、北至气象路、东至中关村南大街、西至动物园路。研究面积约 147hm²，河道长度约 1.5km。

场地主要问题为：用地之间无联系；缺乏开放型公共绿地；滨水空间未利用；五塔寺未得到良好的保护，也未向公众开放。

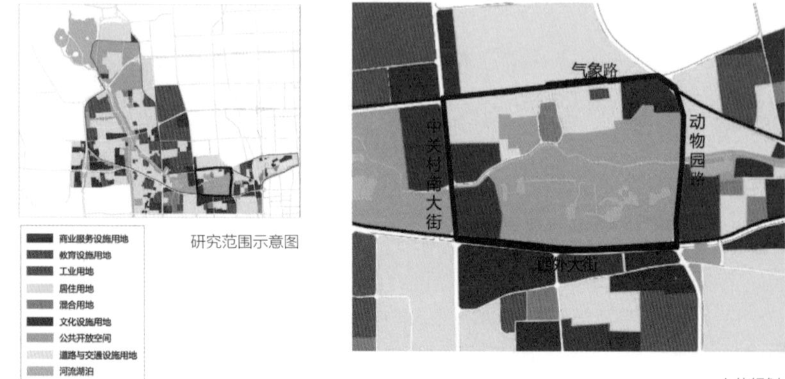

研究范围示意图

上位规划

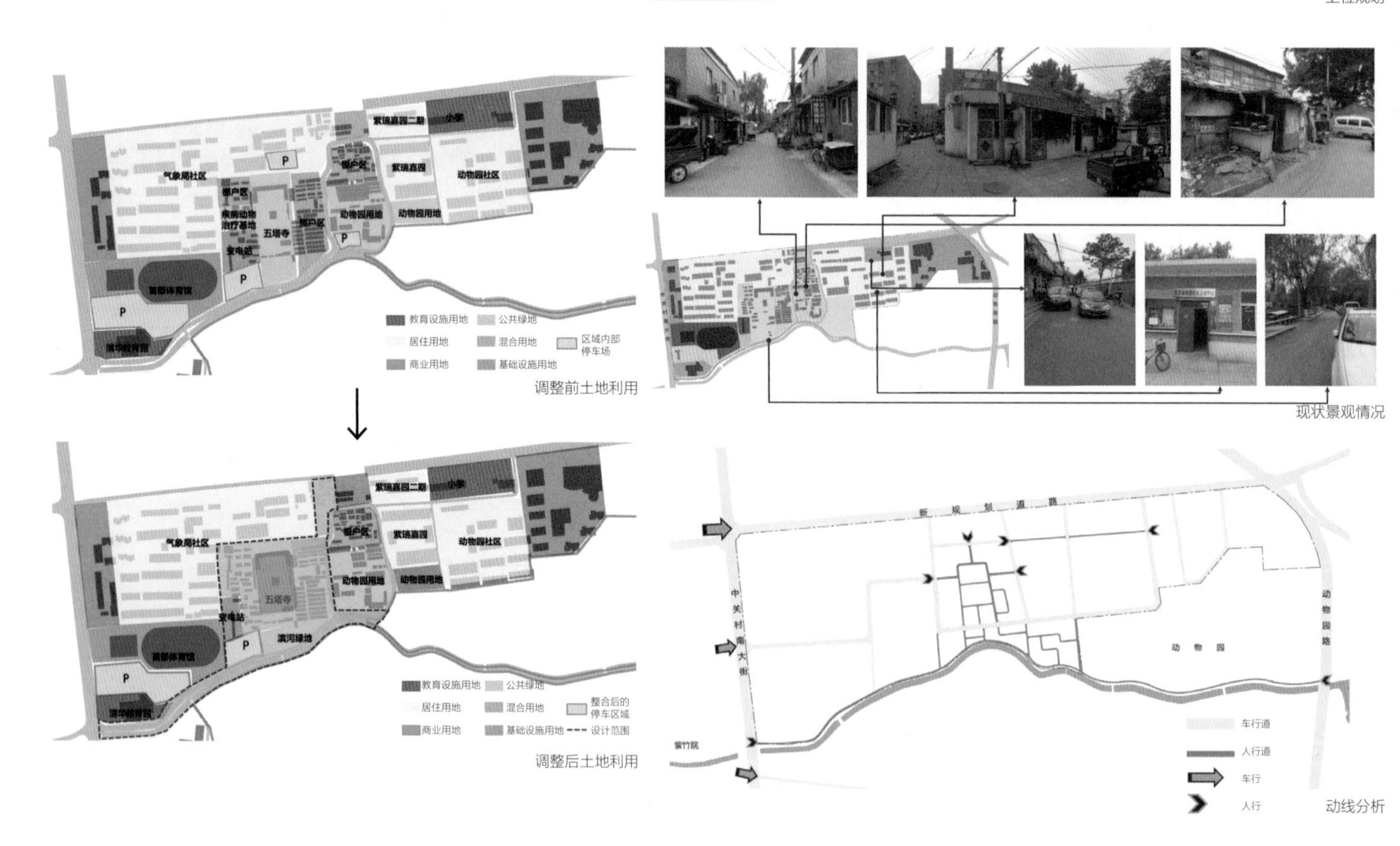

调整前土地利用

调整后土地利用

现状景观情况

动线分析

规划目标分析

Analysis of Planning Goals

长河：历代京城的引水河道，明清时期皇都内唯一的御用河道。水道现开发为皇家御河游。

历史活动：三月踏青、九月赏菊，清代曾有6位皇帝及慈禧太后走过这条水路，具有丰富的历史文化内涵。

水道“四趣”：船趣、桥趣、水趣、景趣。

清高宗弘历诗“八景”：长河泛舟、绣漪画境、龙凤呈祥、景明夕照、西堤观桥、玉峰塔影、长虹引练、云外天香。

通过文化策略、生态策略、河道策略、活动策略和居住区策略，打破用地之间的隔离，发挥景观和人的互动作用，打造区域的活力点，构建绿色通廊活力系统。

景观分区定位：文化旅游区；城市交通体系定位：水上与陆地节点；城市活力体系定位：特色景观活力点；公共旅游体系定位：五塔寺旅游景点。

经整体考虑，最终调整和置换研究范围内用地性质，整合形成滨水公共绿地。确定设计范围面积约11hm^2，包括现状五塔寺区域1hm^2。

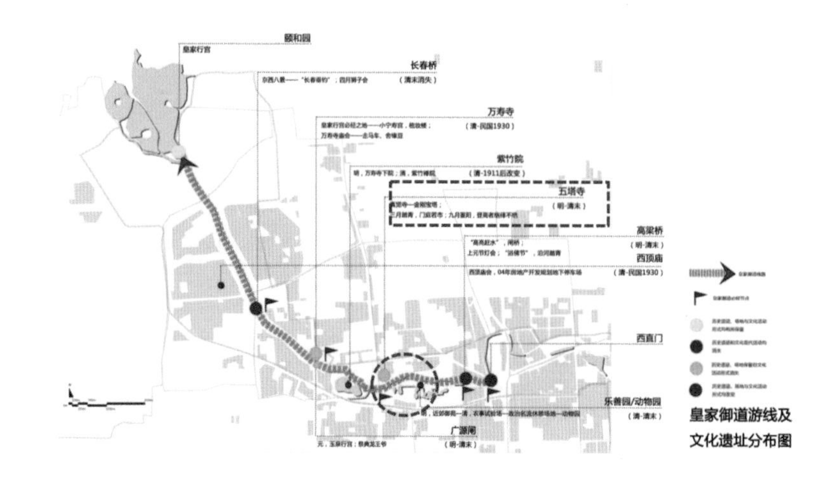

皇家御道游线及文化遗址分布图

优势Strengths	劣势Weakness	机遇Opportunities	挑战Threats
1. 地理位置优势 2. 场地文化丰富 3. 水质相对良好	1. 用地限制，可改造区域较小 2. 交通矛盾突出 3. 河道景观风貌单一 4. 社区活动空间缺少 5. 城中村问题	1. 周边大型公共服务设施（国图、首体、动物园等）带来潜在的区域活力 2. 政府重视，五塔寺保护区周边棚户区正在拆除	1. 历史遗迹周边用地开发强度高 2. 平衡不同用地的活动需求之间，打造统一的景观风貌

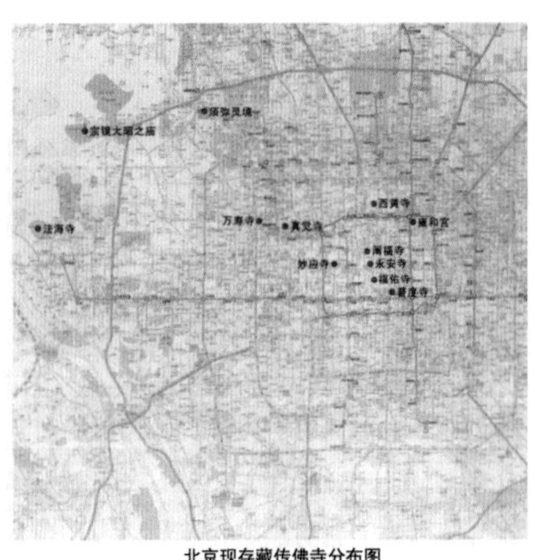
北京现存藏传佛寺分布图

文化策略篇
Cultural Strategy

文化融入策略：长河文化与藏传佛教文化。

（1）长河文化——长河文化景观带

长河文化展示：历史活动复兴（三月踏青、九月赏菊）；新四趣（水、船、人、寺）；新四景（宝塔佛足、古寺石刻、重阳赏菊、长河踏春）。

（2）藏传佛教文化——五塔寺景观区

佛教空间象征（佛教世界四大部洲）：曼荼罗坛城结构、文化象征性活动场所。

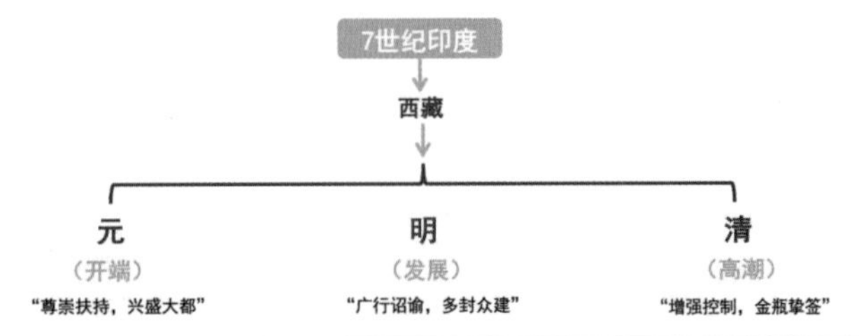

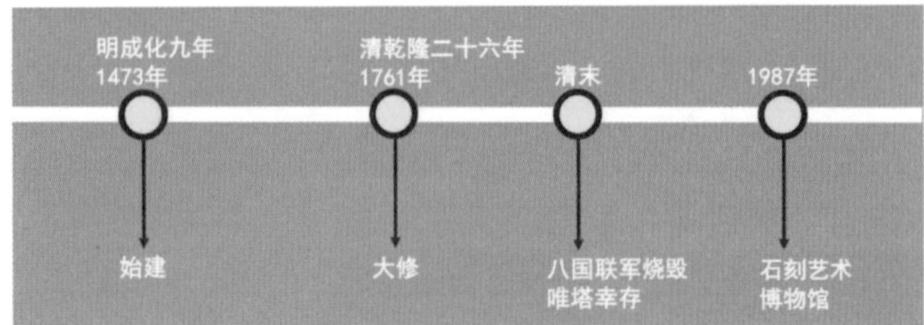

《明宪宗御制真觉寺金刚宝座记略》

永乐初年，有西域番僧曰班智达国师，供金身诸佛之像，金刚宝座之式，由是择地西关外，建立真觉寺，创治金身宝座，弗克易就，于兹有年，胜念善果未完，必欲新之，命工督修殿宇，创金刚宝座，以石为之，基高数丈，上有五佛，分为五塔，其丈尺规矩，中印土之宝座无以异也。成化癸巳年十二月告成立石。

	空间布局类型	空间布局特点
妙应寺	汉藏混合式	伽蓝七堂、曼荼罗
五塔寺	汉藏混合式	金刚宝座塔
北海永安寺	汉藏混合式	曼荼罗
阐福寺	汉传佛教式	伽蓝七堂、立体曼荼罗
西黄寺	汉传佛教式	金刚宝座塔
普度寺	汉藏混合式	伽蓝七堂
雍和宫	汉藏混合式	伽蓝七堂、曼荼罗
福佑寺	藏传佛教式	伽蓝七堂
须弥灵境	汉藏混合式	伽蓝七堂、曼荼罗
法海寺	汉传佛教式	伽蓝七堂
万寿寺	汉传佛教式	伽蓝七堂
宗镜大昭之庙	藏传佛教式	曼荼罗

佛教文化空间布局研究

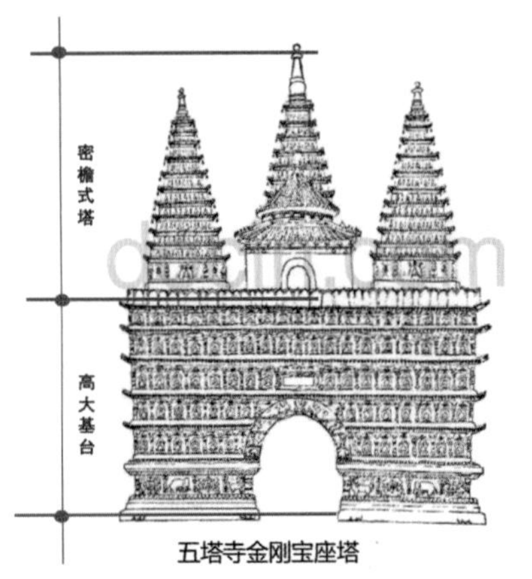

五塔寺金刚宝座塔

印度菩提迦耶金刚宝座塔

空间象征：佛教空间观念（五塔象征须弥山五形）
曼荼罗坛城结构（金刚界方五佛）

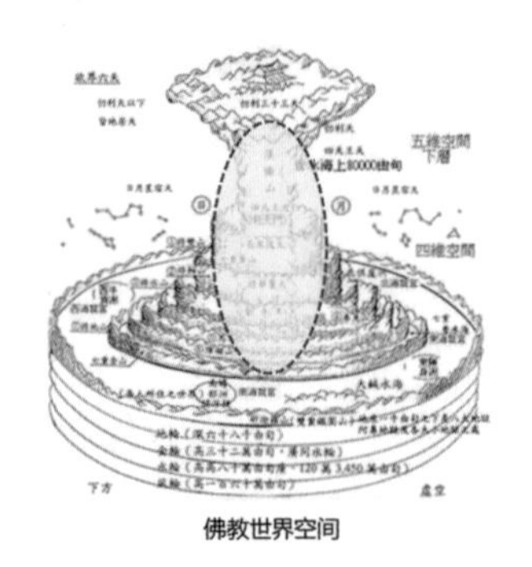

佛教世界空间

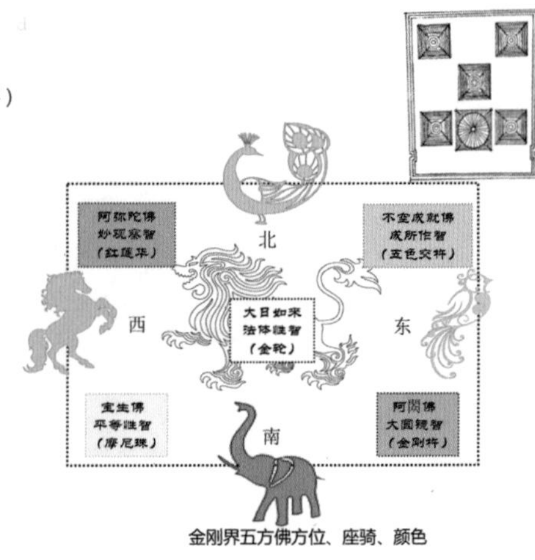

金刚界五方佛方位、座骑、颜色

佛教文化表现手法探索

将五塔寺“曼荼罗”原型投射到佛寺空间中的设计表达：
1. 保留其核心部分，表现主体建筑的主导性和差异性；
2. 结合场地特征，创新结合园林手法（传统为建筑手法）表达其他部分的特征；
3. 将佛寺建筑空间场所精神导入园林空间，同时满足园林空间内功能性活动需求。

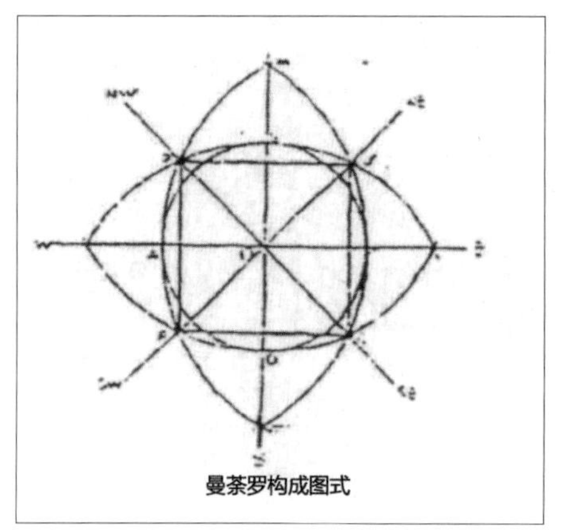
曼荼罗构成图式

典型的藏传佛寺布局的建筑平面，通常是一种十字对称、九宫分隔、方圆相涵、强调中心的布局方式

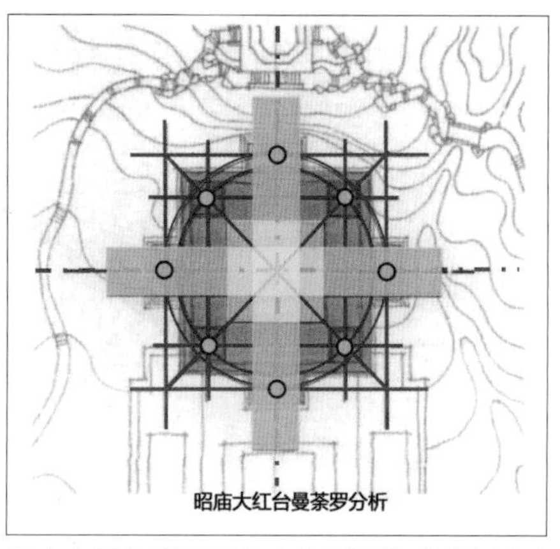
昭庙大红台曼荼罗分析

昭庙大红台所展现出来的平面构成形态是对“曼荼罗”原型的具象模仿

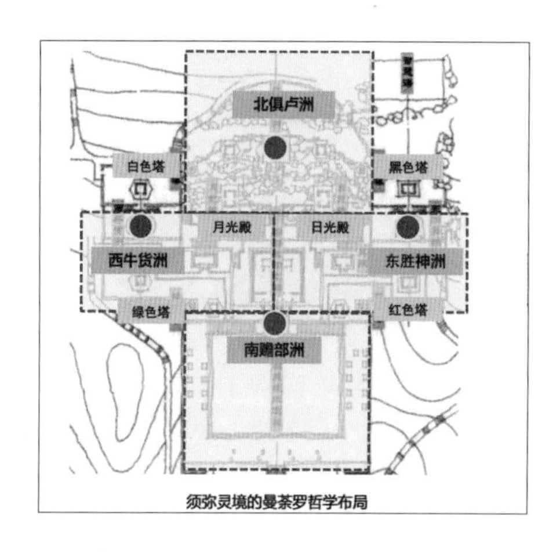

须弥灵境的曼荼罗哲学布局

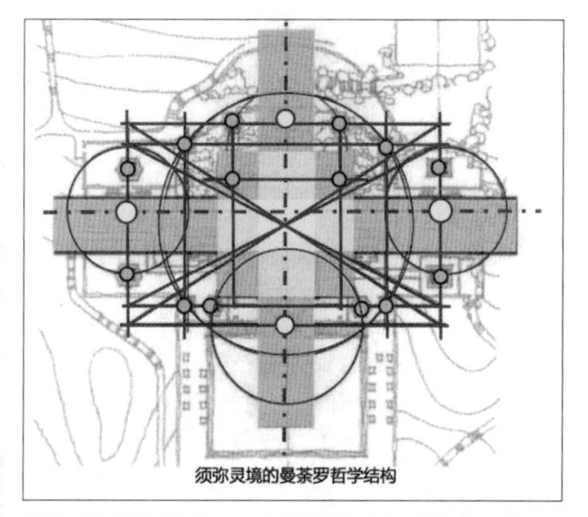
须弥灵境的曼荼罗哲学结构

颐和园须弥灵境——其平面形态“曼荼罗”原型的抽象写仿。总体布局相互穿插、于繁复中显示严谨、于变化中寓有规律，融入汉式布局的特点

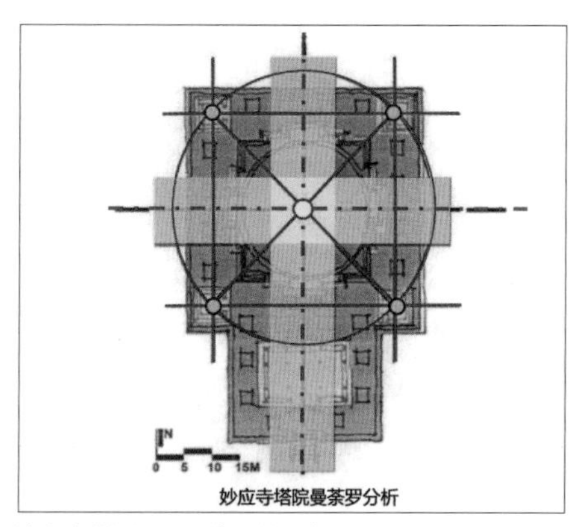
妙应寺塔院曼荼罗分析

妙应寺塔院——“曼荼罗”原型必要的简化处理

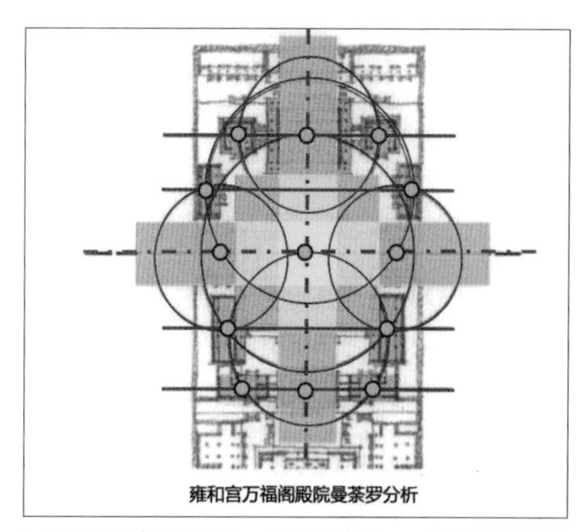
雍和宫万福阁殿院曼荼罗分析

雍和宫万福阁殿院、法轮殿院——平面形态是对“曼荼罗”原型的改旧纳新。保留原型的核心部分，自由发挥其他部分的特征

整体规划设计

Overall Planning and Design

通过分区设计提升长河文化景观带以及五塔寺核心景观区两部分的区域活力。在长河文化景观带层面：重新梳理动物园、首体滑冰馆、气象局社区以及中关村南大街等周边规划道路的交通动线、用地功能。通过对五塔寺佛教文化的研究，结合区域公共设施以及商业建筑分析，重新构筑驳岸、街区、植物等，植入五塔寺的佛教文化景观。

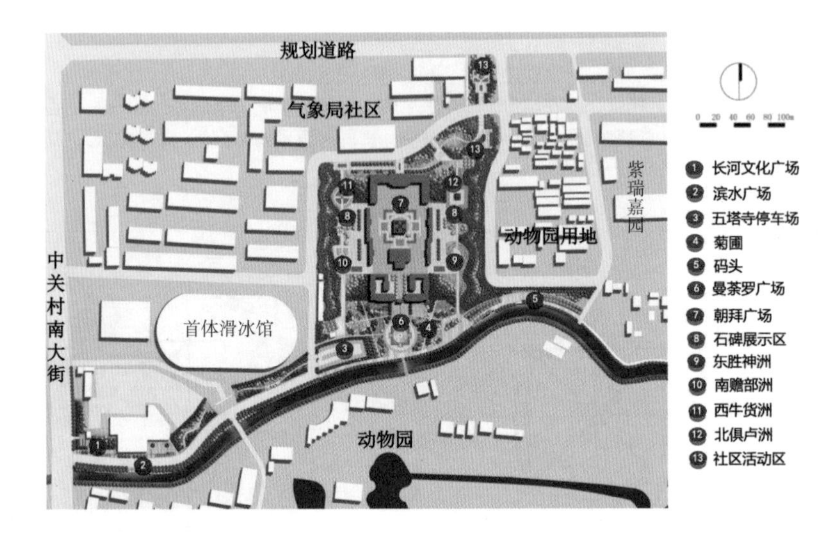

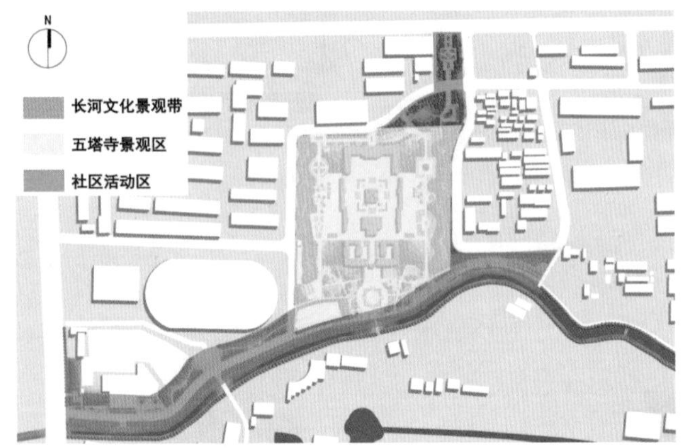

景观分区图

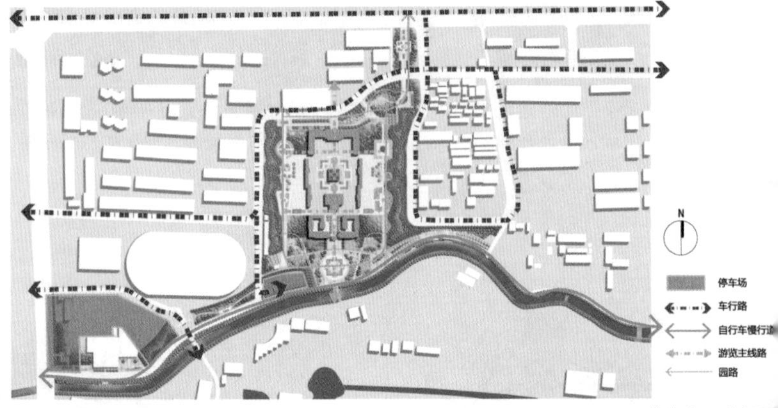

道路交通分析图

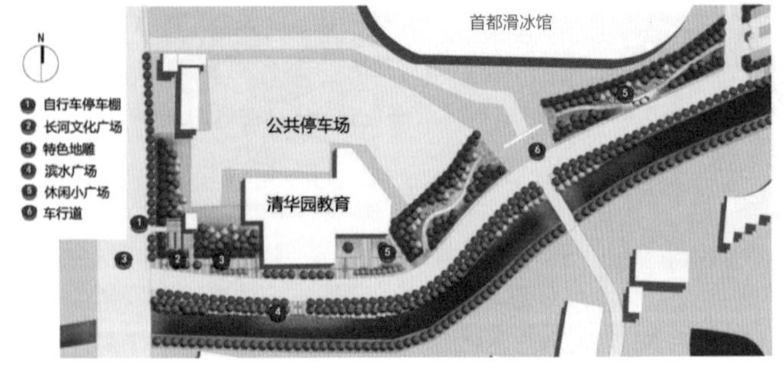

节点平面图

文化广场效果图

长河文化景观带
Changhe Cultural Landscape Belt

该区域结合现状公共设施和商业建筑进行设计，沿河设置导向性广场空间，并融入长河文化元素。

将滨水区域塑造为滨水步行空间，融入三月踏春、九月赏菊等长河历史文化活动。同时加设一处码头，提供本区域游船服务。

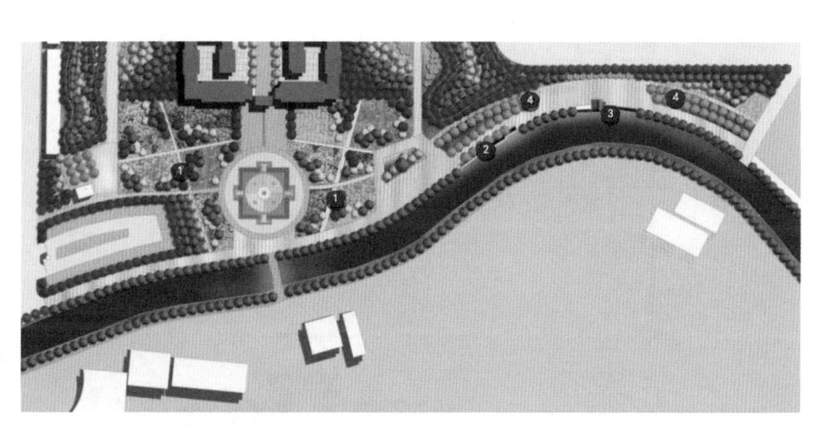

1 菊圃
2 滨水广场
3 码头
4 踏春区

五塔寺核心景观
The Core Landscape of Wuta Temple

五塔寺景观区用地形加密植隔离外部环境，营造纯粹、宁静的内部环境。突出主体建筑金刚宝座塔，运用园林的方式表达“曼荼罗”，并投射佛寺空间的场所精神。

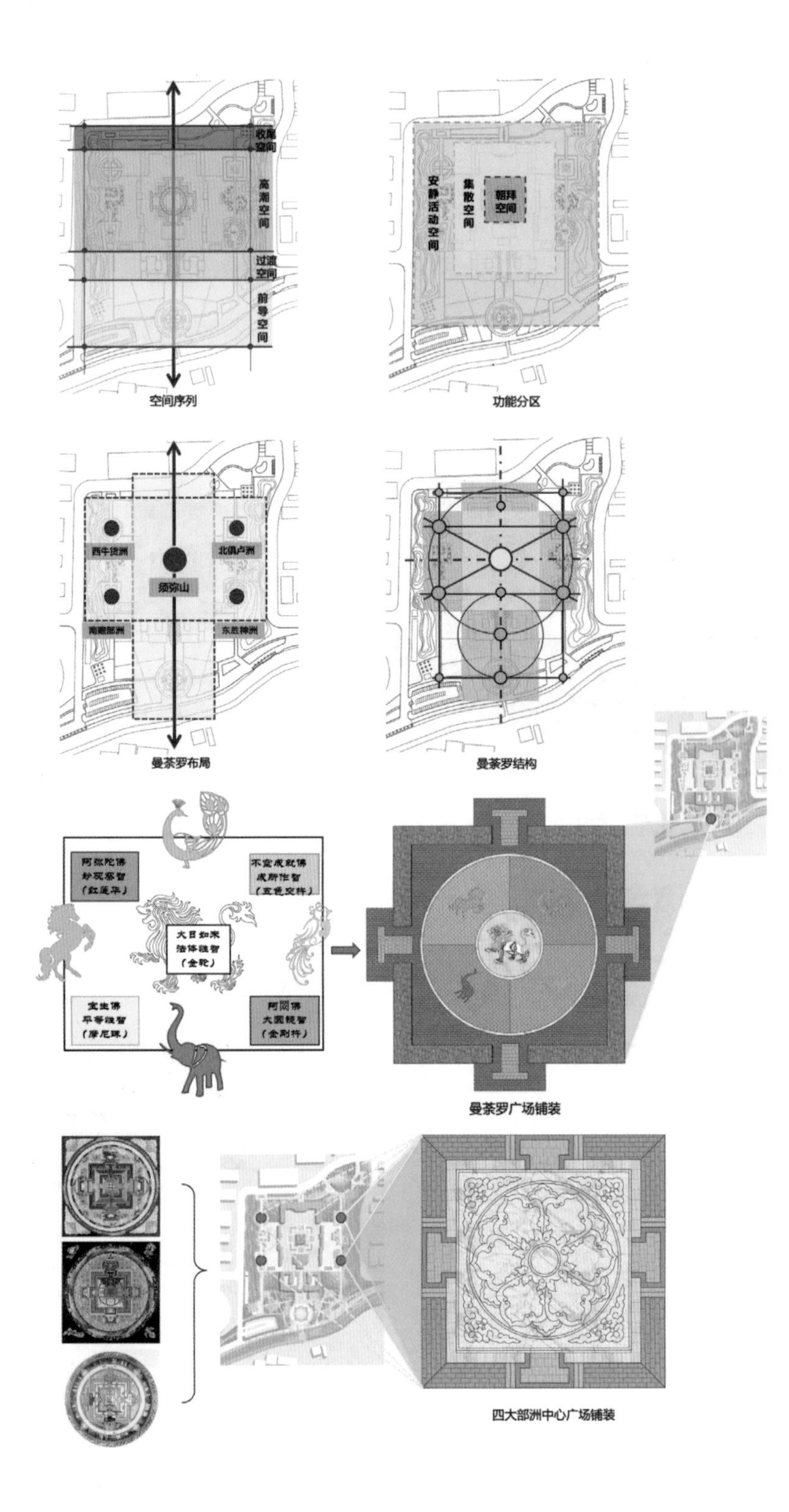

空间序列　功能分区

曼荼罗布局　曼荼罗结构

曼荼罗广场铺装

四大部洲中心广场铺装

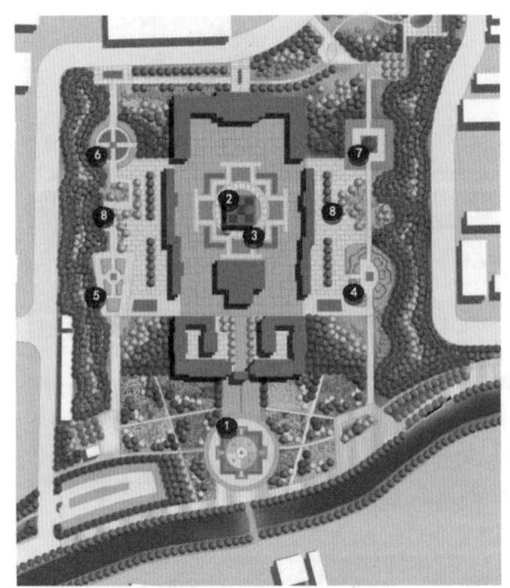

1. 曼荼罗广场
2. 金刚宝座塔
3. 朝拜空间
4. 东胜神洲
5. 南赡部洲
6. 西年货洲
7. 北俱卢洲
8. 石碑展示区

局部效果图

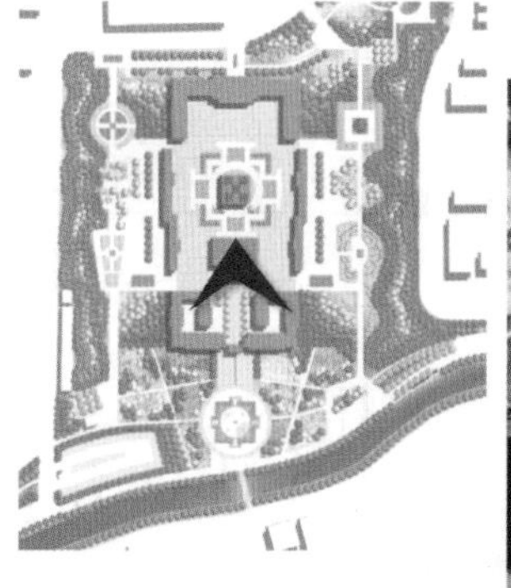

五塔寺朝拜空间效果图

断面设计

Section Design

提供社区活动空间，同时通过线性绿色空间的设计引导社区居民进入五塔寺遗址区和滨水活动区。

长河滨水活动空间分为三种典型断面：亲水台阶生态驳岸、植物生态驳岸、石笼挡墙生态驳岸。

亲水台阶生态驳岸

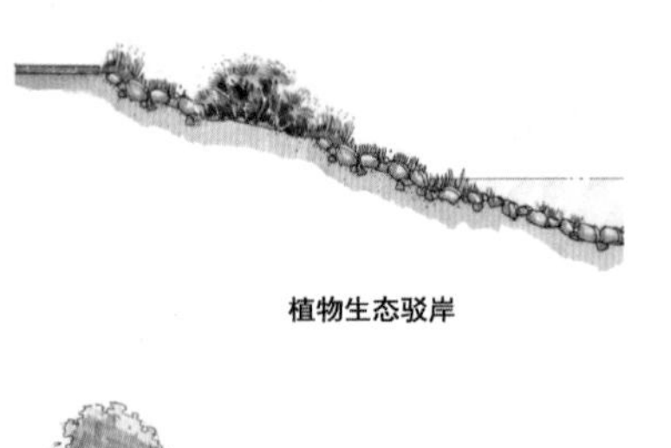

植物生态驳岸

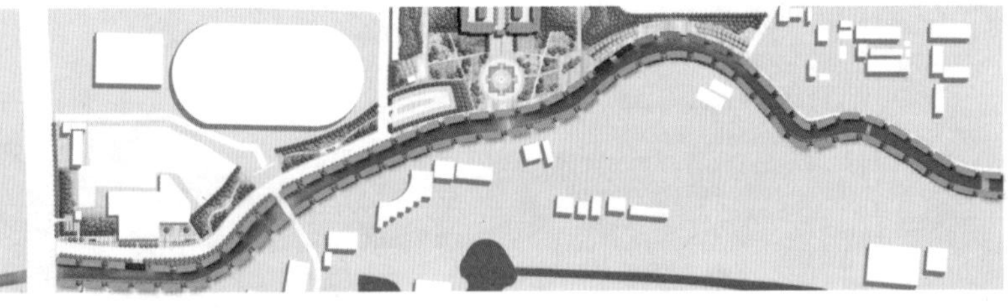

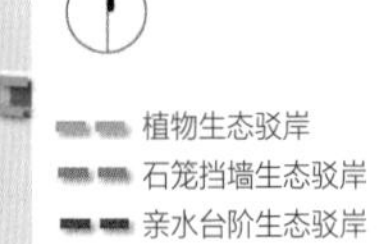

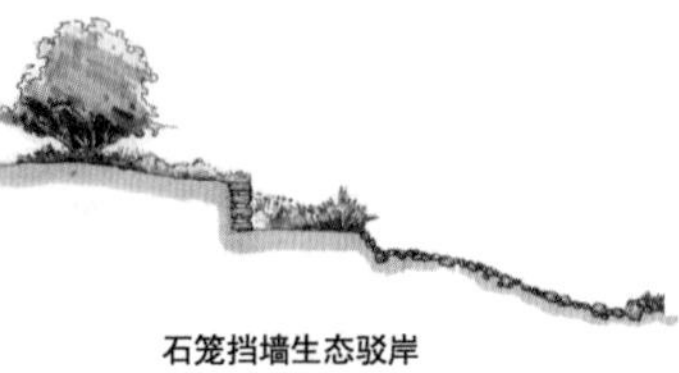

石笼挡墙生态驳岸

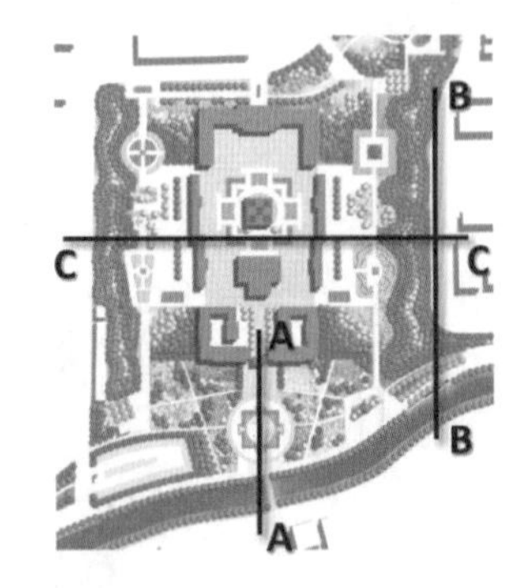

A-A 剖面图

B-B 剖面图

C-C 剖面图

设计剖面

植物规划设计

Planting and Design of Plants

密林隔离区：密林区分场地，并隔离外界空间。植物配置上选用乡土树种中抗性较强的品种，以自然式的植物群落结合地形为主，局部打造寺庙建筑透景线。

主要树种：油松、圆柏、白蜡、国槐、千头椿、栾树、碧桃、紫薇、丁香。

疏林活动区：植物以观赏性较强的乔木和花灌木为主，同时注重林缘线层次搭配，营造开合有致、季相色彩丰富的景观空间。

主要树种：雪松、银杏、白蜡、元宝枫、玉兰、碧桃、榆叶梅、连翘、木槿、丁香、紫荆、珍珠梅、红王子锦带、沙地柏、鸢尾。

佛寺种植区：选用北京寺庙常用园林植物，营造肃穆、宁静的空间。植物选择上以常绿、长寿树种为主。

主要树种：圆柏、白皮松、油松、刺槐、银杏、玉兰、海棠。

主题种植区：打造三月踏春、九月赏菊景观空间，以春景和秋景为植物主题。

主要树种：玉兰、七叶树、碧桃、榆叶梅、连翘、紫荆、丁香（春）、白蜡、银杏、元宝枫、黄栌、柿树、观赏菊类（秋）。

广场种植区：空间相对较开敞，因此种植配置主要以规则式为主，主要通过乔木结合绿篱花卉色带形成开放性的景观空间。

主要树种：银杏、栾树、法桐、元宝枫、紫叶李、西府海棠、大叶黄杨、金叶女贞、紫叶小檗、鸢尾、萱草、玉簪。

滨水种植区：为充分满足市民亲水性的游览需求，种植以耐水湿乔木为主，局部配以花灌木。

主要树种：馒头柳、垂柳、金银木、碧桃、丁香。

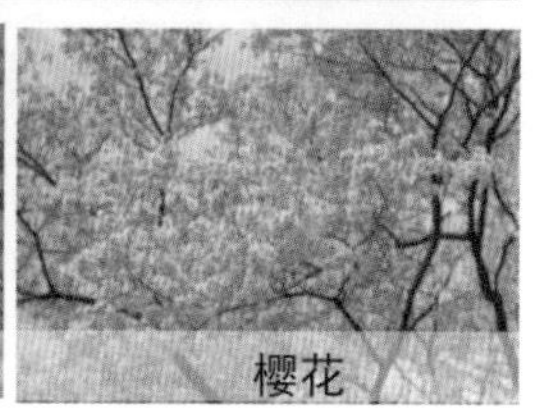

植物规划意向图

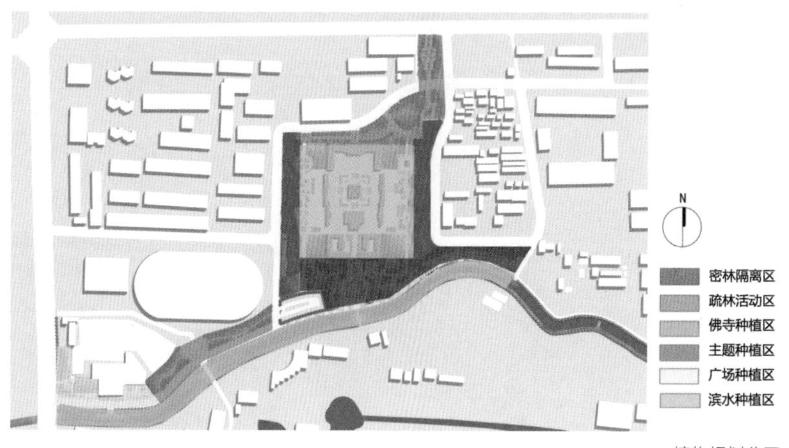

植物规划分区

什刹海地区在历史上的功能定位，从元代的漕运枢纽、商贸中心、城市中心，到明代的官宦居住、公共园林，再到清代的市井里坊、商业闹市、公共园林，最终演变为当代北京著名的城市游憩地、开放水域、旧城风貌代表性区域。

800 年的悠久历史给什刹海地区带来了丰厚的文化积累。通过对中轴线两侧空间的整合，优化滨水活动空间，强化水系与中轴线联系的手段，实现水系与中轴线的共同提升。

碧水联芯

曹 木
王笑时
李雪飞

区位背景分析

Location Background Analysis

800 年的悠久历史给什刹海地区带来了丰厚的文化积累，形成了如今什刹海地区传统街巷的城市肌理，为研究北京民俗和传统建筑提供了丰厚的物质材料，也是北京胡同文化发育的温床。

历史变迁

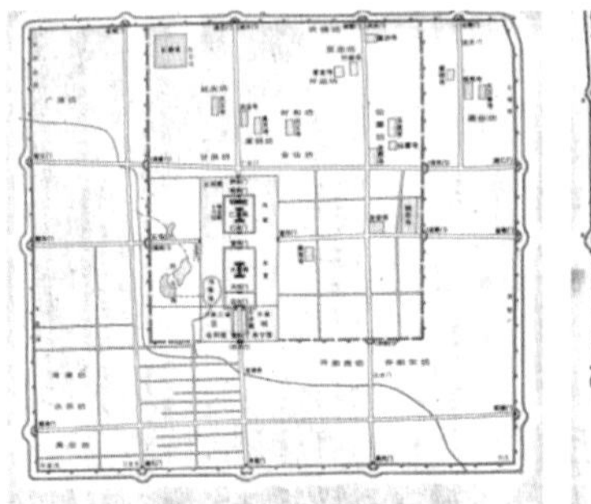

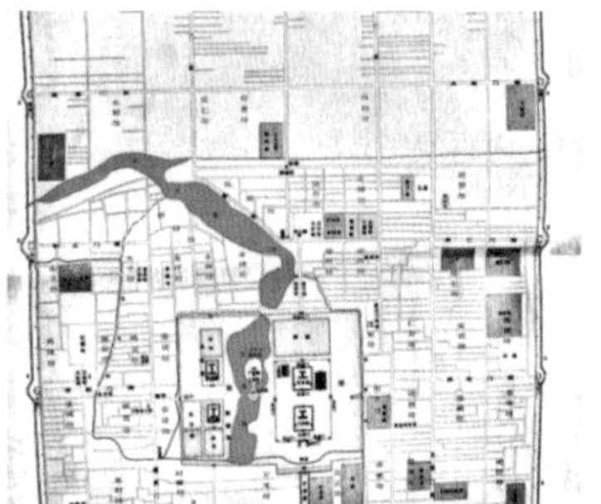

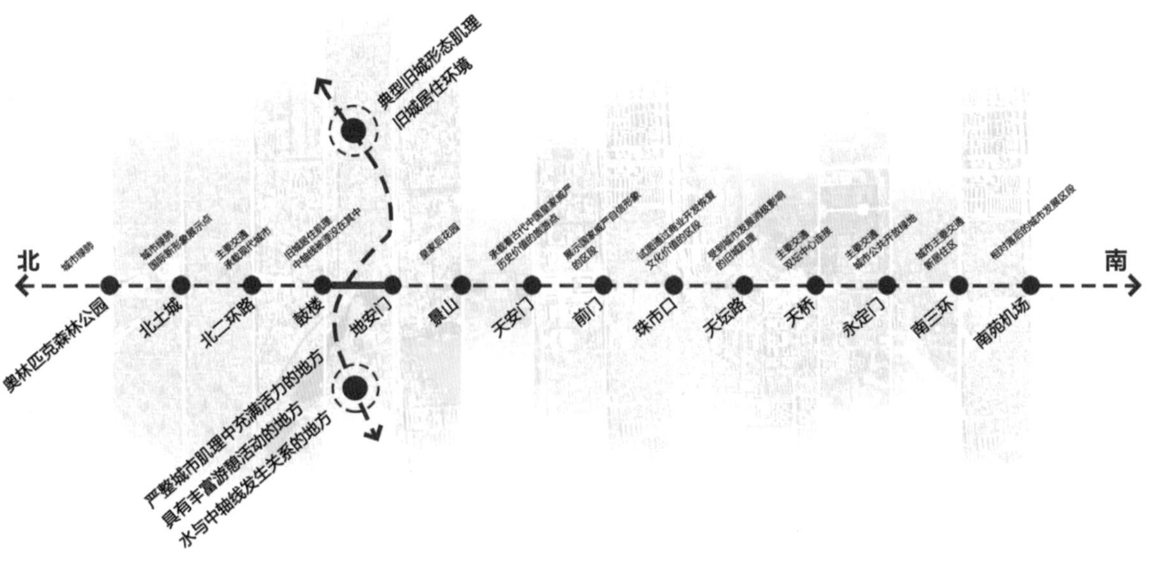

现状肌理

场地中的商业建筑、文化教育用地以及一些居民加建破坏了旧城肌理的整体性。

场地中存在大量待建空地，破坏了旧城肌理的连续性。

元大都遗址公园

周边功能：居住为主
相交方式：立交穿过
水系现状：硬质驳岸 + 绿化

北护城河

周边功能：居住为主
相交方式：立交穿过
水系现状：硬质驳岸

前三门

周边功能：居住 + 商业
相交方式：–
水系现状：地下暗渠

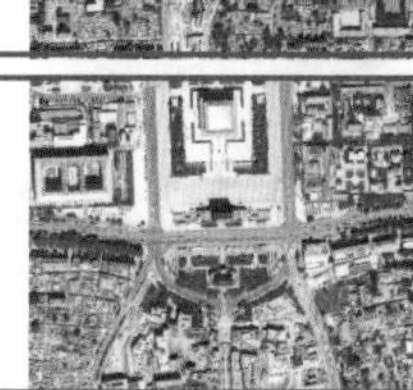

南护城河

周边功能：绿地 + 居住
相交方式：立交穿过
水系现状：硬质驳岸

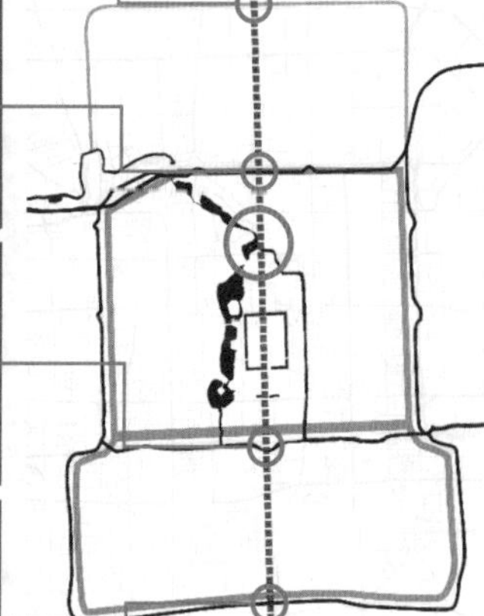

视觉景观

中轴乔木种植不对称、建筑退线不统一等因素，削弱了轴线空间的可识别性。

部分市政设施干扰轴线空间，部分超高建筑影响旧城视觉景观。

在众多中轴线与水系的交点中，只有什刹海地区水系与中轴线形成相切的紧密关系，且水面开阔。

历史上，什刹海地区也是公共文化活动十分活跃的地区，有深厚的历史文化积淀。

目前，什刹海地区在交通、文化传承、旧城保护、公共活动、景观风貌、商业模式等方面存在一定问题。

现状分析

Current Situation Analysis

用地现状

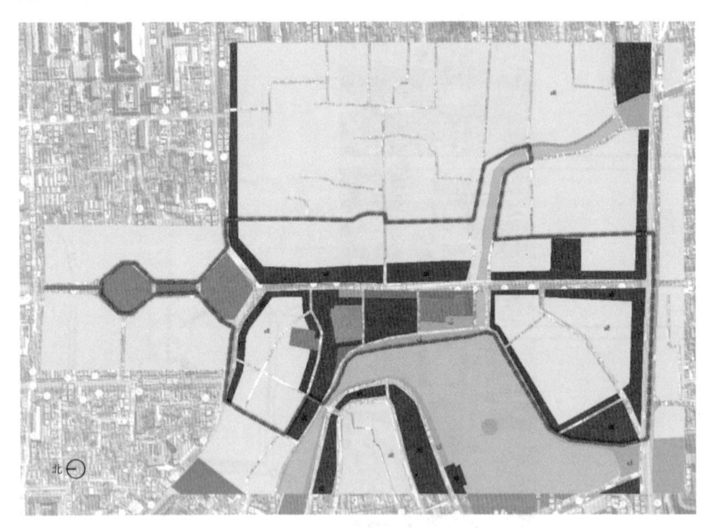

<table>
<tr><th colspan="2">用地名称</th><th>标号</th><th colspan="2">现状用地(hm²)</th><th colspan="2">百分比(%)</th></tr>
<tr><td colspan="2">教育科研用地</td><td>A3</td><td colspan="2">0.64</td><td colspan="2">1.41</td></tr>
<tr><td colspan="2">文物古迹用地</td><td>A7</td><td colspan="2">3.12</td><td colspan="2">6.88</td></tr>
<tr><td colspan="2">商业设施用地</td><td>B1</td><td colspan="2">11.83</td><td colspan="2">26.10</td></tr>
<tr><td colspan="2">一类居住用地</td><td>R1</td><td colspan="2">0.00</td><td colspan="2">0.00</td></tr>
<tr><td colspan="2">二类居住用地</td><td>R2</td><td colspan="2">19.71</td><td colspan="2">43.48</td></tr>
<tr><td rowspan="2">公园绿地</td><td>绿地</td><td rowspan="2">G1</td><td rowspan="2">2.05</td><td>1.06</td><td rowspan="2">4.52</td><td>2.34</td></tr>
<tr><td>水面</td><td>0.99</td><td>2.18</td></tr>
<tr><td colspan="2">广场绿地</td><td>G3</td><td colspan="2">0.84</td><td colspan="2">1.85</td></tr>
<tr><td colspan="2">交通用地</td><td>S</td><td colspan="2">7.14</td><td colspan="2">15.75</td></tr>
<tr><td colspan="2">总计</td><td>-</td><td colspan="2">45.33</td><td colspan="2">100.00</td></tr>
</table>

交通现状

现状道路等级图

水岸沿线人车混行，导致游线混乱，交通受阻。

地安门外大街人行道窄，行人随意穿行，游览高峰期通行能力无法满足需求。

另外，人车混行降低了游人对于中轴线的识别性。同时停车混乱，又挤占了滨水空间。

文化现状

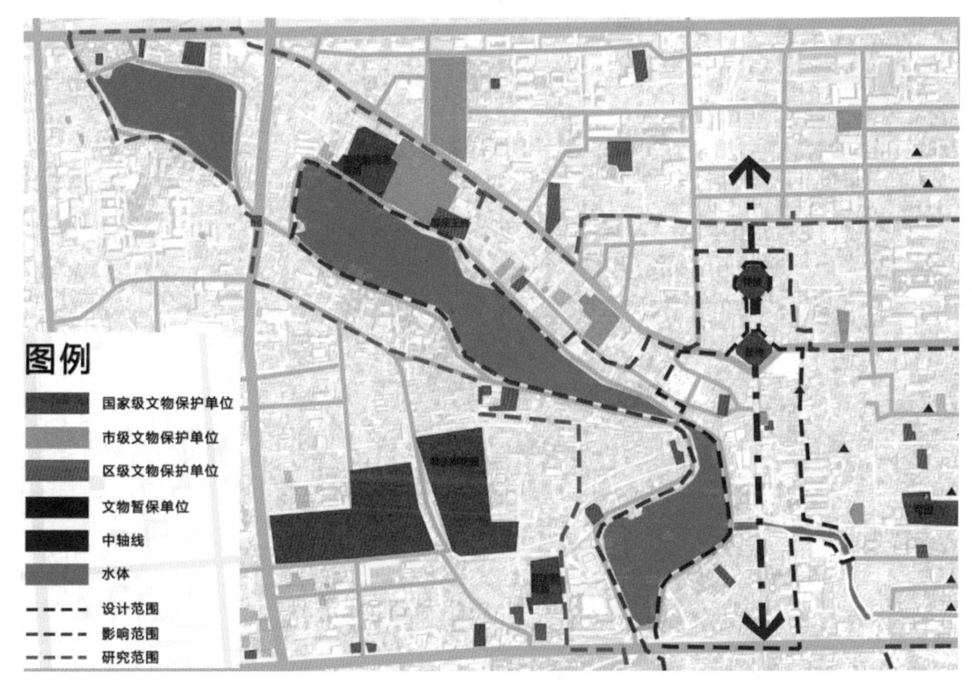

虽然受到政策支持，但是现状文化遗产保护力度有限：

部分文化遗产被挪作他用；

部分文化遗产淹没在商业用地中；

部分文化遗产的视觉风貌遭到干扰。

开放空间现状

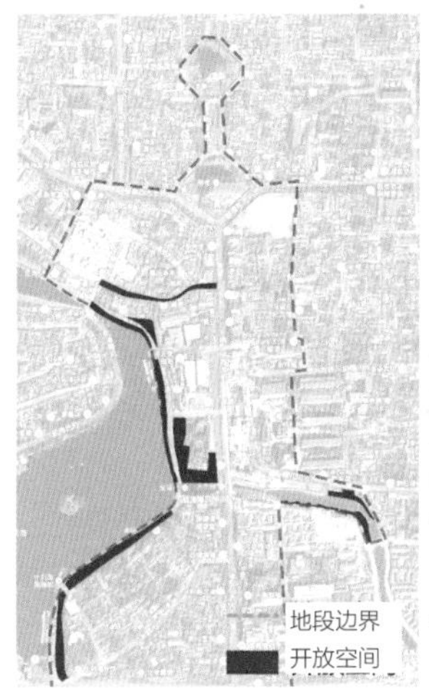

大部分滨水开放空间面积较小且均质化，导致人群拥挤、滨水活动单一化、滨水空间亲水性差，且滨水空间与中轴空间缺乏联系。

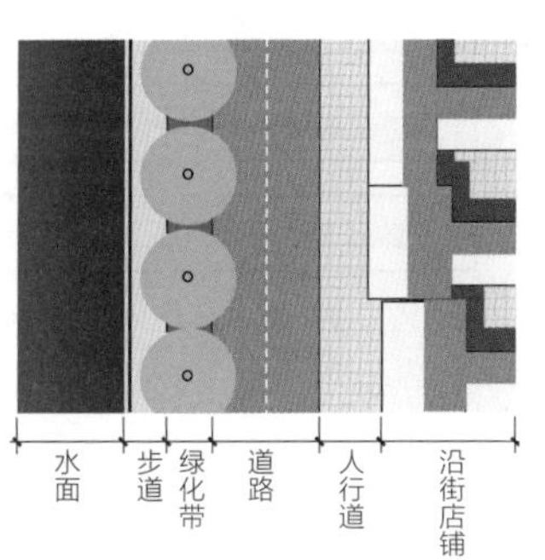

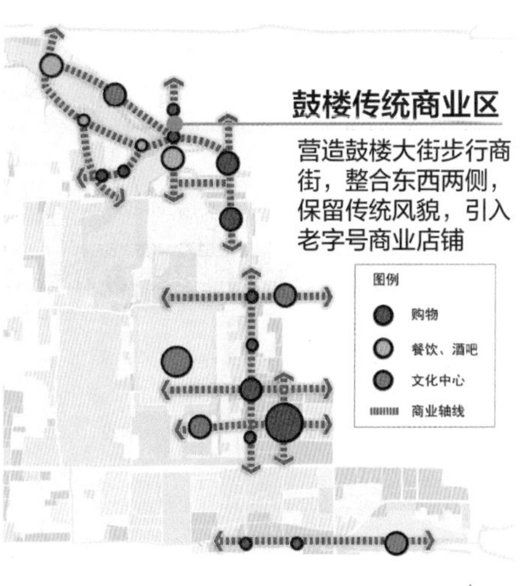

以恢复历史水系为手段，改善旧城交通、文化、商业、生态状况，以提升旧城活力为目的，促进历史水系良性发展，最终以水系为契机实现旧城有机更新。

规划概念分析
Planning Concept Analysis

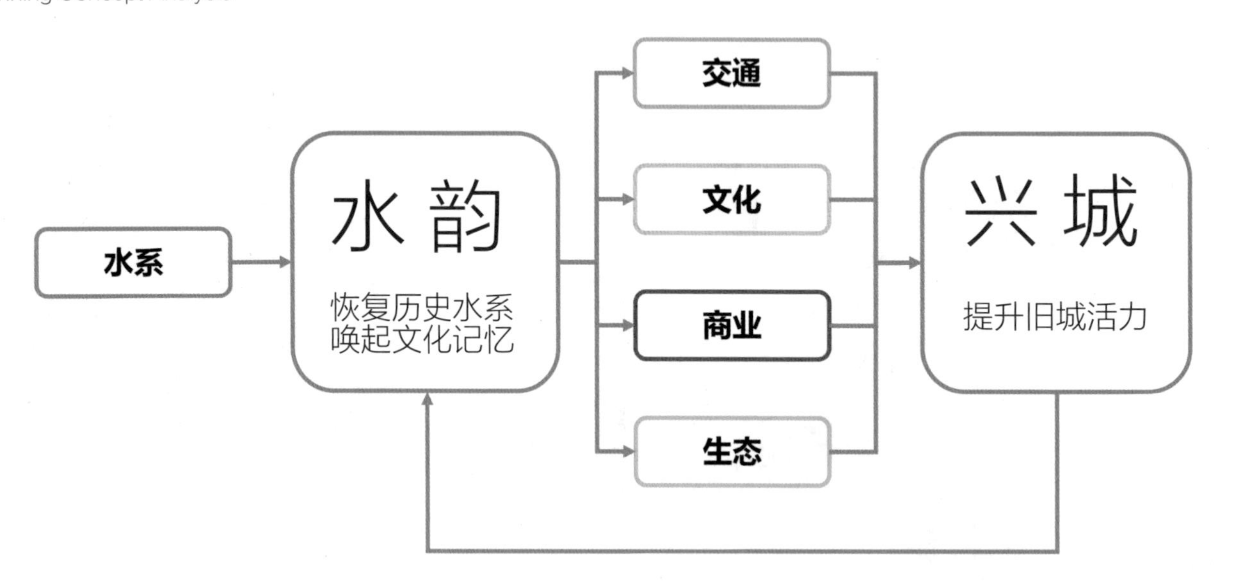

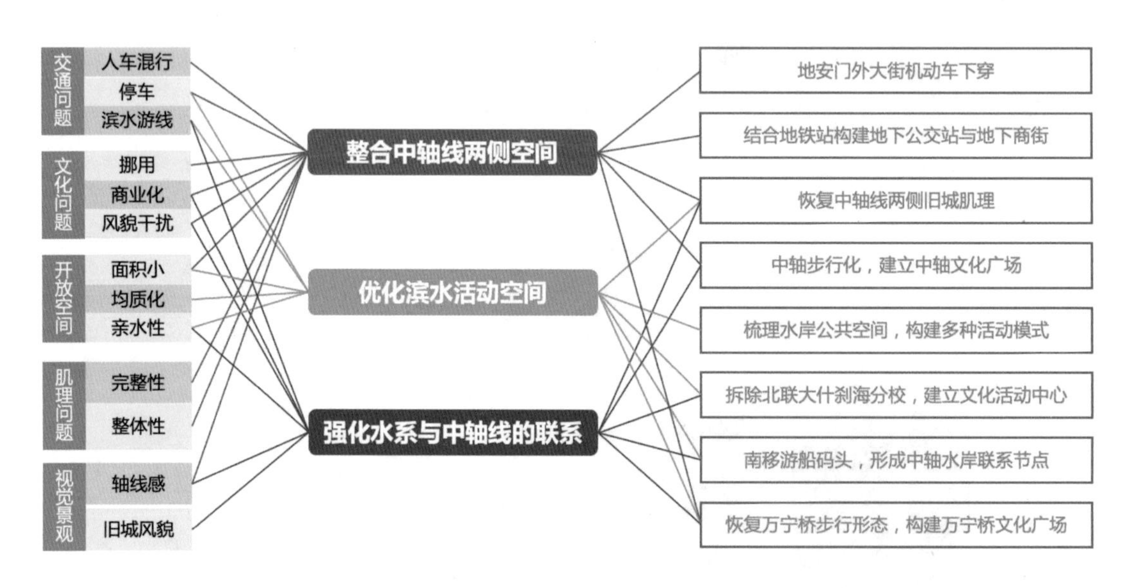

空间结构规划
Spatial Structure Planning

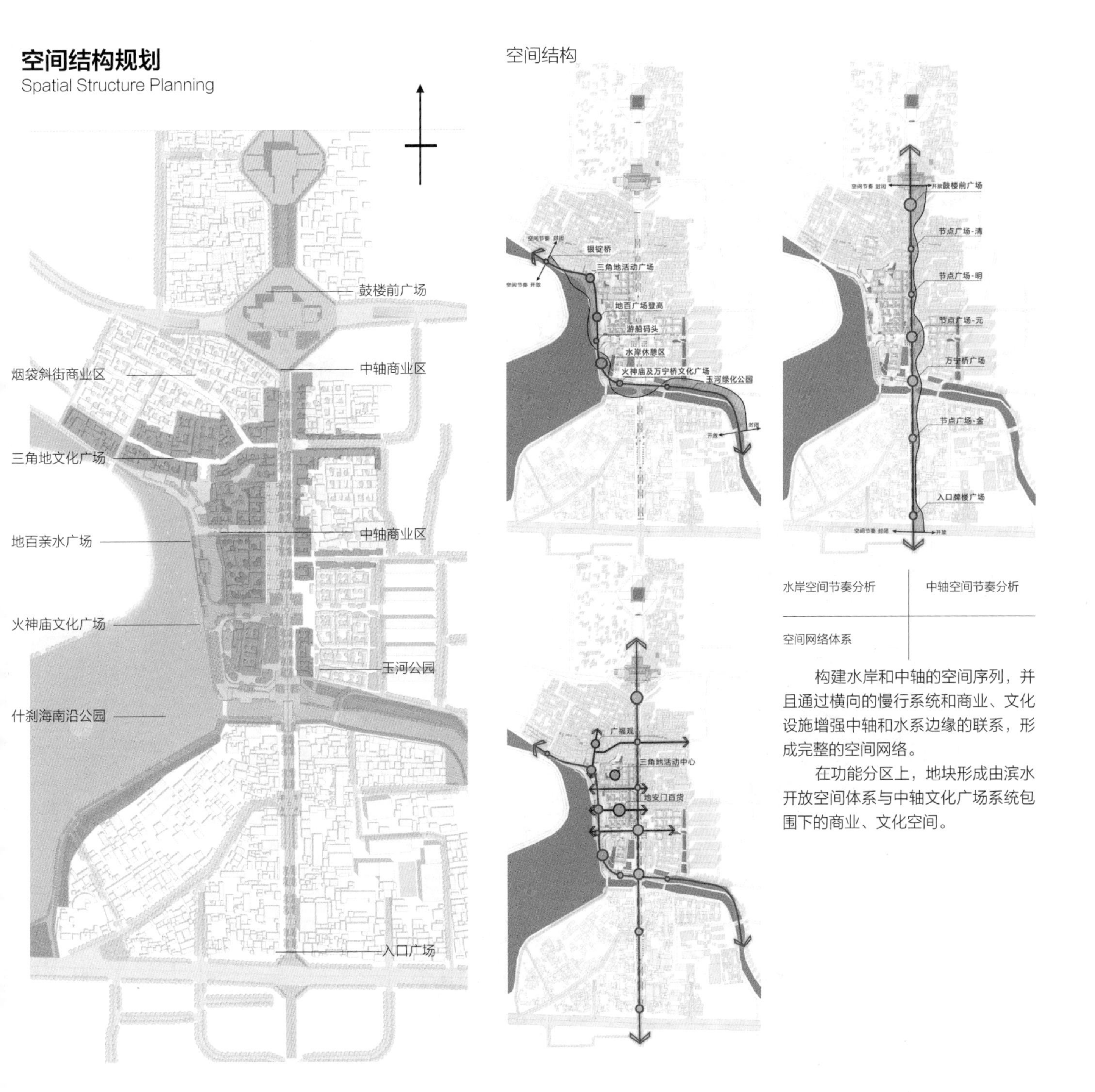

构建水岸和中轴的空间序列，并且通过横向的慢行系统和商业、文化设施增强中轴和水系边缘的联系，形成完整的空间网络。

在功能分区上，地块形成由滨水开放空间体系与中轴文化广场系统包围下的商业、文化空间。

空间结构规划

Spatial Structure Planning

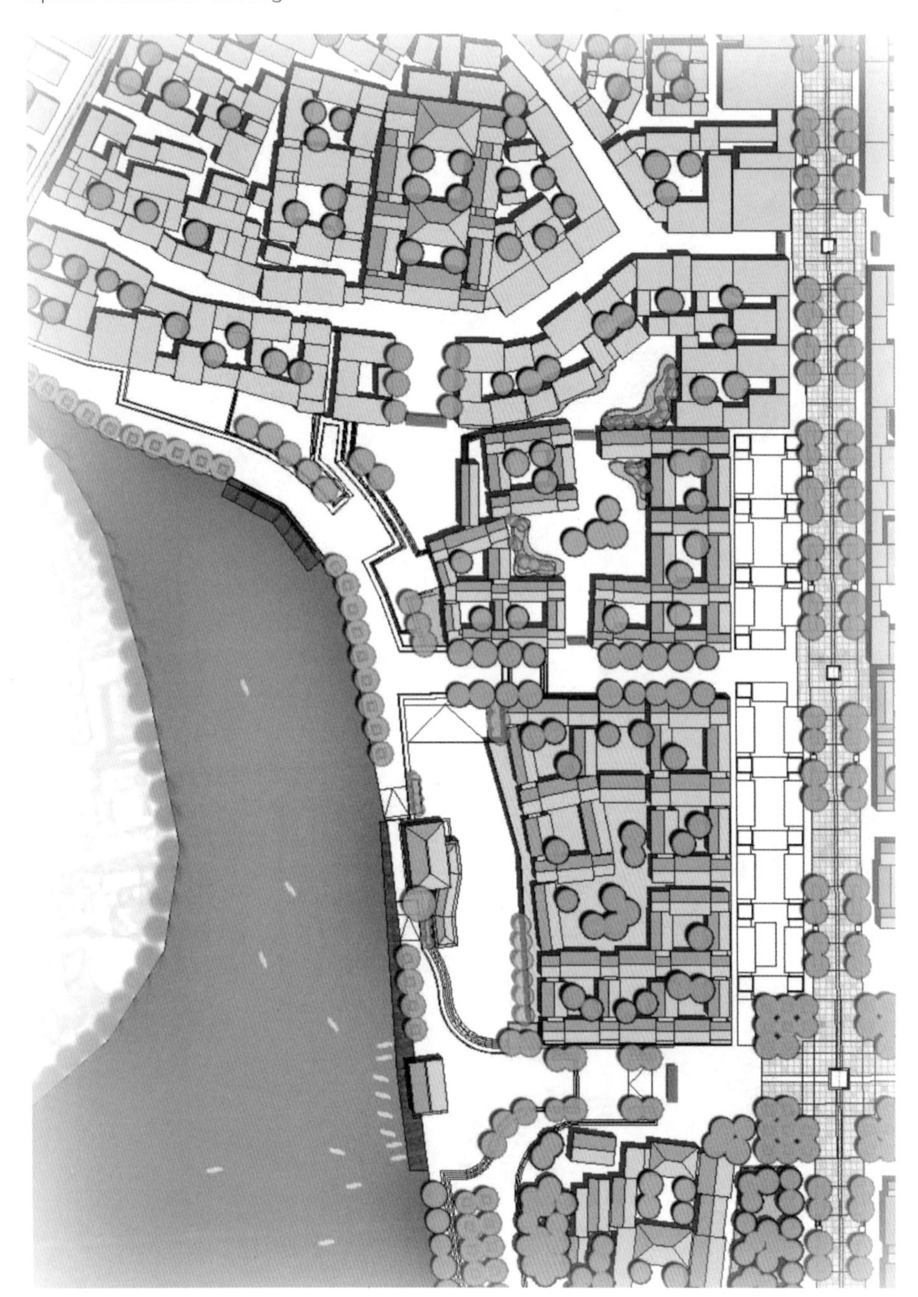

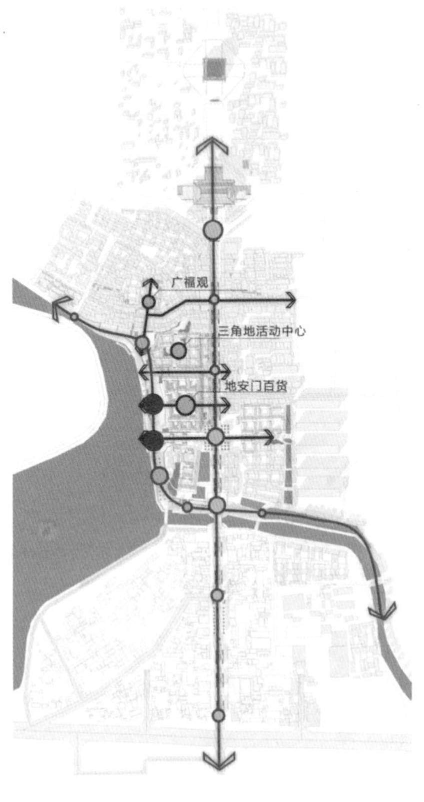

恢复旧时重阳登高的民俗，借助地安门百货和西侧水岸的水榭形成区域高点，借以眺望水面。

总平面图

动线组织规划
Moving Line Organization Planning

动线分析

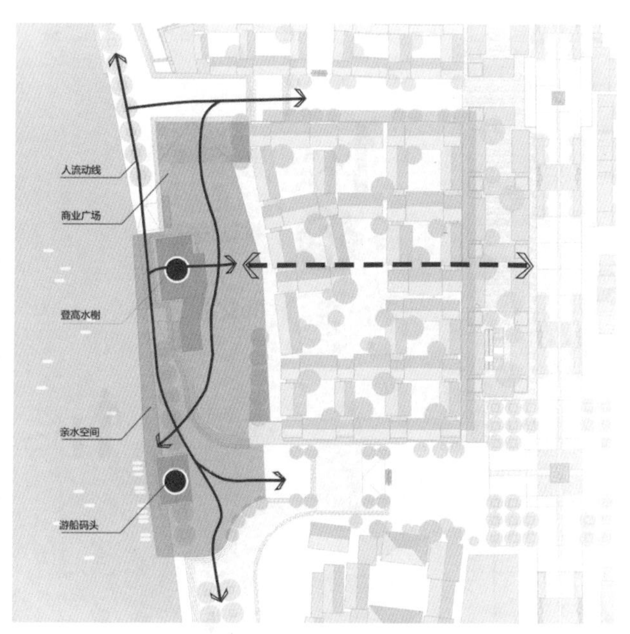

南移游船码头

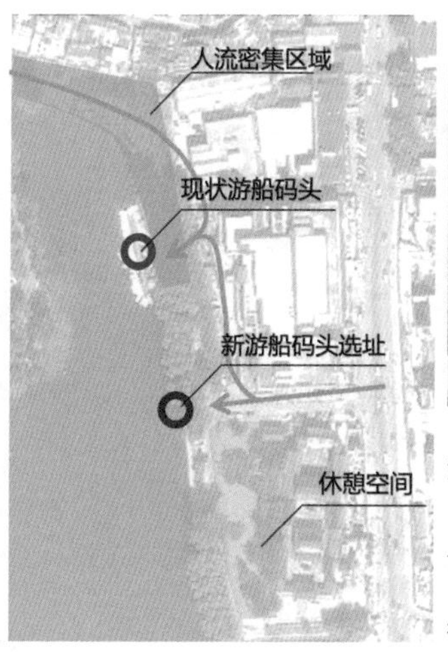

银锭桥和三角地地区人流密集，游船码头加剧了人流压力。

游船码头缺少等候休憩空间。

火神庙西侧有充分的休憩空间可供游客使用。

将游船码头南移可以重塑新的步行体系，加强中轴与水岸的联系。

交通空间规划
Traffic Space Planning

交通组织——机动车下穿

机动车下穿带来的优势：新的慢行系统，基础设施的整合，商业氛围的活化。

利用机动车下穿和地铁站构建地下商街和地下交通枢纽。

机动车下穿可以增强中轴两侧的步行联系，通过建立地面慢行系统增强商业氛围。

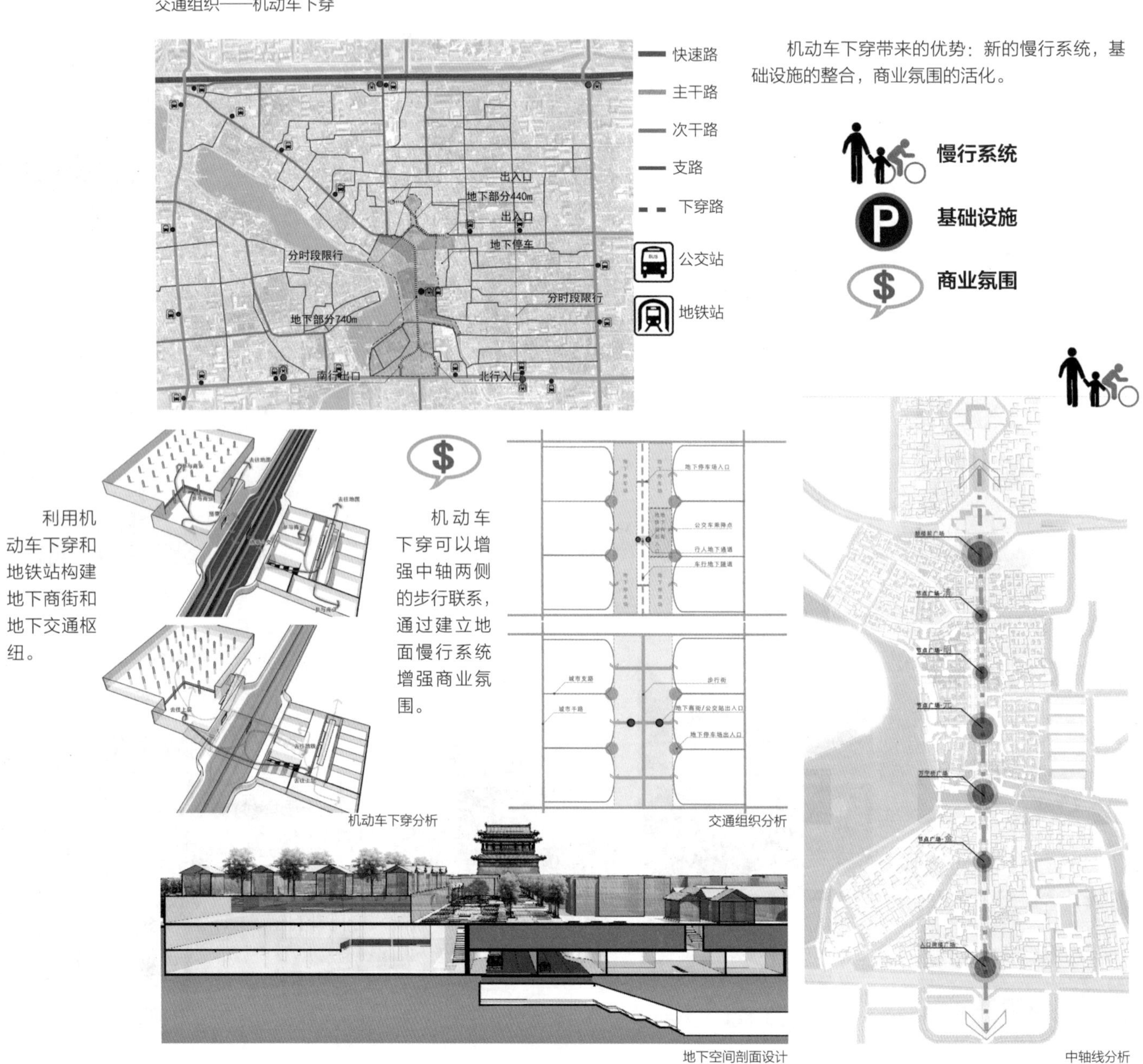

机动车下穿分析

交通组织分析

地下空间剖面设计

中轴线分析

现状肌理被破坏

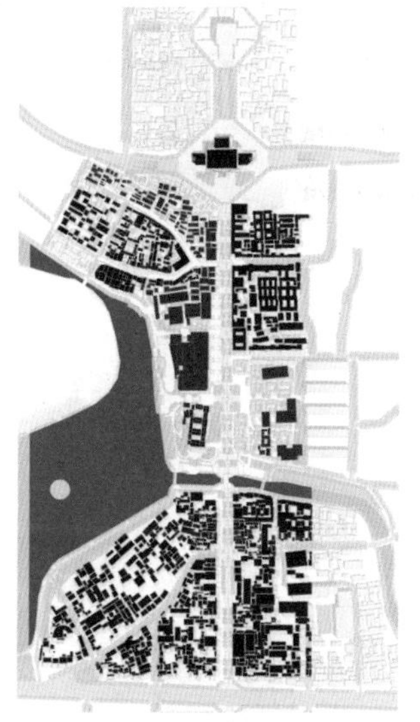

肌理更新

元素叠加

整理旧城肌理，部分地区通过拆除复建的方式恢复中轴线两侧旧城肌理，并通过肌理强化中轴线两侧的文化氛围，提升中轴线的轴线感。

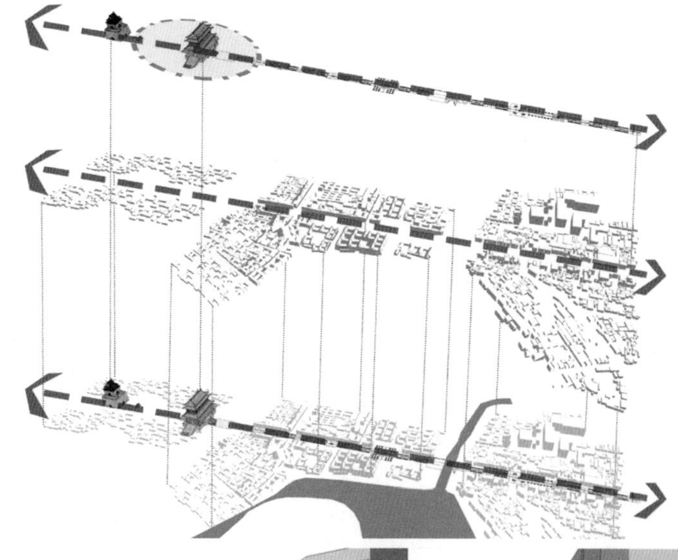

视觉通廊

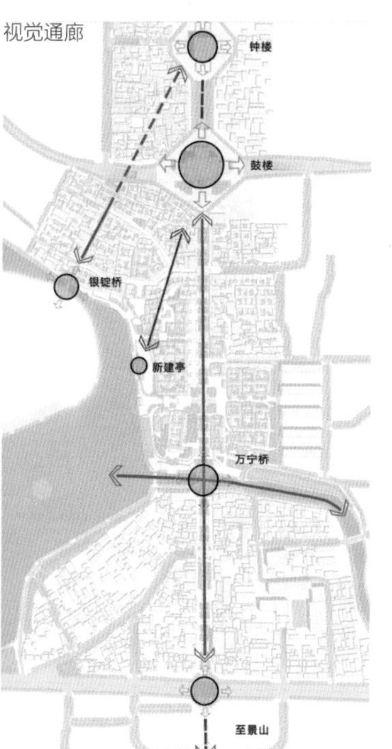

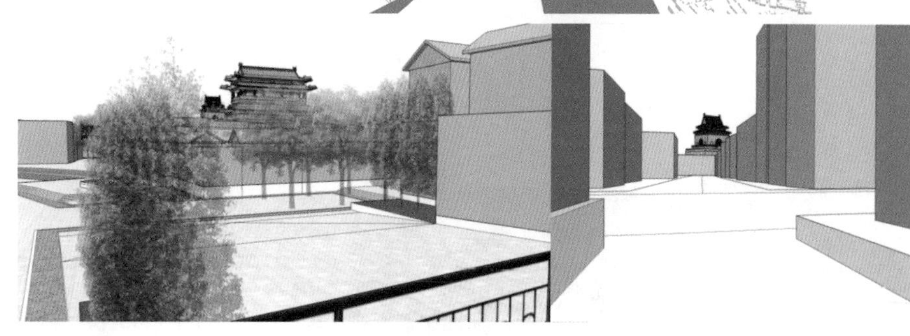

牌楼研究
Archway Research

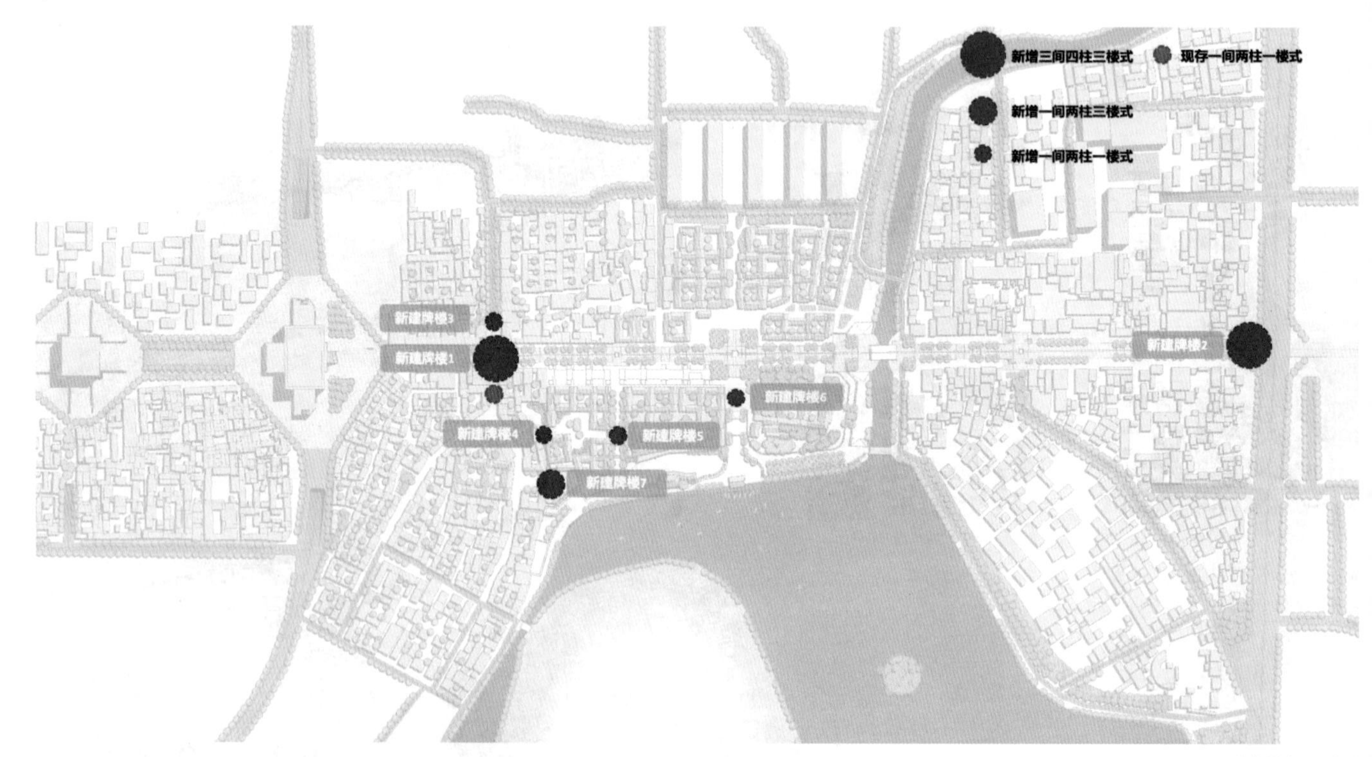

牌楼样式平面索引

案例借鉴

东四牌楼

始建时间：明代　地点：东城区
遗存状况：1954年拆除
建造形制：四柱三间三楼式
牌楼题字：<履仁、大市街><行义、大市街>
牌楼作用：标识

国子监牌楼

始建时间：明代　地点：东城区安定门内
遗存状况：经修缮保存完好
建造形制：一间两柱三楼式
牌楼题字：<成贤街、成街> <国子监、国子监> <国子监、国子监> <成贤街、贤街>
牌楼作用：标识、旌表

前门五牌楼

始建时间：明代　地点：前门
遗存状况：历经两次重建，现存完好
建造形制：五间六柱五楼式
牌楼题字：<正阳桥、正阳桥>
牌楼作用：标识

形制确定

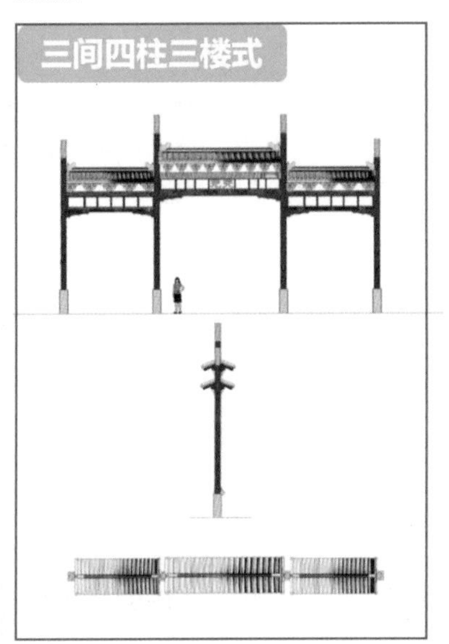

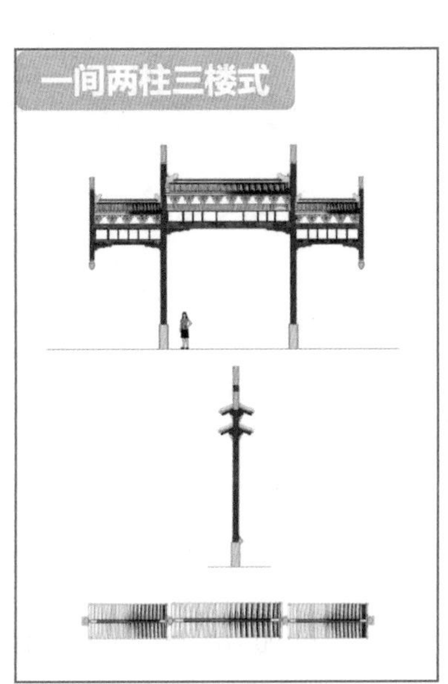

一间两柱一楼式

北京牌楼分布统计

现存明清牌楼分布地点	分布数量
街道	**7**
北海公园	12
颐和园	11
香山	6
寺观景区等	30
总计	66

牌楼类型	牌楼作用	牌楼价值
一间两柱一楼	门	体现社会价值取向
一间两柱二楼	标识	展示社会民风民俗
三间四柱三楼	纪念	体现综合性艺术特征
三间四柱七楼	装饰	创造独特强烈的符号
三间四柱九楼	旌表	
五间六柱五楼	空间分界	
五间六柱十一楼		

序号	形制	位置	南/东面匾额	北/西面匾额	材质	色彩
1	三间四柱三楼	地外大街北	天元		木石	灰色 红色 绿色 蓝色
2		地外大街南	居轴处中			
3	一间两柱一楼	烟袋斜街东	至南锣鼓巷			
4		地百北	独乐			
5		地百北	众乐			
6		地百东南	涵碧			
7	一间两柱三楼	广福观南	广福观			

活动规划
Activity Planning

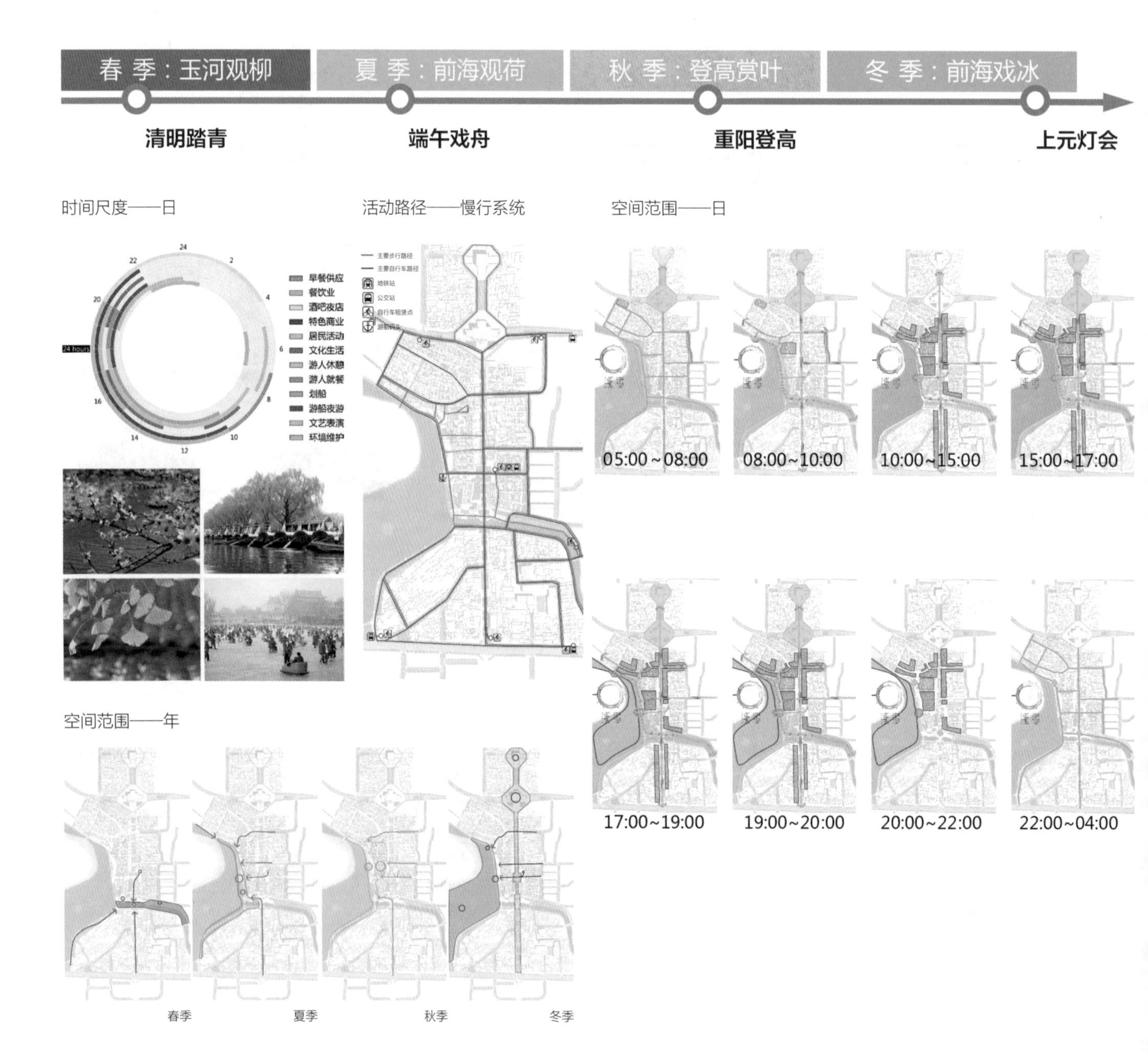

雨水收集策略

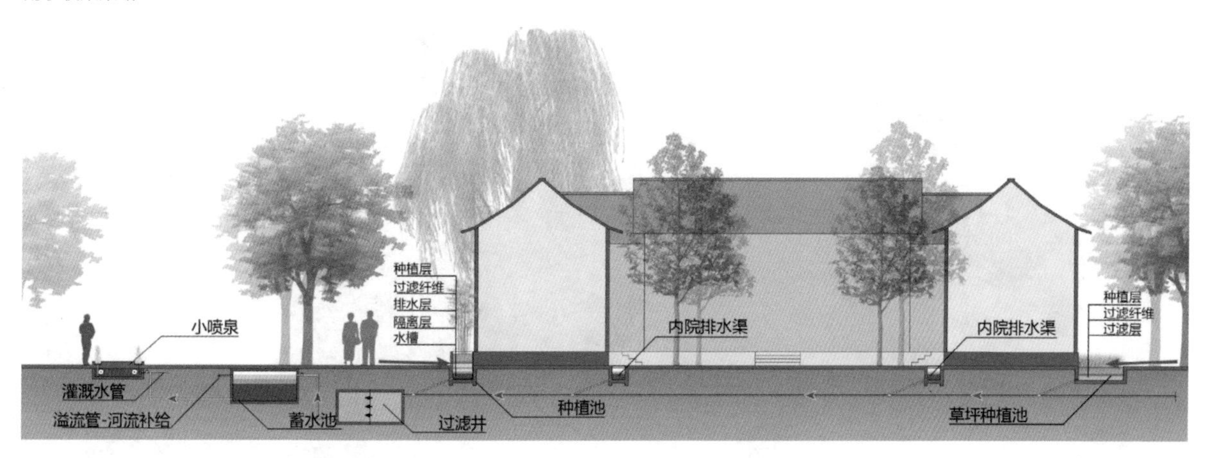

雨水平面模式

收集流程

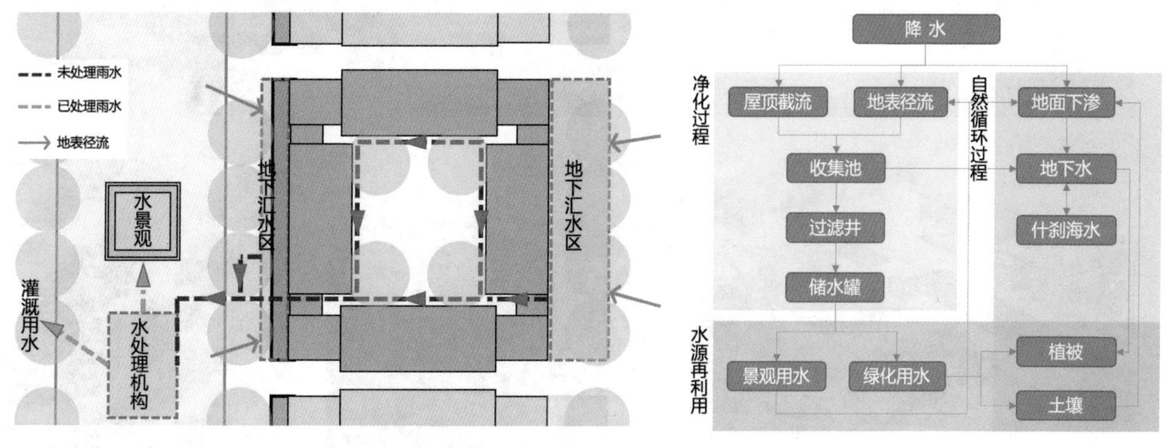

改造收益

结合新建四合院与地下行车、停车体系构建新的雨水收集利用系统。雨水收集处理装置与地下停车空间整合。
通过收集雨水，为新增景观用水和新增绿地用水提供大部分水源。雨水收集净化之后为什刹海提供了部分清洁的补给水源。
雨水收集统一管理，分担了城市内涝压力。

节点广场－元 鸟瞰图

节点广场－元 透视图

火神庙周边及万宁桥广场

中轴线休息座椅设计

利用中轴线空间构建一系列文化广场，广场以北京自金代起的历史地图为主要浮雕，辅以地面喷泉，共同增强中轴线的轴线感。

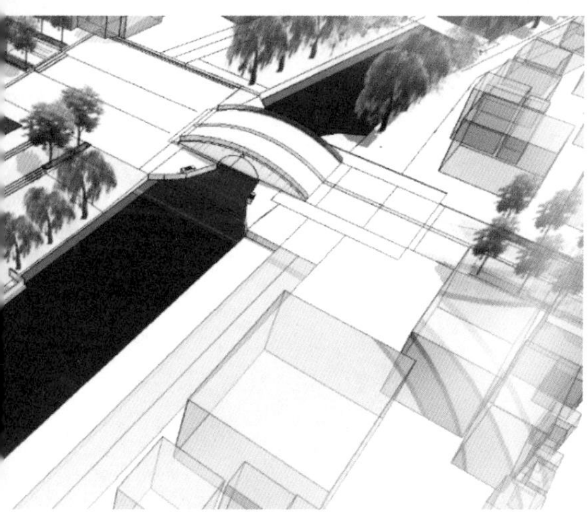

延伸火神庙西侧休憩空间，构建滨水休憩广场，解决什刹海周边休息座椅少的问题。

万宁桥始建于元代，在 1955 年由于道路交通需求埋入地下。恢复万宁桥的原始风貌，结合桥头水兽形成文化展示区。

在场地内为周边社区居民创造公共开放空间，提升社区活力，实现场地内部的有机更新；同时作为城市绿色基础设施，建立区域内的雨洪管理系统。在场地内有两种不同的城市空间需要过渡转化：面向旧城的界面倾向于设计小尺度空间，面向新城的界面使用与之契合的大尺度空间；两种尺度空间在场地内部实现自然过渡，并且加强场地之间的横向联系。

北新华街水系恢复与景观改造

陈　思
金银花
盖若玫

规划目标分析
Planning Goals Analysis

以恢复历史水系为手段，改善旧城的交通、文化、商业、生态状况，实现提升旧城活力的目的，同时促进历史水系良性发展，最终实现以水系恢复为契机的旧城有机更新。

城市

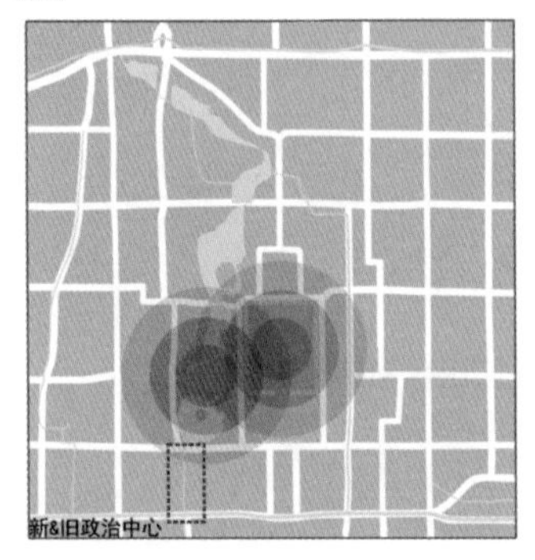

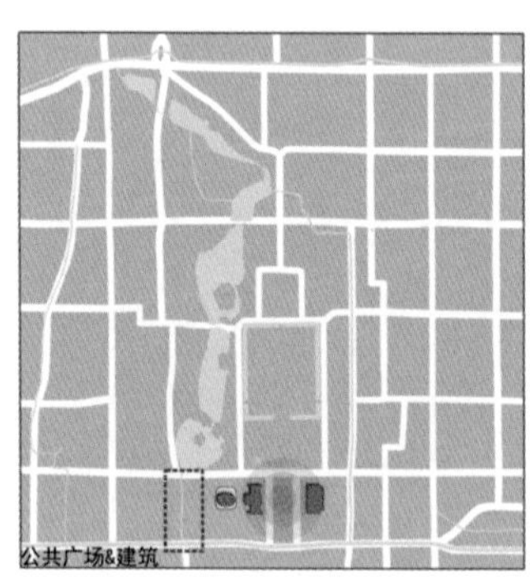

问题

政治中心转移后，受到总体规划中建筑高度的控制，一部分四合院拆迁改造成多层住宅；未改造的四合院由于位于 25 个保护片区之外，并未得到较好的保护，因此场地的城市更新缓慢并停滞不前，新建的写字楼也无法租售出去。

策略

在场地内为周边社区居民提供公共开放空间，带动社区活力，实现场地内部的有机更新；同时建立雨洪管理系统作为城市绿色基础设施。

空间

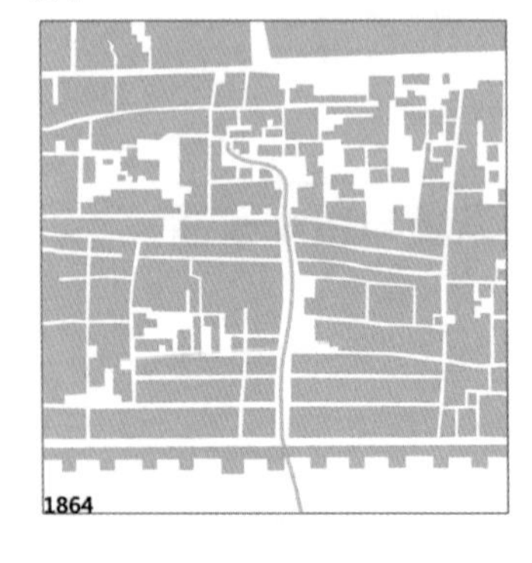

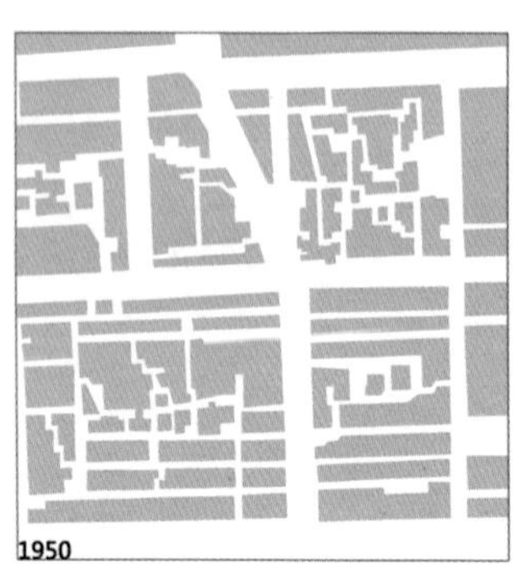

问题

北新华街西侧随着城市建设，虽然保留了部分胡同，但整体上已经失去了旧城的尺度；东侧由于四合院的留存仍然保持着原有格局，延续了旧城的尺度和肌理。新旧两种不同的尺度在北新华街两侧形成相互排斥的界面。

策略

两种不同的空间尺度需要过渡转化，在场地内面向旧城的界面倾向于设计小尺度空间，面向新城的界面使用与之契合的大尺度空间，两者尺度空间在场地内部实现自然过渡，并且加强场地之间的横向联系。对研究范围内的建筑进行评价，从建筑与场地的关系来考虑是否拆除。

活动

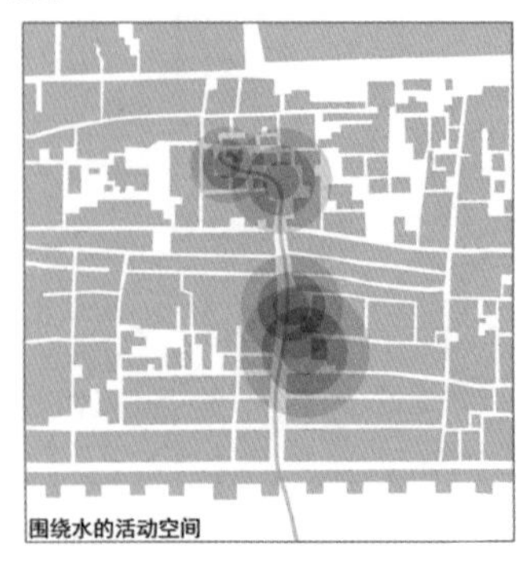

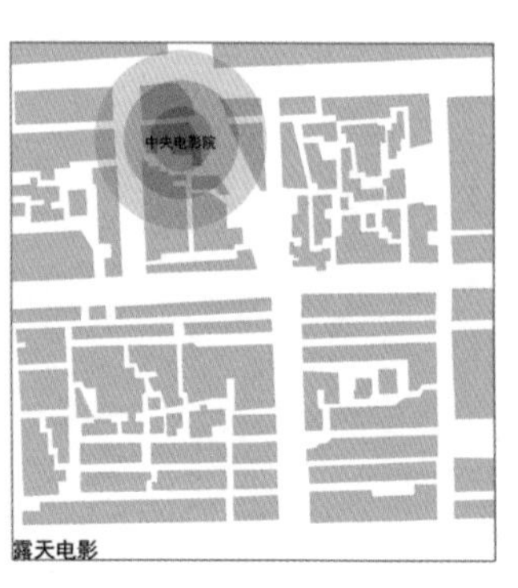

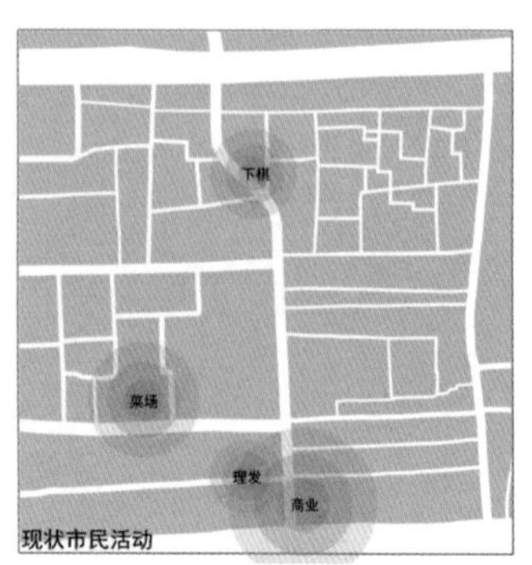

问题

由于水系的消失，围绕水边而展开的活动场所也消失了。北京音乐厅的前身——中央电影院曾作为集中演出活动的场所，使该场地成为一个文化活动中心。随着国家大剧院的建设使用，北京音乐厅也渐渐无人问津；放映露天电影的活动早已取消。整个研究片区缺少公共活动空间，市民的户外娱乐活动极其单一，需要乘坐交通工具才能到达最近的公园。

策略

场地设计应尽量为周边市民提供进行多种活动的可能，结合北京音乐厅设置户外演艺场所，为附近中小学生提供户外的科教活动区，保留现有商业发展良好的区域，并进行景观引导，露天电影作为场地记忆的一部分亦可恢复。

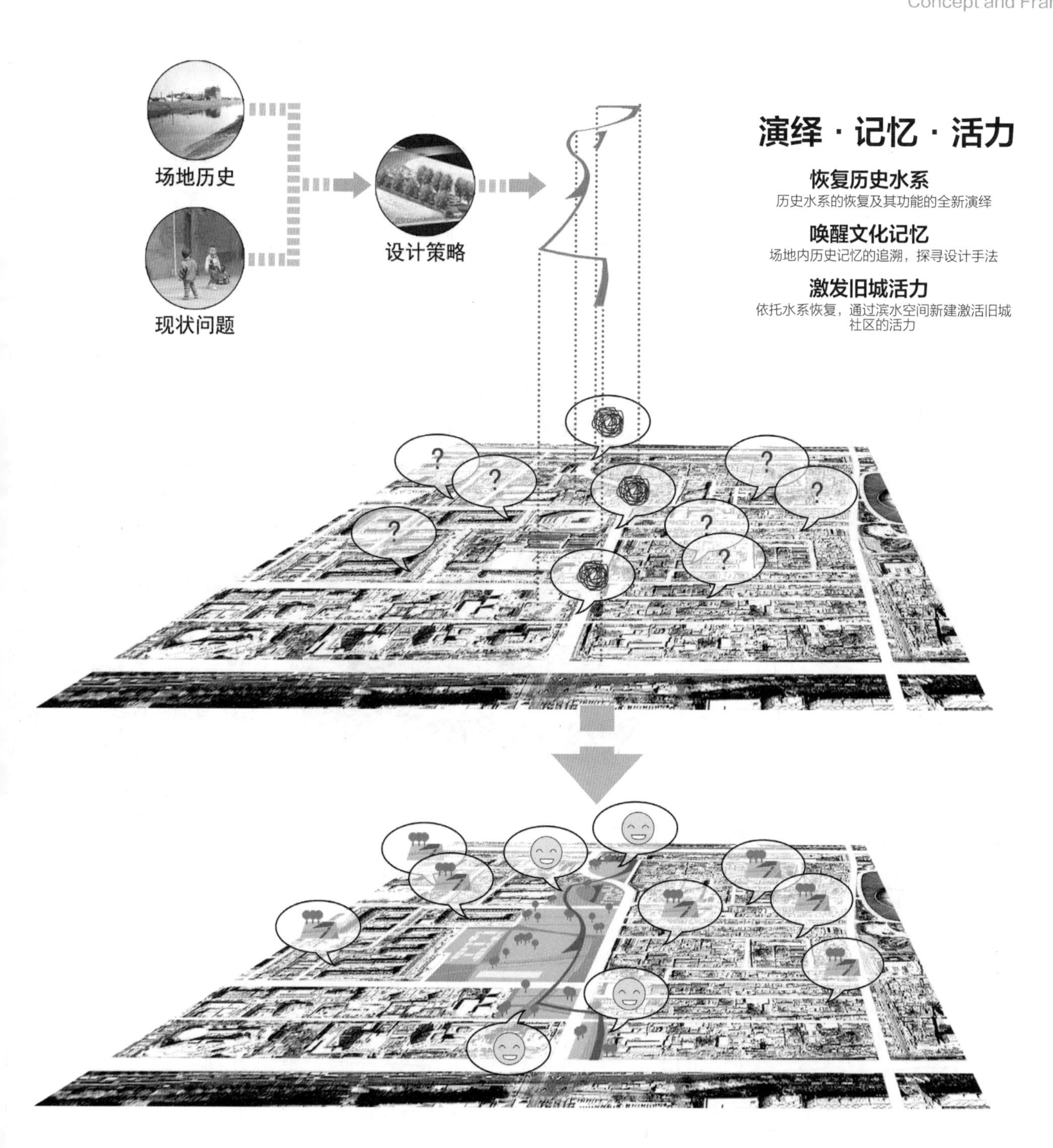
场地历史
现状问题
设计策略
演绎 · 记忆 · 活力
恢复历史水系
历史水系的恢复及其功能的全新演绎
唤醒文化记忆
场地内历史记忆的追溯，探寻设计手法
激发旧城活力
依托水系恢复，通过滨水空间新建激活旧城社区的活力

总平面图
Masterplan
1
2
2
3
4
5
5
6

2
8
7
9
10
11
11
11
1 室外音乐厅
2 木平台
3 菖蒲种植池
4 雨水花园
5 特色小商铺
6 篮球场
7 露天电影大草坪
8 台阶
9 吕祖阁前广场
10 零售菜摊
11 艺术地形

方案分析
Scheme Analysis

活动空间

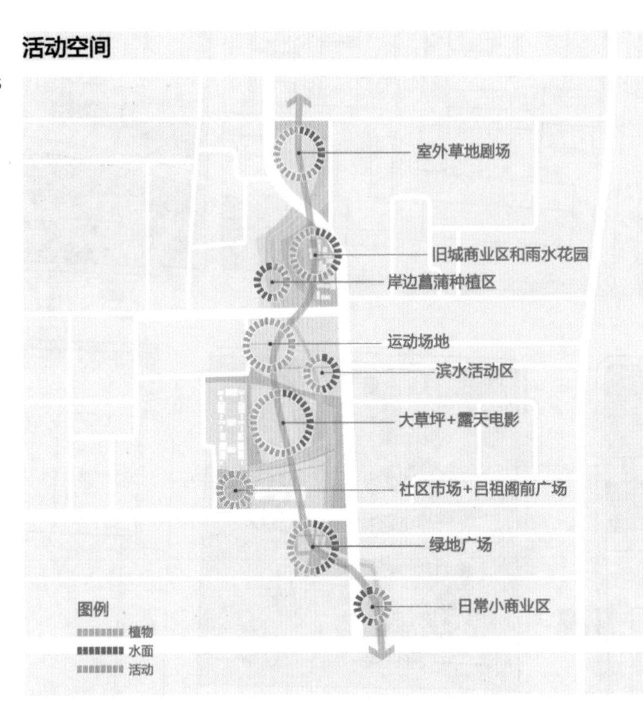

结合历史上曾经开展过活动的场所，包括露天电影院、音乐厅等，重新组织公共活动空间。音乐厅结合室外音乐草坪，针对大众人群，使音乐平民化、普及化。旧城商业区沿用传统建筑，保留社区内有历史价值的建筑。增加户外活动空间，在户外开展富有街区记忆的活动，能动促进邻里关系。吕祖阁前的农贸市场是社区自发形成的，同时又符合历史脉络，设计加强了菜市场的空间可达性，并且提供绿色基础设施，保护社区传统。南侧原本临街的商业建筑退后，用河道的绿色休闲空间分隔道路与商业空间，提升场地安全性，提高吸引力。

流线结构

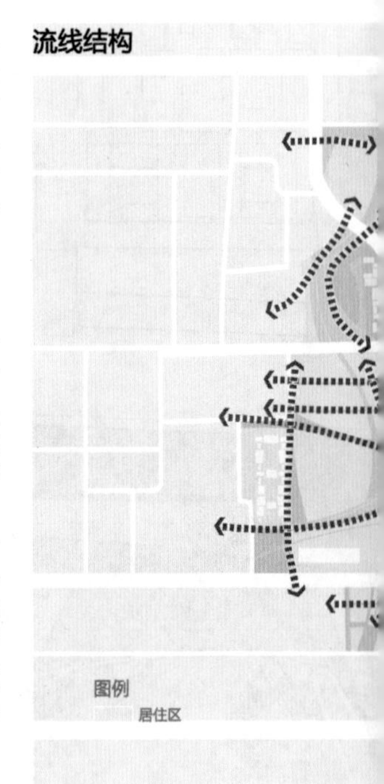

亲水途径

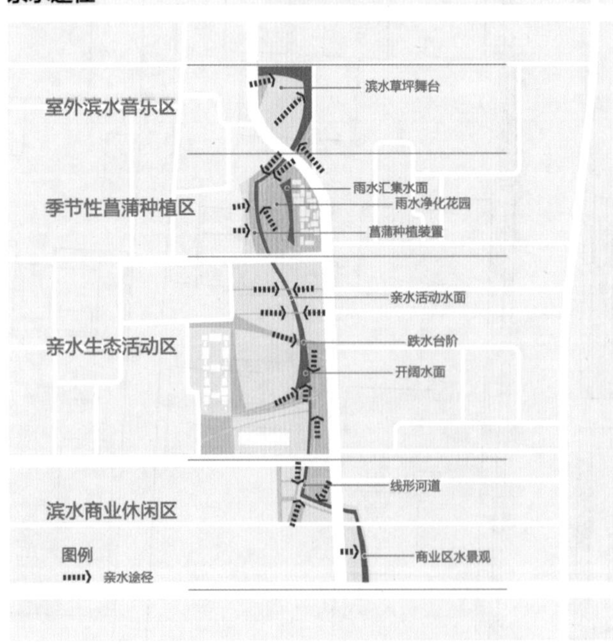

旧城空间有限，河道水面又低于地面。渠化的结果是水可见不可触，设计中通过竖向处理，使近水空间尽可能增大，并且尽量使用缓坡入水。在亲水空间安排演出、湿地教育等活动，增加人与水互动。随着季节性的水位变化，亲水空间也会在不同时期出现变化，使用者可以直观地感受不同时间水的变化，真正做到可以互动、可以感知的动态水景。

竖向分析

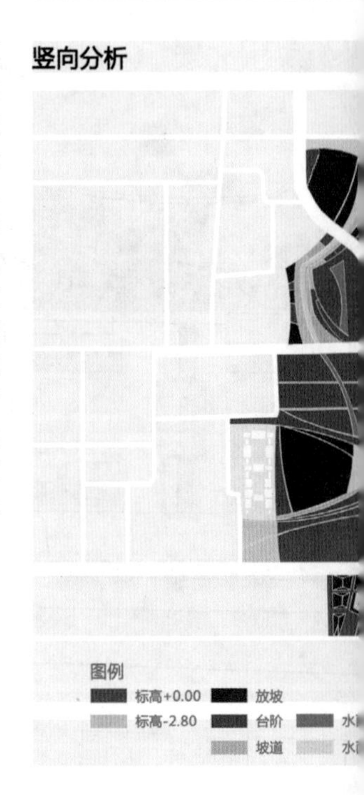

加强场地中东西向交通，将整个地块恢复为步行可达的空间。同时沿河道设置步行道路，使街区内的步行线路与机动车线路分离，加强步行的安全性。

空间尺度

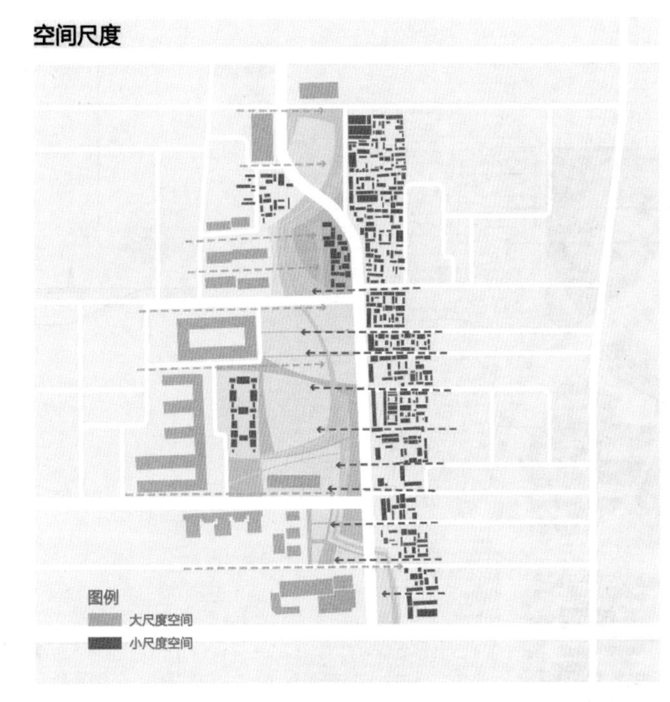

西侧为新建设的社区，建筑主要由层高较高、面积较大的新建建筑构成。东侧为原老城区层高较低、面积较小的大杂院建筑构成。沿街立面长度、建筑开间进深有较大差距。设计为两种不同城市肌理起到过渡的作用。东侧沿街的入口利用构筑物保持胡同的围合感。保存适量的临街建筑，维持北段入口处北京传统胡同的景观。

草地放坡，自然驳岸

提升标高，亲水空间

台阶、坡道结合，无障碍交通

河道驳岸，避免接近

场地设计尽可能在竖向中使用坡道，做到无障碍通行，尽可能使出现的台阶成为休憩空间，而不是只具备交通功能。也应考虑场地空间使用的灵活性。

雨水收集

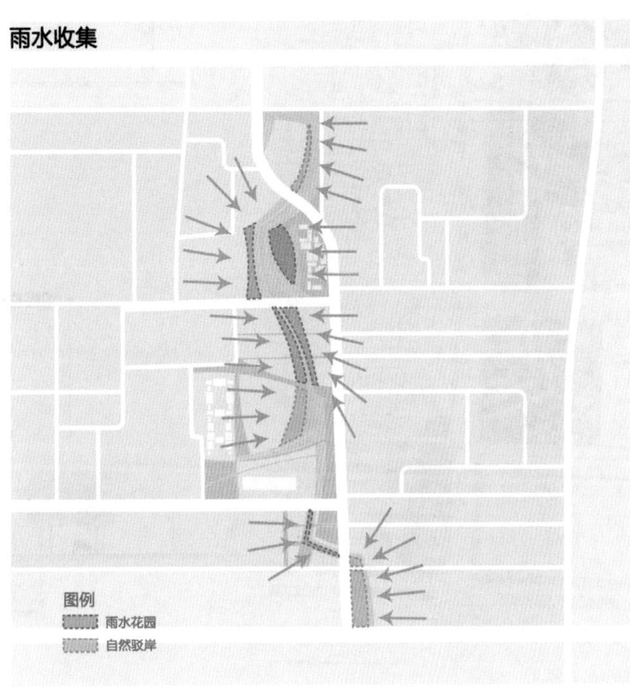

街区周边地区的地表径流，由绿地收集，流入场地经过地表过滤以后流入河流，起到管理雨洪的作用。场地中分布的雨水花园在下小雨时起到蓄水入渗的作用，在大雨来临时起到滞洪的作用。

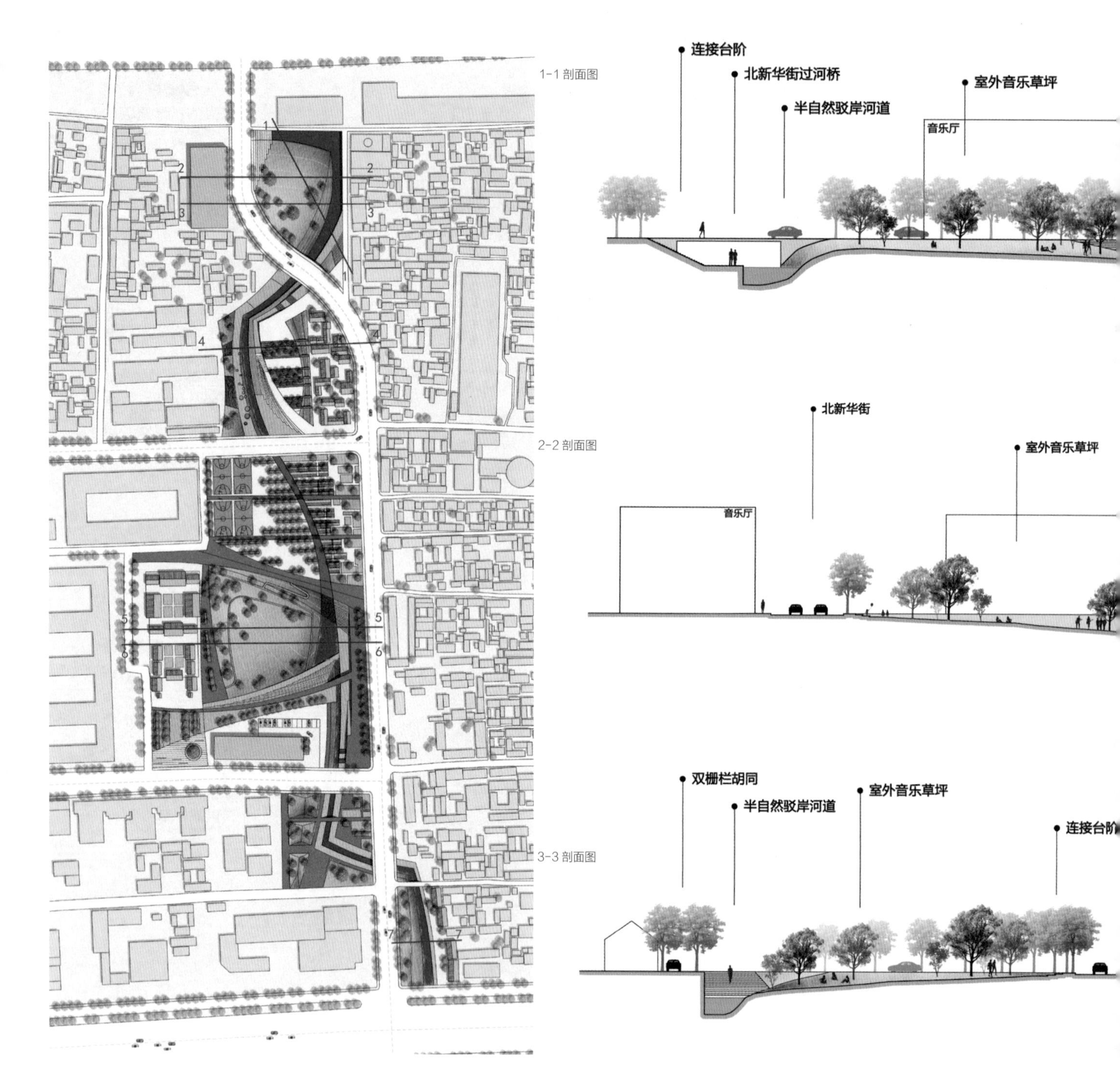
1-1 剖面图
连接台阶
北新华街过河桥
半自然驳岸河道
室外音乐草坪
音乐厅
2-2 剖面图
北新华街
室外音乐草坪
音乐厅
3-3 剖面图
双栅栏胡同
半自然驳岸河道
室外音乐草坪
连接台阶

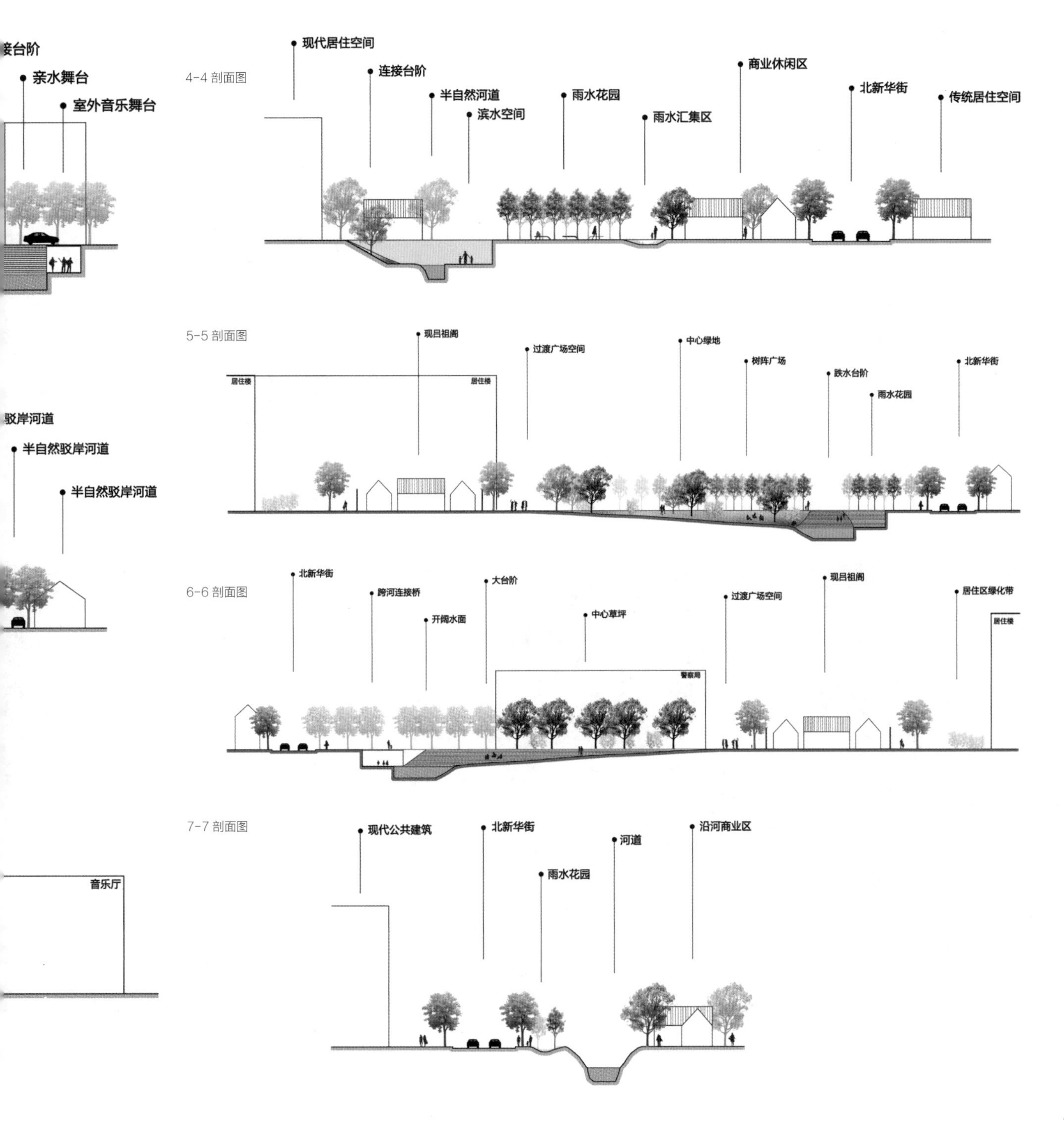
接台阶
亲水舞台
室外音乐舞台
驳岸河道
半自然驳岸河道
半自然驳岸河道
音乐厅
4-4 剖面图
现代居住空间
连接台阶
半自然河道
滨水空间
雨水花园
雨水汇集区
商业休闲区
北新华街
传统居住空间
5-5 剖面图
现吕祖阁
过渡广场空间
中心绿地
树阵广场
跌水台阶
雨水花园
北新华街
居住楼
居住楼
6-6 剖面图
北新华街
跨河连接桥
开阔水面
大台阶
中心草坪
过渡广场空间
现吕祖阁
居住区绿化带
警察局
居住楼
7-7 剖面图
现代公共建筑
北新华街
雨水花园
河道
沿河商业区

效果图
Rendering

在场地内为周边社区的居民提供公共开放空间，带动社区活力，实现场地的有机更新；同时建立雨洪管理系统作为城市绿色基础设施。两种不同的空间尺度在场地内部实现自然过渡，并且加强场地的横向联系。

	滨河步道	篮球场
景观墙	北段雨水花园	南段雨水花园

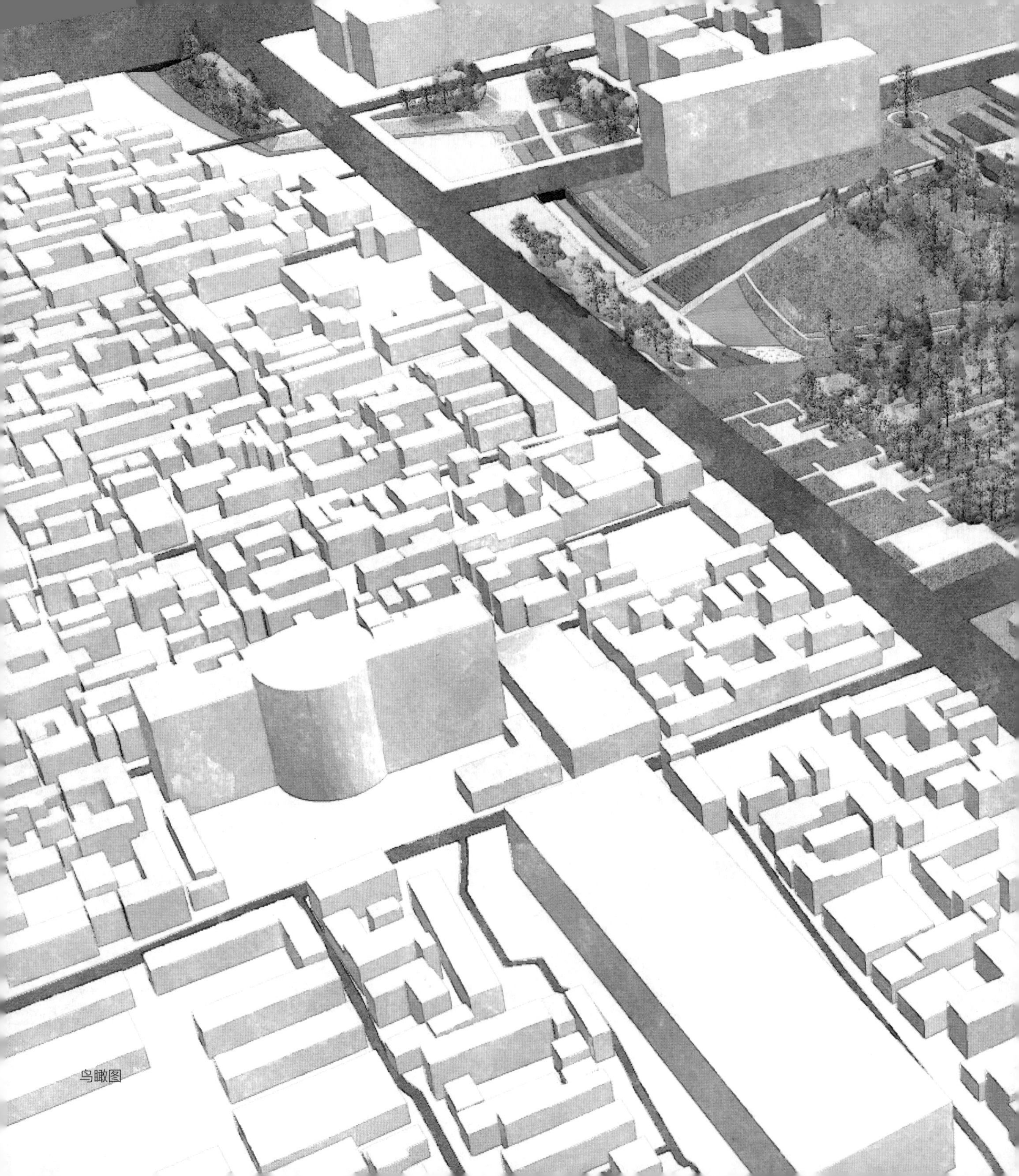

鸟瞰图

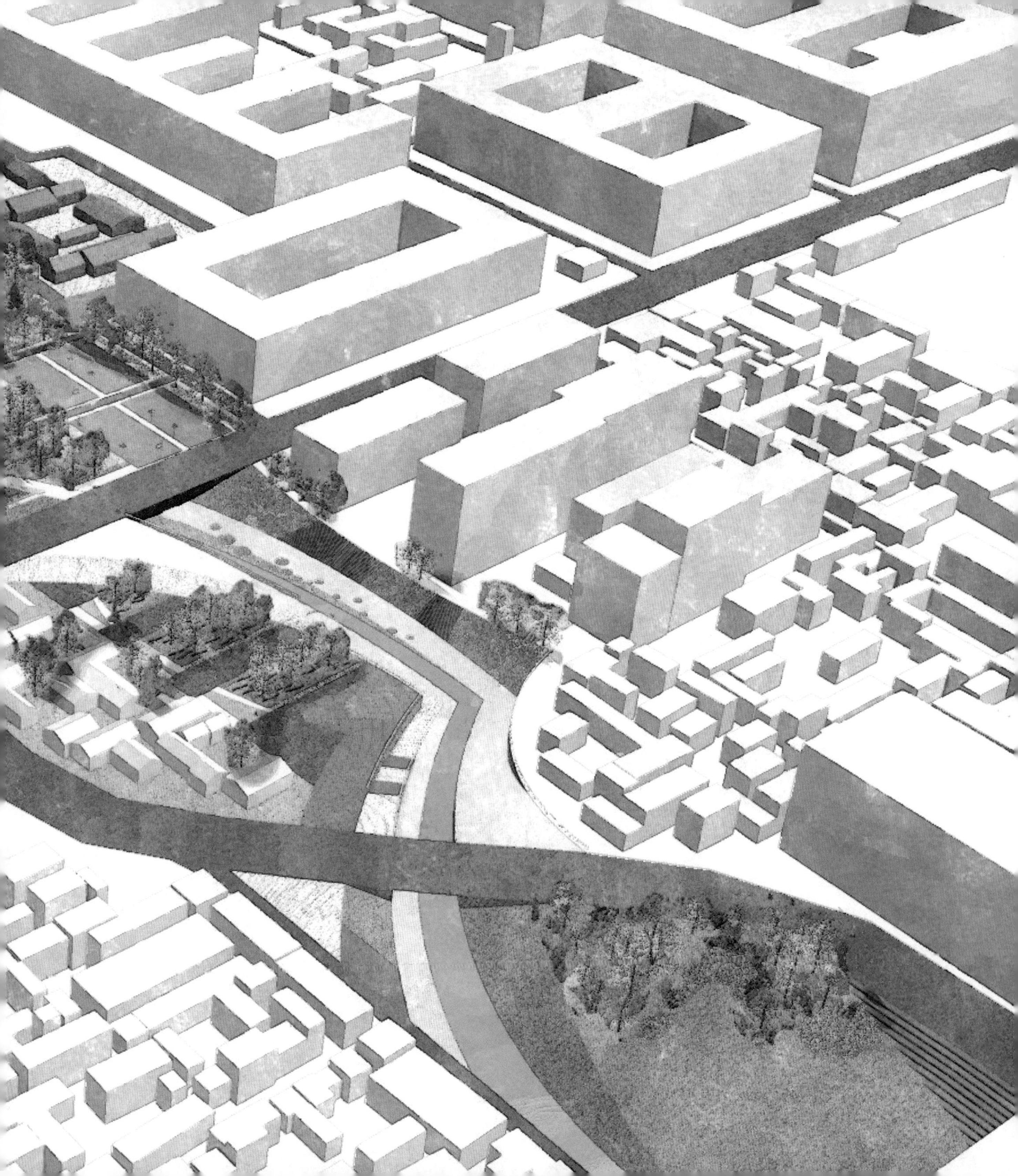

针对旧城水系的玉河－南河沿段希望通过水系的梳理，达到重振历史脉络、唤醒文化记忆、激发旧城活力的目的。挖掘城市水系与城市活动之间的关系，利用水脉蓝廊串联场地，将原有零碎的场地整合为一个有机整体，提升场地活力，恢复原本的历史脉络。

运河、韵河

祝　彤
侯永峰
李佳懿

规划目标分析
Planning Goal Analysis

• 体现传统文化的商业居住区

• 融合佛教禅意的文化休闲区

• 展现创意思想的艺术活动区

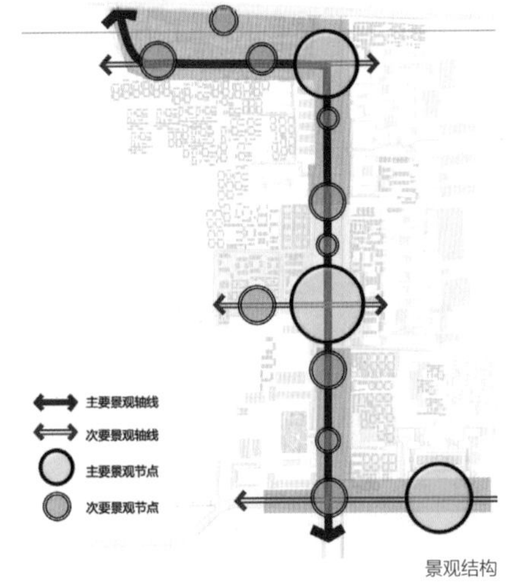

景观结构

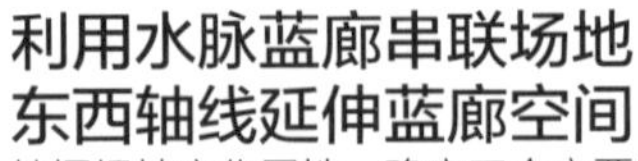

挖掘场地文化属性，确定三个主要景观节点及若干次要景观节点。

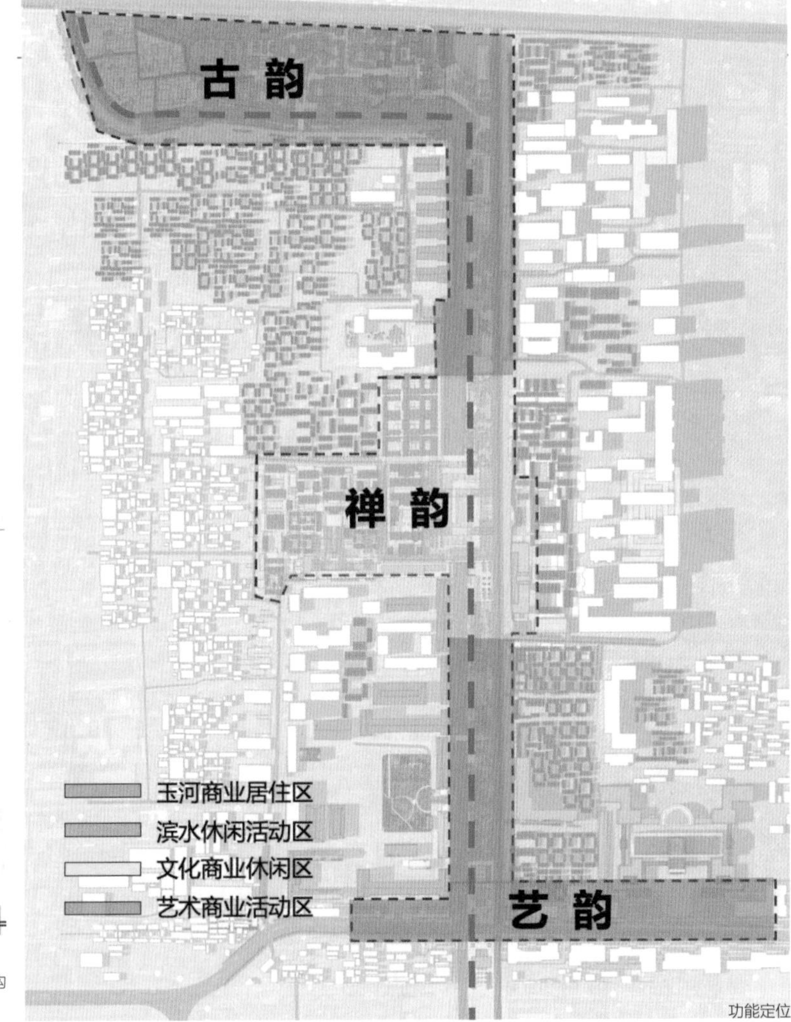

功能定位

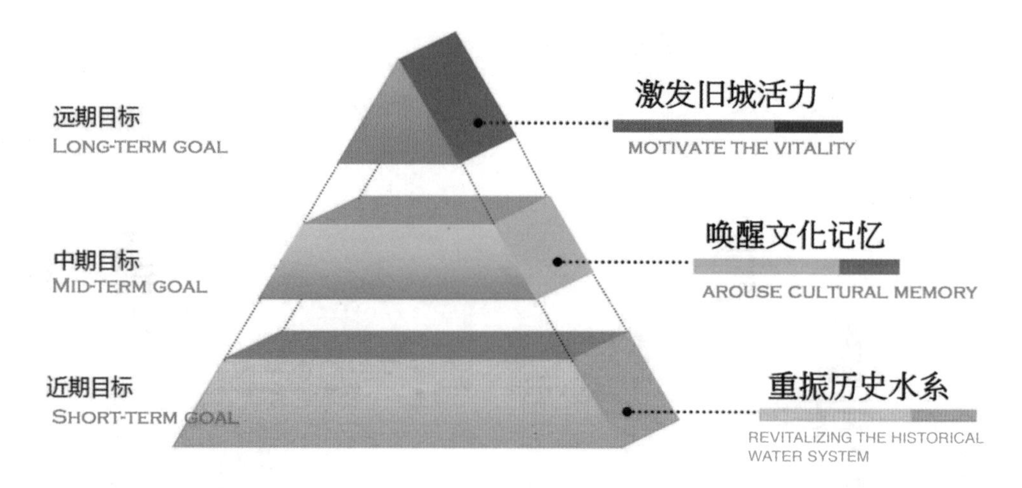

——重振历史水系、唤醒文化记忆、激发旧城活力

现状规划调整
Current Planning Adjustment

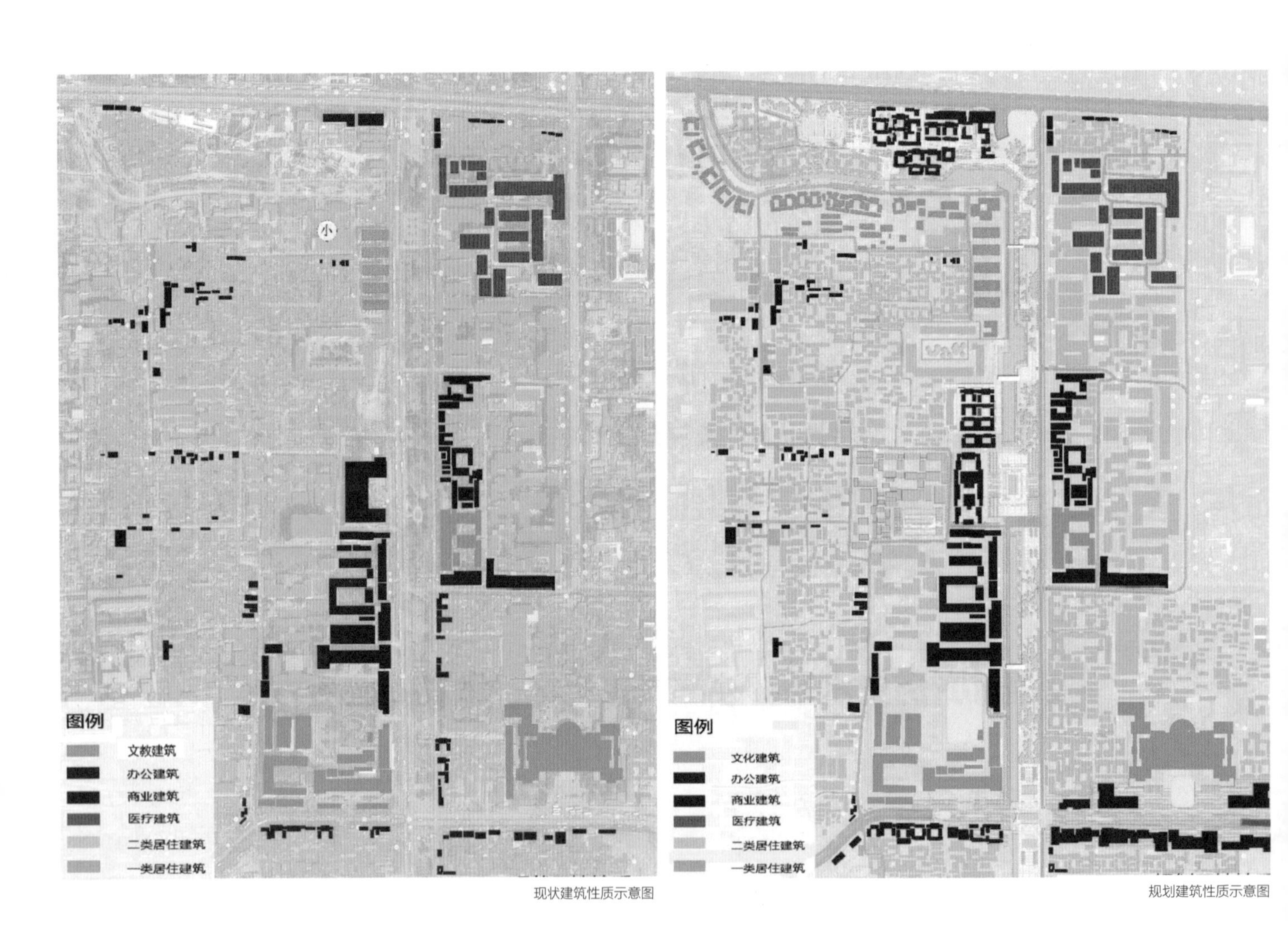

现状建筑性质示意图

规划建筑性质示意图

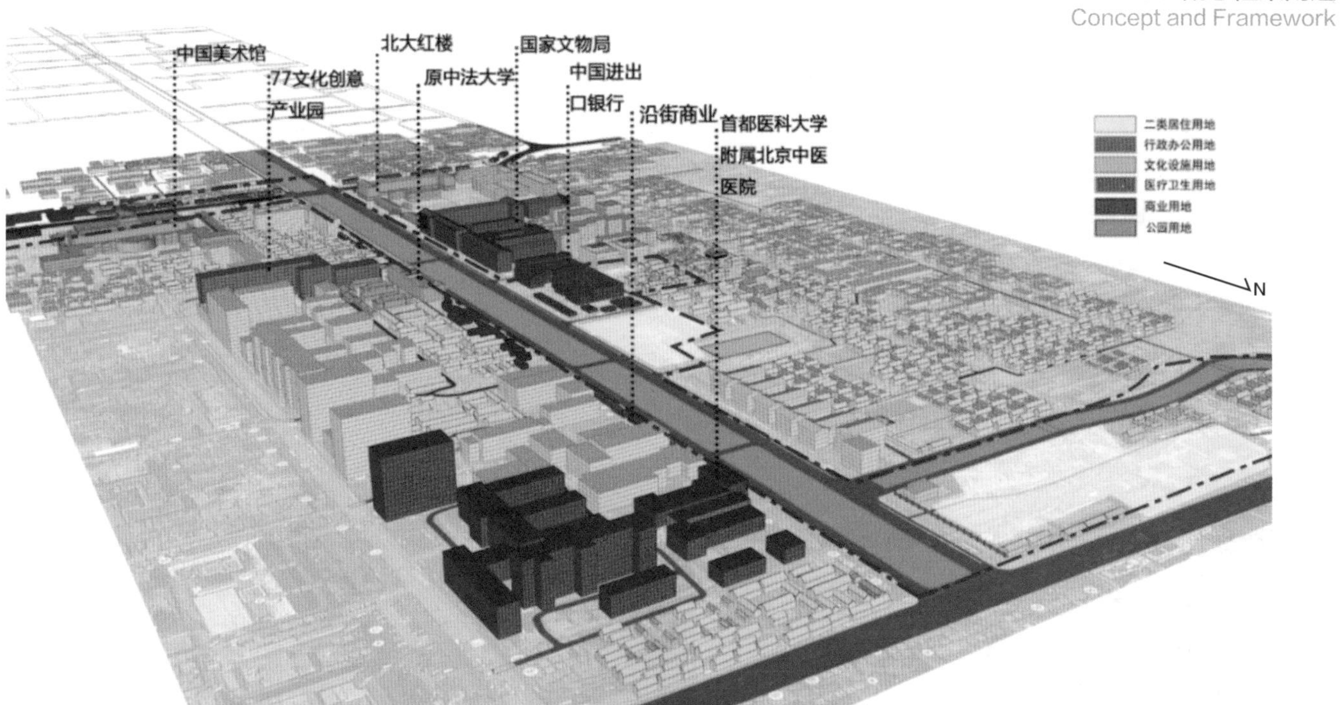

场地现状图

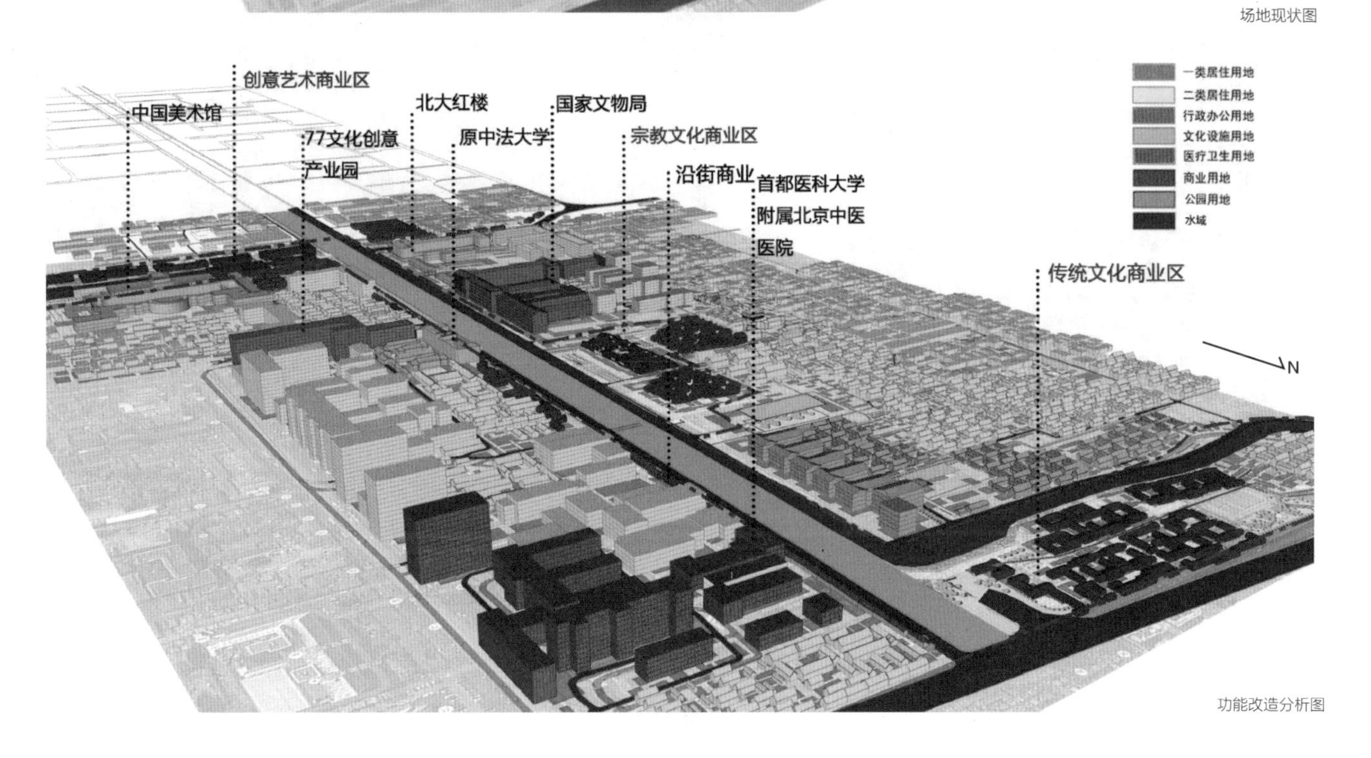

功能改造分析图

专项系统调整
Special System Adjustment

新增、提升、保留建筑环境

保留现状保存较好的建筑，并通过改造街道内需要修缮的沿街立面，来改善整体街道环境，同时也置入新的建筑物提升环境品质。

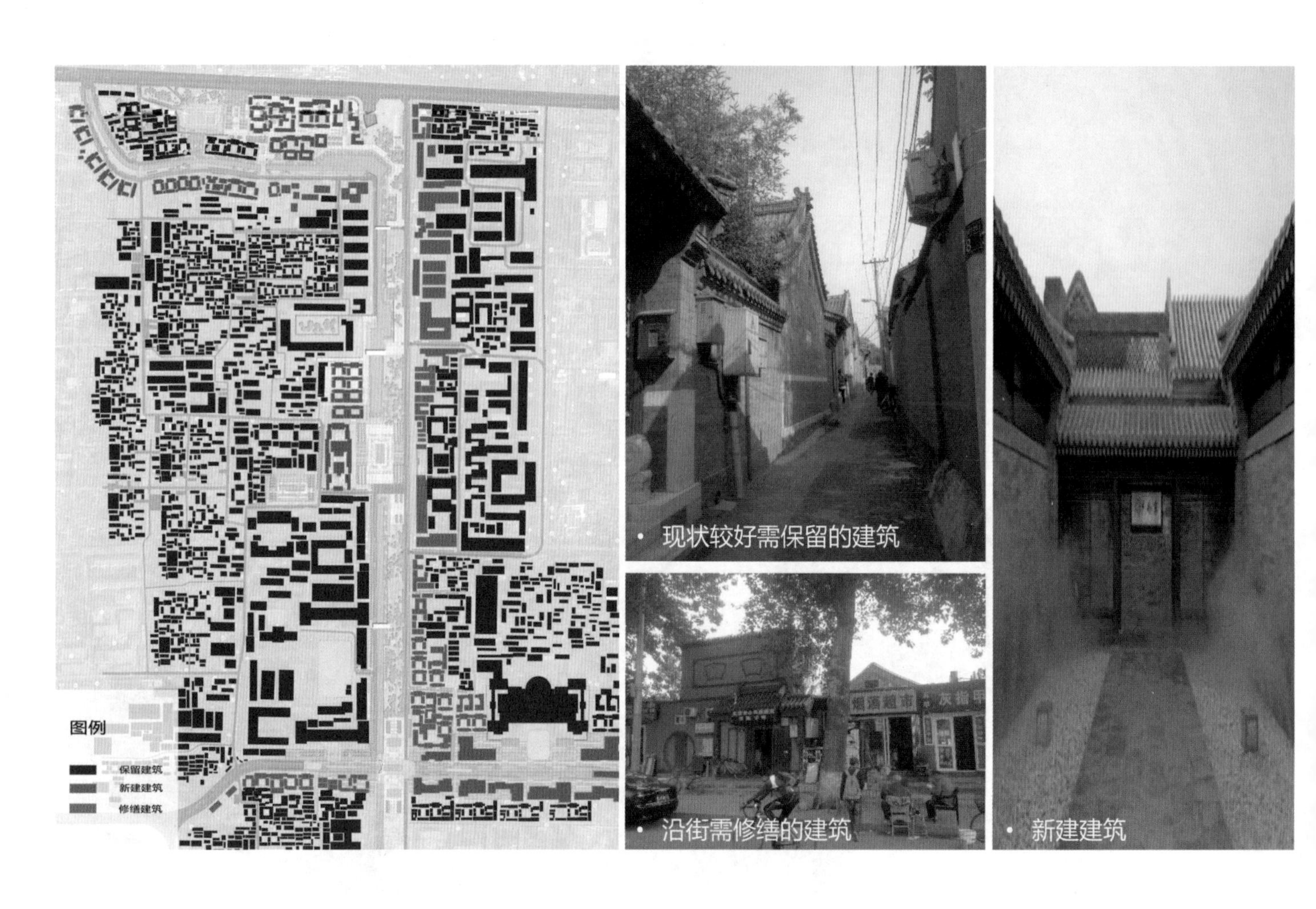

提升现有交通系统

在东皇城根大街南北向规划一条 2.8km 的隧道，并增加大量的地下停车空间，保留地安门东大街、东四大街东西向车道，与隧道相连接，可将地上空间大幅释放。以此达到地面景观环境的提升。

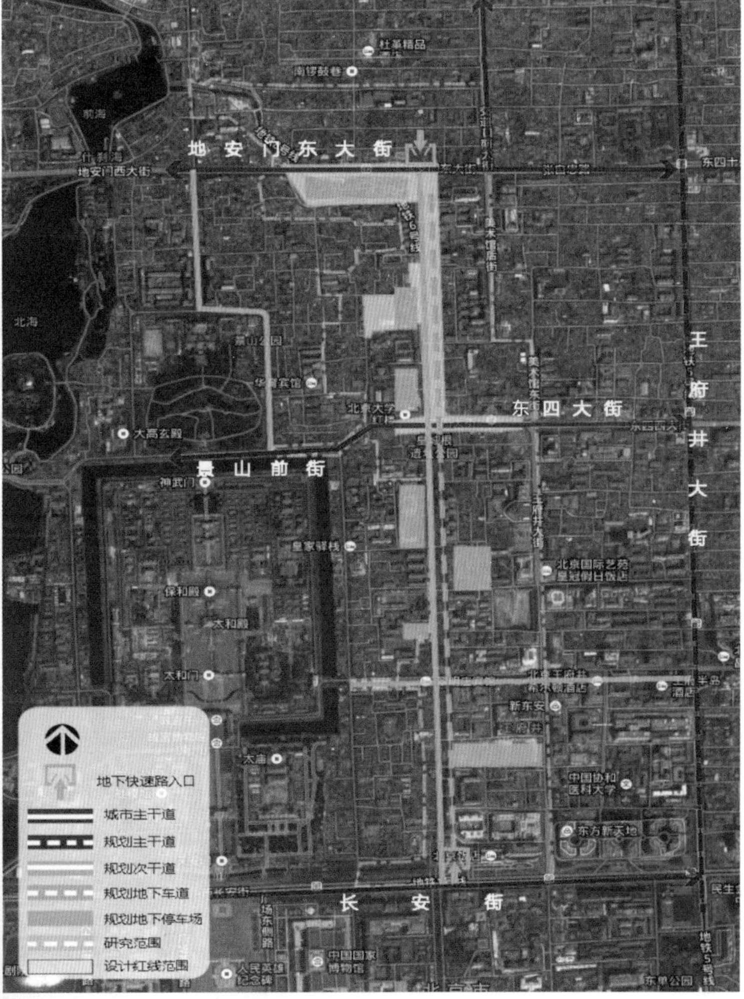

- 东皇城根大街规划南北向2.8km隧道

- 规划地下停车空间，释放地上空间

- 保留地安门东大街、东四大街东西向车道，并与隧道进行连接

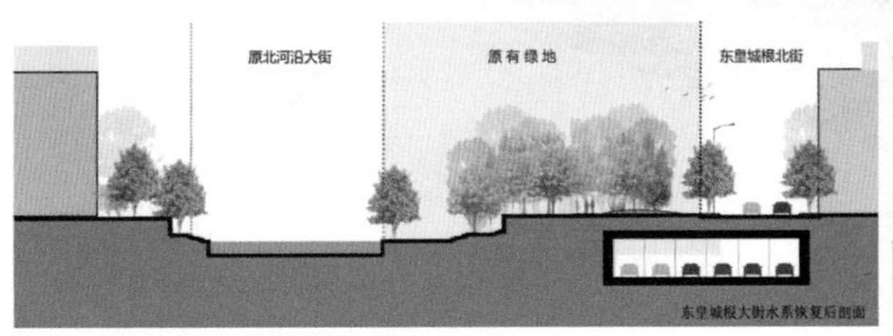

东皇城根大街水系恢复后剖面

东皇城根大街水系恢复前剖面

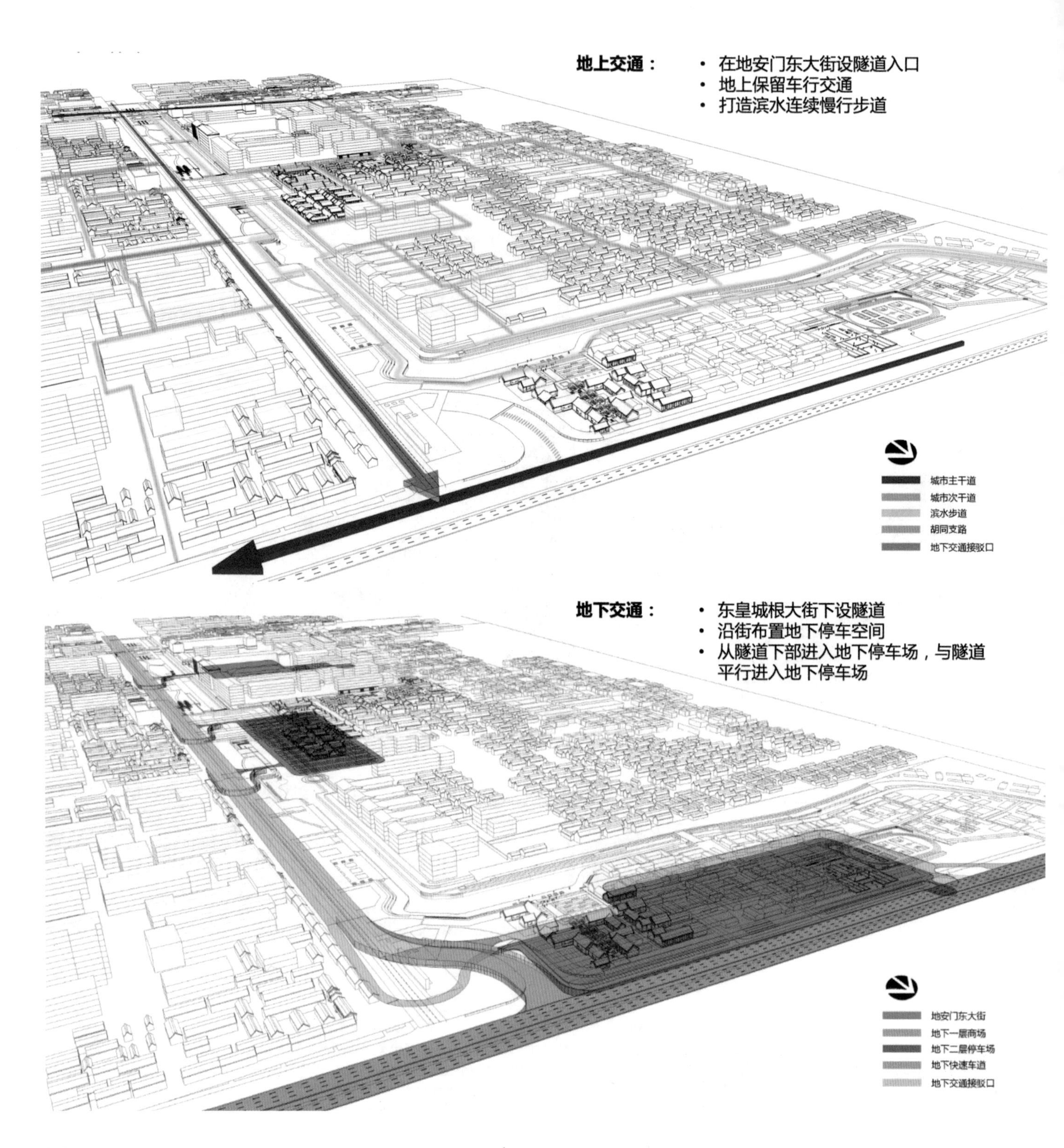
地上交通：
• 在地安门东大街设隧道入口
• 地上保留车行交通
• 打造滨水连续慢行步道
城市主干道
城市次干道
滨水步道
胡同支路
地下交通接驳口
地下交通：
• 东皇城根大街下设隧道
• 沿街布置地下停车空间
• 从隧道下部进入地下停车场，与隧道平行进入地下停车场
地安门东大街
地下一层商场
地下二层停车场
地下快速车道
地下交通接驳口

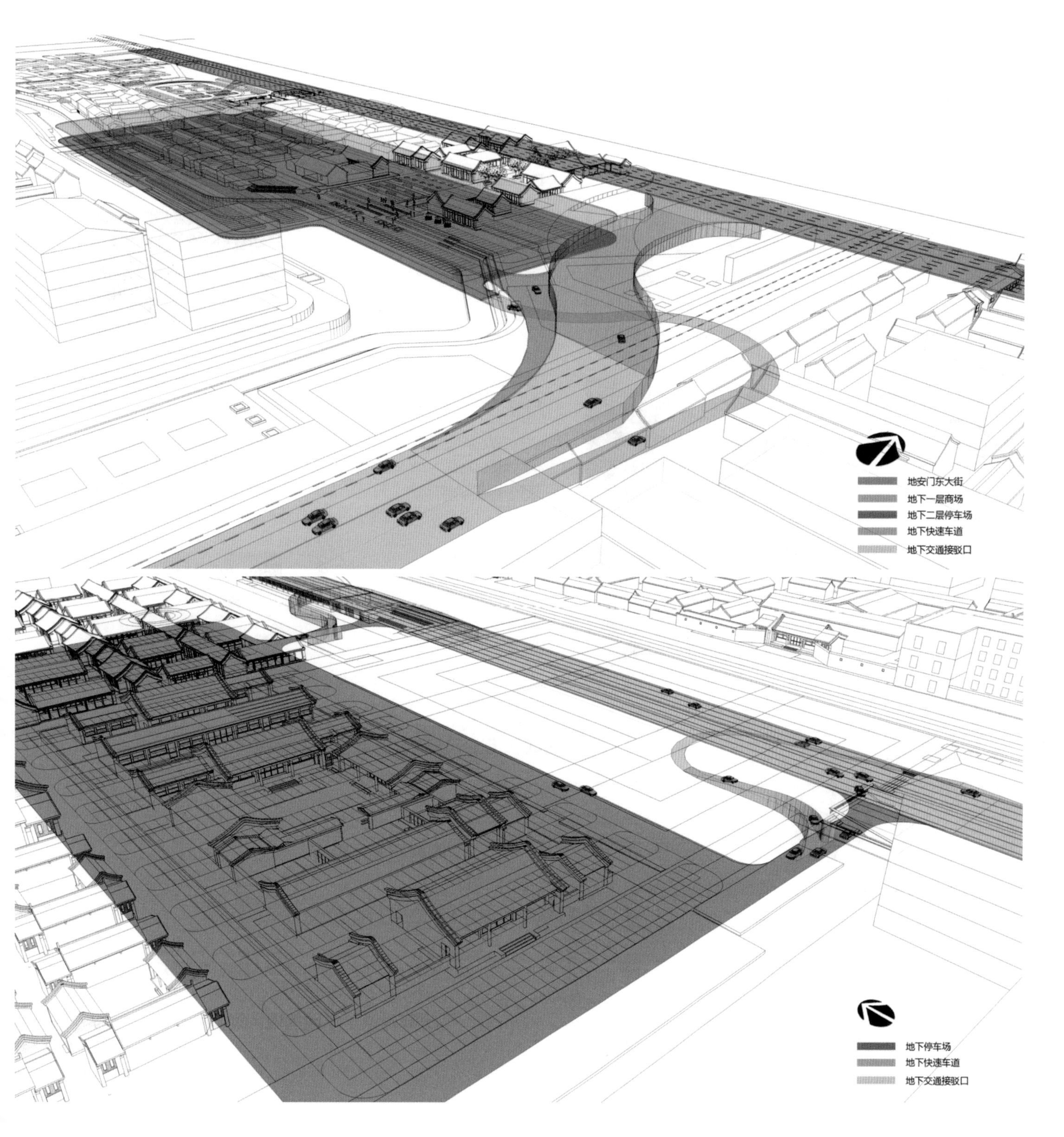
地安门东大街
地下一层商场
地下二层停车场
地下快速车道
地下交通接驳口
地下停车场
地下快速车道
地下交通接驳口

分析使用人群，得到不同人群的特征、文化、偏好。并且在此基础之上规划适合该人群的活动。

□ 游客

景观偏好：
文化差异性景观

旅游是探寻游览地风土人情的过程，具有鲜明本地特色的文化景观，由于其特殊性成为最受游客欢迎的景观。

行为特征：
时间集中活动一致

游客大致分为跟团游和自由行两种，游客活动较类似，黄金周等假日，游客量剧增。

消费特征：
纪念品消费

购物是旅游行为中重要的一环，以文化特色产品消费为主，将当地特色风情和记忆带回家。

□ 本地居民

景观偏好：
休憩价值高景观

当地居民以休闲活动为主，环境好休憩价值高的场所，往往被居民所使用。

行为特征：
时间分散活动多样

由于交通方便可达性强，本地居民对公园使用时间较长，而且不同时间段及不同场所都有不同的活动方式。

消费特征：
生活品消费

居民消费主要以基本生活消费为主，食品饮料及一些娱乐活动消费。

图例
传统活动
滨水活动
休闲活动
艺术活动

□ 传统活动　以金属和织染为特色的传统民俗体验活动

美食点

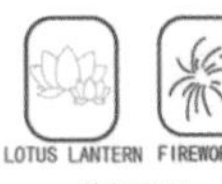

传统节日

玉河博物馆、老字号小吃、兵器展览馆、织染体验馆、金属手工艺品店、酸奶吧、美食街

服务对象：游客

□ 滨水活动　与水相关的娱乐休闲活动

垂钓　溜冰

钓鱼、溜冰、冰雕雪雕展、戏水池、河灯许愿场、喷泉广场、水镜广场

服务对象：本地居民、游客

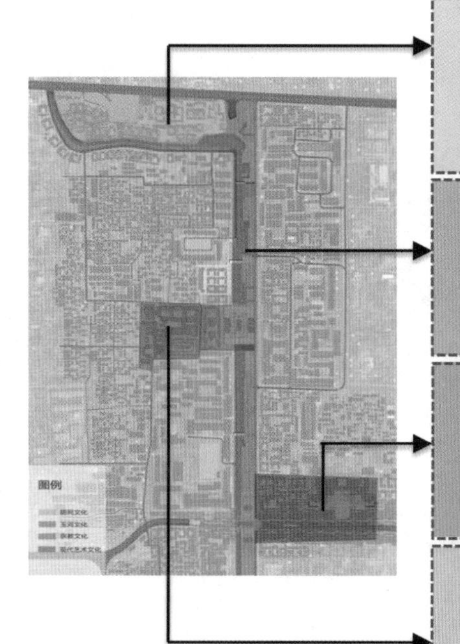

□ 胡同文化（火药局胡同）
兵器与金属

火药局胡同为明代火药局的所在地。掌管造刀枪、剑戟、鞭斧、盔甲、弓矢等各种兵器，旧时每逢日食和月食，都要敲打铜铁器“以救日月”。

□ 玉河文化
漕运

玉河原是元代开凿的通惠河位于“宫城”东侧的一段河道。古时为北京人夏日乘凉之处，现为盖板河。

□ 现代艺术文化（中国美术馆）
创意新潮

中国美术馆馆藏以新中国成立前后时期的作品为主，另有大量的民间美术作品，常年举办各类美术展览。中国顶级艺术殿堂。

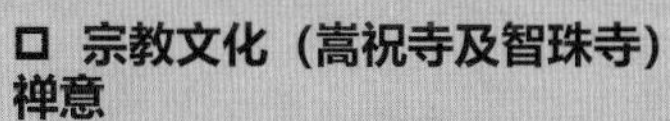

□ 宗教文化（嵩祝寺及智珠寺）
禅意

嵩祝寺及智珠寺为明代汉经厂遗址，宗教活动场所，为北京市文物保护单位。古时为藏传佛教的集中地。

□ 休闲活动　禅意养生活动及京味娱乐活动

TEA DRINKING
茶馆

FARMERS MARKET
商业售卖

斋菜馆、茶馆、相声会馆、京味演艺中心

服务对象：游客

□ 艺术活动　艺术交流与展示活动

PAINTING
绘画

WRITING
阅读

SIGHTSEEING
观光

室外装置艺术展、涂鸦长廊、美术教室、舞蹈教室、儿童涂鸦活动

服务对象：本地居民、游客

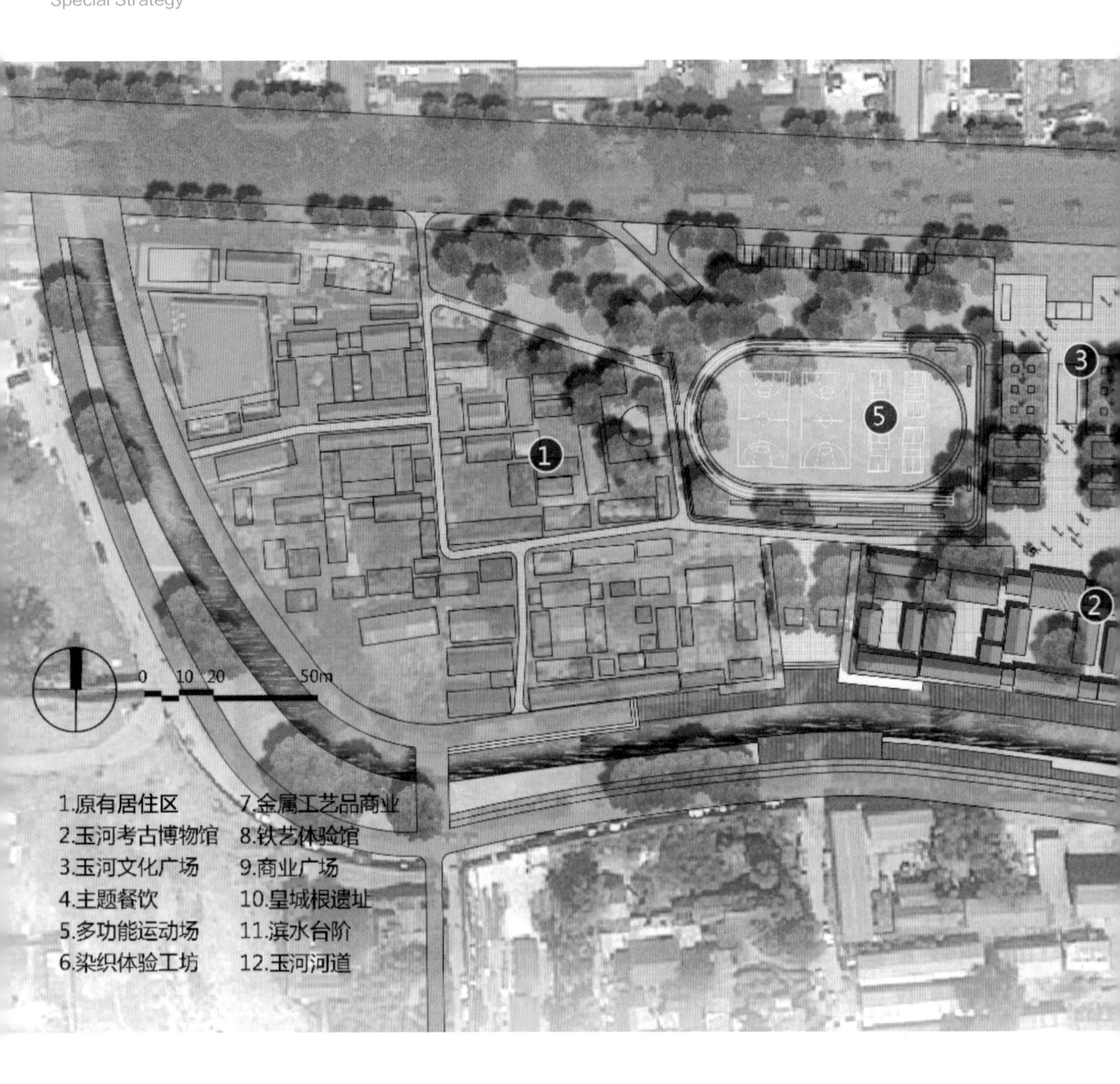
1
5
3
2
0
10
20
50m
1.原有居住区
2.玉河考古博物馆
3.玉河文化广场
4.主题餐饮
5.多功能运动场
6.染织体验工坊
7.金属工艺品商业
8.铁艺体验馆
9.商业广场
10.皇城根遗址
11.滨水台阶
12.玉河河道

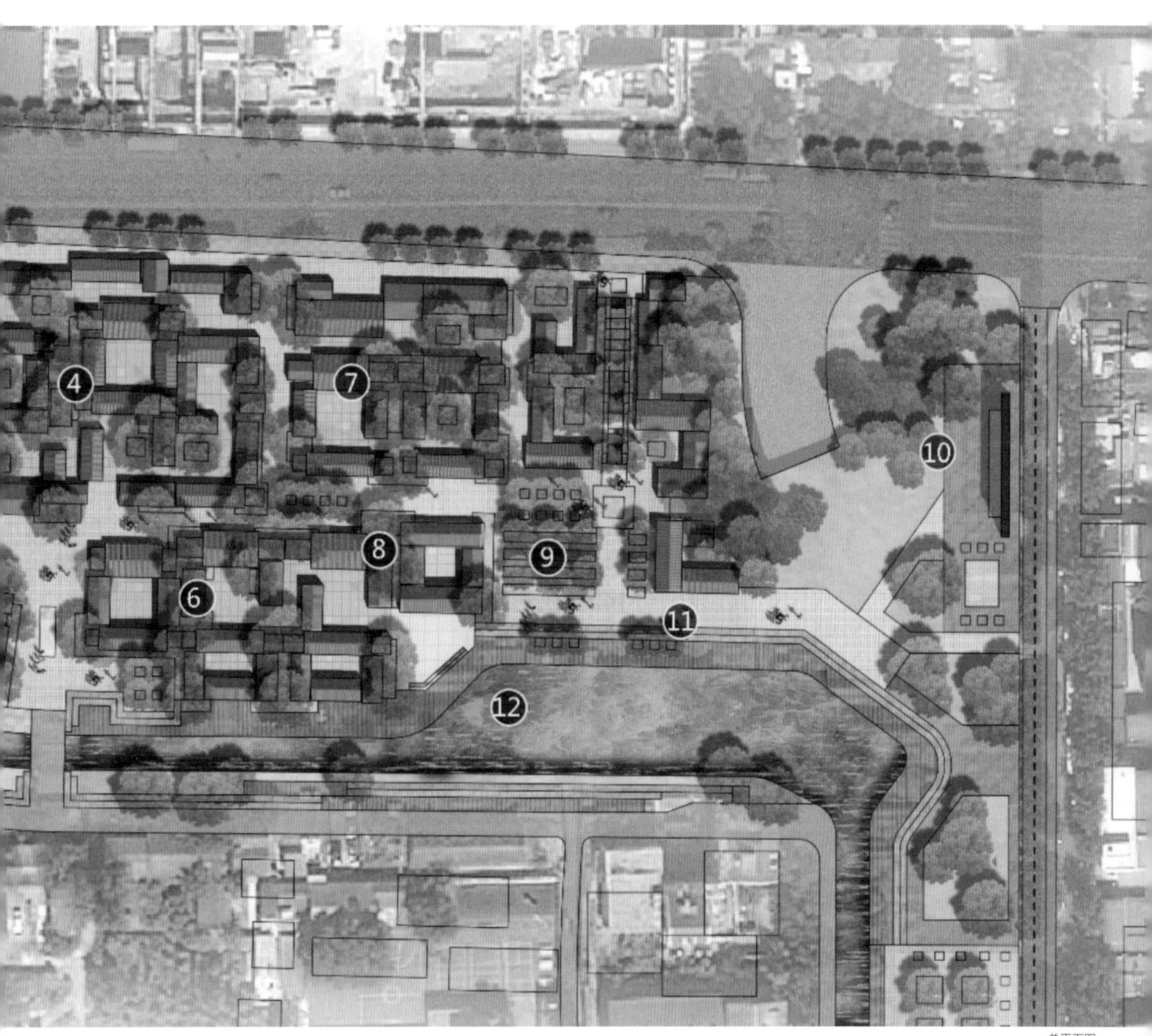

总平面图

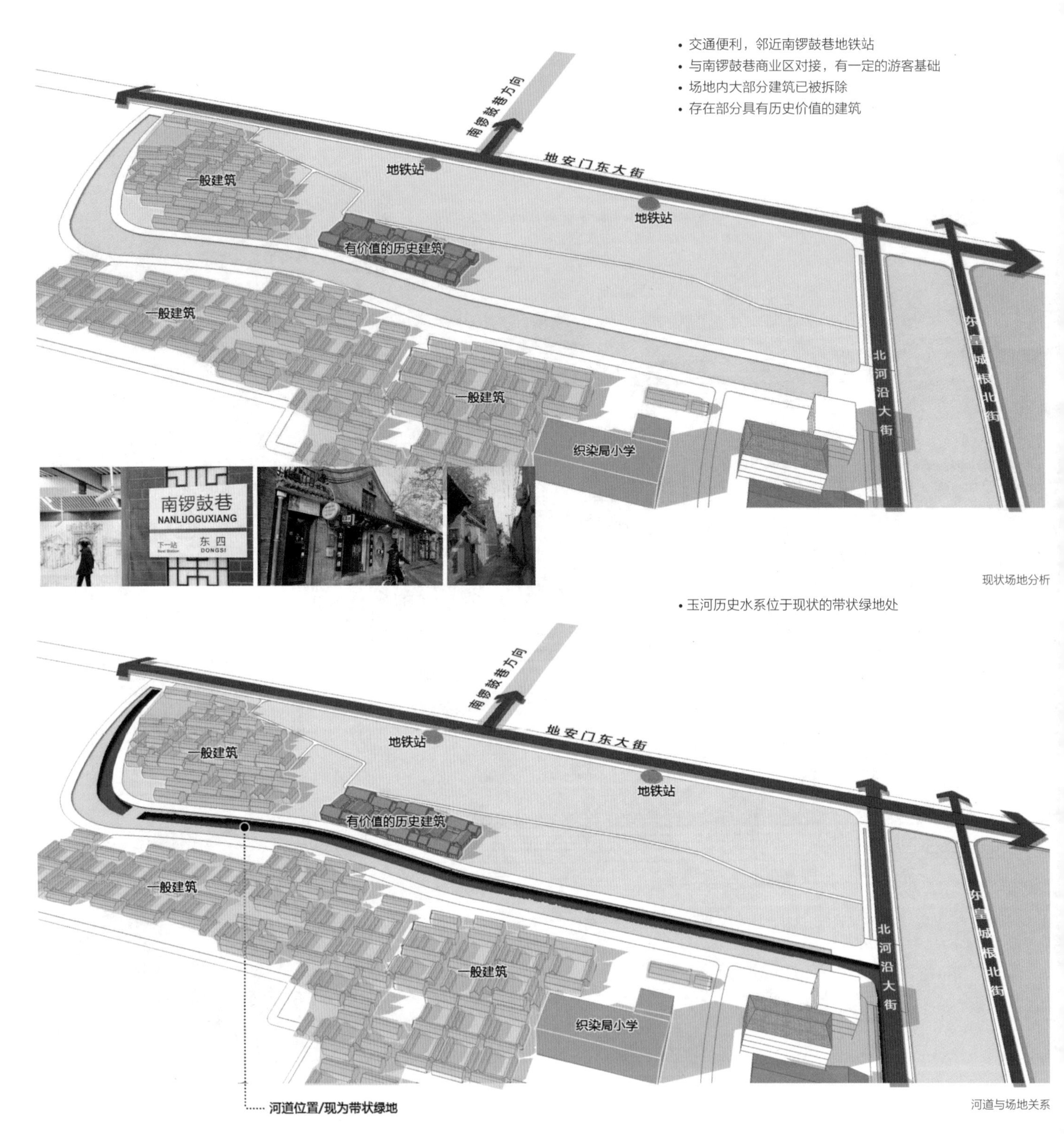

现状场地分析

河道与场地关系

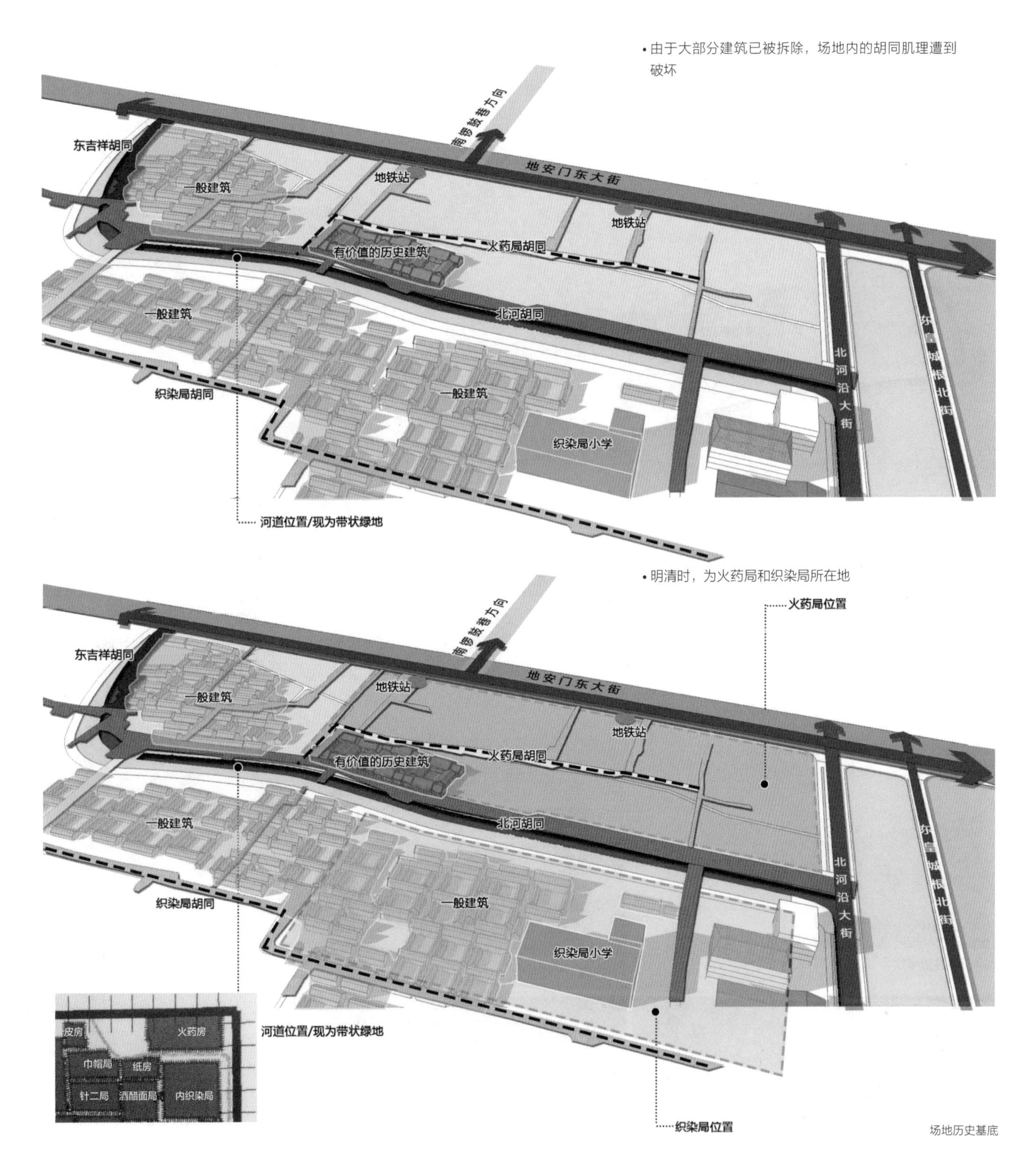
• 由于大部分建筑已被拆除，场地内的胡同肌理遭到破坏
南锣鼓巷方向
东吉祥胡同
地安门东大街
一般建筑
地铁站
地铁站
有价值的历史建筑
火药局胡同
一般建筑
北河胡同
东皇城根北街
北河沿大街
织染局胡同
一般建筑
织染局小学
河道位置/现为带状绿地
• 明清时，为火药局和织染局所在地
火药局位置
南锣鼓巷方向
东吉祥胡同
地安门东大街
一般建筑
地铁站
地铁站
有价值的历史建筑
火药局胡同
一般建筑
北河胡同
东皇城根北街
北河沿大街
织染局胡同
一般建筑
织染局小学
皮房
火药房
巾帽局
纸房
针二局
酒醋面局
内织染局
河道位置/现为带状绿地
织染局位置

场地历史基底

玉河段详细设计
Detailed Design of Yuhe River

+ 具有场地特征的商业、主体餐饮、民俗体验工坊
+ 连续的濒水休闲带
+ 居住、商业、文化体验相融合的多功能区域

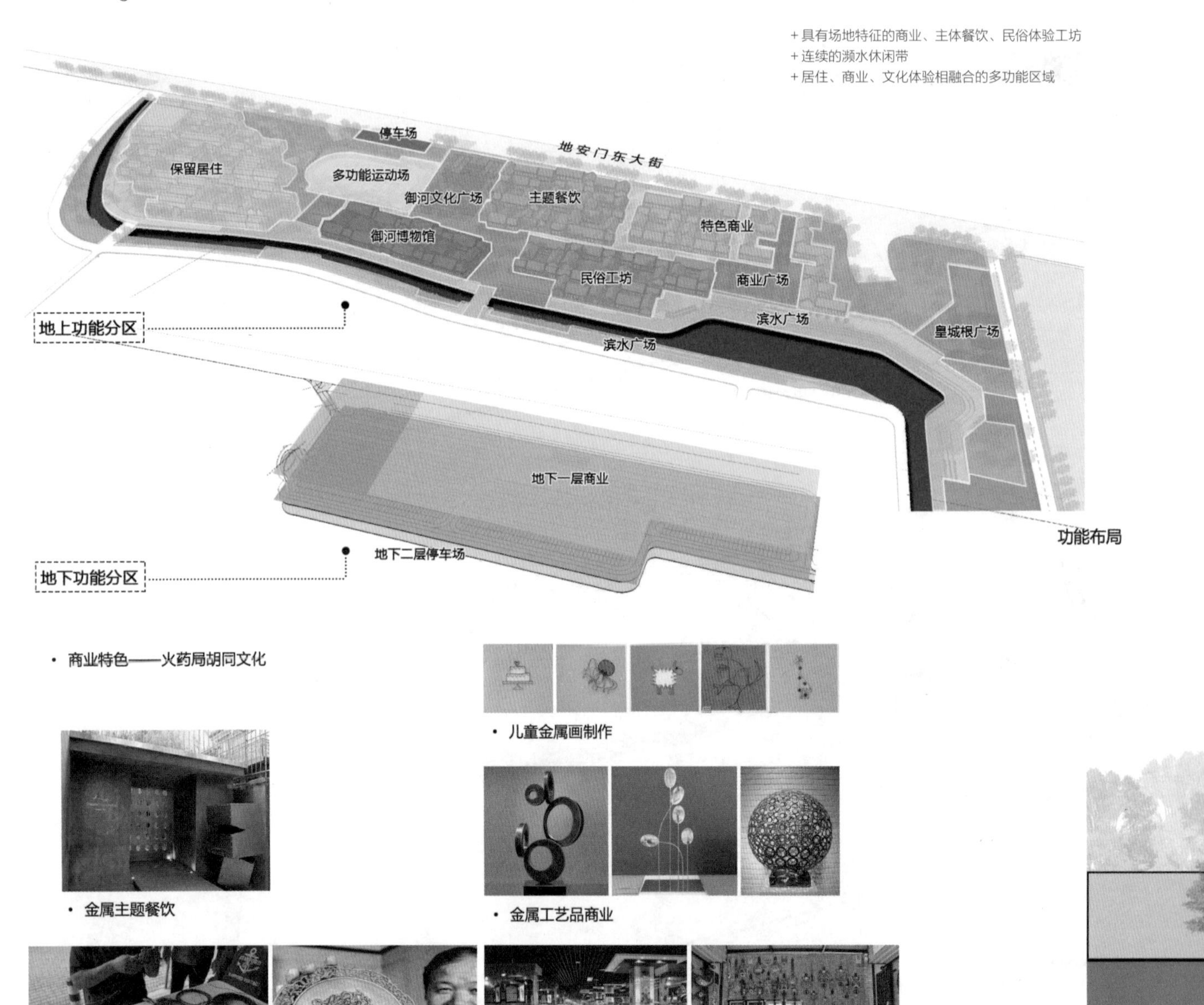

• 商业特色——火药局胡同文化

• 儿童金属画制作

• 金属主题餐饮

• 金属工艺品商业

• 民俗体验工坊

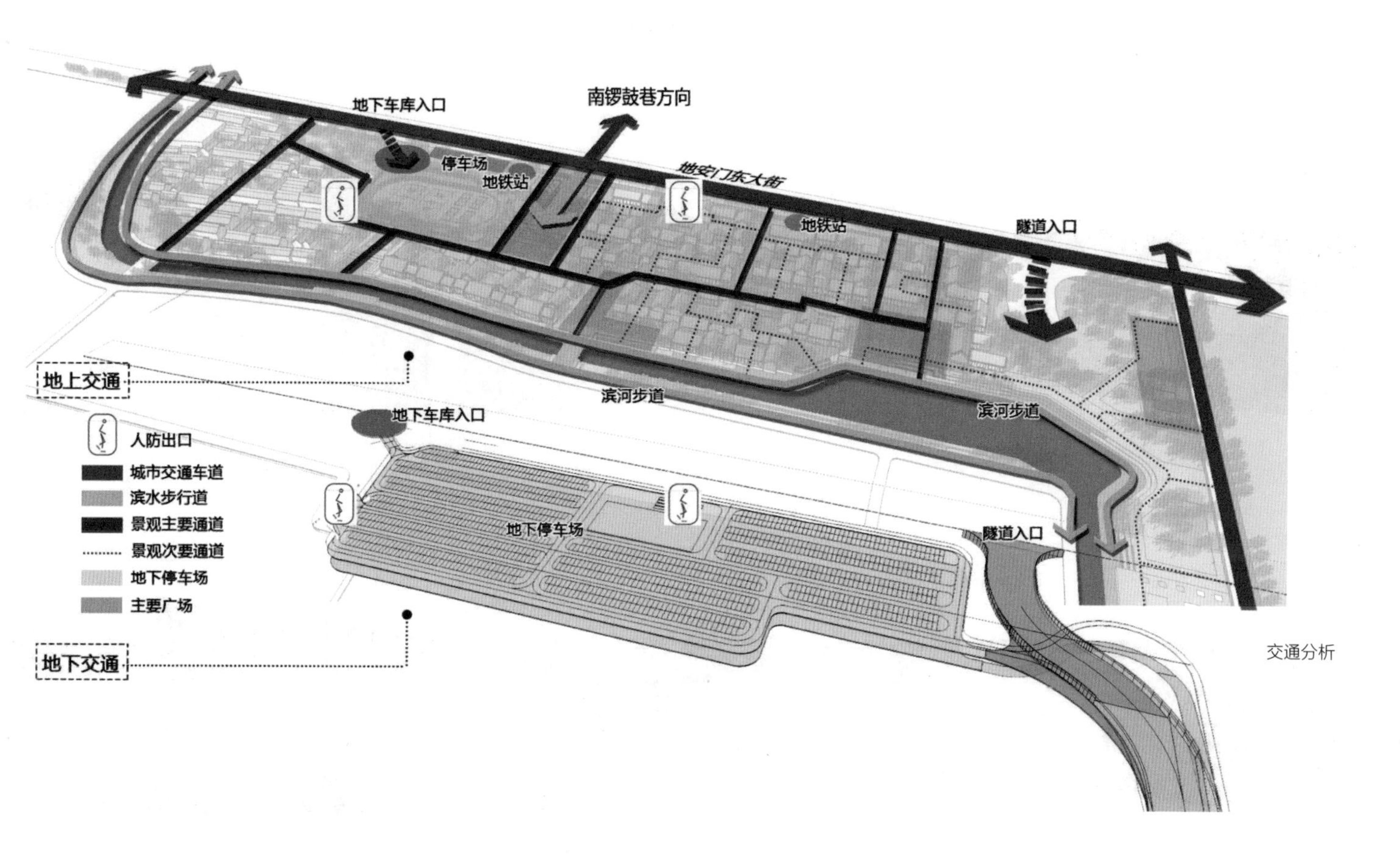

交通分析

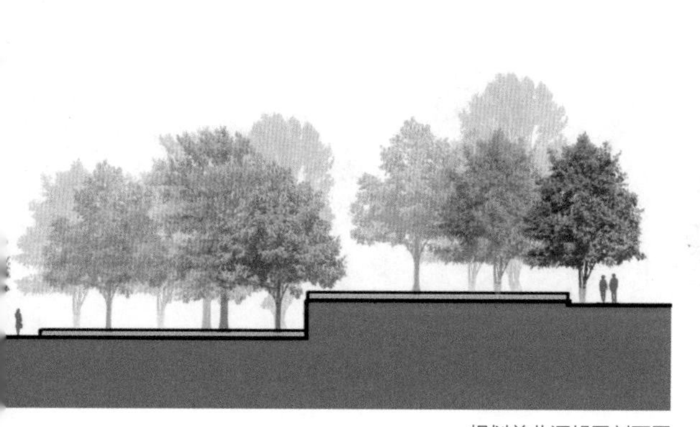

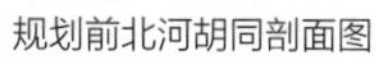
规划前北河胡同剖面图

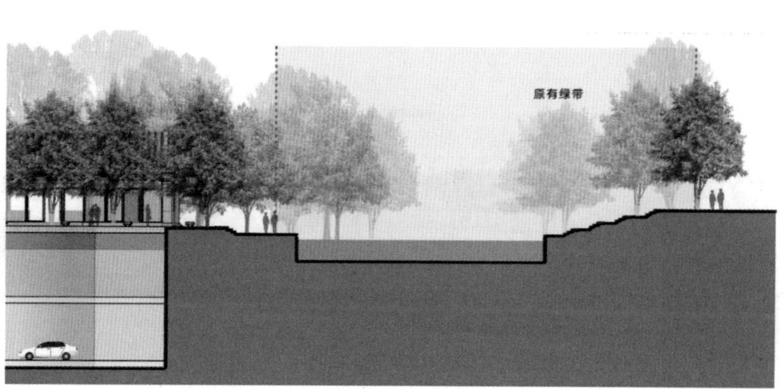

规划后北河胡同剖面图

04 片区节点设计

Partition and Nodes Design

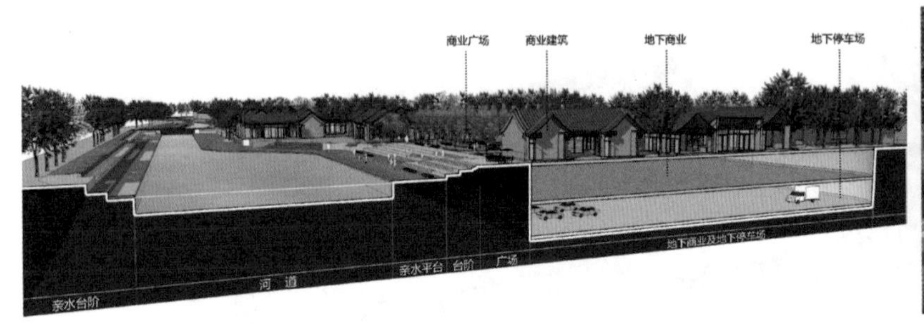

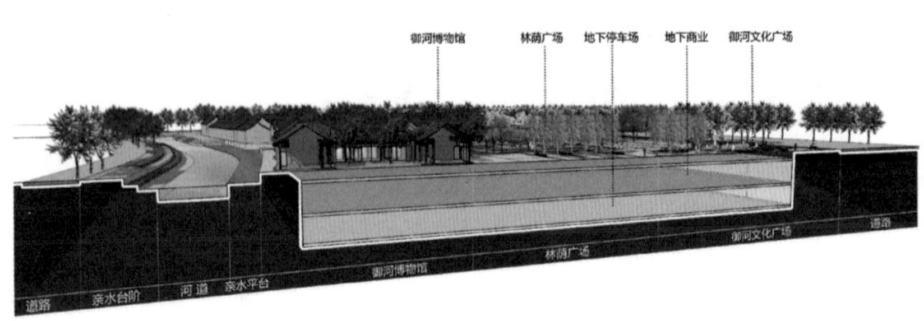

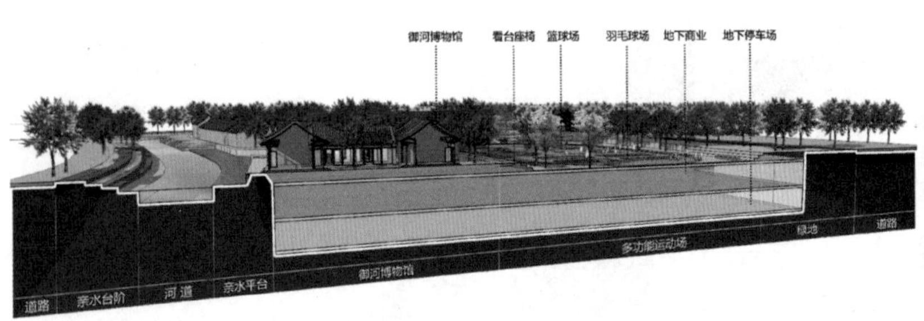

从 SWOT 分析入手，将中央商务区 CBD 水系节点区域主要特征归结为 3 大类：历史、生态、活动。其中，场地中的交通活动尤为错综复杂。通过建立“桥”来强化场地的 3 大特征，且加入生态化、节能型的景观结构设施和雨洪利用型景观结构设施。在上述策略的基础上，延续并重塑新一代城市空间。

中央商务区 CBD 节点设计

何　茜
李双双
王国瑞

区域特征
Regional Feature

from Google Earth

befor

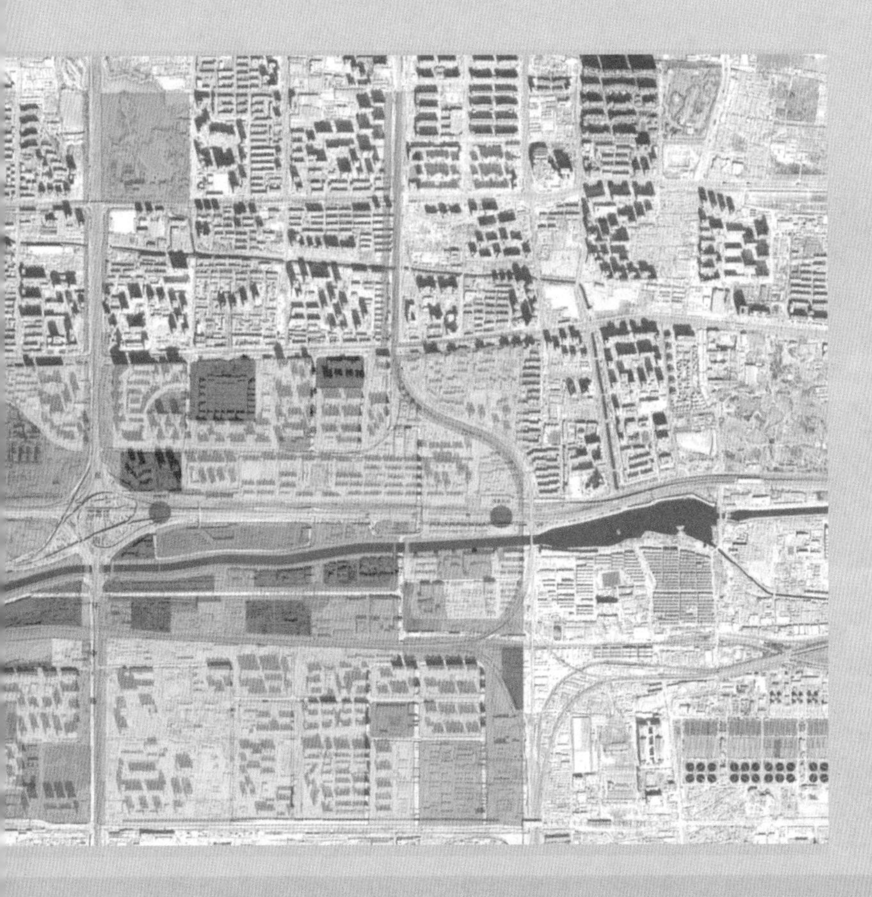

ng

Planning Proposal

SWOT 分析
SWOT Analysis

Strength优势

1. 位于CBD商业文化中心，特点突出，产业密集
2. 宏观交通联系较好，地铁、快速路连通中心城区和通州新城
3. 运河起点，文化底蕴丰厚

Weakness劣势

1. 水体严重污染，近无生态可言，河流两侧植被缺乏统筹，丧失绿地功能，驳岸多为硬质，生态性差，且不易亲水
2. 南北向被快速路和铁路分割，景观通达性差，沿河道路多为人车混用，交通杂乱，且离河较近
3. 沿岸城市风貌缺乏引导控制，且基础设施构建不足
4. 棚户区、城市灰空间脏乱差

Opportunities机会

1. 周边产业密集，作为利益相关者之一，将可能投入精力参与环境的改善，建立双赢体系
2. 拆改部分建筑转变为绿地，大大提升环境质量
3. 高架桥、地下通道等灰空间可利用价值大
4. 周边居民较多，对绿地空间需求大

Threats威胁

1. 通惠河作为游憩休闲的功能几乎消失，河道两侧开放空间被日常生活所忽视
2. 漕运文化逐渐被人们淡忘，旅游业开发敌强我弱
3. 机动车数量剧增，沿岸环境受到威胁

历史：历史与今天的对立，**运河文化没落**

生态：水体严重污染，**驳岸单调**，近无生态可言，河流两侧植被缺乏统筹

交通可达性：从居住区到公园到CBD，阻隔的交通，庆丰公园无人问津，水系被忽视——**可达性差**

三大主要问题：历史、生态、活动

Three Main Issues: History, Ecology and Activities

历史方面：运河文化没落——历史水系景观规划的必要性

大通闸（又称头闸，是通惠河的起点）
庆丰闸（又称二闸）作为我国元代重要的水利建筑，不仅掌管河水蓄泄，还灌溉近郊良田，是古代京城平民百姓踏青游玩的好去处，也是文人墨客聚会之所。庆丰闸一带承载着丰厚的民俗文化传统，有着重要的历史意义。

参考文献：
段天顺．二闸·竹枝词·小鱼汤：庆丰闸历史文化探析［J］．北京水利，1998，4.

生态方面：水体严重污染，驳岸单调，近无生态可言，河流两侧植被缺乏统筹。

三大主要问题：历史、生态、活动
Three Main Issues: History, Ecology and Activities.

生态方面：商务聚集区，硬化面积较大，径流偏大。

0m 100m 500m 1000m

0.15
0.5
0.6
0.8
0.9

径流系数分析图

北京市	商业区	居住区	新建居住区	开发区	郊区
不透水面率（%）	86	84	83	50	12
径流系数（最小-最大）	0.39（0.19~0.48）	0.36（0.28~0.46）	0.29（0.18~0.45）	0.28（0.19~0.34）	0.07（0.016~0.096）

活动方面：可达性差，河道绿地满足的活动类型十分单一。

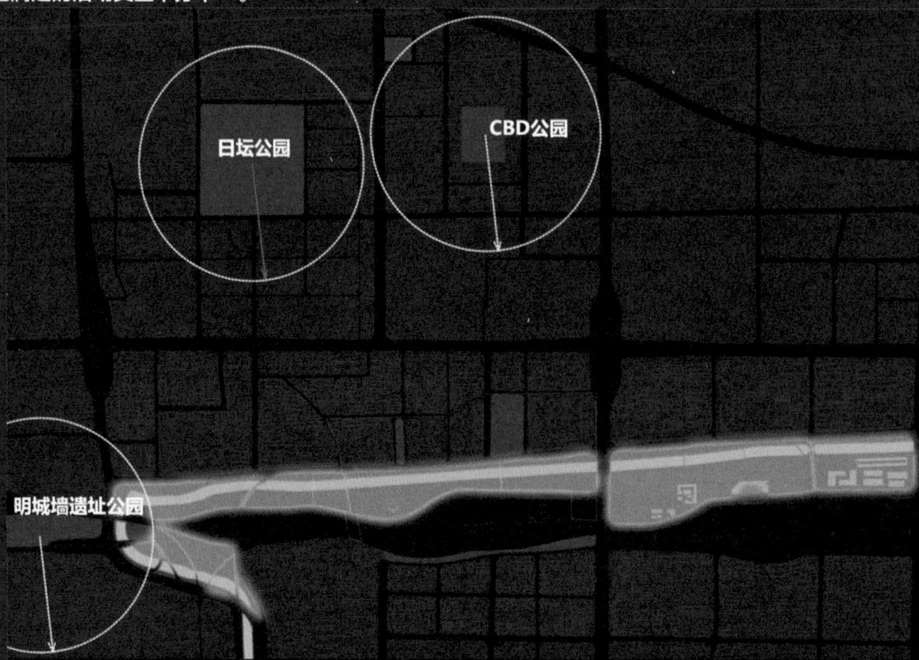

高密度城市环境周边绿地覆盖严重缺失，滨河绿地应承载重要角色

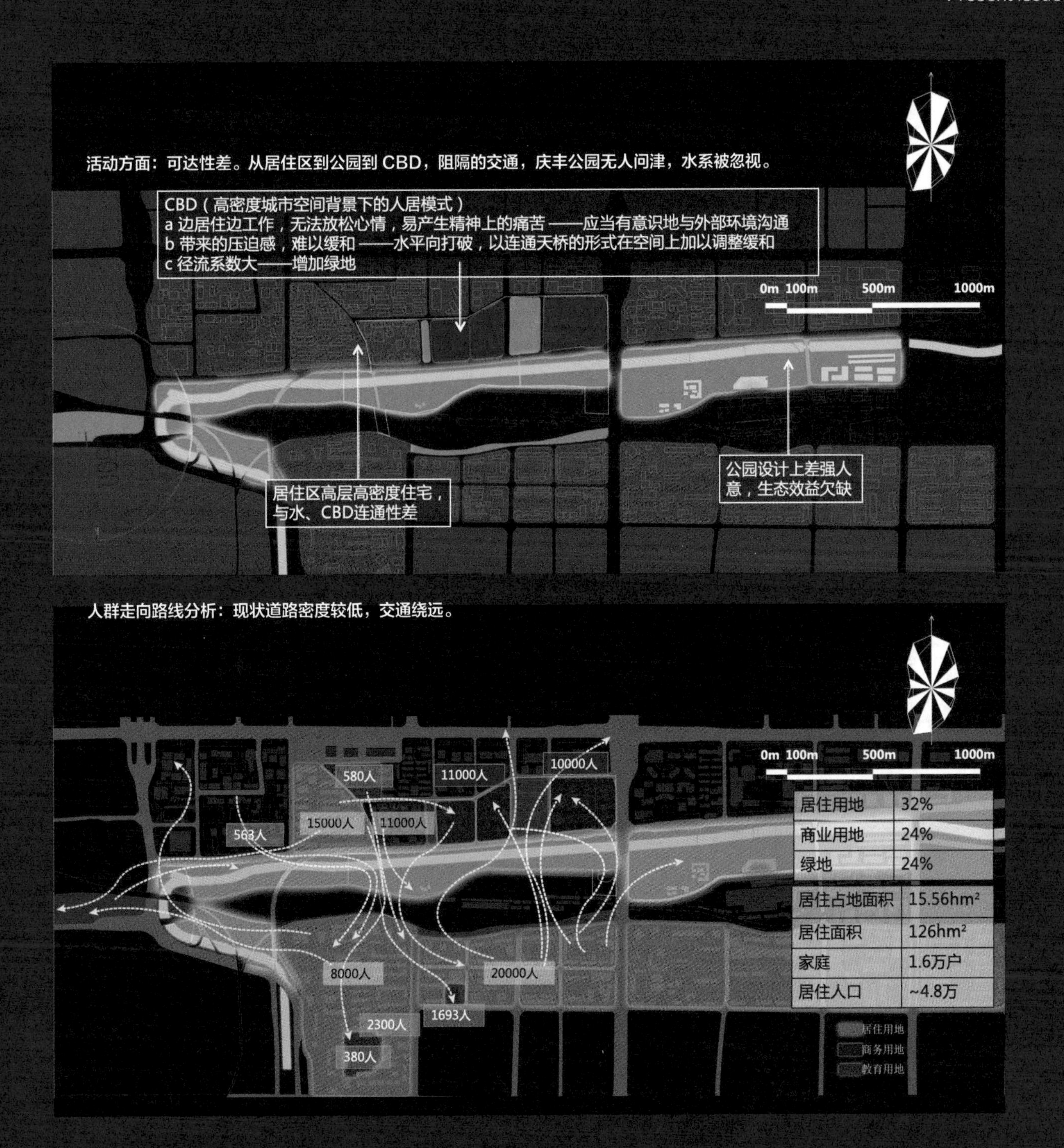

居住用地	32%
商业用地	24%
绿地	24%
居住占地面积	15.56hm²
居住面积	126hm²
家庭	1.6万户
居住人口	~4.8万

三大主要问题：历史、生态、活动

Three Main Issues: History, Ecology and Activities.

交通容量分析：场地内部靠近地铁处交通压力较大，南北过河道路严重不足。

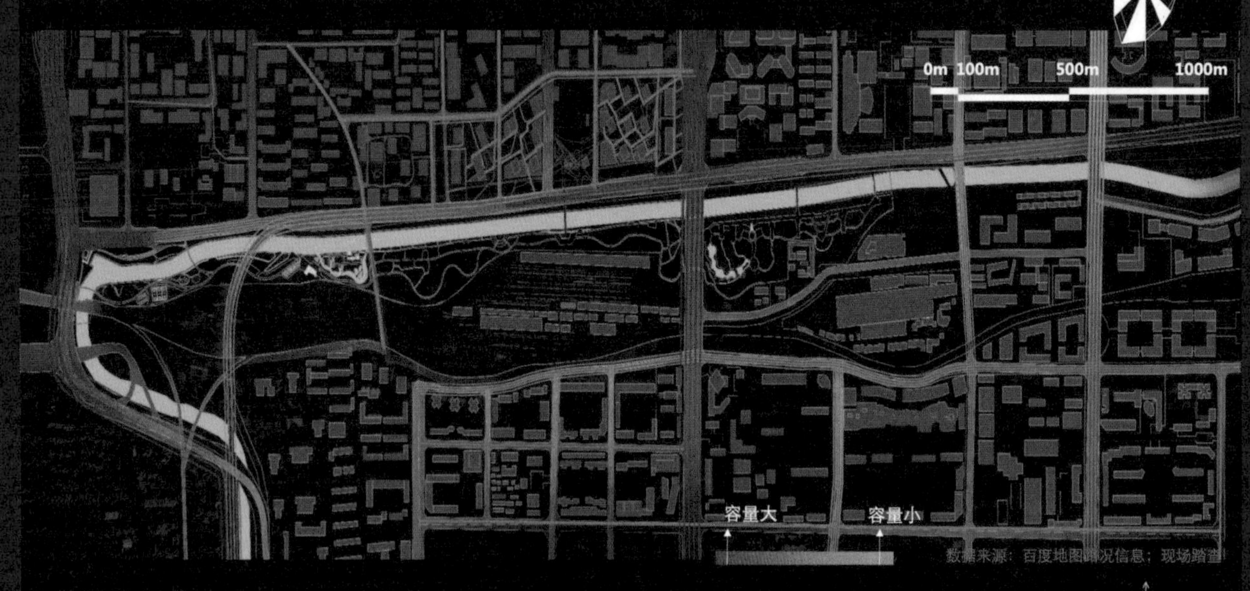

潜在交通流分析：现状的地块可达性研究。

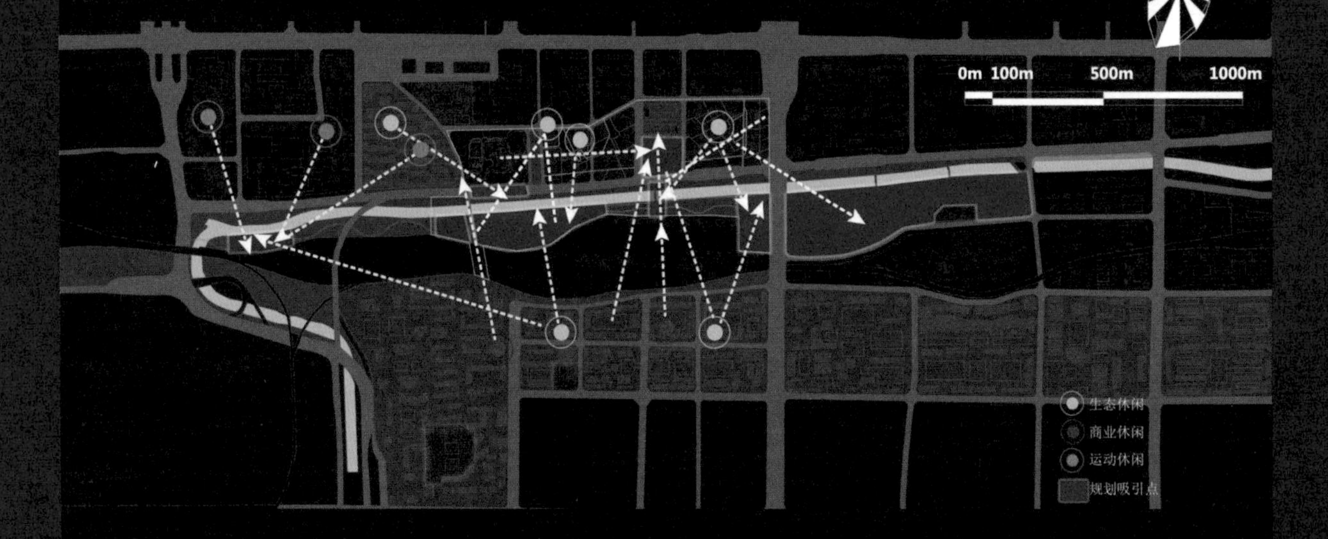

交通路径分析：水系两岸有多处交通吸引点，需构建充分、多样、景观性强的跨河交通路径。
0m 100m 500m 1000m
还人们以活动空间，还地下以积极空间，还生态以绿色空间
节能净化装置
运河文化景观设施
生态桥
休憩设施

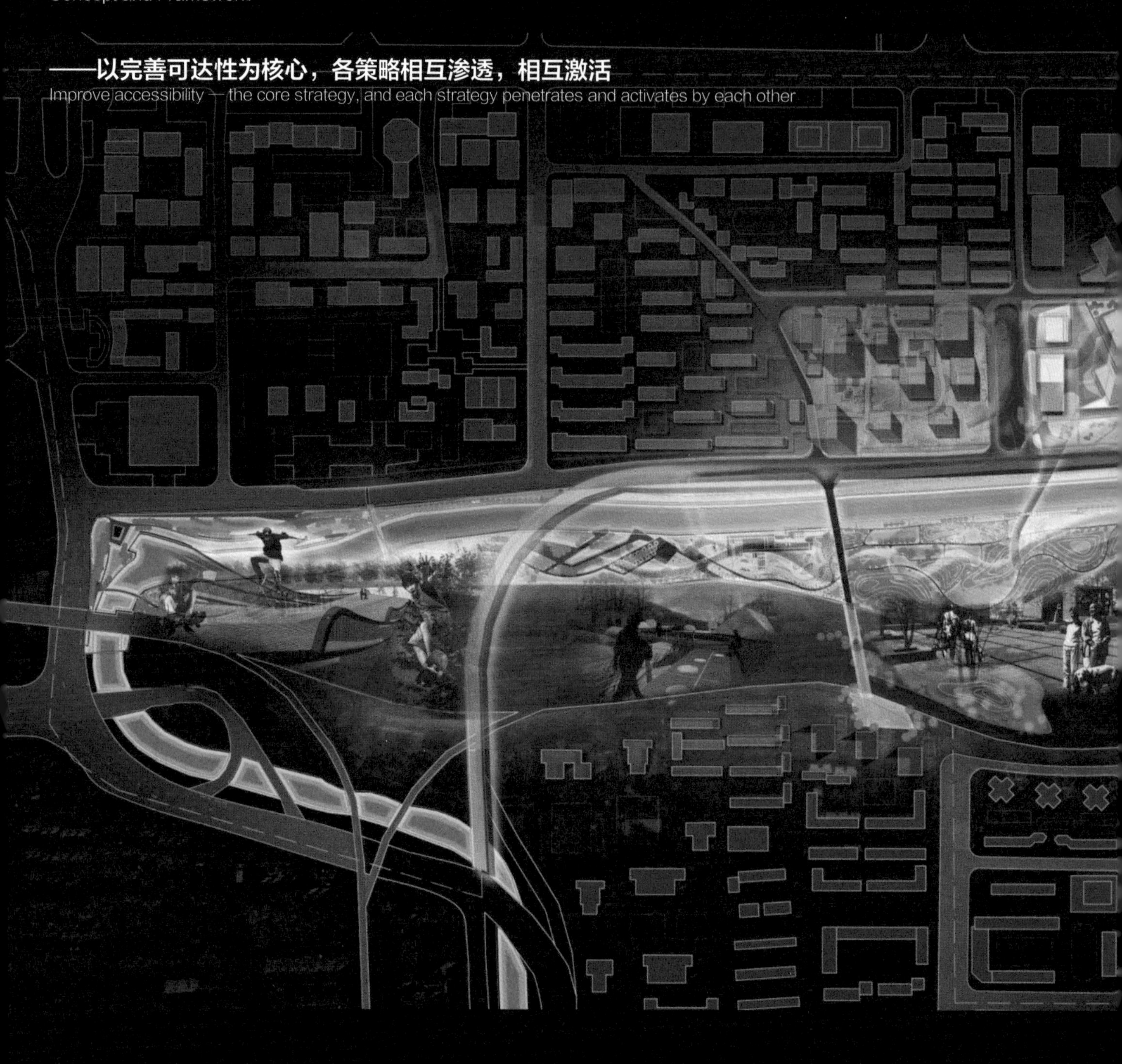

——以完善可达性为核心，各策略相互渗透，相互激活

Improve accessibility — the core strategy, and each strategy penetrates and activates by each other

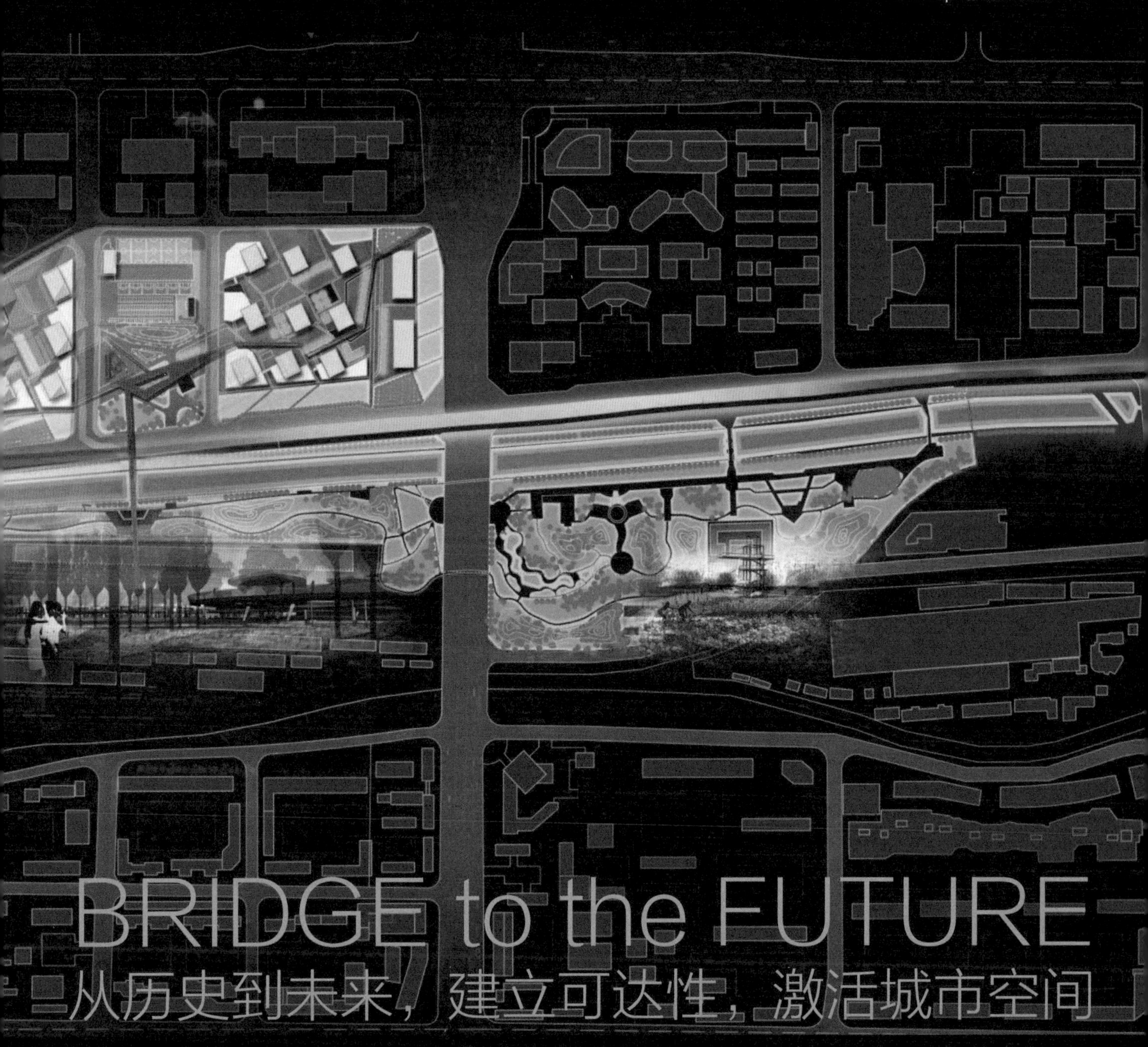
BRIDGE to the FUTURE
从历史到未来，建立可达性，激活城市空间

策略一：活力化水系周边区域。

场地的活力因为周边基础设施的割裂而降低，通过桥与交通系统的整合联系来恢复场地被降低的活力。

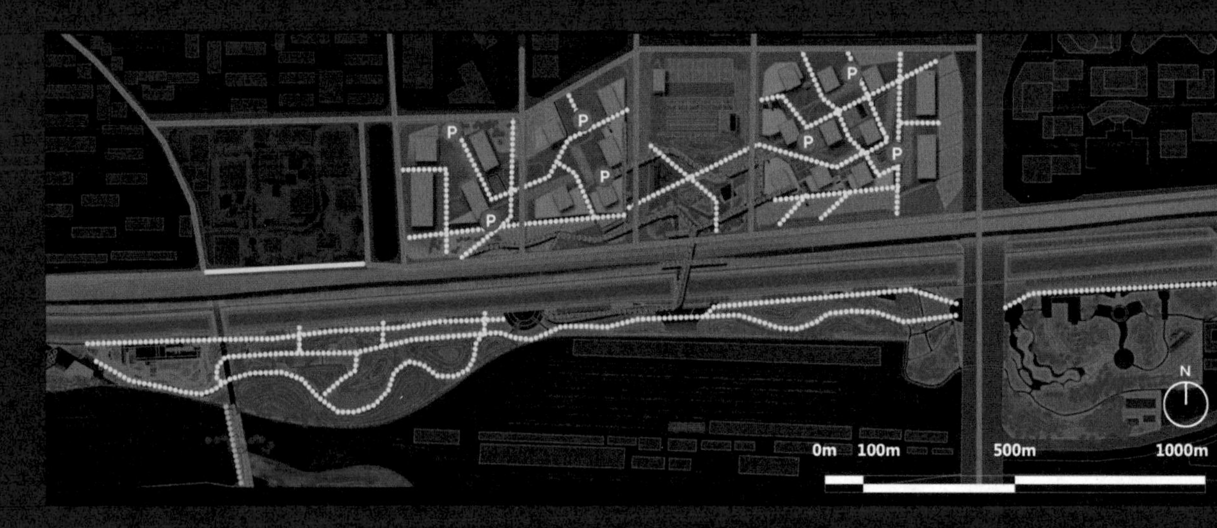

策略二：完善建外 SOHO 可达性，活力化水系周边区域。

解决可达性问题，带动运河活力，让运河重回百姓生活。用慢行系统将三维交通串连起来。

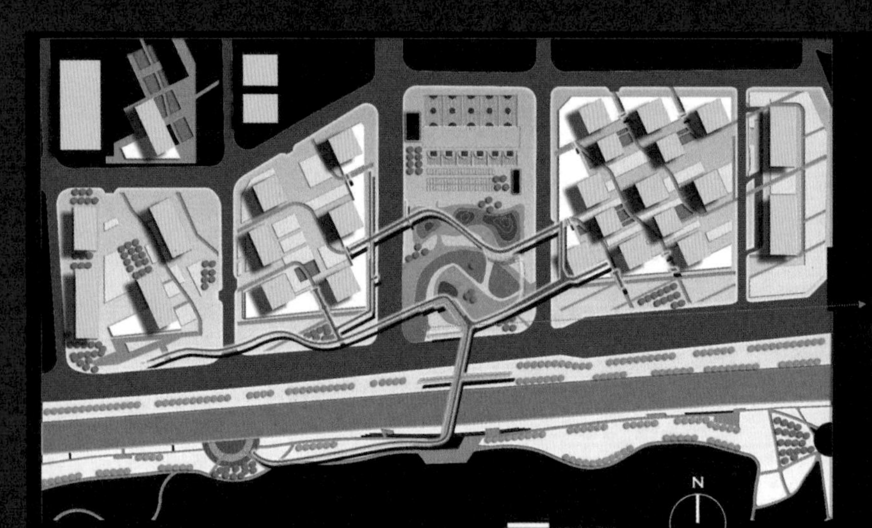

策略二：完善建外 SOHO 可达性，活力化水系周边区域。

策略三：完善居民区至建外 SOHO 地下空间的可达性。并运用 LED 等技术，展示运河历史文化。

生态化设计策略
Ecological Design Strategy

生态化策略 1：高密度城市空间环境下增设能源利用景观小品。

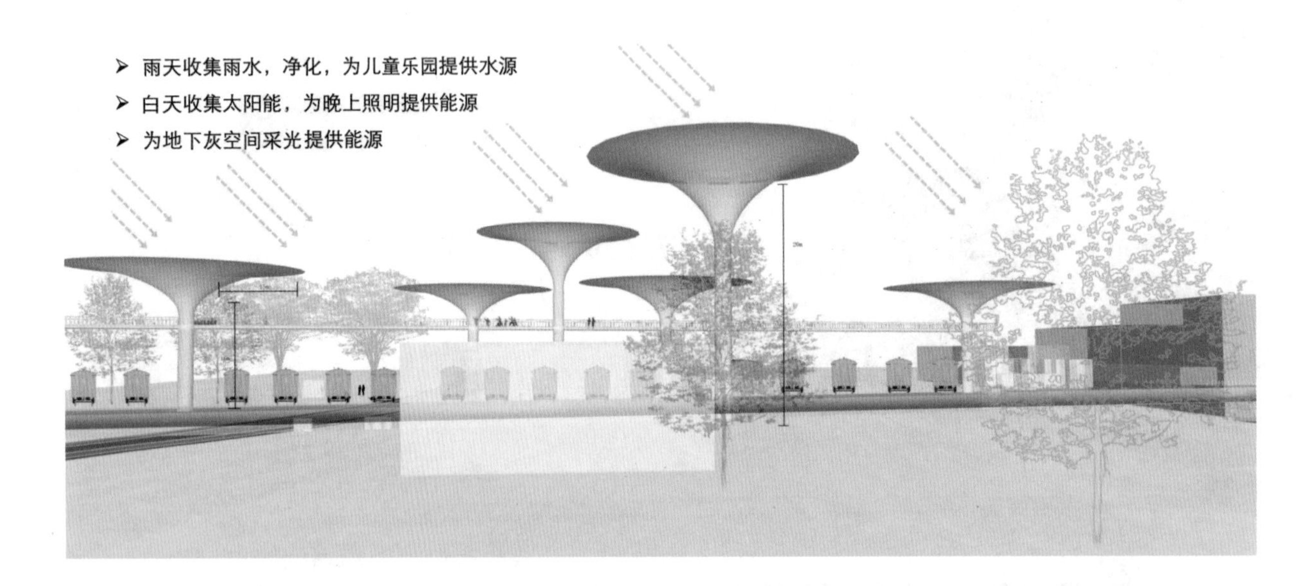

景观小品生态策略图

生态化策略 2：增设能源利用景观小品，收集利用太阳能用以照明。
据北京光照，1m^2/h=0.22kW/h，每个装置一天（6h）可产生 414 度电。
依据照明常识，每盏需 200W，16 个，200×16×24=77（kW·h）。

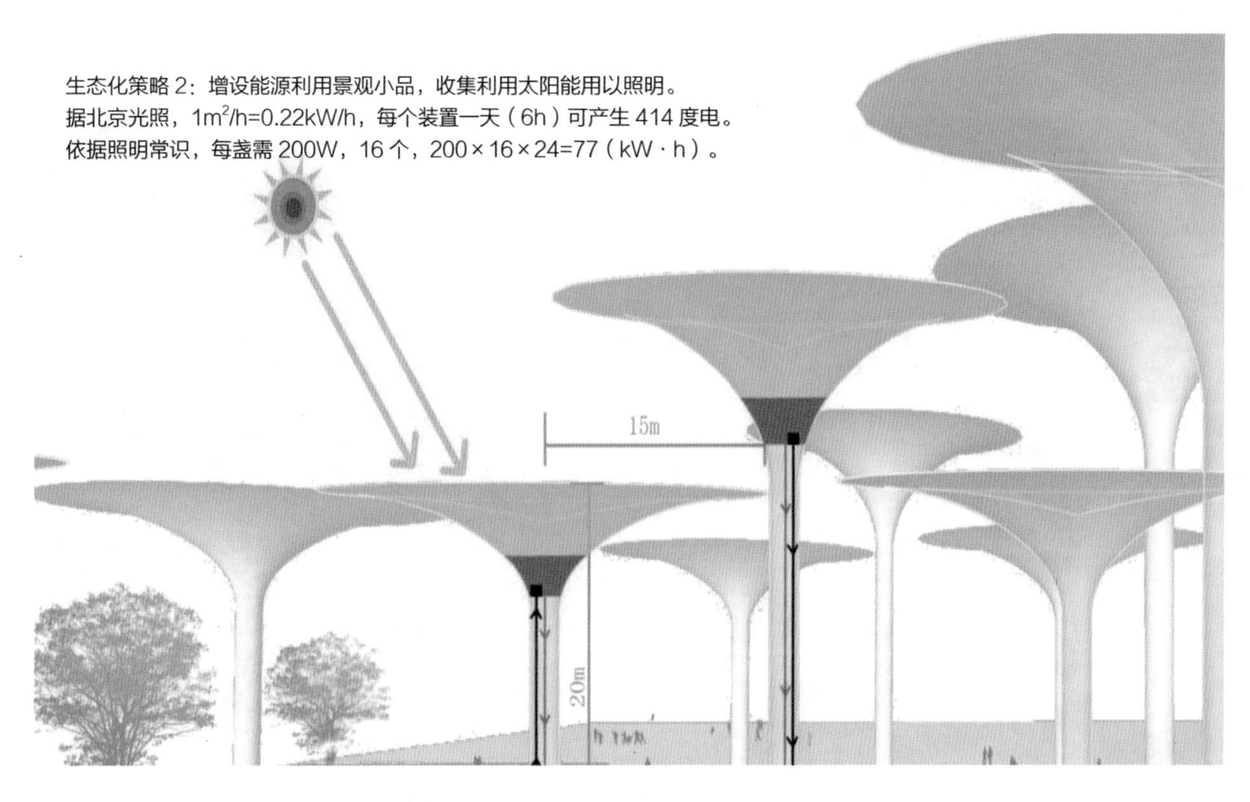

生态化策略 3：增设能源利用景观小品，收集雨水，利用化学方式净化，结合物理方式净化。
儿童乐园深为 0.3m，100 m^2 水池可蓄水 30t，一年 150 天，预计 4500t，大概需装置 10 个。

生态化策略 4：公园湿地水净化措施——水平流湿地

生态化策略 6：雨洪管理——屋顶花园

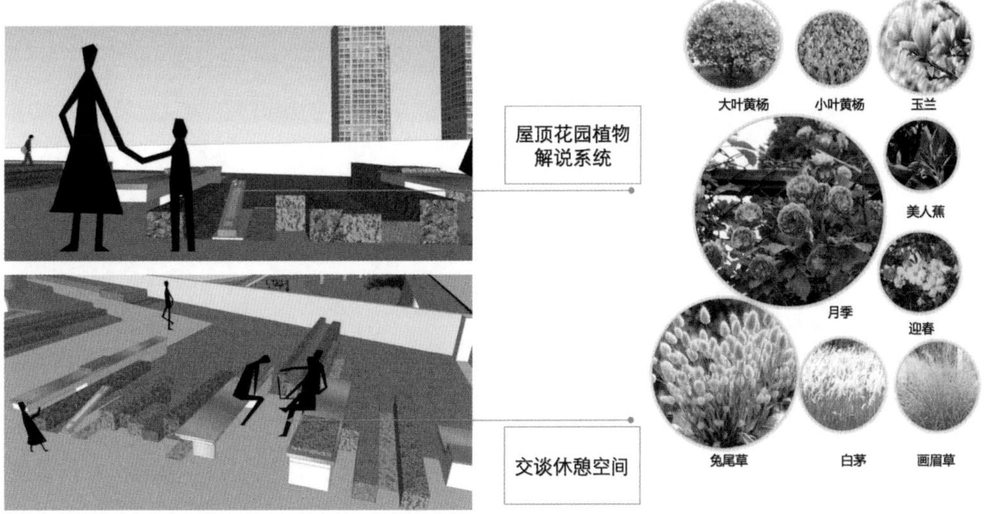

高碑店规划区域的核心问题是水问题。尽管该区域有一处重要的污水处理厂，但河道沿线还有大量的生活废水排入，造成污染。为此通过研究水质、水量两个问题，建立一个新的生态雨洪公园，发挥水质净化、调蓄洪水的作用，构成蓝色纽带和教育展示公园，打造一处重要的景观基础设施。

高碑店雨洪公园设计

彭　楚
李艳妮
梁文莲

规划目标分析
Planning Goals analysis

场地位于京西段高碑店污水处理场附近，周围用地性质复杂。通过梳理交通与用地关系，并对场地进行实地踏勘后，抓准场地主要问题 - 水问题，从水质与水量两方面作为研究方向进行规划。

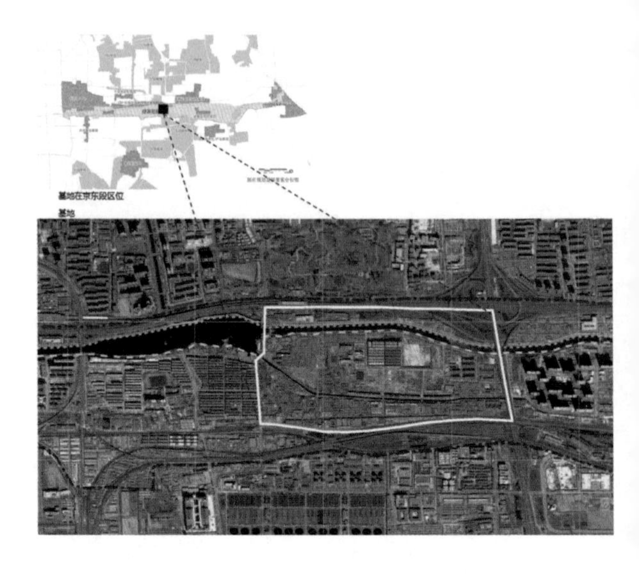

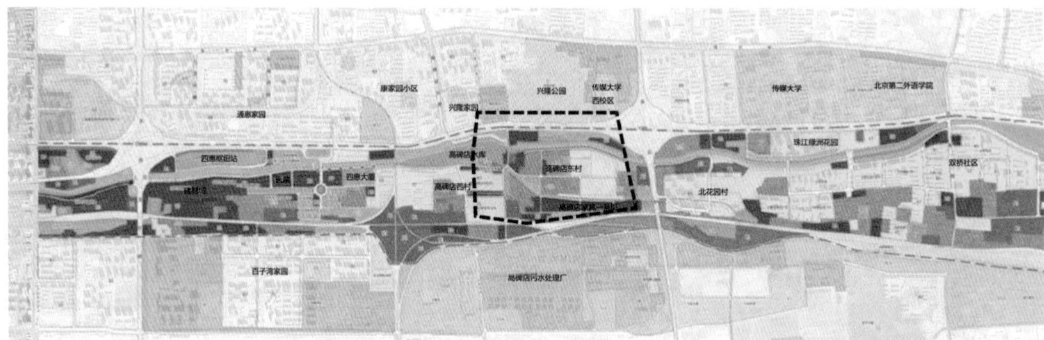

场地用地性质分析

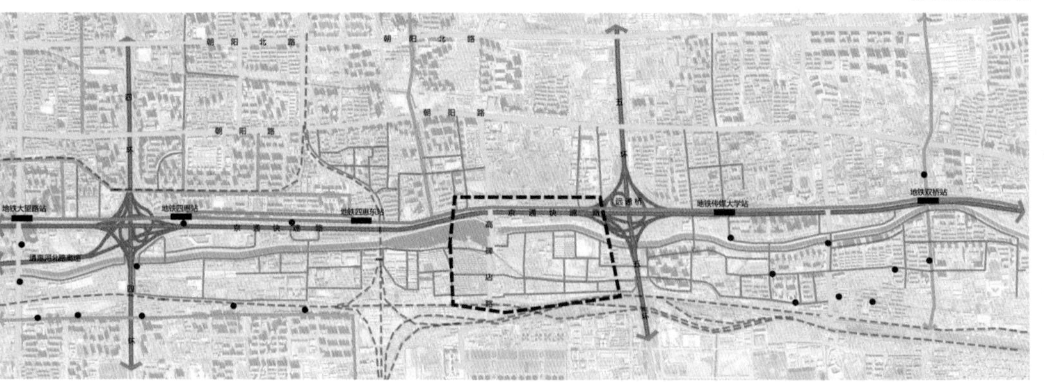

场地交通分析

雨洪控制目标
Stormwater Management Target

通惠河的防洪重点主要集中在高碑店闸、普济闸、东会村堤坝三个部分。

2012 年 7 月 21 日，高碑店闸为北京最大的泄洪闸，当日北京泄洪量 1993 万 m^3，其中高碑店闸泄洪 900 万 m^3，占了整个泄洪量的 45%。最大洪峰流量达到 $516m^3/s$。超出了高碑店闸的设计流量。

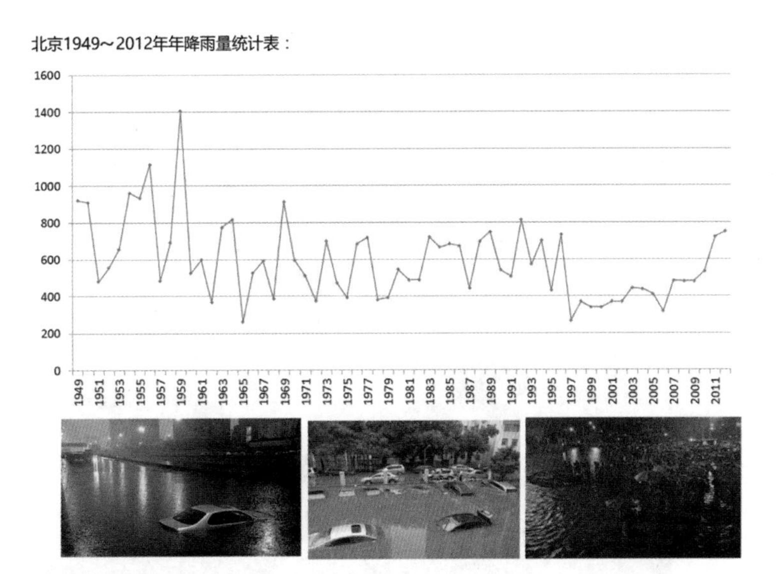

北京降雨量的76%集中在6、7、8三个月，季节分配过于集中。降雨量不稳定，容易产生大的偏离，以至于出现旱涝无常的现象，变化率达0.58。

项目定位

生态雨洪公园
——城市雨洪调蓄、中水净化

1. **城市的近郊蓝色纽带：**缓解城市汛期洪水，确保输出安全，补充水源
2. **水生态教育展示公园：**中水净化生态教育展示，雨水再利用展示
3. **新乡村文化展示区：**家具街文化延续，新的乡村和水的关系展示

现状问题剖析
Analysis of Current Problems

现状用地——保留居住和商业用地，恢复绿隔功能

1. 现状用地多样，包括村庄建设用地、居住用地、商业用地三类。

2. 现状快速路路边绿化隔离带被侵占，改为建设用地。

解决策略：

结合上位规划，保留集中安置用地及医院、学校用地，保留部分商业用地。

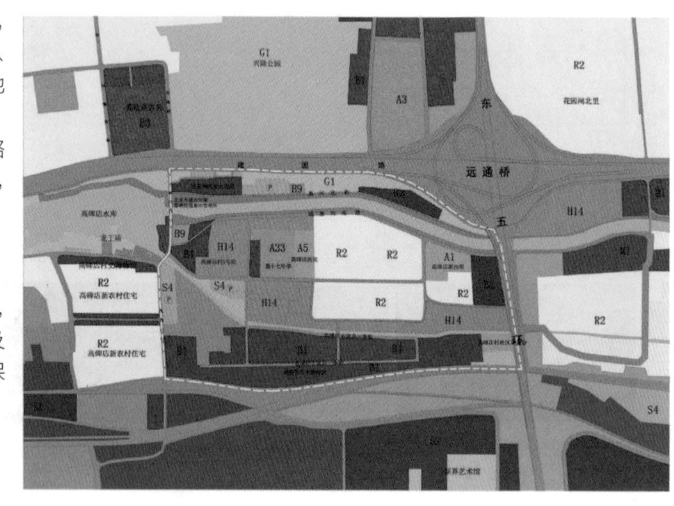

现状道路——利用原有路网，沿河

环绕规划用地的安置社区已经形成既有路网，现状道路多为 3.5 ～ 7m 的水泥车行道路，高碑店路正在建设中。

解决策略：

利用原有路网，局部拓宽到 10m，沿河道路后退。

图例
城市快速路
城市主干路
社区主路
社区支路

现状竖向——排水和河道改造结合尊重现状竖向

现状高差南高北低，西高东低，但总地势比较平缓。

解决策略：

结合现状高差形成台地式排水。

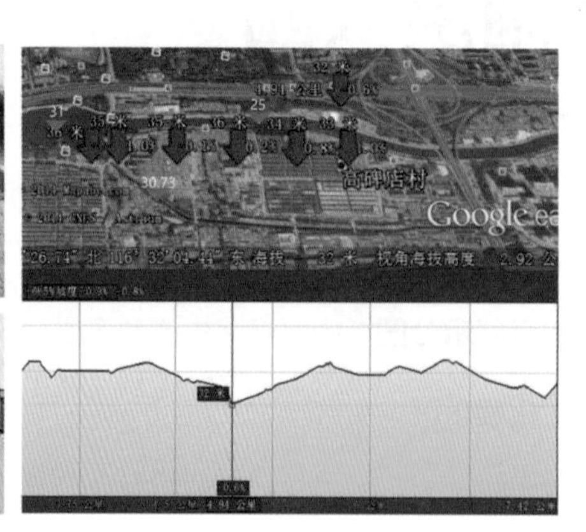

现状水系及驳岸——保证排洪安全

1. 现状河堤均为硬质渠化的形式，缺少亲水空间。

2. 现状水量较充沛，但水质较差。

通惠河水面宽约40m，水面到堤顶高差较大，通惠河灌溉渠宽约 7m，现状水量较少。

解决策略：

在保证现状行洪量的情况下增加河岸亲水性。

原有沿河道路后退，留出沿河绿化休闲空间。

艮 50m

现状建筑——尊重现状建筑，部分给予保留

现状问题：

1. 现状建筑良莠不齐，风格多样。

2. 部分新建筑为古建筑风格，和高碑店西村社区相协调。

解决策略：

为保障绿隔的连续性，规划将侵占绿隔地块的建筑拆除。总计拆除建筑面积 372169m^2，村民自建房约 1300 户，商业住宅楼 4 栋、公共建筑 6 栋和公共建筑群一组。

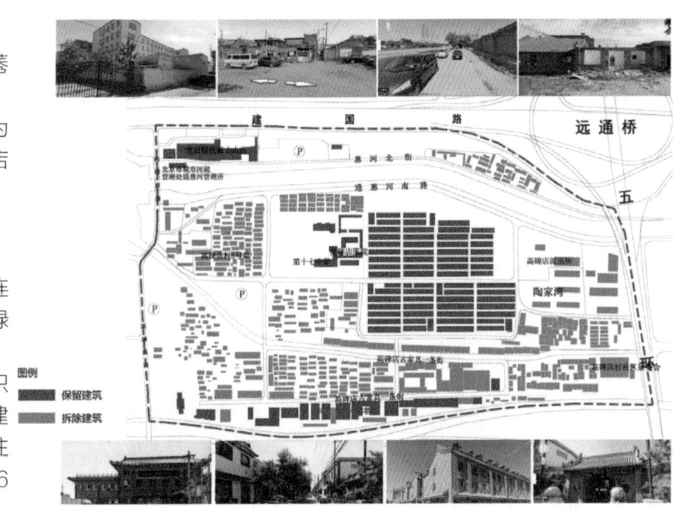

亲水性

保留或迁移植被——尊重现状植被，给予保留和迁移

通惠河北岸植被充分保留，其余植被根据生长态势对较好的进行保留并结合周边环境设生态岛。

"野旷千帆集，城穿一水流"

千年古村高碑店村是北京具有典型代表性的水乡村落，它的形成与发展，与流经村北的通惠河有着千丝万缕的联系。

辽、金时期
村落形成

明清时期
平津闸码头

漕运咽喉和仓储重地
"凭高总览村千顷，尽为平津渡水人"。

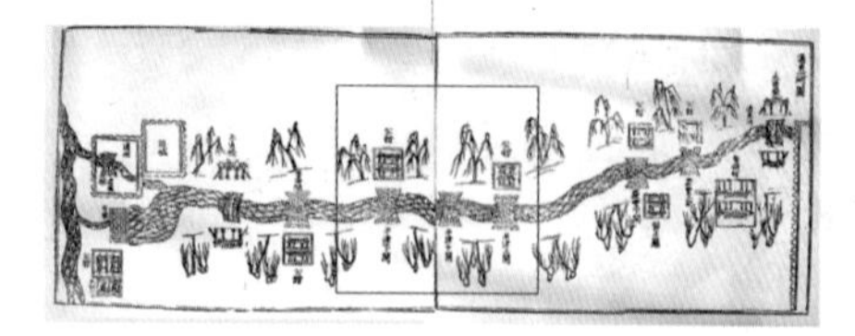

民国时期
漕运文化没落

2002年
"三无村"

随着国家重点工程建设用地的不断增加，使高碑店村逐渐变成了一个"农村无农业，农民无耕地，农转居无工作"的"三无"村

2003年
高碑店古家具街兴起

古家具一条街给村民生活带来了转变，如今已成为北京最大的古家具市场

2012年
"北京最美的乡村"

打造历史民俗文化村

大运河漕运文化的重要枢纽

城市蓝色纽带

连接城—郊
将安全的水输送回河流，
重新连接人和水、村庄和水、现代商业和水……

蓝色纽带鸟瞰意向图

公园主入口
家具展示廊

总面积 :100hm^2
绿化面积：57.1hm^2
水系面积：15hm^2
社区建设用地面积：19.2hm^2
家具街面积：5.7hm^2
硬质广场及不透水面积：3hm^2
台地绿林
亲水台地
蓄水池
净化湿地

规划总平面

鸟瞰图

专项规划
Special Planning

场地功能分区

车行道路系统

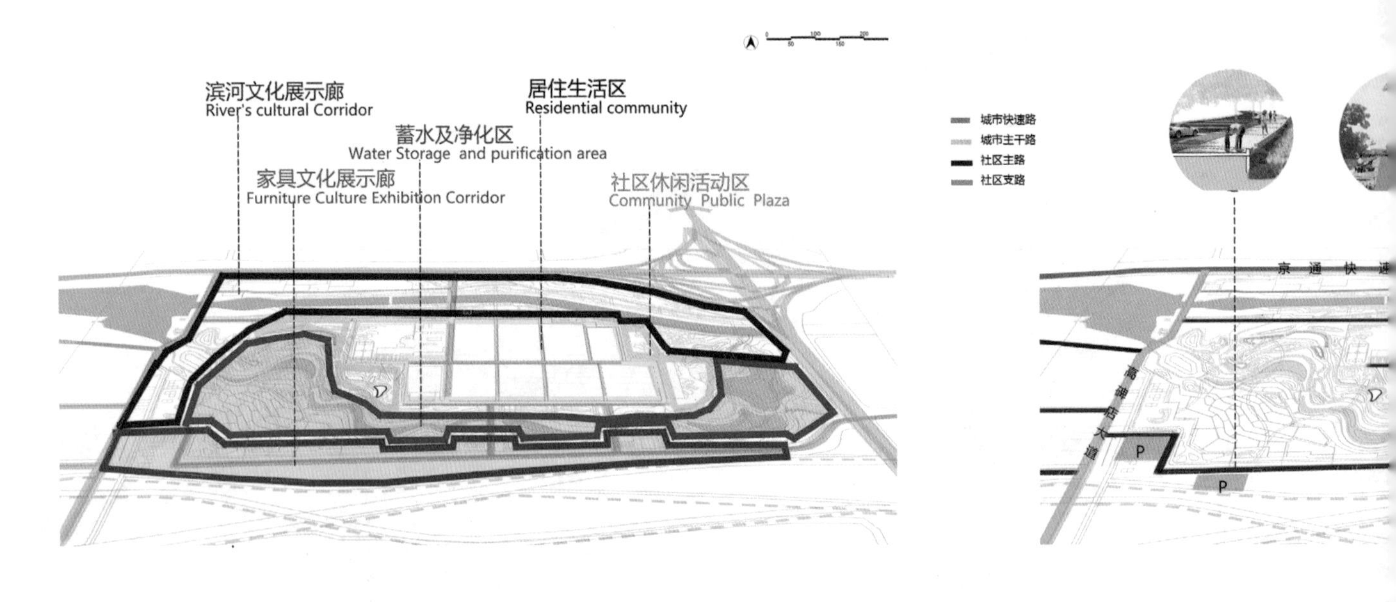

场地活动空间规划

图例
休闲广场
儿童游乐空间
体育活动场
林荫休闲区
亲水休闲区

景观视线分析

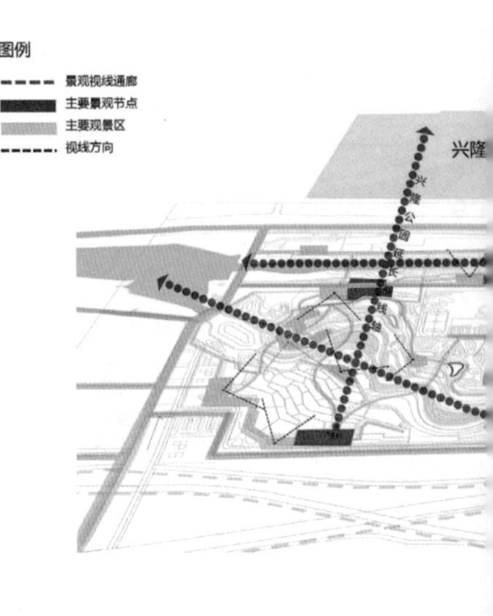

慢行道路分析

场地服务设施规划

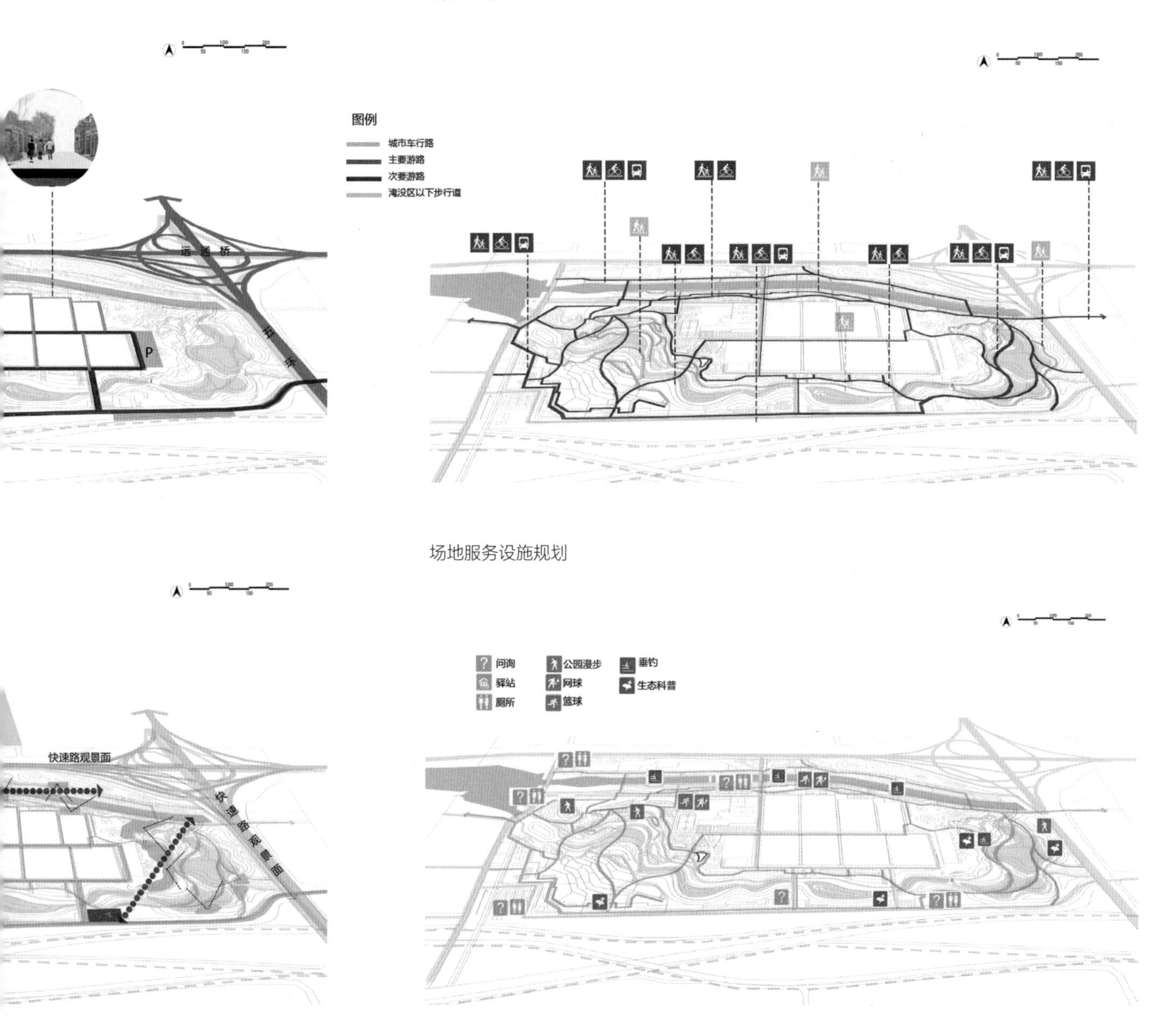

雨洪管理
Stormwater Management

雨洪专项——蓄水地形设计

增加高差，营造跌水台地，促进水流净化，湿地河道下挖，在场地内解决土方量。

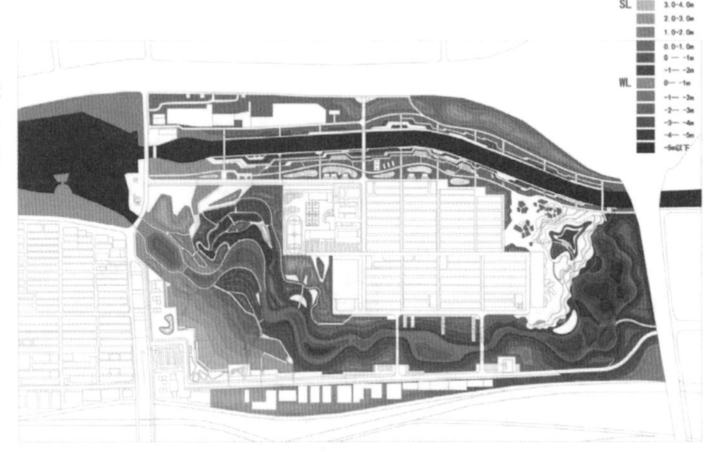

雨洪专项——非汛期水位

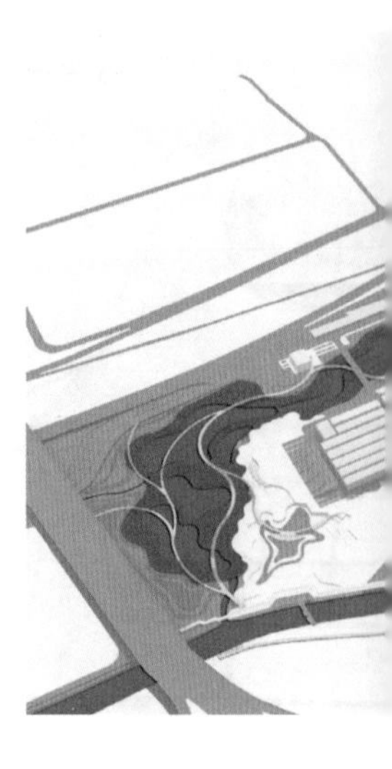

雨洪专项——蓄水台地做法

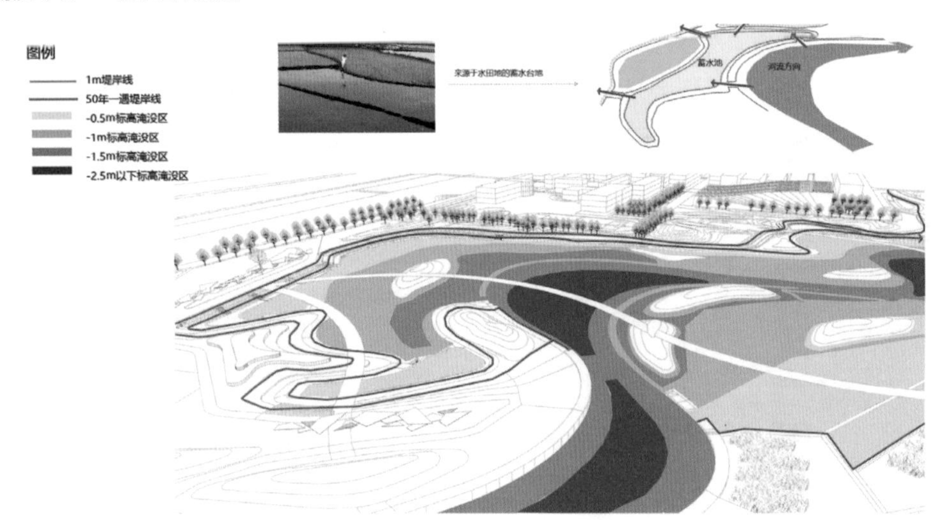

雨洪专项——水闸管理

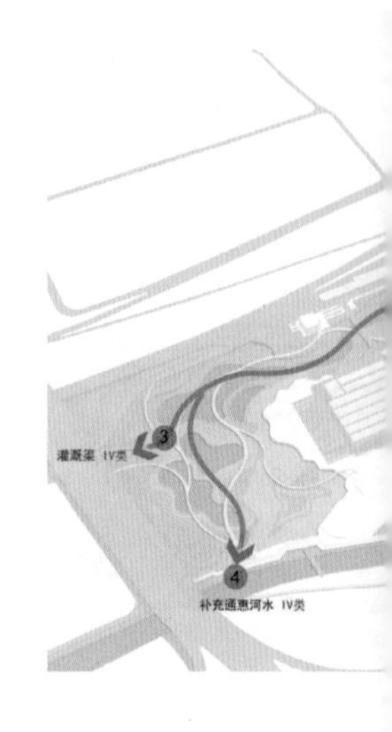

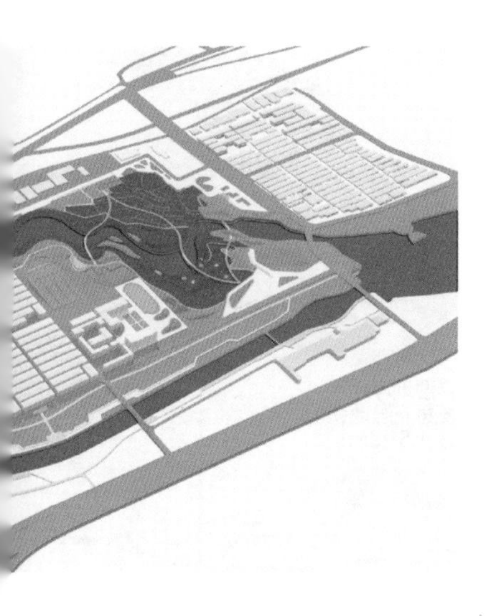

雨洪专项——汛期水位

汛期蓄水量 40 万 m^3，达到通惠河高碑店闸 20 年一遇洪水排洪量的 4.4%。

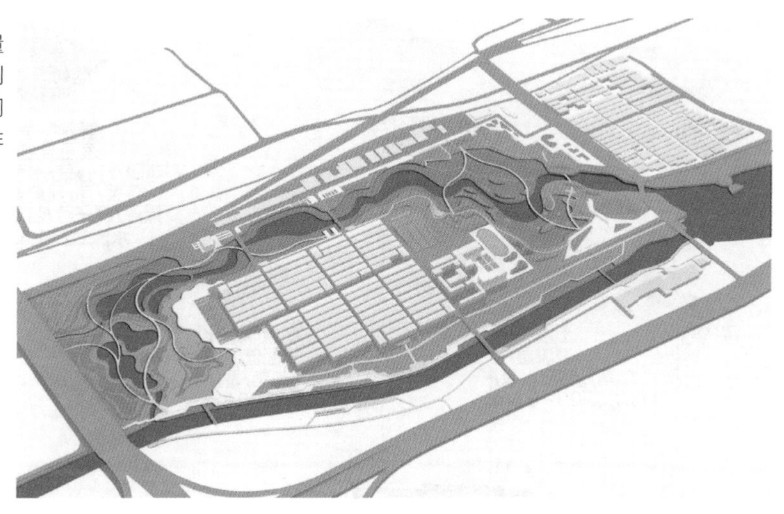

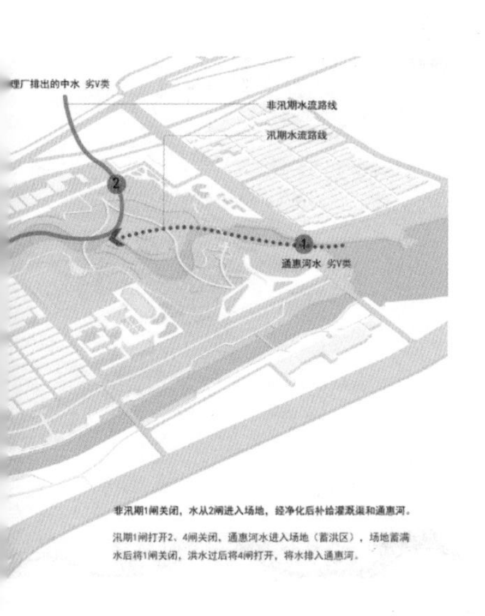

雨洪专项——水安全防护设施

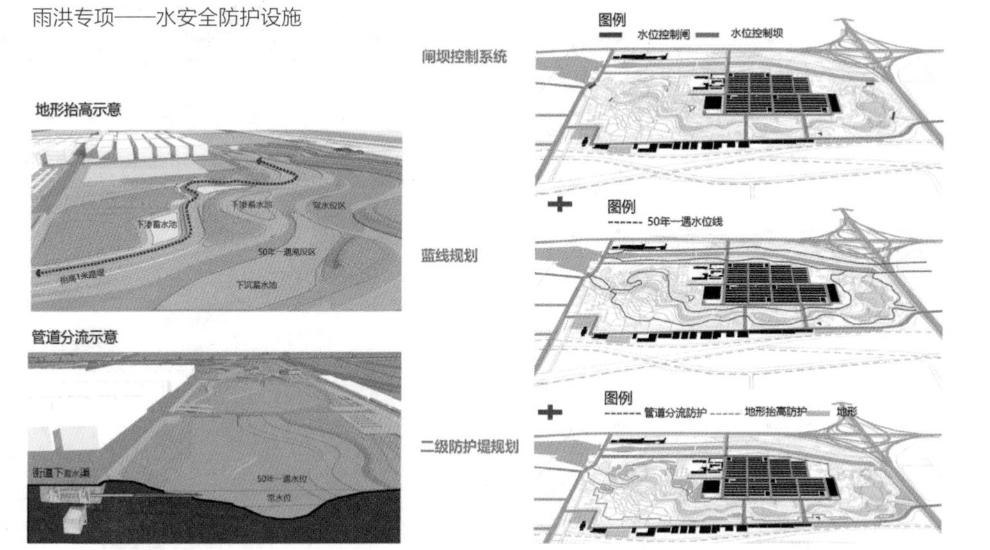

水环境规划

Water Environment Planning

中水净化专项——流程布置

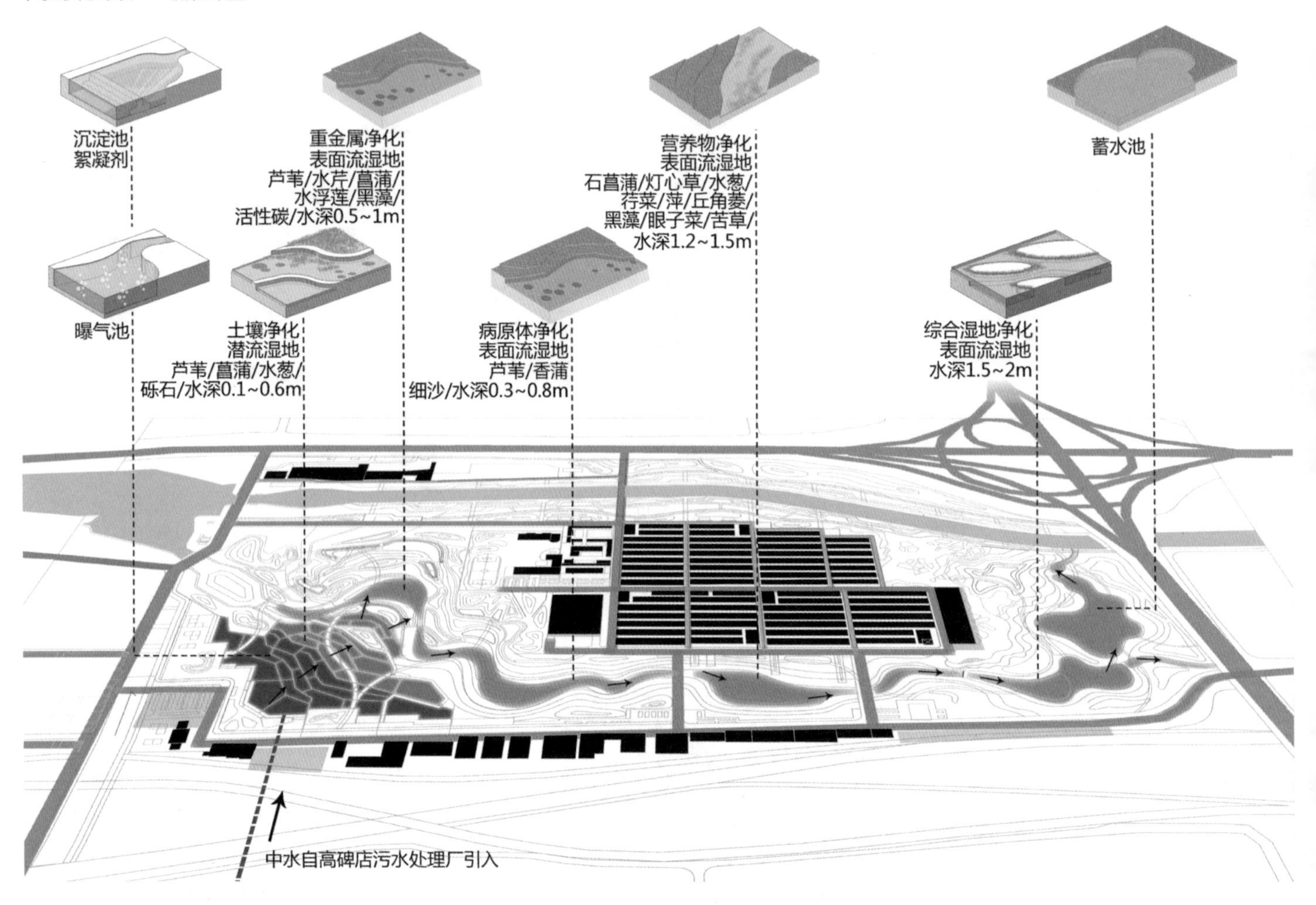

中水净化专项——净化流程剖面

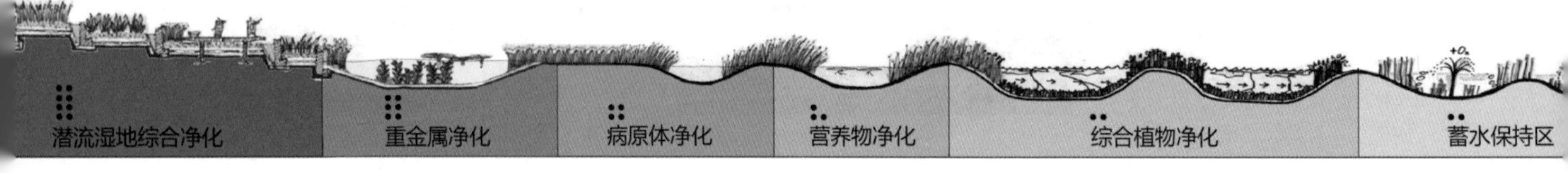

中水净化专项——水平流湿地净化原理

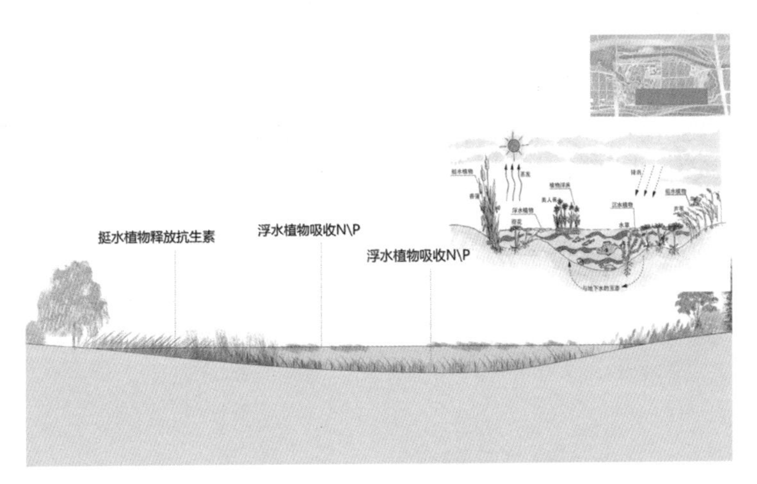

中水净化专项——雨水收集规划

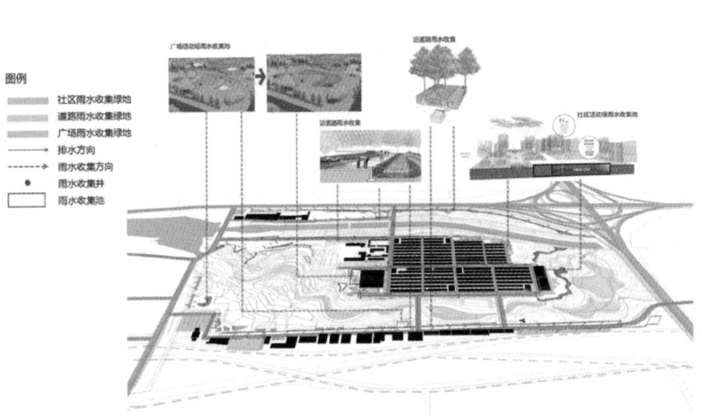

中水净化专项——净化水利用

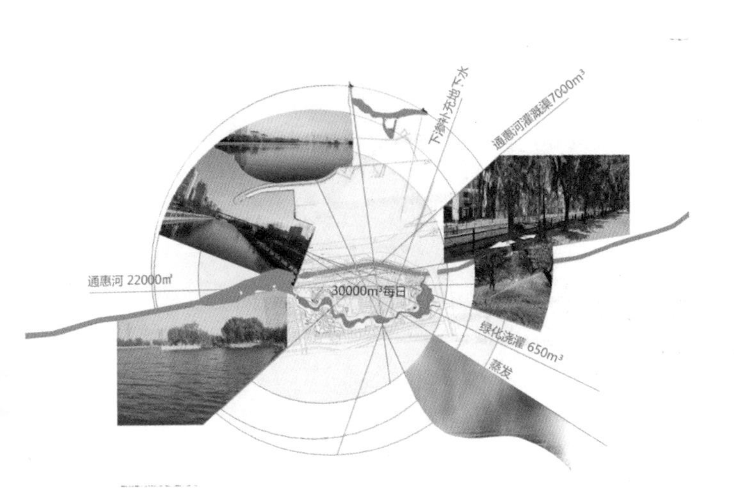

植物种植规划——规划布置

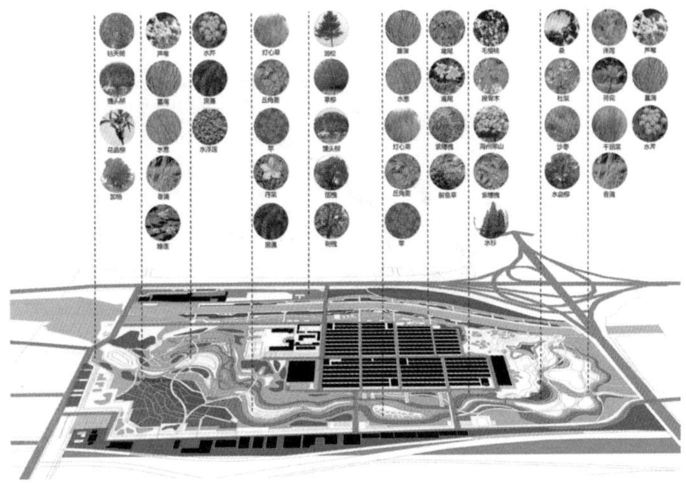

分区节点设计
Partition Node Design

分区节点 1——通惠河沿岸

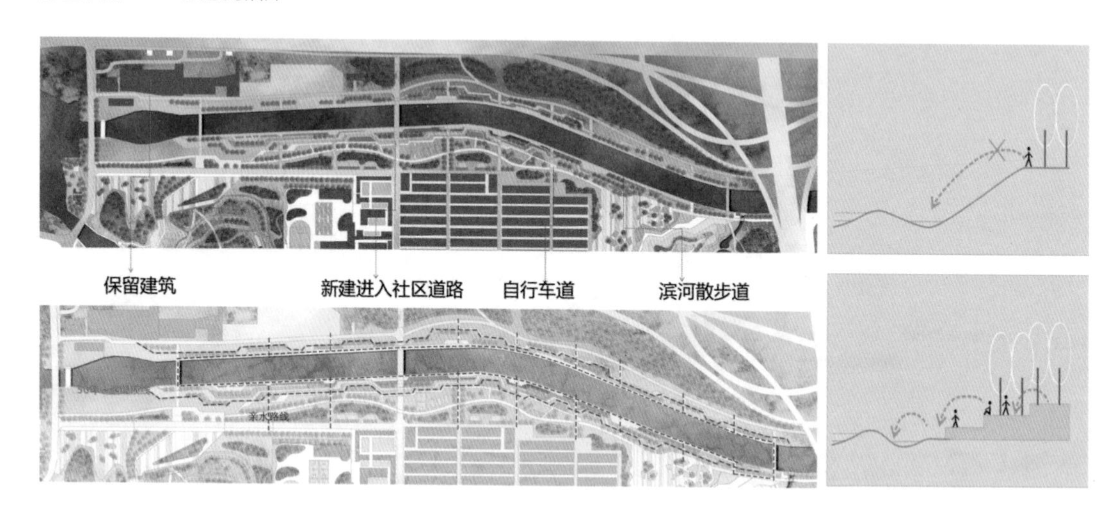

分区示意图

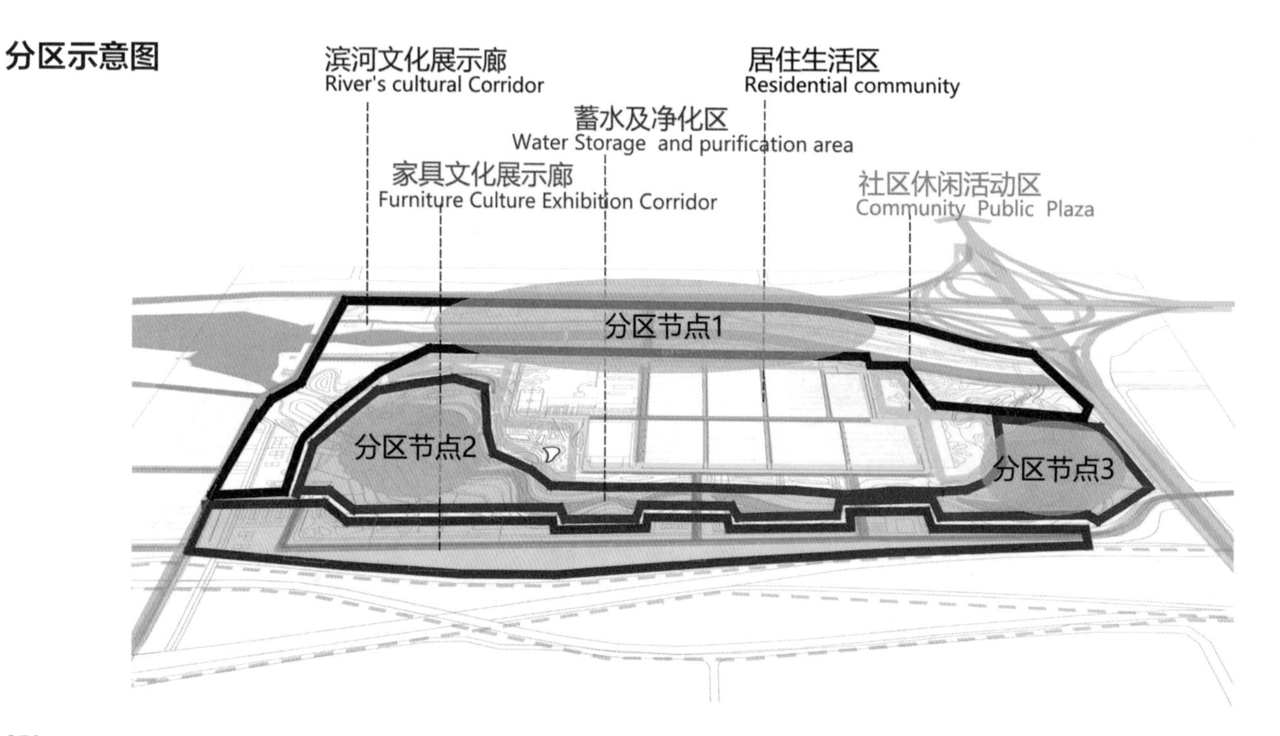

现状

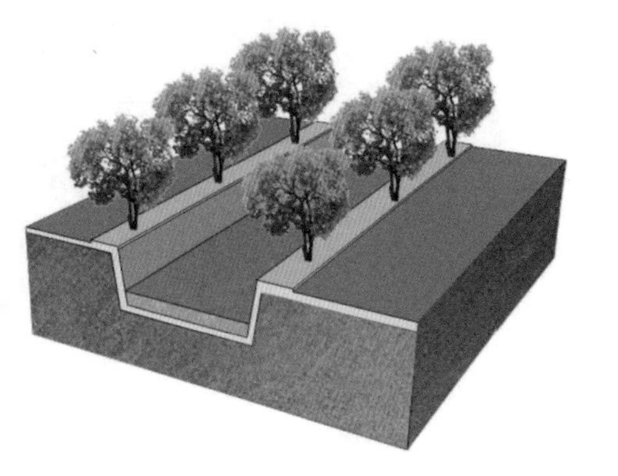

近期

长远期

将通惠河面拓宽，形成阶梯状驳岸，通过绿化构建滨河生态缓冲带。

重塑河岸阶地，创造富于变化的环境，使居民有更多的机会亲水。放大洪泛平原，改造后可容纳的行洪截面积可达原来的 1.5~2 倍。

效果图
Rendering

节点效果

俯瞰效果图

节点断面

非汛期断面

汛期断面

效果图
Rendering

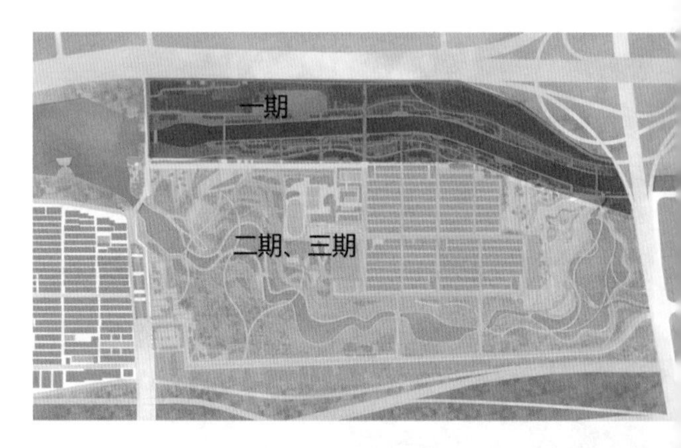

社区雨水花园广场
蓝色水台
微地形防护林
弧形观景栈桥
蓄水区
亲水娱乐台地

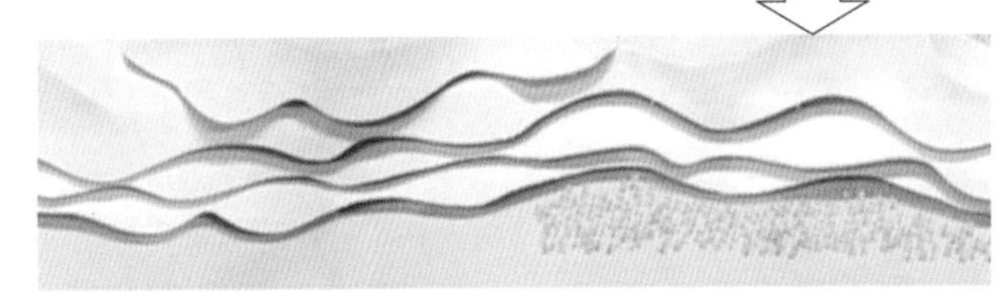

社区雨水花园
雨洪广场
亲水驳岸
蓄水池
微地形

汛期

社区雨水花园
雨洪广场
亲水驳岸
蓄水池
微地形

通过研究场地的水系统，力求解决场地的水污染问题，并植入一种新的以农业为主的农田景观超市，重新塑造人、地、水的三重关系。提出“F+C+C”的管理模式与“P+P+C”的经营模式，改善居民的生活质量，通过不同的交易流程和农业种植流程，打造新的文脉与水脉关系。

双桥都市农业景观规划

关学国
秦　越
陈美霞

01 现状问题

Present Issues

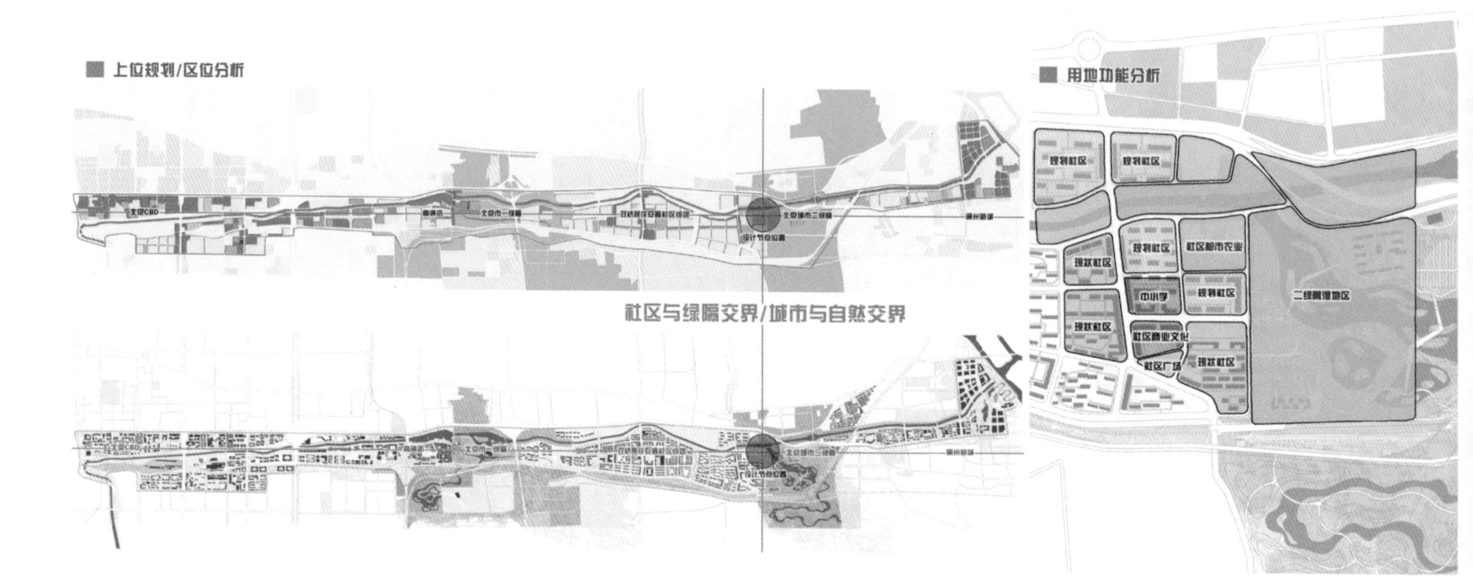

双桥居住组团居民构成分析

1.现状已新建小区规划居民（外来安置）

已建小区170.9公顷，建筑面积2900000平方米，人口约10万

现状已建小区分布图

2.近拆就地/就迁安置居民

拆迁城中村面积90.6，建筑面积360000平方米，需安置人口1.25万人

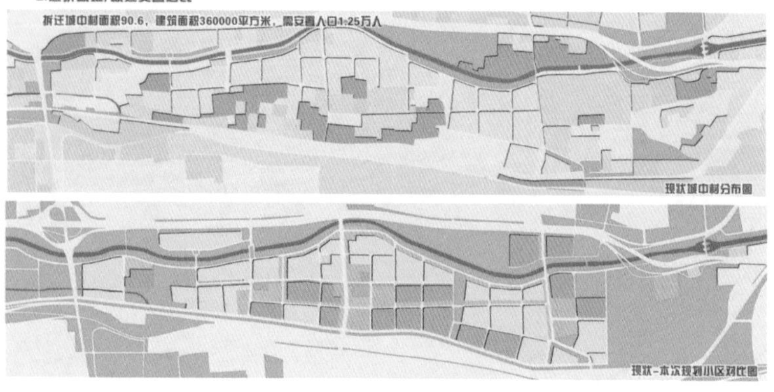

现状城中村分布图

现状-本次规划小区对比图

治理棕地污染策略

现状土地污染——以经营大小型汽车配件、汽修、汽车美容、汽车改装为主，直接污染程度相对较小

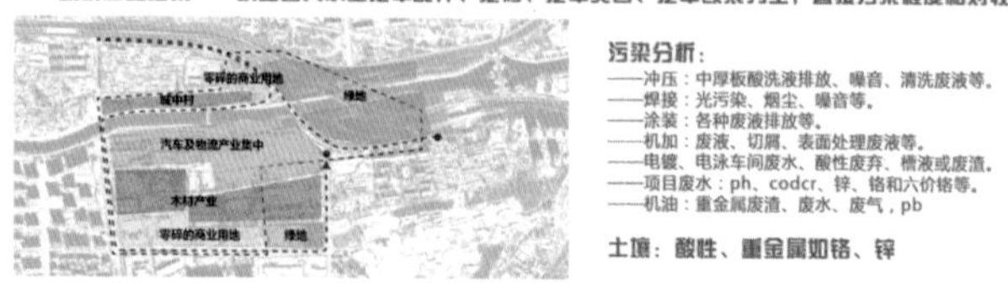

污染分析：

——冲压：中厚板酸洗液排放、噪音、清洗废液等。
——焊接：光污染、烟尘、噪音等。
——涂装：各种废液排放等。
——机加：废液、切屑、表面处理废液等。
——电镀、电泳车间废水、酸性废弃、槽液或废渣。
——项目废水：ph、codcr、锌、铬和六价铬等。
——机油：重金属废渣、废水、废气，pb

土壤：酸性、重金属如铬、锌

污染初步处理——综合地块发开时间段，用不同的方式来处理重金属和酸性

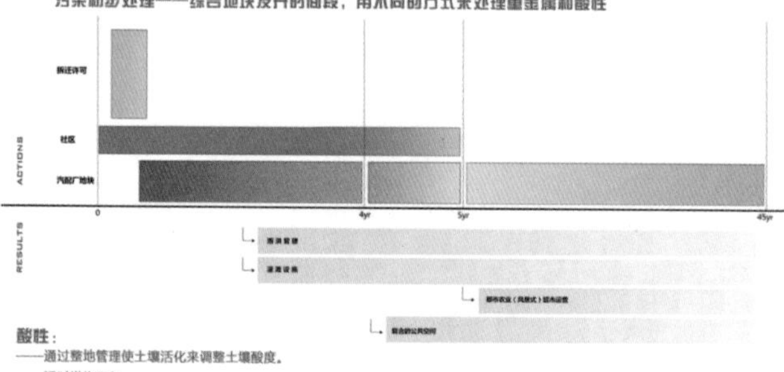

酸性：

——通过整地管理使土壤活化来调整土壤酸度。

——适时增施石灰

重金属：

——微生物：研究表明蚯蚓对锌和镉有良好的富集作用。由此可见，在重金属污染的土壤中放养蚯蚓，待其富集重金属后，采用电激、清水等方法驱出蚯蚓集中处理，对重金属污染土壤有一定的治理效果。

——化学方法：淋洗剂（EDTA、土壤固化剂）

用地调整/拆迁安置策略

设计基地所在的双桥居住组团和绿隔规划，需要的拆迁安置人口，就地或就近安置在双桥居住组团

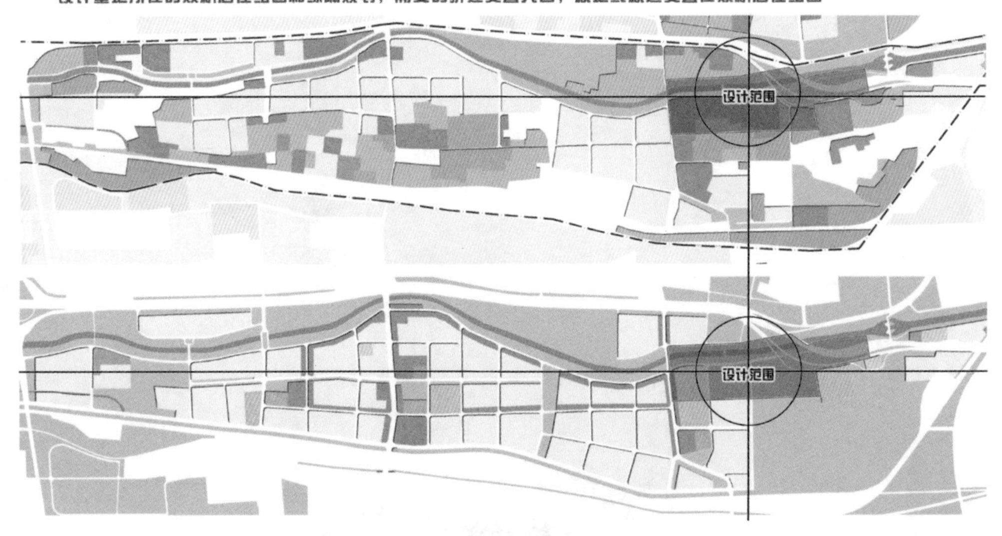

设计基地所在的双桥居住组团和绿隔，搬迁或拆除现状污染商业和工业及相关用地

研究范围

研究范围线确定主要依据片区功能和道路分界线

研究范围：274 hm^2

规划设计范围

研究范围线确定主要依据片区功能和道路分界线

滨河绿地
桥间公园
居住社区
社区都市农业
绿隔湿地
设计范围：55 hm^2

节点选址

节点确定主要依据规划设计理念典型代表点

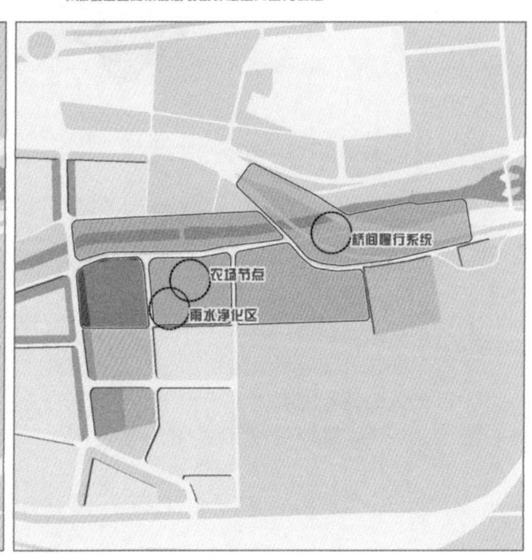

01 现状问题
Present Issues

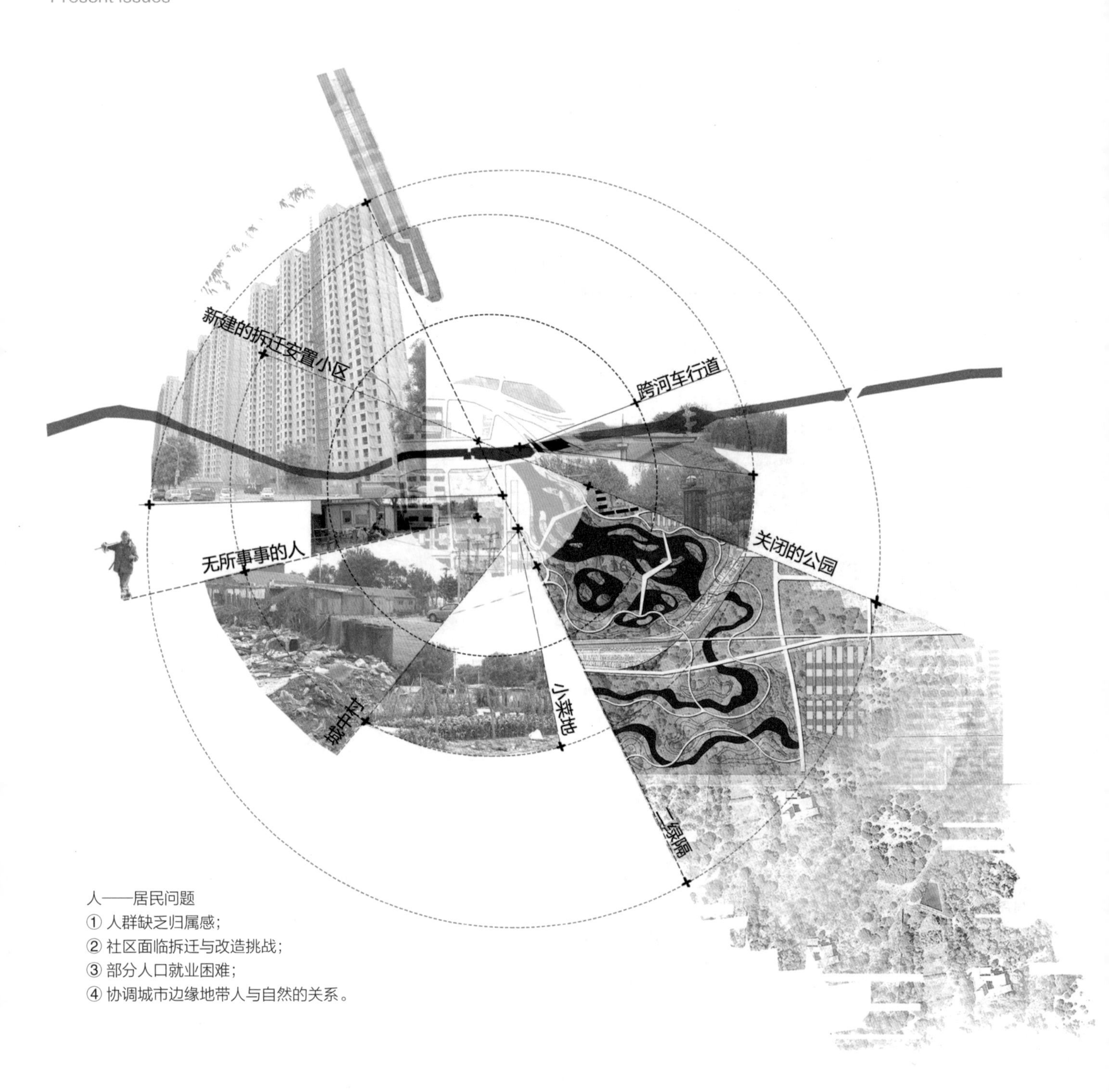

人——居民问题
① 人群缺乏归属感；
② 社区面临拆迁与改造挑战；
③ 部分人口就业困难；
④ 协调城市边缘地带人与自然的关系。

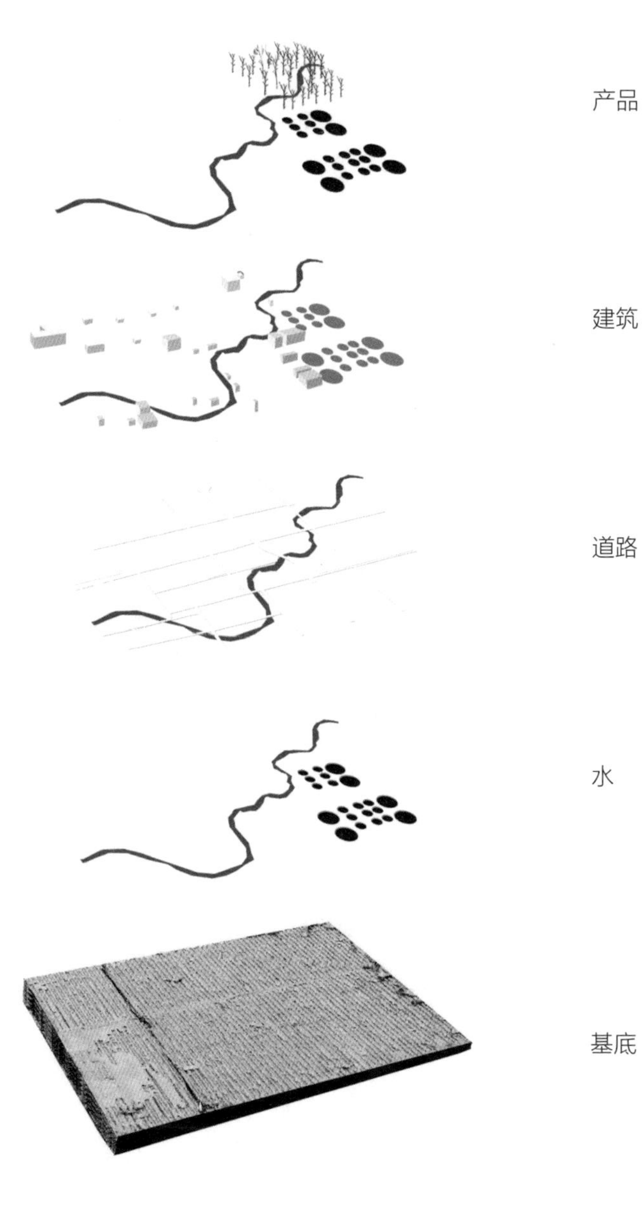

产品

建筑

道路

水

基底

农业超市模型与分层体系

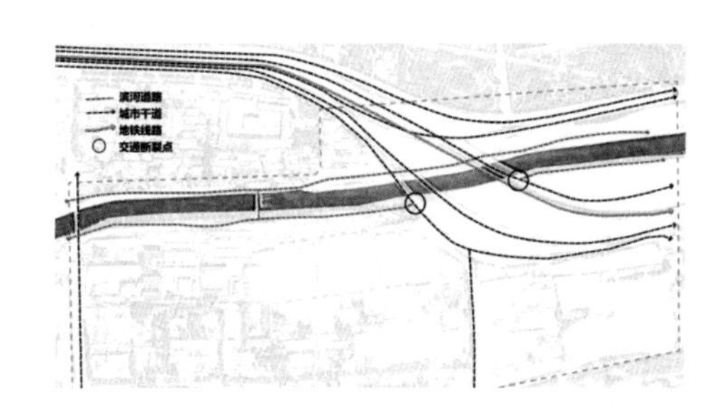

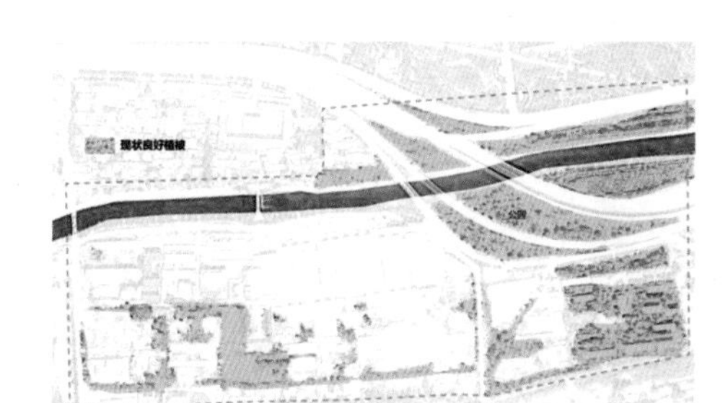

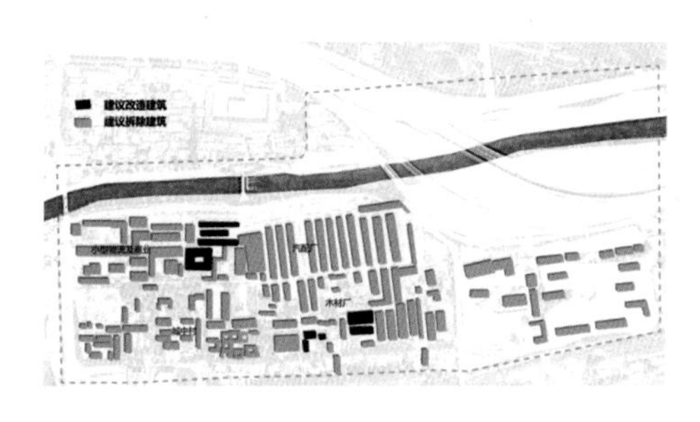

现状土壤污染分布

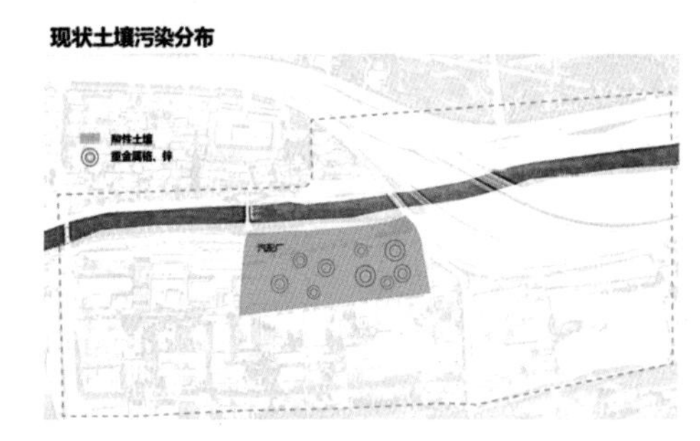

城市农业选址

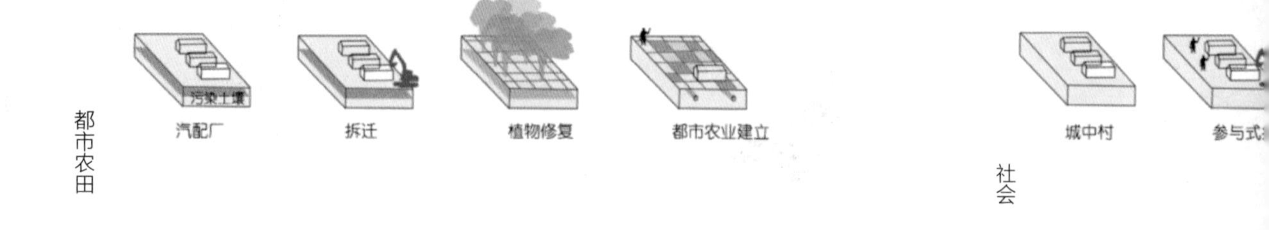

独立的体系

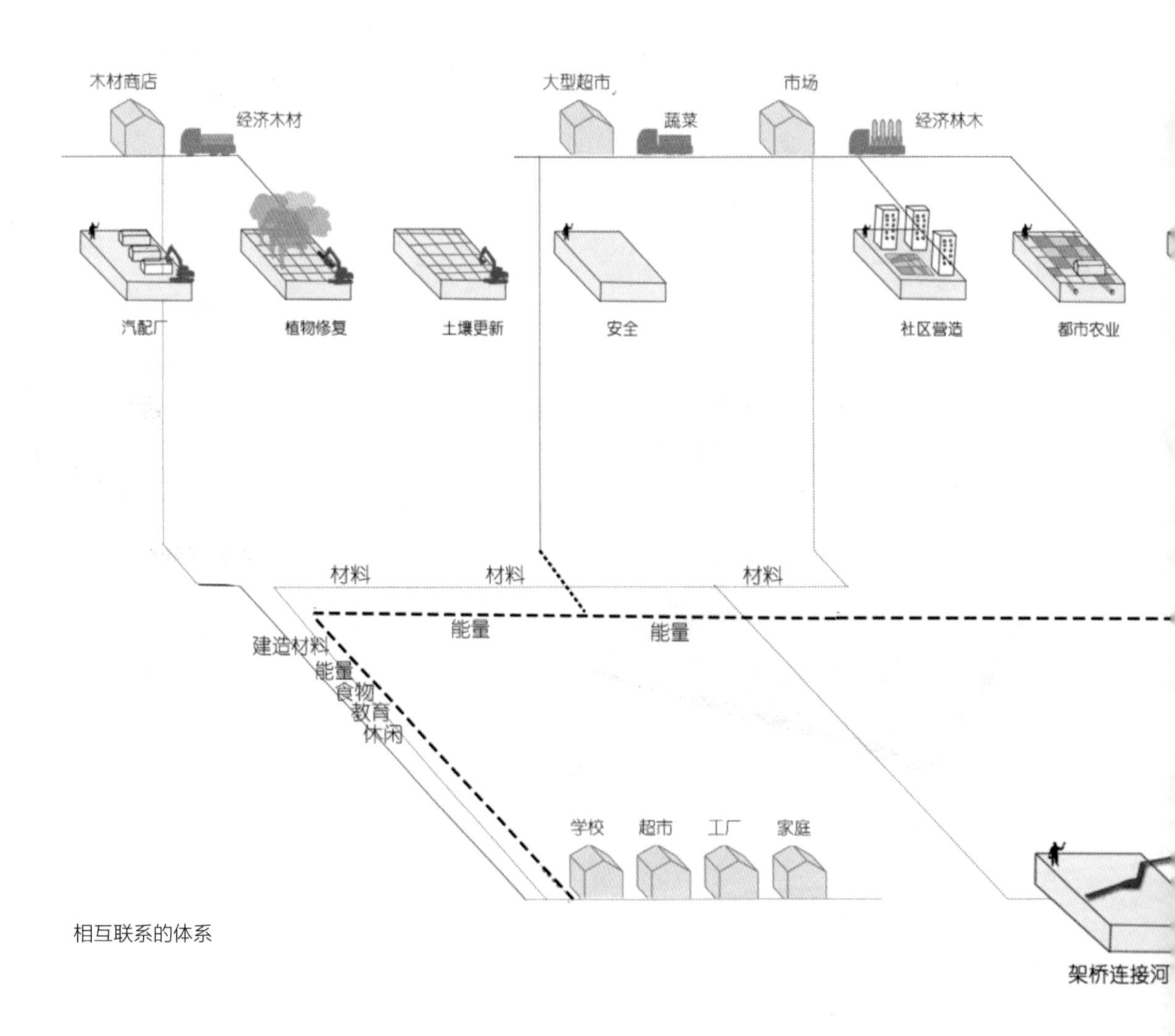

相互联系的体系

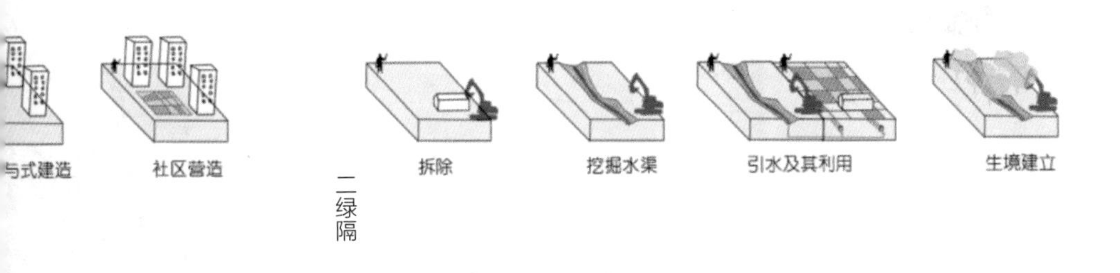
与式建造
社区营造
拆除
挖掘水渠
引水及其利用
生境建立
二绿隔

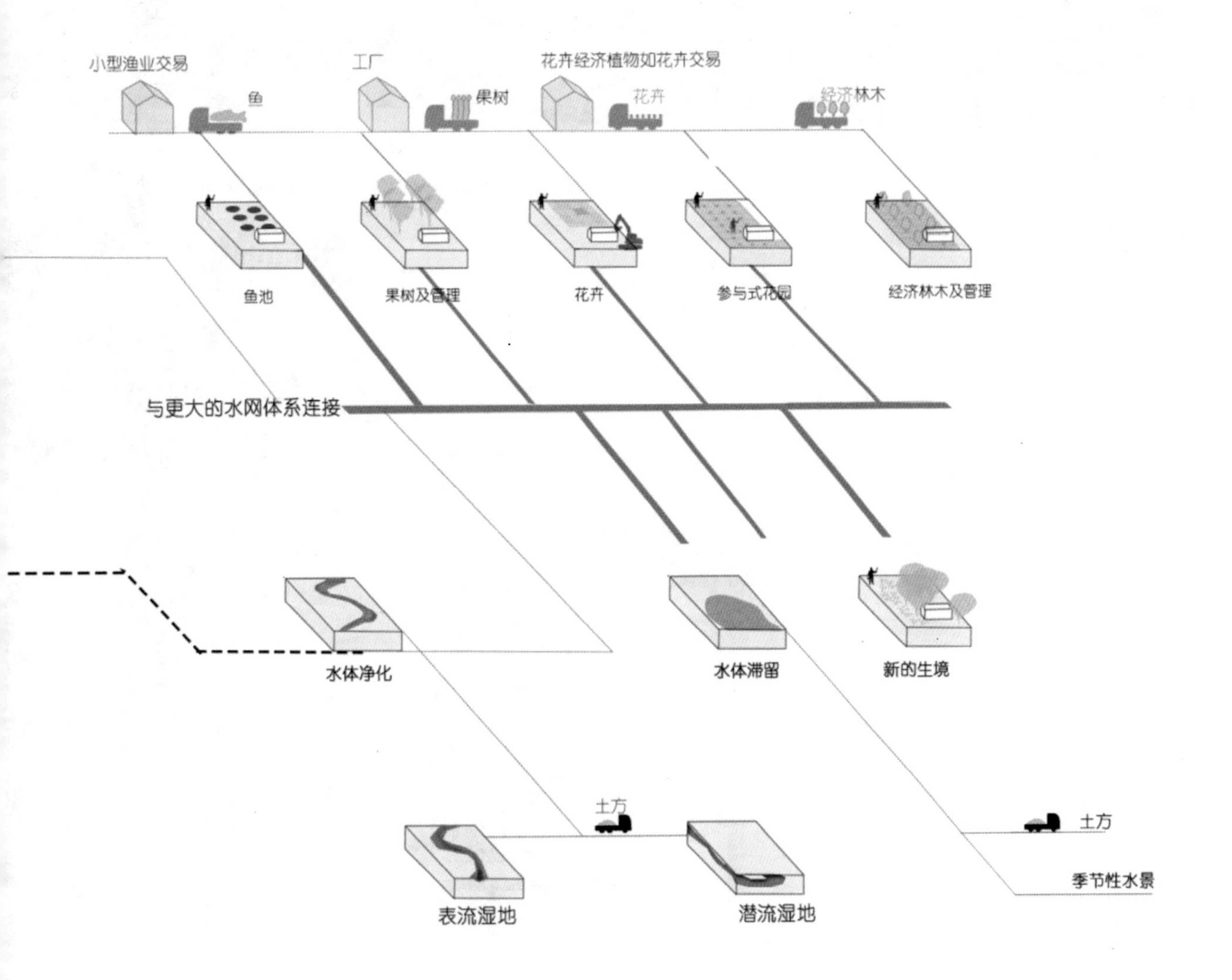
小型渔业交易
鱼
工厂
果树
花卉经济植物如花卉交易
花卉
经济林木
鱼池
果树及管理
花卉
参与式花园
经济林木及管理
与更大的水网体系连接
水体净化
水体滞留
新的生境
土方
土方
季节性水景
表流湿地
潜流湿地

0 25 50 125m
总平面图

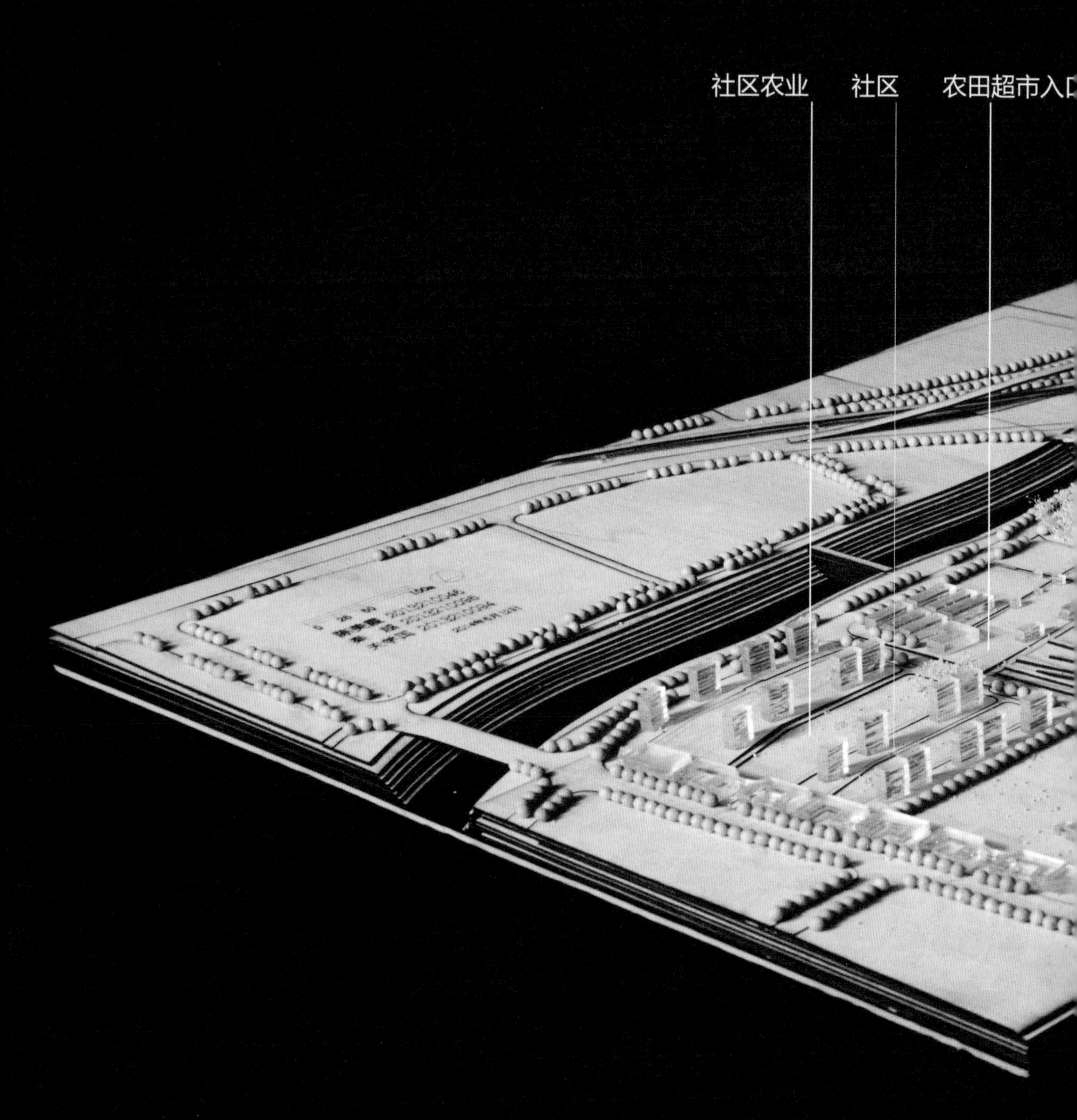
社区农业
社区
农田超市入

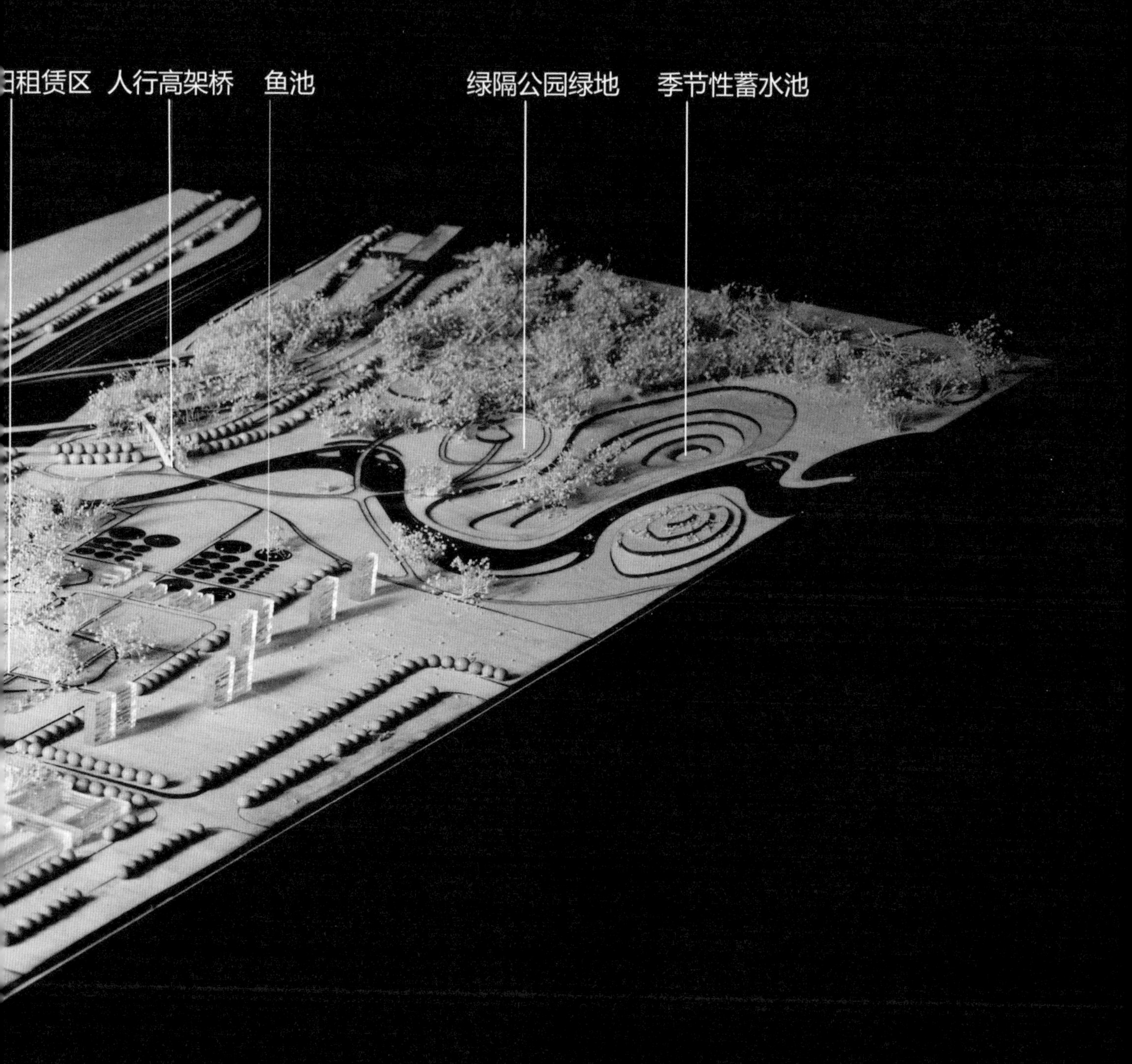

模型分析图

03 专项策略
Special Strategy

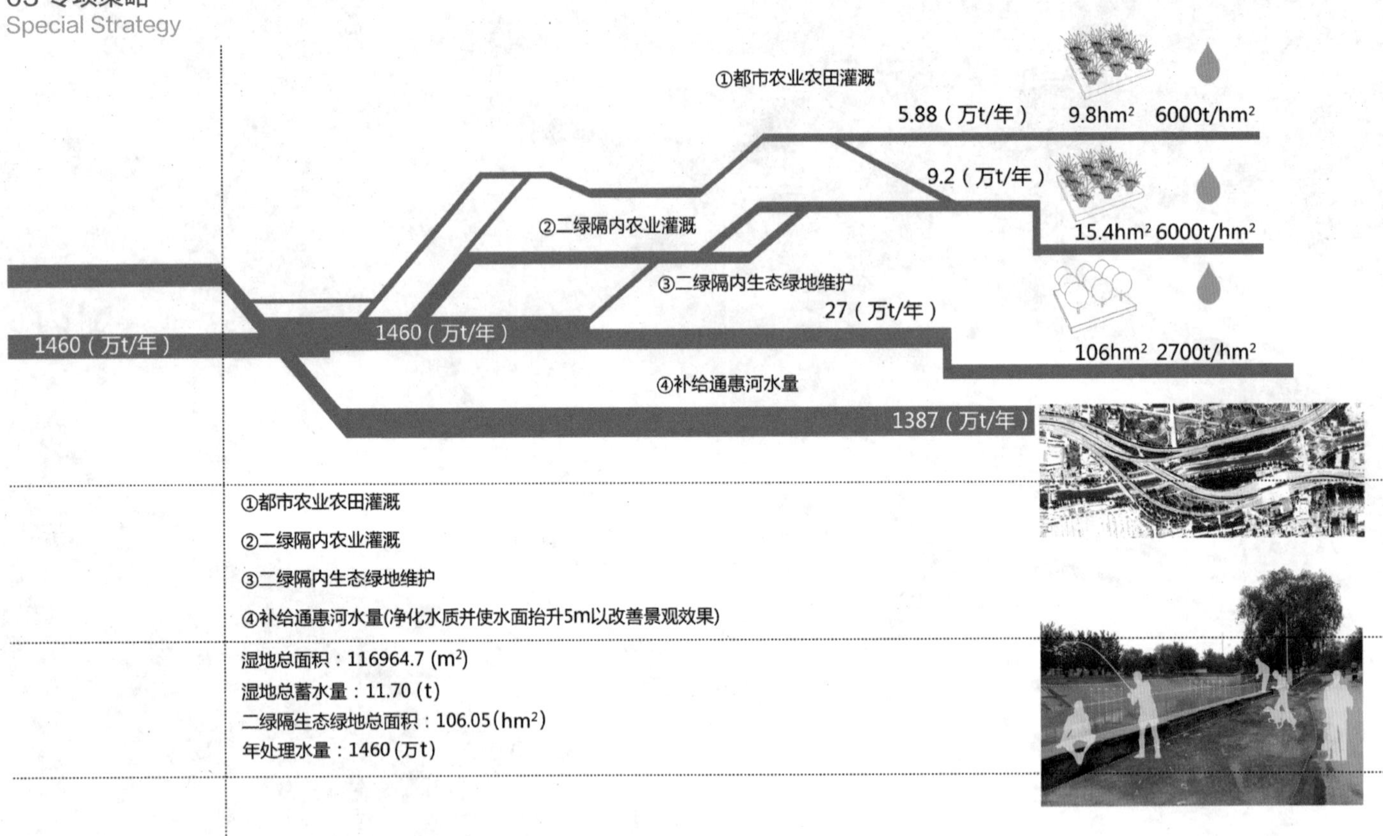

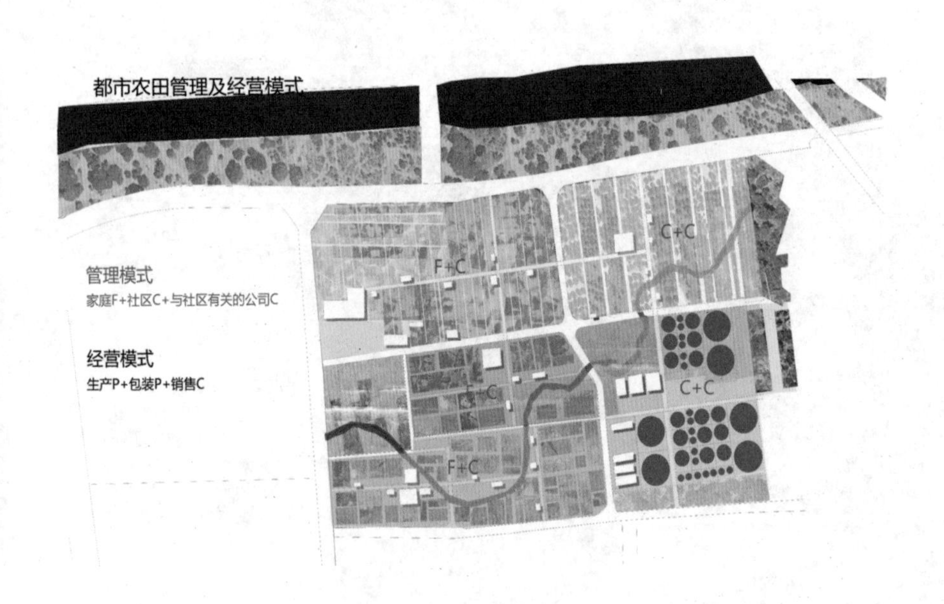

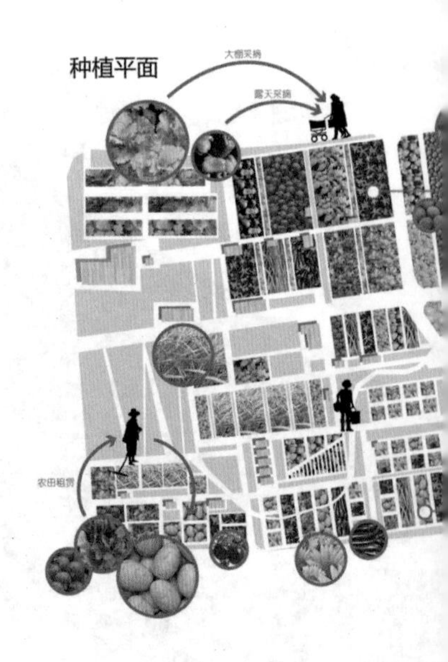

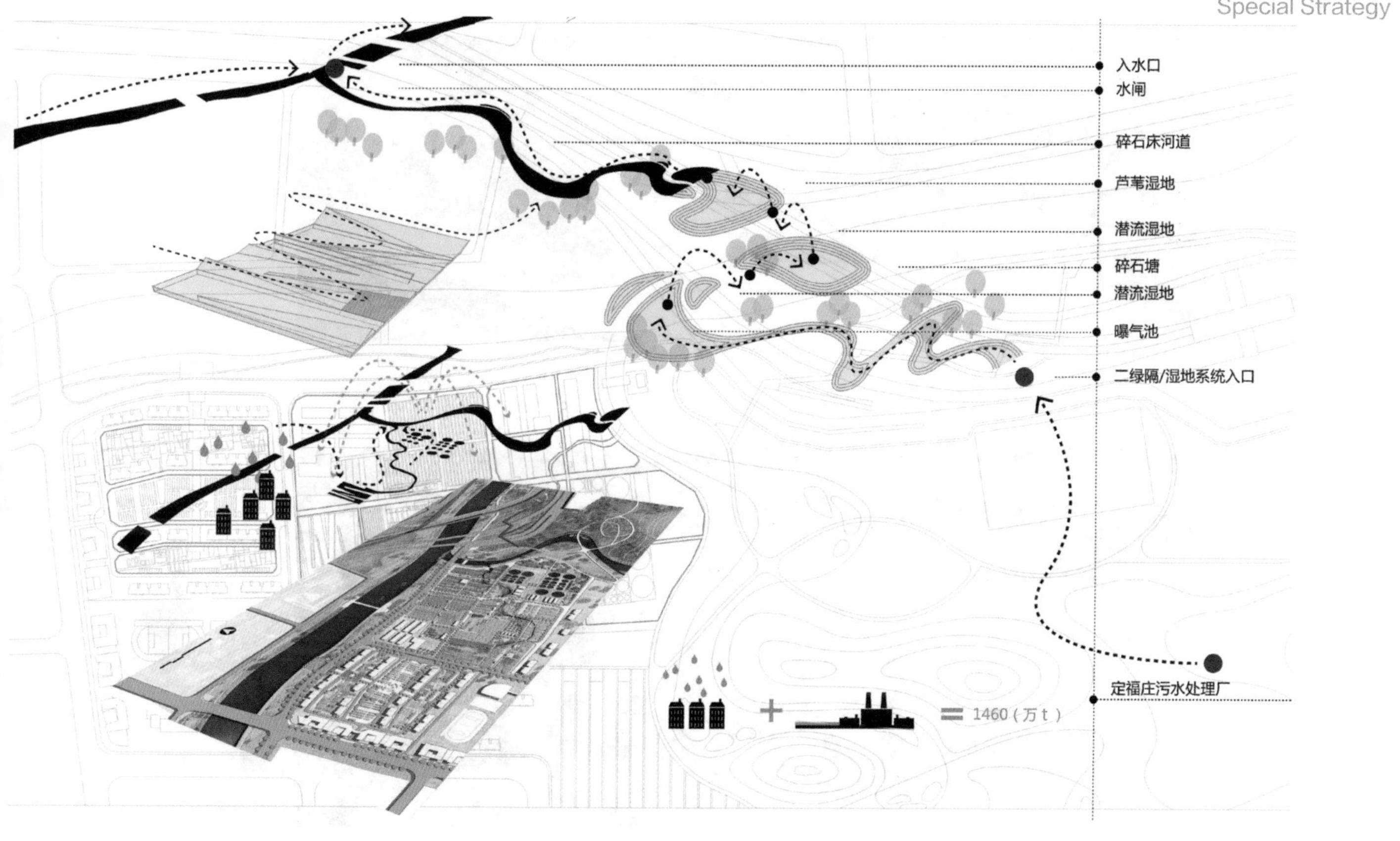
入水口
水闸
碎石床河道
芦苇湿地
潜流湿地
碎石塘
潜流湿地
曝气池
二绿隔/湿地系统入口
定福庄污水处理厂
1460（万 t）

农田超市概念模型

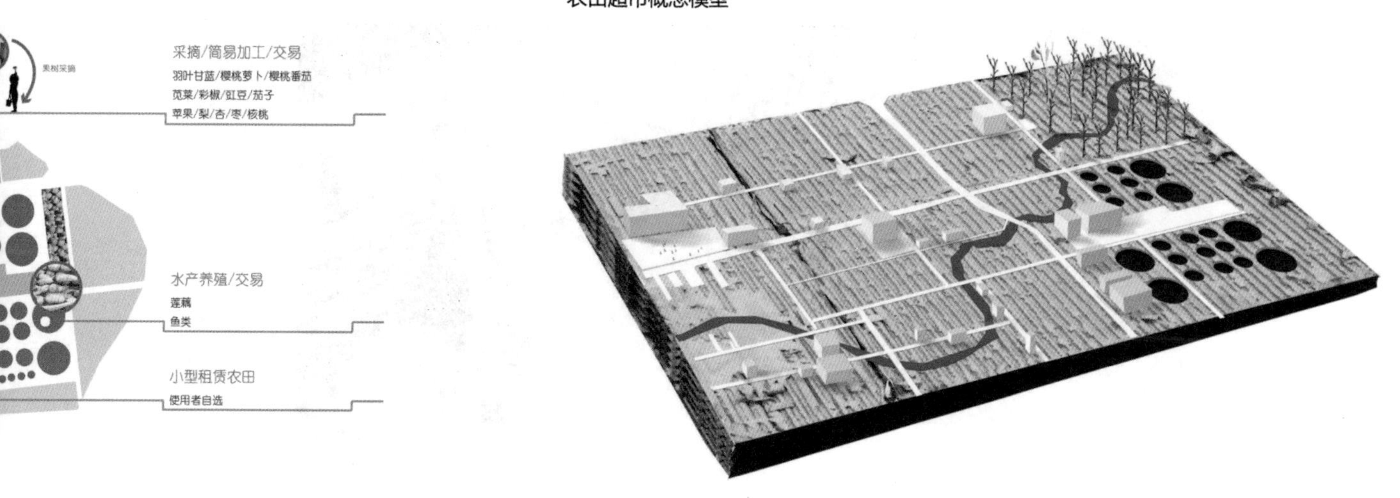
果树采摘
采摘/简易加工/交易
羽叶甘蓝/樱桃萝卜/樱桃番茄
苋菜/彩椒/豇豆/茄子
苹果/梨/杏/枣/核桃
水产养殖/交易
莲藕
鱼类
小型租赁农田
使用者自选

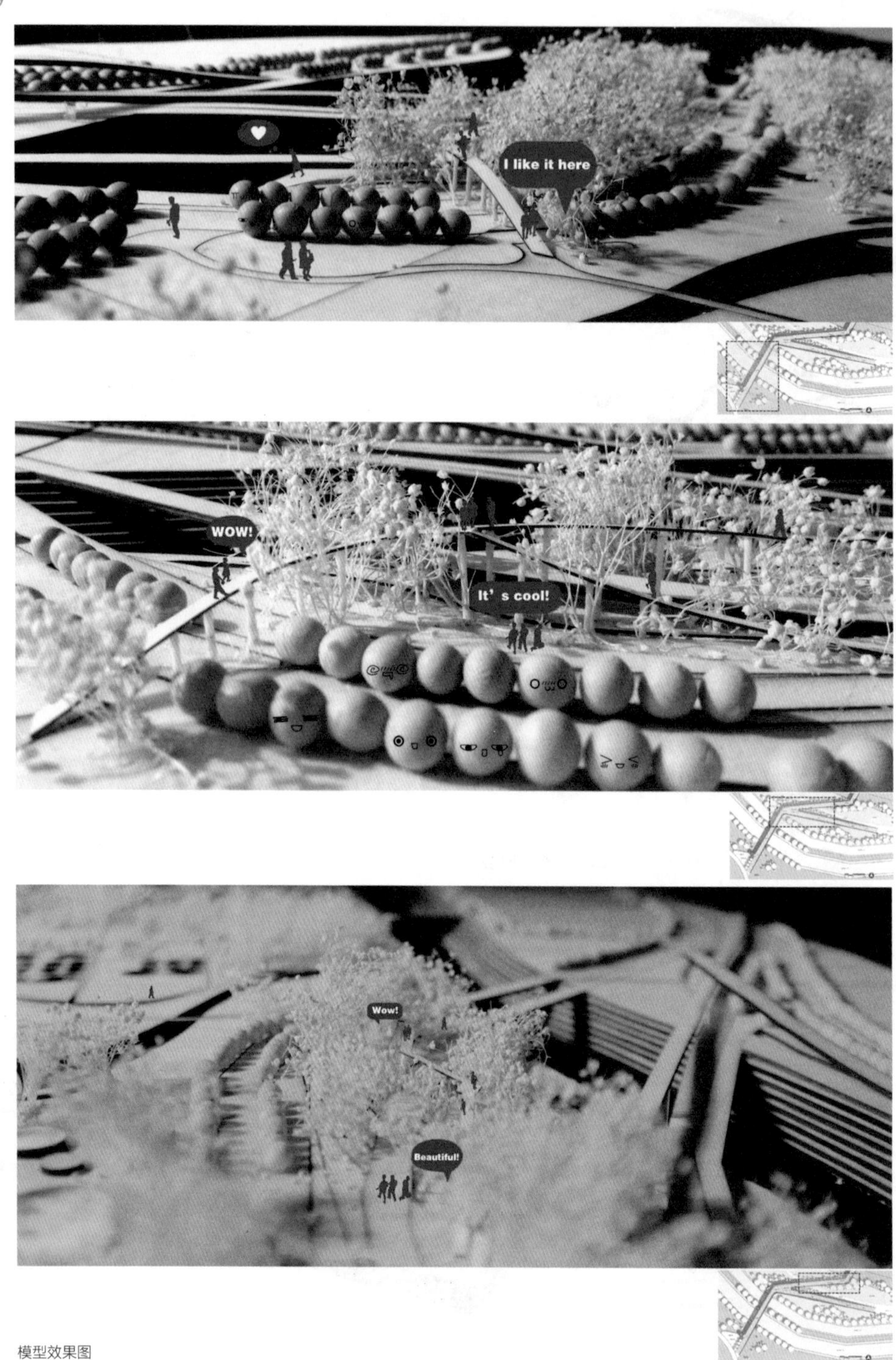

模型效果图

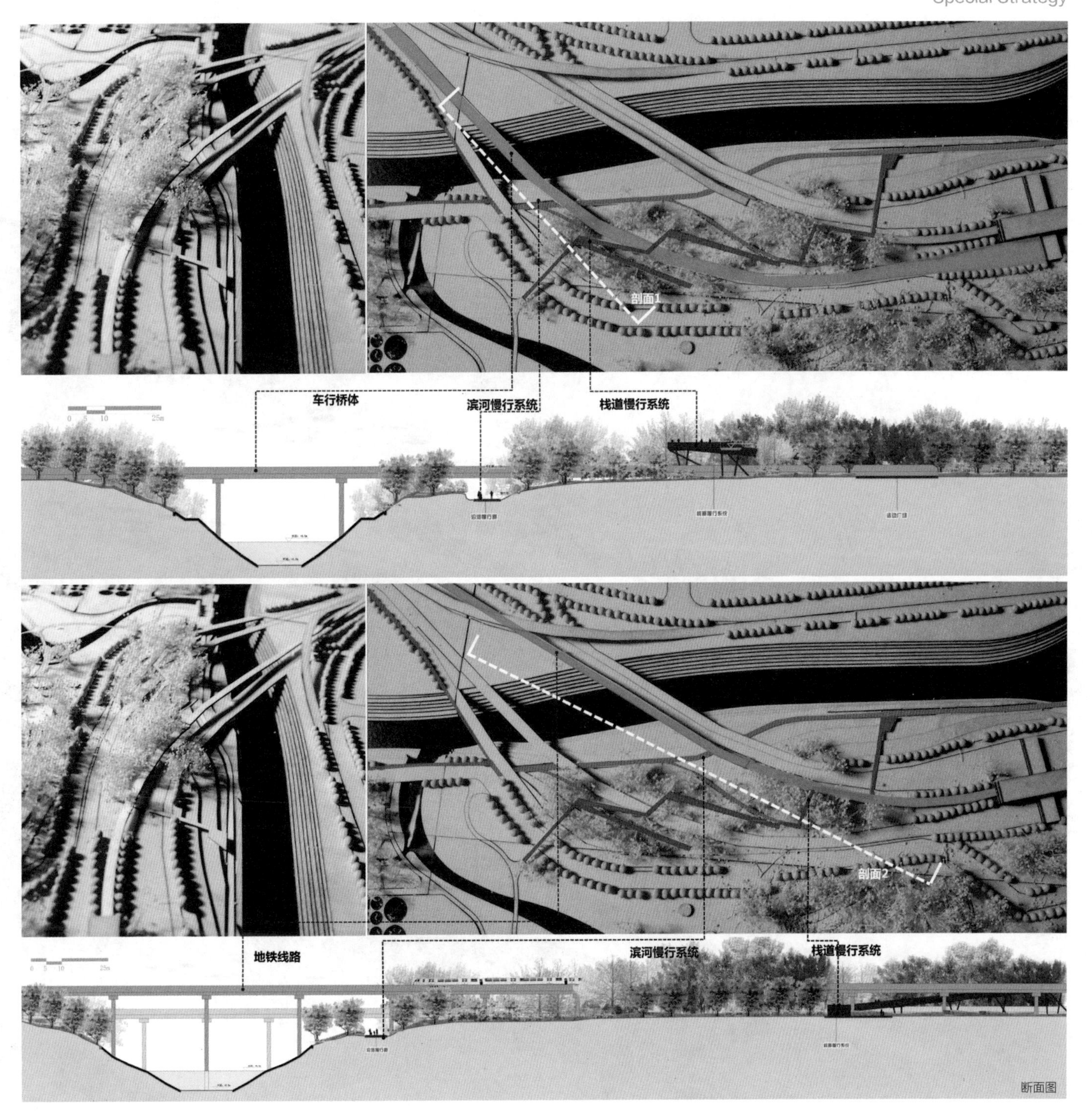

断面图

模型效果图

致 谢

本书的出版，有一点“朝花夕拾”的味道。北京历史水系的教学研究成果完成距今已有 5 年。但无论现场考察、讲座讨论，还是设计汇报，仍历历在目。课程起初意欲从清华出发，在两天内经长河、过六海、抵东便门，一行骑行直达通州。但实际调研不比单纯的赛车，一路行、一路讲、一路看、一路讨论，实际速度快不起来。因而第一天考察仅到旧城玉河段止，第二天便改乘大巴，中途停留数点，最终抵达通州，实现了预定的考察目标。5 年之后本书的出版，谨以作为对当时 16 周整体课程诸多点点滴滴的纪念！

本课程的顺利完成及所取得的丰硕成果，要感谢众多人士的巨大支持和贡献。首先感激两位前辈在课程进行当中不辞辛苦给予的关键指导和支持。北京市水务局前总工朱晨东先生不仅受邀为师生做了讲座《北京古今水系剖析》，且先后出席期中、期末评图，指点许多关于水系演变、水利工程与城市发展方面的思路。清华大学建筑学院城市规划系前系主任郑光中先生，精心准备图件，详细介绍了北京旧城保护及清华早期的研究历程与成果，并参与课程评图。对两位先生的深厚学术造诣和给予本课程教学的鼎力支持致以深深敬意与衷心感谢！

课程进行中，适逢美国哈格里夫斯事务所的艾伦·路易斯先生和杨怀哲先生来访。带着对该事务所早期在美国完成的经典河流景观项目的钦佩（如圣何塞市瓜达卢佩河、路易斯维尔市滨河公园等），邀请他们介绍了在中国天津、福州、广州等城市最新的河流景观项目，并就他们在与艺术与科学相结合的河流景观设计方面的诠释展开深度讨论。关于如何在景观规划设计中引入更多的公众参与，如何进行社区重建、社区营造、社会管理创新方面的内容，清华大学社会学系的罗家德教授也受邀做了精彩介绍。对上述专家的支持谨致谢忱！

同时也感谢参与课程期中、期末汇报的北京市城市规划院总体规划所路林所长、北京林业大学园林学院林箐教授、清华大学建筑学院景观学系朱育帆教授、清华大学景观学系郑晓笛博士、时任德国戴水道景观设计公司生态技术总监的吴昊、北京同衡规划设计研究院有限公司高级工程师韩毅等专家。上述专家们的丰富经验与深入点评使得本课程成果在收官阶段得到又一次升华。还要感谢在本次课程中担任助教的薛飞博士，他在前期调研和课程组织中发挥了重要作用。他本人也在后来的博士论文中继续此课题，出色地完成了研究成果。

最后，应该感谢为本书整理、排版付出最大心血的 2014 级研究生张益章和他同级的一大批已毕业研究生同学们。目前益章正在攻读博士研究生，要对已经过去 5 年的成果进行整理，不仅需要时间，更需要做许多回忆、沟通和大量整理工作。完成这份“朝花夕拾”的工作，需要付出的努力是难以想象的。在此对益章和所有参与编辑和整理的研究生们一并致谢！